U0298473

河 流 生 态 丛 书

鱼类形态学模型与群落研究

李新辉　赖子尼　余煜棉 等 ◎ 著

科 学 出 版 社
北 京

内 容 简 介

本书为“河流生态丛书”之一，是关于利用形态学模型解构分析江河鱼类群落的专著。长期进化过程中，鱼类在与环境（包括鱼类之间）相互作用下，形成形态各异的种类，占据各自的生态位，组成鱼类群落。本书以鱼类群落为对象，通过物种的形态学性状，建立了一种“基于形态学性状”的鱼类群落研究模型。通过开发软件和案例分析，从生态位角度研究鱼类群落种间的关系，并以河流生态修复服务为目标，试图为鱼类群落构建提供一种辅助分析工具。

本书基础资料丰富，研究内容系统，学科交叉融通。全书既具有基础研究的深度，又有实用性强的特征，可作为河流生态管控、环境保护、渔业资源管理人员，以及科学工作者、大专院校师生的参考书籍。

图书在版编目（CIP）数据

鱼类形态学模型与群落研究 / 李新辉等著. —北京：科学出版社，2022.10

（河流生态丛书）

ISBN 978-7-03-073299-6

Ⅰ. ①鱼…　Ⅱ. ①李…　Ⅲ. ①鱼类－动物形态学－系统模型
Ⅳ. ①Q959.4

中国版本图书馆 CIP 数据核字（2022）第 181912 号

责任编辑：郭勇斌　彭婧煜 / 责任校对：严　娜
责任印制：张　伟 / 封面设计：黄华斌

科学出版社出版
北京东黄城根北街 16 号
邮政编码：100717
http://www.sciencep.com
北京建宏印刷有限公司印刷
科学出版社发行　各地新华书店经销
*
2022 年 10 月第　一　版　开本：787×1092　1/16
2022 年 10 月第一次印刷　印张：18 1/4
字数：408 000
定价：128.00 元
（如有印装质量问题，我社负责调换）

“河流生态丛书”编委会

本书编写人员

李新辉（中国水产科学研究院珠江水产研究所）

赖子尼（中国水产科学研究院珠江水产研究所）

李　捷（中国水产科学研究院珠江水产研究所）

李跃飞（中国水产科学研究院珠江水产研究所）

夏雨果（中国水产科学研究院珠江水产研究所）

曾艳艺（中国水产科学研究院珠江水产研究所）

麦永湛（中国水产科学研究院珠江水产研究所）

陈蔚涛（中国水产科学研究院珠江水产研究所）

刘亚秋（中国水产科学研究院珠江水产研究所）

杨计平（中国水产科学研究院珠江水产研究所）

朱书礼（中国水产科学研究院珠江水产研究所）

张迎秋（中国水产科学研究院珠江水产研究所）

邵晓风（中国水产科学研究院珠江水产研究所）

余煜棉（广东工业大学）

丛 书 序

河流是地球的重要组成部分，是生命发生、生物生长的基础。河流的存在，使地球充满生机。河流先于人类存在于地球上，人类的生存和发展，依赖于河流。如华夏文明发源于黄河流域，古埃及文明发源于尼罗河流域，古印度文明发源于恒河流域，古巴比伦文明发源于两河流域。

河流承载生命，其物质基础是水。不同生物物种个体含水量不同，含水量为 60%～97%，水是生命活动的根本。人类个体含水量约为 65%，淡水是驱动机体活动的基础物质。虽然地球有 71%的面积为水所覆盖，总水量为 13.86 亿 km^3，但是淡水仅占水资源总量的 2.53%，且其中 87%的淡水是两极冰盖、高山冰川和永冻地带的冰雪形式。人类真正能够利用的主要是河流水、淡水湖泊水及浅层地下水，仅占地球总水量的 0.26%，全球能真正有效利用的淡水资源每年约 9000 km^3。

中国境内的河流，仅流域面积大于 1000 km^2 的有 1500 多条，水资源约为 2680 km^3/a，相当于全球径流总量的 5.8%，居世界第 4 位，河川的径流总量排世界第 6 位，人均径流量为 2530 m^3，约为世界人均的 1/4，可见，我国是水资源贫乏国家。这些水资源滋润华夏大地，维系了 14 亿人口的生存繁衍。

生态是指生物在一定的自然环境下生存和发展的状态。当我们闭目遥想，展现在脑海中的生态是风景如画的绿水青山。然而，由于我们的经济社会活动，河流连通被梯级切割而破碎，自然水域被围拦堵塞而疮痍满目，清澈的水质被污染而不可用……然而，我们活在其中似浑然不知，似是麻木，仍然在加剧我们的活动，加剧我们对自然的破坏。

鱼类是水生生态系统中最高端的生物之一，与其他水生生物、水环境相互作用、相互制约，共同维持水生生态系统的动态平衡。但是随着经济社会的发展，人们对河流生态系统的影响愈加严重，鱼类群落遭受严重的环境胁迫。物种灭绝、多样性降低、资源量下降是全球河流生态面临的共同问题。鱼已然如此，人焉能幸免。所幸，我们的社会、我们的国家重视生态问题，提出生态文明的新要求，河流生态有望回归自然，我们的生存环境将逐步改善，人与自然将回归和谐发展，但仍需我们共同努力才能实现。

在生态需要大保护的背景下，我们在思考河流生态的本质是什么？水生生态系统物质间的关系状态是怎样的？我们在水生生态系统保护上能做些什么？在梳理多年研究成果的基础上，有必要将我们的想法、工作向社会汇报，厘清自己在水生生态保护方面的工作方向，更好地为生态保护服务。在这样的背景下，决定结集出版“河流生态丛书”。

“河流生态丛书”依托农业农村部珠江中下游渔业资源环境科学观测实验站、农业农村部珠江流域渔业生态环境监测中心、中国水产科学研究院渔业资源环境多样性保护与利用重点实验室、珠江渔业资源调查与评估创新团队、中国水产科学研究院珠江水产研究所等平台，在学科发展过程中，建立了一支从事水体理化、毒理、浮游生物、底栖生物、鱼类、生物多样性保护等方向研究的工作队伍。团队在揭示河流水质的特征、生物群落的构成、环境压力下食物链的演化等方面开展工作。建立了河流漂流性鱼卵、仔鱼定量监测的“断面控制方法”，解决了量化评估河流鱼类资源量的采样问题；建立了长序列定位监测漂流性鱼类早期资源的观测体系，解决了研究鱼类种群动态的数据源问题；在不同时间尺度下解译河流漂流性仔鱼出现的种类、结构及数量，周年早期资源的变动规律等，搭建了“珠江漂流性鱼卵、仔鱼生态信息库”研究平台，为拥有长序列数据的部门和行业、从事方法学和基础研究的学科提供鱼类资源数据，拓展跨学科研究；在藻类研究方面，也建立了高强度采样、长时间序列的监测分析体系，为揭示河流生态现状与演替扩展了研究空间；在河流鱼类生物多样性保护、鱼类资源恢复与生态修复工程方面也积累了一些基础。这些工作逐渐呈现出了我们团队认识、研究与服务河流生态系统的领域与进展。“河流生态丛书”将侧重渔业资源与生态领域内容，从水生生态系统中的鱼类及其环境间的关系视角上搭建丛书框架。

丛书计划从河流生态系统角度出发，在水域环境特征与变化、食物链结构、食物链与环境之间的关系、河流生态系统存在的问题与解决方法探讨上，陆续出版团队的探索性的研究成果。“河流生态丛书”也将吸收支持本丛书工作的各界人士的研究成果，为生态文明建设贡献智慧。

通过“河流生态丛书”的出版，向读者表述作者对河流生态的理解，如果书作获得读者的共鸣，或有益于读者的思想发展，乃是作者的意外收获。

本丛书内容得到了科技部社会公益研究专项“珠江（西江）漂浮性卵鱼类繁殖状态与资源评估”、国家科技重大专项“水体污染控制与治理”河流主题“东江水系生态系统健康维持的水文、水动力过程调控技术研究与应用示范”项目、农业农村部珠江中下游渔业资源环境科学观测实验站、农业农村部财政项目“珠江重要经济鱼类产卵场及洄游通道调查”、广西壮族自治区自然科学基金委重大项目“西江鱼类优势种群形成机理及利用策略研究”、国家公益性行业（农业）科研专项“珠江及其河口渔业资源评价和增殖养护技术研究与示范”、国家重点研发计划“蓝色粮仓科技创新”等项目的支持。“河流生态丛书”也得到许多志同道合同仁的鞭策、支持和帮助，在此谨表衷心的感谢！

李新辉

2020 年 3 月

前　　言

全球淡水鱼类 14 953 种，分属 47 目 209 科 2298 属。生态系统中的鱼类依据食物网及生态位的功能特征要求，形成不同群落，在不同的环境中共同承担河流生态系统能量循环的功能。

鱼类群落随环境变化而演化。人类活动对环境的影响，加剧了鱼类群落的改变，导致水生生态系统的改变。鱼类是河流生态系统食物链的关键生物类群，决定生物能量输出的状态。在人类干扰下，河流生态系统普遍处于富营养化状态，鱼类在水体净化过程中承担重要的角色，承载着水体中的能量和富营养物质输出的功能。在水质保障成为人类的战略需求时，维持河流鱼类群落处于能量输出的最佳状态，需要研究鱼类群落构建机制。

在长期进化过程中，鱼类与环境（包括鱼类之间）相互作用，形成形态各异的种类，占据各自的生态位，组成鱼类群落。人类能够在化石中追溯生物出现的年代，但仍然无法知晓近代的群落物种结构。生态系统结构与功能演化数据的缺损，影响生态学的研究。本书以鱼类群落为对象，通过物种的形态学性状，建立一种物种生态位溯源的方法体系，从历史记录的“定性”物种数据中，探求出群落生态位的“量值”关系，试图为人们认识生态系统中群落物种在空间生态位中的关系，基于群落物种生态位演化评价生态系统变化提供一种方法，或为河流生态系统评价、恢复与修复提供一种“天然属性”的群落结构参照系。鱼类的形态学性状包含生态位信息，作者依据鱼类形态学信息建立一种“基于形态学性状”的鱼类群落研究模型，从生态位角度研究鱼类与鱼类之间的关系、群落之间的关系，并以河流生态修复服务为目标，试图为鱼类群落构建提供一种辅助分析工具。

本书得到农业农村部渔业渔政管理局、农业农村部长江流域渔政监督管理办公室、广东省科学技术厅、广东省农业农村厅的具体指导和支持。本书在编写中还得到许多专家的勉励和支持，谨在此表示衷心的感谢！

本书由广东省基础与应用基础研究基金联合基金重点项目“珠江-河口-近海典型渔业种群退化机理和恢复机制”、国家重点研发计划“蓝色粮仓科技创新”重点专项 2018YFD0900802 和 2018YFD0900903、农业农村部财政项目“珠江流域水生生物保护规划”资助出版。

由于作者水平有限，书中难免存在不足之处，望读者提出宝贵意见，以便将来进一步完善。

李新辉

2022年2月

目　录

第1章　鱼类群落与河流生态系统

生物群落是指在一定时间、空间内分布的生物体的总称，通常包括动物、植物、微生物等各个物种的种群，是生态系统中的生命体部分。生物群落有其依存的环境。通常，环境不同生物群落也不同，因此生态环境包含生物群落和栖息环境要素。系统中环境条件越复杂，群落的结构越复杂，组成群落的物种种类数量就越多，群落内部的生态位就越多，群落内部各种生物之间的竞争就相对不那么激烈，群落的结构也就相对稳定一些，反之则生态位越少，群落越不稳定。

“生态位”这一概念最早出现于1910年，由美国学者R.H.约翰逊在生态学论述中使用。早期生态位的概念用于物种区系的种类分布，1924年格林内尔给予生态位“空间”概念。1927年，埃尔顿认为动物的生态位是指它在生物环境中的地位，指食物和天敌的关系，赋予生态位“功能”属性。1957年，哈钦森将生态位描绘为物种生存的所有非生物和生物的多维空间，称之为基本生态位。在这样的概念下，针对某一个物种的生态位可能成为没有边界的“位”，或称为自然生态位。它包含物种或群落生存的全要素，是一个系统、整体的概念，是理想的生态空间。但在自然界中，由于各物种相互竞争，每一物种只能占据基本生态位的一部分，称之为实际生态位。生态位表示生态系统中每种生物生存所必需的生境最小阈值。因此，通常所研究的是相对生态位，即通过人为分割的方法将相互作用的物种生存的主要条件因素从自然生态位中分离，成为有边界的生态位空间，而相对生态位是自然生态位的一部分。事实上，生态位随环境变化而变化。以动物的竞争取食为例，当主要食物缺乏时，动物会扩大取食种类，食性趋向泛化，生态位加宽；当食物丰富时，取食种类又可能缩小，食性趋向特化，生态位变窄。因此，同种食物源面临不同的摄食者，这被认为是生态位重叠现象。

生物群落的基本特征包括群落中物种的多样性、群落的生长形式和结构、优势种、相对丰度、营养结构等。群落空间结构依据特定的生态条件，形成有水平结构和垂直结构差异的群落结构。在群落中，各物种常随时间而变化，物种的生态位处于不断的交互作用的动态变化中。在群落中，任何生物的存在都有其竞争与互利的一面，在竞争与互利中实现平衡，是生态系统的主要特征之一。目前，群落生态学主要研究物种的竞争、捕食、互利和非生物胁迫关系（Bruno et al.，2003）。由于人类的发展越来越依赖于生态系统的服务功能，未来群落生态学的研究将聚焦生态系统的功能需求方面，生物的功能群落将成为支撑生态系统实现功能目标的工具。功能群落构建的机制不但为恢复生态系统功能提供理论体系，同时也为塑造功能群落奠定基础。

生态环境要素构成了群落的空间维度，不同的物种在群落中占据不同的位置，多样性物种组成空间维度上的生态系统，这是生态位概念的基础。在生态位表征系统中物种所占有的空间位置，反映物种在系统中的功能作用及群落中物种的相互关系，也反映生态系统的功能状态。生物个体的形态、性状可以反映物种生态位的状况。在系统中，物种个体的大小可反映生物体的活动空间大小和能量占有的差异；动物齿的锐利度，反映食物谱系的差异及摄食生态位的不同；植物的叶形差异表征对能量吸收不同，反映物种的能量生态位的差异。

分类学给群落中的物种增加了时间维度，反映了生态位对环境演化过程的响应。群落处于多维体系，在多维体系下塑造了不同种类的形态学特征和生物学特性。生命现象的各个方面都可为分类提供特征依据，如生理、生化、遗传、动物交配行为等方面的特征等。生物演化形成不同物种，通常用性状描述种的特征或属性，但最直观的是形态分类，尤其是外部形态。人们认识物种从形态学特征开始，而形态是指事物存在的样貌，或在一定条件下的表现形式。形态描述是物种分类的基础，通过识别物种的性状差异，以最简单的性状度量方式表征群落样本中所有物种之间的平均“距离”，并与系统发育多样性、功能多样性联系形成系统分析框架（Clarke et al.，1999）。Abellán等（2006）认为，环境变化或人类活动不能改变物种的分类学属性。任何生物都有许许多多性状，在形态学分类中将性状分为形态学性状和数量性状，将具有种特征的形态抽提为分类性状，对种类进行识别。通过采用大量能以数值表示的分类性状编成数据矩阵，在计算机运算系统中，建立生物多样性分类性状指标体系（Leonard et al.，2006），进行群落结构、物种关系研究。建立物种间形态学可比性状的数字信息，形成表征种与种、种与环境的多维体系，可以研究种与种之间的相互作用力，以及群落的稳定性与演变趋势。

在分类学领域中，将物种的信息归类后可反映物种间秩序化的序列变化信息，也可反映群落物种的演化过程。因此，生物的形态学信息包含该物种对环境适应、生态位和系统演化信息。群落特征是物种不断适应环境变化的结果，其中包含不同种类生态位的变化。在模型分析中，许多环境因子包含不确定的因素，如变量的边界、数据量、分析统计、模型和理论等方面，很难建立一个评价标准对群落、生态位的状况进行评价（Fausch et al.，2002）。

淡水鱼类指栖息于江河、湖沼、水库等淡水水域的鱼类。全世界的鱼类大约有 32 500 种，其中淡水鱼类 14 953 种。我国约有鱼类 3446 种，其中淡水鱼类 1452 种。大约有不到 10%的洄游鱼类在淡水和海洋两种生境中来回迁徙。鱼类的群落特征包括区域特异性、系统关联性、相对稳定性，具有互利共生、竞争、寄生、捕食等种间关系。在群落中，种类组成依据营养物质的丰富程度不同，种类数目可以相差很大。近半个世纪以来，我国淡水鱼类面临的威胁日益严重。长江、珠江鱼类资源较 20 世纪 80 年代下降 60%以上，群落中 1/3 以上的鱼类种类发生了较大的变化。鱼类资源下降影响了河流生态系统食物链体系，水体的能量流动、物质循环功能不足，水质保障成为社会发展需要解决的重大问题。水质保障—鱼类资源恢复—鱼类群落重建成为河流生态系统恢复需要解决的一体化问题。鱼类群落状态与环境密切相关，不同群落在物种组成多样性、生物量、功能等方面存在差异。

本书讨论的群落对象是河流生态系统中的鱼类。鱼类约占脊椎动物种类的 53%，大约有 46%的种类生活在淡水水域中。鱼类能积极主动地摄食和捕食，其食性包括肉食性、植食性和杂食性。本书在研究中，假设边界为江河中的某一段为一个生态单元，其中由多种鱼类构成群落，分别将各种类“生物质量”与总群落的“生物质量”视为对应种的生态位（用“生物质量”表征鱼类在水体占有的空间生态位）。鱼类在河流生态系统中的质量受环境的影响而变化，年际间质量的变化程度可反映环境变化程度，可将各物种的相对质量值作为种对环境的适应值，视为一个变量置于物种的形态学性状分析模型中进行分析，输出的分析结果包含了群落物种响应环境变化状态的综合效果。这样的生态位分析结果中间接引入了环境因素。在进行模型介绍之前本章介绍鱼类的基本特征及其在河流生态系统中的功能作用。

1.1　物　　种

物种指形态上极为相似的生物群体，它们中的雌雄个体可以正常交配并繁育出有生殖能力的后代，物种是生物繁殖的基本单元，每一物种保持系列的祖传特征。物种间具有明显的差异，不能交配或交配后产生的杂种不能再繁衍。物种是生物分类的基本单元。物种各有自己的特征，没有两个物种完全相同。物种有自己的分类地位，可从界、门、纲、目、科、属的分类属性中反映其进化历史。

自然界化石记录隶属原核生物的细菌和蓝藻在 30 多亿年前就出现，真核生物金藻和绿藻化石也在 14 亿～15 亿年前的地层中发现。地球上生物种类繁多，一般认为物种至少有600万～1400万种，它们包括动物、植物和微生物，也有人认为在3000万种左右，被确认的物种在175万种左右。生物群落的种类随着地球的演化而不断变化，其间不断有物种灭绝，也不断有新的物种出现。

1.1.1 物种分类

从系统功能学角度解剖物种的机体部件，对各部件的形状特征，如外形和器官构造（解剖学、组织学和器官学）以及细胞、组织、器官发生过程的特征，建立识别指标，依据不同的系统特征，将不同的生物类群分门别类归入界、门、纲、目、科、属、种的体系中。

地球上现存的物种数以百万计，物种分类是按一定规则对生物进行归类、等级划分和命名。人类很早以前就能识别物种类型，对物种命名。《尔雅》描述动物分为虫、鱼、鸟、兽4类；1682年，约翰·雷对植物种类进行了属和种的描述。1753年林奈将自然界分为植物、动物和微生物三界，植物界下有门、纲、目……每一物种都在分类系统中占有位置，形成按阶元查对检索物种的体系。1859年，达尔文的《物种起源》出版，确立了系统分类学体系。分类学在于阐明种类之间的历史渊源，使建立的分类系统反映进化历史。分类学将生物设定了种间间隔界线，类似给物种定义了“位”。

1.1.2 鱼类形态学分类性状

鱼类是以鳃呼吸的水生脊椎动物，属变温动物。鱼类由头、躯干和尾部组成，背部、胸腹部有鳍，通过尾部和躯干部的摆动以及鳍的协调作用在水中游动，通过上、下颌闭合来摄食。鱼类隶属于脊索动物门中的脊椎动物亚门。世界上已知现存的鱼类中，海洋种类多于淡水种类。

形态指事物存在的样貌，或在一定条件下的表现形式。物种的形态是群落物种在生态位竞争过程中相互作用产生的结果，由种间、物种与环境间的关系所决定。物种的形态学性状包含种间的竞争、互利、平衡关系，也包含区域栖息地环境特征。属性上，种的形态学特征代表其所处的最佳生态位所反映的特征。

1. 鱼类形态类型

1）纺锤型

这种形态的鱼类整个身体呈纺锤形而稍扁。头尾轴最长，背腹轴次之，左右轴最短，使整个身体呈流线型或稍侧扁，以利于水中运动前进时减少阻力，故这类鱼善于游泳。纺锤型是鱼类的基本形态类型之一，如鲤、鲫、鲨。

2）侧扁型

这类鱼的三个体轴中，左右轴最短，头尾轴和背腹轴差不太多，形成左右两侧对称的扁平形。这类鱼生活在水的中、下层，游泳能力较纺锤型鱼类差。如鲳、蝴蝶鱼、鳑鲏、鳊等鱼类。

3）棍棒型

这类鱼头尾轴特别长，而左右轴和背腹轴几乎相等，都很短，使整个体形呈棍棒状。棍棒型鱼类游泳能力较侧扁型和平扁型强，适于在水底泥土中穴居和水底砂石中生活。如黄鳝、鳗鲡及海鳗。

4）平扁型

这类鱼的左右轴特别长，背腹轴很短，使体形呈上下扁平，行动迟缓。平扁型鱼类生活于底层，营底栖生活。如魟、鳐、鲆、鲽等。

2. 鱼类躯体构成

鱼类躯体由头、躯干和尾三部分组成。头和躯干相互联结固定不动，是鱼类和陆生脊椎动物的区别之一，鱼没有颈。头和躯干的分界线是鳃盖的后缘（硬骨鱼类）或最后一对鳃裂（软骨鱼类），躯干和尾部一般以肛门后缘或臀鳍的起点为分界线。

1）脊椎

脊椎连接头和尾部成为躯干支撑鱼体。脊椎骨由椎体、椎弓、髓棘、椎体横突、前关节突和后关节突等各部构成。从头至尾脊椎骨数量是形态学分类的指标之一。

2）鳍

鳍由皮肤、棘和软条组成。鳍有 3 种，分别是软条鳍、棘鳍、软条和棘组成的混合鳍。鳍的位置多样，如位于背、胸、腹、臀、尾部等不同位置。鳍分奇鳍和偶鳍两类，奇鳍为不成对的鳍，如背鳍、尾鳍、臀鳍（肛鳍）；偶鳍为成对的鳍，如胸鳍和腹鳍各有 1 对，相当于陆生脊椎动物的前后肢。背鳍和臀鳍的基本功能是保持身体平衡，防止倾斜摇摆，帮助游泳。尾鳍具备控制方向和推动鱼体前进的功能。带有硬棘的鳍还具有攻击或防御的功能。鱼类一般都具有胸、腹、背、臀、尾等 5 种鳍。但也有少数例外，如黄鳝无偶鳍，奇鳍也退化；鳗鲡无腹鳍；电鳗无背鳍；等等。不同鱼类鳍的形态不同，鳍条或鳍棘的数量也有差异。

3）鳞

鳞是一个生物学概念，是鱼类、爬行类和少数哺乳类身体表面以及鸟类局部区域所覆的一类皮肤衍生物。鳞一般呈薄片状，具有保护作用。根据鳞的来源不同，可以分成骨质鳞（真皮鳞）和角质鳞两大类。

3. 数量性状

数量性状是指能够度量的性状，如动植物的高度或长度等。数量性状较易受环境的影响，在一个群体内各个个体的差异一般呈连续的正态分布，难以在个体间明确地分组。群体中呈连续变化的个体没有质的差别，只有量的不同。

1）全长

鱼类的口位于身体的最前端，尾叉位于最末端。全长指吻端至尾叉的长度。

2）体长

体长指吻端至躯干与尾鳍连接处的长度。

3）体高

体高指背鳍最高点与腹部最低点的高度。

4）体宽

体宽指鱼体的厚度。

5）吻长

吻长指吻最前端与口部裂口之间的长度。

6）眼间距

眼间距指两眼框骨最小距离。

7）眼径

眼径指眼眶的直径。

8）鳞式

鳞式是一种描述鱼鳞片覆盖特征的形式。侧线鳞是指一串规则凹陷的鳞片从鳃盖贯穿至尾柄组成的体征线。侧线上鳞指从背鳍起点到侧线鳞为止的鳞片。侧线下鳞指从臀鳍起点到侧线鳞为止的鳞片。大部分鱼类有明显的侧线鳞，也有些鱼类无侧线鳞。

9）鳍式

鳍式是描述鳍和鳍条数目特征的形式。用各鳍拉丁文名称的第一个字母代表鳍的类别，如“D”代表背鳍，“A”代表臀鳍，“V”代表腹鳍，“P”代表胸鳍，“C”代表尾鳍。大写罗马数字代表棘的数目，阿拉伯数代表软条的数目。棘（或软条）数值变化范围用

“-”表示。棘与软条相连时用“-”符号表示，不连时用“，”符号表示。例如鲤的鳍式：DⅢ-Ⅳ-17-22；PⅠ-14-16；VⅡ-8-9；AⅢ-5 -6；C20-22。

以上表示鲤有一个背鳍，3～4根棘和17～22根软条；胸鳍1根棘和14～16根软条；腹鳍2根棘和8～9根软条；臀鳍3根棘和5～6条软条；尾鳍20～22根软条。

1.2　群　　落

生物群落是指在特定环境内生存的所有生物，包括动物、植物、微生物等所有物种及种群。群落受时间、空间制约。生物群落有其基本特征，可由物种多样性、群落的生长形式（如物种类型、生长状态等）和结构（空间结构、时间组配和种类结构）、优势种（群落中以其体大、数多或活动性强而对群落的特性起决定作用的物种）、相对丰度（群落中不同物种的相对比例）、营养结构等进行描述。

1. 组成

组成是生物群落的种类构成。种类组成是群落的重要特征，栖息的环境状态影响群落组成。营养物质的丰富程度是环境状态的重要指标，影响群落的物种多样性。

2. 比例

比例指群落中一定时间内同种生物的所有个体占据的空间量值关系。这些特征包括比例的数量特征（比例密度）、年龄结构、性别比例、迁入率和迁出率、出生率和死亡率、空间特征等。其中，比例密度是比例最基本的数量特征，指在单位面积或体积中的个体数。

3. 结构

群落结构具有空间属性。群落结构受生态条件如光照强度、温度、湿度、种间关系等的影响，结构层次体现多维属性，群落中的每个种群都生活在各自适宜的生态条件的结构层次上。因此，特定的生态条件决定群落生物种群构成。群落的结构越复杂，生物对生态系统中资源的利用就越充分，如森林生态系统对光能的利用率就比农田生态系统和草原生态系统高得多。群落的结构越复杂，环境条件的结构层次就越复杂，群落的结构也就相对稳定一些。

群落的结构分为水平结构和垂直结构，如地面上高树、矮树、灌木、草本的分层与光照有密切关系，地下和水中生物也如此。在水平方向，不同生物可因要求类似环境条件或互相依赖而聚集在一起。大多数群落中，会出现若干种占优势的物种主导群落特征。

4. 群落生境

群落生境是生态系统中的非生物因素所构成的空间范围。生物在长期进化过程中，逐渐形成对周围环境某些物理条件和化学成分，如空气、光照、水分、热量和无机盐类等的特殊需要。一个群落的生活型组成可以反映环境特征，群落生境是物种与环境相互作用和相互影响的统一体。

5. 环境

环境是生物赖以生存的条件，通常包括能量、大气、水、土环境。对特定物种来说，由于群落中存在物种之间的互利共生、竞争、寄生、捕食等关系，因此，环境要素也包含其他物种所形成的生物环境。群落的每个生物种群都需要一个较为特定的生态条件，如光照强度、温度、湿度、食物和种类等。

6.生态特性

生态特性通常指物种生存需要的条件。各种生物所需要的物质、能量以及它们所适应的理化条件不同。一个群落的进化时间越长、环境越有利且稳定，则所含物种越多。因此，生物群落的生态特征是复杂性的系统特征。

7.空间格局

空间格局是指物种在空间中的分布状态。生物的生存、活动、繁殖需要一定的空间、物质与能量。在量值分析中，常用 3 种分布类型来表示个体在空间占有的位置关系。第一类是均匀分布型，指个体按一定间距均匀分布产生的空间格局；第二类是随机分布型，指个体出现在空间各个位点的机会是相等的，并且某一个体的存在不影响其他个体的分布；第三类是集群分布型，指生物个体的空间分布极不均匀，常成群、成簇或斑块状密集分布。

8. 时间特征

不同的环境条件栖息的生物种类不同，因此，环境条件决定群落的构成。地球环境不断演化，其间伴随物种形成、分化、种群形成与灭绝的变化过程，群落处于动态稳定状态。群落中各物种常随时间而变化，如植物的开花、闭合和动物的穴外行动具有昼夜节律。因此，描述群落状态需要有特定的时间范围。

1.3 生　态　位

在自然界中，为了避免竞争，亲缘关系密切、生活需求与习性非常接近的物种，通常分布在不同的地理区域或在同一地区的不同栖息地中，或者采用其他生活方式以避免竞争，如昼夜或季节活动上的区别、食性的区别等。生物在形成自身生态位的过程中遵循下述原则：趋适原则、竞争原则、开拓原则和平衡原则。趋适原则是指生物出于本能需要而寻求良好的生态位，这种趋适行为的结果导致物种所需资源不断变换。竞争原则发生于不同生物之间对相同资源和环境的争夺。开拓原则是指生物不断开拓和占领一切可以利用的空余生态位。平衡原则是指作为一个开放的生物生态系统，总是向着尽力减小生态位势（竞争所导致的理想生态位与现实生态位之间的差距）的方向演替，因为一个生态位势过大的系统是一种不稳定的系统。

生态位内容包括生物在生态系统中的区域范围和生物本身的功能。在自然环境里，不同的生态环境中有不同的生物群落。生态环境越优越，组成群落的物种种类数量就越多，反之则越少。群落生境是群落生物生活的空间，两者共同组成生态系统。每一个特定位置都有不同种类的生物，其活动以及与其他生物的关系取决于它的特殊结构、生理和行为，故具有自身独特的生态位。物种之间、物种与环境之间通过生态位竞争发生关系。生态位不仅指生存空间，它主要强调生物有机体本身在其群落中的功能作用和地位，特别是与其他物种的营养关系。

群落中生物总处在不断的交互作用中。按生物吸取营养的方式，有营光合作用的植物、靠摄食为生的动物和经体表吸收的微生物。它们之间形成复杂的食物关系。两物种可以互相竞争，也可以共生，视相互间利害关系而有寄生、偏利共生和互利之分。如果两物种利用相同资源（生态位重叠），则必然竞争而导致一方被排除，但如果一方改变资源需求（生态位分化）则可能共存。

1. 理想生态位

理想生态位指理想状态下一个物种不受竞争、干扰前提状态下所占有的生态位。生态位具有系统的特征，以位置空间衡量，是物种占有的位置在群落物种总空间的部分；以能量空间衡量，是物种占群落物种总能量需求的部分。由于物种获得能量的多途径性（如捕食性物种的能量可以从摄食不同的其他种类中获得），从能量空间角度，物种的生态位关系具有复杂性，类似时间、空气、水分、能量，很难确定空间边界。

2. 现实生态位

现实生态位指自然状态下物种在竞争压力下所占有的生态位。现实生态位通常表现为物种的生态位宽度随环境变化而变化。研究生态位通常是在一定的时间、空间背景下，将系统内各物种生存需要的条件界定在最小阈值中分析。

3. 保守性

生态位具有保守性，因为群落包括系统发育特征，所以当某一科、属的鱼类处于同一群落中时，系统发育邻近的物种生态位往往不同（Cavender-Bares et al.，2006）。这与物种分化特性一致，新物种一旦形成，群落随之产生了新的生态位。

4. 多维性

生态位是物理环境（能量、水分、栖息地环境等）和生物环境（物种之间的互利共生、竞争、寄生、捕食关系）的综合体，每种环境因素成为一个维度，概念上构成生态位的空间是一种 n 维超体积空间。

5. 重叠

生态位重叠是指两个或两个以上生态位相似的物种生活于同一空间时分享或竞争共同资源的现象。生态位重叠物种之间竞争总会导致重叠程度降低，趋向彼此分别占领不同的空间位置或在不同空间部位觅食等。

6. 生态位宽度

生态位宽度是指某种生物所利用的各种不同资源的总和。在没有任何竞争或其他敌害情况下，被利用的整组资源为理想生态位。因种间竞争，一种生物不可能利用其理想生态位的所有资源，所占据的只是现实生态位。物种的生态位宽度随环境变化而变化。生态位宽度通常在某一生态因子轴范围内界定。

7. 生态等值种

两个拥有相似功能生态位但分布于不同地理区域的生物，在一定程度上可称为生态等值种。但是，某一种物种在不同群落中生态位不同。一个种的生态位，是按其食物和生境来确定的。

8. 重合

重合是指两个地理上被分隔的地区，有着相似的非生物因素，生活的物种占有相似的生态位。即使两个无亲缘关系的物种，在适应环境中也会各自独立发展出相似的身体构造，出现趋同演化的结果。

9. 物种进化与生态位

物种是由具有相同遗传特征的生物群体组成。个体彼此交配形成遗传差异很小的种群，这些种群在繁衍过程中以最大化利用能量为目标，在群落中各自占据一定的生态位。物种具有不断分化的内禀趋势，推动着地球表面的生态位的不断细分，种群在竞争能量过程中，分化出能够互补利用能量的新的物种，与原有物种形成互补型新的生态位，成为群落新成员。但以能量为代表的生态位具有固定容量特征，物种分化受能量阈的约束，生态位空间无法容纳无限的新物种出现，结果是物种分化、种群形成与灭绝、群落内物种的生态位在动态平衡中“稳定”。

1.4　河流生态系统要素

自然界的生态系统是指一定的空间内，生物与环境构成的统一整体。系统内生物与环境、生物之间相互制约，处于动态平衡状态。生态系统是开放系统，为了维系自身的稳定，生态系统需要不断输入能量，许多基础物质在生态系统中不断循环利用。地球总水量为13.86亿km^3，其中96.53%为海洋，淡水仅占水资源总量的2.53%，且其中87%的淡水是两极冰盖、高山冰川和永冻地带的冰雪。河流水、淡水湖泊水以及浅层地下水仅占地球总水量的0.26%，人类能有效利用的淡水资源每年约有9000 km^3。

水生生态系统是地球表面各类水域生态系统的总称。水生生态系统中生物由自养生物（藻类、水草等）、异养生物（各种无脊椎和脊椎动物）和分解者生物（各种微生物）组成。各种生物群落之间及其与水环境之间的相互作用，维持着特定的物质循环与能量流动，构成了完整的生态单元。河流生态系统指河流水体的生态系统，属水生生态系统的一种。

1. 水化学成分

水由氢、氧两种元素组成，在常温常压下为无色无味的透明液体。在河、湖水体中，天然溶解的离子主要是钾、钠、钙、镁、氯、硫酸根、碳酸氢根和碳酸根等离子，以及微量元素，如溴、碘和锰等。河水的成分取决于流经地区的岩土类型以及补给源。雨水补给的河流矿化度一般较低，融雪补给的略高，地下水补给的最高。地下水中溶解的物质比地表水多，溶解物质的混合程度也弱。世界上的河流水质都为中等矿化度，但内陆雨量较少地区的水例外。地下水多呈现弱酸性、中性、弱碱性反应，pH 一般在 5～9 之间变化。地下水化学成分从浅处到深处，矿化度逐渐增高，水化学类型由重碳酸盐型过渡为硫酸盐型及氯化物型。

2. 水质

水质是描述水中溶解物的指标体系。依据水的生态功能，将水中溶解物的含量划分为不同的等级，以表征水体的优劣，称之为水质指标。水质可用物理、化学和生物指标的量值来衡量。水质的物理指标包含气味、温度、浊度、透明度、颜色等。化学指标包括 4 类：①非特定指标如电导率、pH、硬度、碱度、无机酸度等；②无机指标如有毒金属、有毒准金属、硝酸盐、亚硝酸盐、磷酸盐等；③非特定有机指标如总耗氧量、化学耗氧量、生化需氧量、总有机碳、高锰酸钾指标、酚类指标等；④溶解气体如氧气、二氧化碳等。生物指标指如细菌、大肠菌群、藻类等的总数。放射性指标如总 α 射线、总 β 射线、铀、镭、钍等。有些指标以物理参数或某种物质的浓度来表示，如温度、pH、溶解氧等。有些指标则是根据一类物质的共同特性来表示水质受到多种因素影响的情况，称为综合指标，例如生化需氧量是衡量水中可被生物降解的有机化合污染物的指标，总硬度表示水中钙和镁离子的含量。

3. 水生生物

水生生物是生活在各类水体中的生物的总称。水生生物种类繁多，有各种微生物、藻类以及水生高等植物、各种无脊椎动物和脊椎动物。其生活方式也多种多样，有漂浮型、游动型、固着型和穴居型等。

1）水生细菌

水生细菌是生长在水体中的一类超微型生物，形体大小以微米为描述单位，如球菌、杆菌、弧菌、螺旋菌等，在生物进化中处于低级水平。细菌结构简单，具细胞壁、细胞膜、细胞质、细胞核等，繁殖快，20～30 min 分裂一次，分布广。按栖息环境分为底栖性细菌和浮游性细菌两大类，水生细菌的数量与水体肥力及水质优劣有密切关系。水生细菌是水域食物链的组成部分，通过分解有机物（包括生物尸体）为植物提供无机盐（磷酸盐、硝酸盐）、二氧化碳和水等。自养型细菌是初级生产者，靠消耗营养盐生长。

2）浮游植物

浮游植物是一个生态学概念，是指浮游生活于水中的微小植物，通常指浮游藻类，如蓝藻门、绿藻门、硅藻门、金藻门、黄藻门、甲藻门、隐藻门和裸藻门等。浮游植物的种类组成、群落结构和丰度变化，直接影响水体水质、系统内能量流、物质流和生物资源变动。浮游植物也是地球上固碳、固氮的重要生物。海洋、淡水中的浮游植物固定的碳、氮的总量是陆生植物的固定总量的7倍，浮游植物每年约能固定1.7亿t的氮素。全球每年要产生大约1000亿t的二氧化碳，其中约50%被浮游植物吸收利用。浮游植物不仅是水域生态系统中最重要的初级生产者，而且是水中溶解氧的主要供应者，在水域生态系统的能量流动、物质循环和信息传递中起着至关重要的作用。

3）浮游动物

浮游动物是体形细小，且缺乏或仅有微弱的游动能力，主要以漂浮方式生活在各类水体中的动物。浮游动物的种类极多，包括低等的微小原生动物、腔肠动物、栉水母、轮虫、甲壳动物、腹足动物、尾索动物、底栖动物和鱼类的幼仔、稚鱼等。浮游动物是水生生态系统的重要组成，它们既能以水体中的浮游植物、细菌、有机碎屑等为食，又能被鱼类及其他水生动物所捕食，参与水生生态系统中物质循环。

4）水生植物

水生植物指在水中生长的植物统称。水生植物通过根系吸收水体中的营养物和水分，通过叶片的光合作用固定空气中的氮素，是地球生态系统能量循环的重要组成部分，也是陆生动物和水生植物食物的主要生产者。一般将水生植物分为挺水植物、浮叶植物、沉水植物和漂浮植物以及湿生植物。

5）底栖动物

底栖动物是指生活史的全部或大部分时间生活于水体底部的动物类群，多为无脊椎动物，包括软体动物、节肢动物、甲壳动物、扁形动物等许多种类的物种。原生底栖动物能直接利用水中溶解氧，包括常见的蠕虫、底栖甲壳类、双壳类软体动物等。次生底栖动物主要包括各类水生昆虫、软体动物中的肺螺类等。底栖动物以摄食浮游生物和沉积物居多。

4. 有机碎屑

有机碎屑指生物死亡后分解成的物质，包括水生生物形成的有机碎屑和陆地输入的有机碎屑等，以及大量溶解有机物和其聚集物。它们来源于生物体死亡后被细菌分解过程中的中间产物（最后阶段是无机化）、未完全被摄食和消化的食物残余、浮游植物在光合作用过程中分泌胞外的低分子有机物，以及陆地生态系统输入的颗粒性有机物。有机碎屑是动物可直接利用的食物。

5. 水体的生产力

水体的生产力是指单位水体单位时间内水体中生物生产的能力，可用太阳能被绿色植物固定的速率或光合作用所生产的有机物质的量表示。其单位可以是有机碳的质量/(单位面（体）积 • 单位时间)或热量/(单位面（体）积 • 单位时间)等。绿色植物在单位面（体）积、单位时间内所固定的总能量或生产有机物质的总量就是初级生产力。初级消费者把初级生产力转化为自身物质和能量称为次级生产力，顺此类推为三级生产力等。处于食物链最终生产环节的生产力称终级生产力。生产力过程实质上是生态系统中各级营养的能量转化和有机质的循环过程。

6. 营养级

营养级是指生物在生态系统食物链中所处的层次。生态系统的食物能量流通过程中，按所处食物链位置而划分不同的等级。将生态系统的绿色植物和所有自养生物归为第一营养级，定位为食物链的起点；摄食绿色植物、自养生物的动物归为第二营养级（食草动物）；以植食动物为食的食肉动物归为第三营养级；以食肉动物为食的食肉动物可分为更高营养级，如第四营养级和第五营养级。

基础生产者直至高级消费者之间所构成的营养关系称为食物链，食物链既是一条物质传递链，也是一条能量传送链。将位于食物链同一环节上的生物归为同一营养级，简化了食物网的结构。生物因食物关系而形成相互制约的形式，绿色植物通过光合作用产生的能量和营养物质沿着食物链转移，其中只有大约 10%的能量转移到下一个营养级，其余约 90%的能量以热量耗散的形式回归环境中，这就是著名的林德曼“十分之一定律”。

7. 生态平衡

生态平衡是指系统内生物和非生物要素间的关系达到高度适应、协调和统一的状态。在生态系统内部，生产者、消费者、分解者和非生物环境之间，在一定时间内保持能量与物质输入、输出的相对稳定状态。系统外干扰不能打破系统内各比例成分之间的平衡态。

8. 水污染

水污染指水的感官性状、无机污染物、有机污染物、微生物、放射性等五大类指标异常。污染物会毒害水生生物，或影响水生生物的健康，导致生物的减少或灭绝，造成各类环境资源的价值降低，或导致生态失衡。

9. 水体富营养化

水体富营养化是指河流、湖泊、水库等水体中氮、磷等营养物质含量过多而引起的水质污染现象。过量的水体营养物质引起藻类及其他浮游生物迅速繁殖，食物链体系无法输送迅速增加的藻类及其他浮游生物，迅猛繁殖的生物使水体溶解氧含量下降，会造成藻类、浮游生物、植物、鱼类和其他水生生物衰亡。大量死亡的水生生物沉积到水底，在被微生物分解过程中，消耗水体大量的溶解氧，导致水质进一步恶化，并加速水体的富营养化过程，形成恶性循环。

1.5 淡水鱼类

淡水鱼类指栖息于江河、湖沼、水库等淡水水域的鱼类，也包括在淡水和海洋两种生境中来回迁徙的洄游鱼类。鱼从海洋洄游到淡水中繁殖的过程称为溯河洄游（如中华鲟），从淡水洄游到海洋中繁殖的过程称为降海洄游（如花鳗鲡）。已知全世界的鱼类大约有 32 500 种，其中淡水鱼类约 15 000 种，洄游鱼类约占 10%。

1. 全球淡水鱼类群落

全球鱼类种类繁多，Tedesco 等（2017）提及淡水鱼类有 14 953 种，这些淡水鱼分属 47 目 209 科 2298 属（van der Laan，2017）。表 1-1 数据显示，群落组成与流域面积有关。岛屿发生通常有三种类型，第一种是从大陆分离，第二种是由海底火山爆发，第三种是海洋生物珊瑚生长成岛礁。从小岛屿淡水鱼类种类数据中可知，鱼类群落组成经历简单至复杂的过程，在演化过程中也能看到外来物种入侵的影响。例如，表 1-1 如亚速尔群岛（Azores）一共 7 种鱼，其中土著鱼类仅 1 种，外来种类有 6 种，鱼类组成简单。土著鱼类在适应环境中，也可能分化出新的种类，如夏威夷岛存在 2 种虾虎类（*Awaous stamineus* 和 *Lentipes concolor*）。地理区域大，包含的水系多，鱼类种类就多，如世界鱼类数据库（Fishbase）记录中国内陆淡水鱼类有 1603 种，这些鱼类分布于长江、珠江等众多水系中。不同水系鱼类群落组成有很大的差异，反映流域生态环境的差异。自然界中，鱼类依据食物网的功能需要形成各自的生态位，从而形成各具特色的鱼类群落，在不同的河流生态系统中完成能量循环的相同功能。

群落中的土著种不断适应环境的变化而分化出新物种。同时，外来物种的入侵也给群落的原有结构带来冲击。鱼类群落在不断适应环境的变化而变化，体现了群落结构受时空约束的特征。

表 1-1　部分内陆水域鱼类群落组成

地区	土著种	特有种	总种类	外来种数量/种
亚速尔群岛	1 目 1 科 1 种	0 目 0 科 0 种	5 目 6 科 7 种	6
夏威夷（美国）	3 目 4 科 7 种	2 目 2 科 4 种	14 目 24 科 60 种	53

续表

地区	土著种	特有种	总种类	外来种数量/种
新西兰	8 目 12 科 42 种	6 目 6 科 21 种	12 目 16 科 63 种	21
澳大利亚	27 目 56 科 349 种	6 目 16 科 136 种	32 目 67 科 379 种	30
南非	20 目 36 科 152 种	2 目 4 科 32 种	23 目 43 科 180 种	28
安哥拉	14 目 27 科 353 种	5 目 7 科 68 种	14 目 27 科 355 种	2
津巴布韦	15 目 23 科 127 种	0 目 0 科 0 种	19 目 29 科 144 种	17
法国	18 目 23 科 73 种	2 目 2 科 3 种	20 目 30 科 99 种	26
美国（北美）	27 目 43 科 896 种	2 目 8 科 370 种	34 目 60 科 963 种	67
菲律宾	22 目 49 科 286 种	3 目 6 科 87 种	28 目 69 科 337 种	51
马来西亚	22 目 75 科 605 种	4 目 13 科 50 种	24 目 79 科 625 种	20
越南	26 目 70 科 709 种	0 目 0 科 0 种	29 目 75 科 729 种	20
泰国	27 目 75 科 806 种	3 目 9 科 19 种	29 目 82 科 828 种	22
柬埔寨	25 目 72 科 462 种	1 目 1 科 1 种	26 目 75 科 475 种	13
中国	24 目 74 科 1576 种	6 目 18 科 124 种	27 目 82 科 1603 种	27

注：数据来源于 Fishbase。

2. 中国淡水鱼类群落特征

中国是世界上河流最多的国家之一，Fishbase 记录中国内陆淡水鱼类有 1603 种。张春光等（2016）对 1384 种鱼类的功能多样性进行了研究，Xing 等（2016）、Nelson 等（2016）描述了我国淡水特有鱼类 1000 多种。各河流水系的鱼类组成，体现了鱼类对环境的适应范围（表 1-2）。

表 1-2　我国主要江河特有鱼类种类分布

江河	鱼类种类/种	特有鱼类/种	出处	参考文献
长江	426	175	*Freshwater fishes of China：species richness，endemism，threatened species and conservation*	Xing 等（2016）
黄河	127	30		
珠江	682	243		
黑龙江	124	9		
澜沧江	890	202		
额尔齐斯河	21	2	《新疆鱼类志》	中国科学院动物研究所等（1979）
伊犁河	12	4		
塔里木河	16	4		
南渡江	85	10	《海南岛淡水及河口鱼类志》《海南岛淡水及河口鱼类原色图鉴》	中国水产科学研究院珠江水产研究所等（1986）；李新辉等（2020a）

尽管不同河流鱼类群落构成不一样。但是，在大江大河中仍然有一些鱼类是广布性鱼类。广布性鱼类有些源自地壳运动的分合，将同源进化的种类分布到不同地区，也有一些是人类活动行为引入而形成的，这类鱼在全国的主要河流中有不断增加的趋势。据不完全统计，我国大部分河流分布包括青鱼（*Mylopharyngodon piceus*）、草鱼（*Ctenopharyngodon idella*）、鳡（*Elopichthys bambusa*）、赤眼鳟（*Squaliobarbus curriculus*）、餐（*Hemiculter leucisculus*）、鳊（*Parabramis pekinensis*）、银鲴（*Xenocypris argentea*）、鲢（*Hypophthalmichthys molitrix*）、鳙（*Hypophthalmichthys nobilis*）、鲤（*Cyprinus carpio*）、鲫（*Carassius auratus auratus*）、黄颡鱼（*Pelteobagrus fulvidraco*）、大眼鳜（*Siniperca kneri*）等鱼类，并成为影响当地河流生态系统的重要种类。

1）寒温带

黑龙江水系鱼类主要群系是耐寒的种类，如圆口纲的的3种七鳃鳗（*Lampetra*）；胡瓜鱼目的鲑科10种、茴鱼科2种、胡瓜鱼科1种、狗鱼科1种；鳕形目的江鳕（*Lota lota*）；鲟形目的施氏鲟（*Acipenser schrenckii*）、鳇（*Huso dauricus*）；刺鱼目的三刺鱼（*Gasterosteus aculeatus*）等冷水性种类。寒温带较为特色鱼类有卡达白鲑（*Coregonus chadary*）、黑斑狗鱼（*Esox reicherti*）、真鱥（*Phoxinus phoxinus phoxinus*）、湖鱥（*Rhynchocypris percnurus*）、犬首鮈（*Gobio cynocephalus*）等（董崇智等，1996a，1996b），也包括鲤、鲫、鲇（*Silurus asotus*）、翘嘴红鲌（*Culter alburnus*）、重唇鱼（*Hemibarbus labeo*）、蒙古红鲌（*Chanodichthys mongolicus mongolicus*）等（张春光等，2016）。

2）中温带

我国东北、内蒙古大部分地区和新疆北部冷水性鱼类较多，包括西伯利亚鲟（*Acipenser baeri*）、梭鲈（*Lucioperca lucioperca*）、北极茴鱼（*Thymallus arcticus arcticus*）、高体雅罗鱼（*Leuciscus idus*）、白斑狗鱼（*Esox lucius*）、河鲈（*Perca fluviatilis*）等来源于欧洲水系的鱼类种质资源。较为熟悉的鱼类还包括乌苏里白鲑（*Coregonus ussuriensis*）、胡瓜鱼（*Osmerus mordax*）、公鱼属（*Hypomesus*）、东方欧鳊（*Abramis brama orientalis*）、尖鳍鮈（*Gobio acutipnnatus*）、细鳞鱼（*Brachymystax lenok lenok*）、哲罗鲑（*Hucho taimen*）、江鳕、似鮈（*Pseudogobio vaillanti*）、大马哈鱼（*Oncorhynchus keta*）、鲤、鲫、翘嘴红鲌、重唇鱼（*Hemibarbus labeo*）、蒙古红鲌等（董崇智等，1996a，1996b；任慕莲，1998；任慕莲等，2002；李国刚等，2017；李树国，2000；蔡林钢等，2017）。

3）暖温带

暖温带鱼类涉及塔里木河水系、黄河、长江、海河、淮河等。主要鱼类有雷氏七鳃鳗（*Lampetra reissneri*）、短颌白鲑（*Coregonus chadary*）、拉氏鱥（*Rhynchocypris lagowskii*）、鲤、青海湖裸鲤（*Gymnocypris Przewalskii*）、兰州鲇（*Silurus lanzhouensis*）、鲫、赤眼鳟、鳊、鲢、鳙、梭鱼等（蔡文仙，2013；李思忠，2015）。

4）亚热带

亚热带区域长江水系具有较为熟悉的特色鱼类，如中华鲟（*Acipenser sinensis*）、达氏鲟（*Acipenser dabryanus*）、鳗鲡（*Anguilla japonica*）、钝吻棒花鱼（*Abbottina obtusirostris*）、棒花鱼（*Abbottina rivularis*）、鱊属（*Acheilognathus*）、光唇鱼（*Acrossocheilus fasciatus*）、鲌类等；珠江水系也分布中华鲟、鳗鲡、鲌等鱼类。特色代表性种类主要为鲤科的鲃亚科、野鲮亚科、鲃亚科，平鳍鳅科，鲇形目的长臀鮠科、锡伯鲇科、魟科、粒鲇科、胡子鲇科、鮡科、鲀头鮠科等；澜沧江水系特色种类是野鲮亚科、鳅科的沙鳅属，平鳍鳅科、鲿科、鲇科的鲇属、合鳃目的黄鳝、鳢科的乌鳢等种类，也分布有裂腹鱼亚科和条鳅亚科的种类。

5）热带

我国热带区域包括云南南部、雷州半岛、台湾省南部和海南省。特色代表性种类主要为鲤科的鲃亚科、野鲮亚科、鲃亚科，平鳍鳅科，鲇形目的长臀鮠科、锡伯鲇科、魟科、粒鲇科、胡子鲇科、鮡科、鲀头鮠科等。

6）高原气候区

青藏高原南部和东南部河网密集，为亚洲许多著名大河发源地，如长江、黄河、怒江、澜沧江、雅鲁藏布江、恒河、印度河等。青藏高原裂腹鱼类、高原鳅类、鮡类等是较为熟知的特色鱼类。

第 2 章　鱼类形态学模型

自然界环境处于不断变化之中，生物适应环境而随之变化，生态系统的群落物种构成受时间、空间的制约。物种的形态随环境变化而不断变化，当这种变化超出“种”的维度时，就会产生新的物种，形成新的群落。

物种分布和丰度的变化是生态位演化的关键过程，但大多数研究没有涉及这些领域（Gaston，1996，2009）。生态位受生物和非生物因素的影响，确立系统边界很难。物种的生态位受地理范围的大小和它如何随着时间的推移而变化的影响（Gaston et al.，2009），物种扩散和生境异质性是决定物种分布的主要因素（Shen et al.，2009），较为统一的认识是分析生态位需要减少环境不确定因素的影响（Wright et al.，2006）。人们尝试用遗传隔离、基因分化、个体或群体变异、生物入侵、气候等尺度因子划分种分布的边界范围（Sexton et al.，2009），但是减少环境不确定因素的影响仍然是群落生态学研究的难点。因此，物种分布模型在种间关系及模型的适用性方面仍受上述因素制约（Elith et al.，2009）。Clarke 等（1999）用路径长度作为物种关系的距离，同时也是群落种与种、种与环境之间关系的总和，这种表述实质上也是群落关系的体现。Hirzel 等（2002）认为建立客观反映群落各种类生态位关系的模型离不开哈钦森的生态位理论。Václavík 等（2009）认为物种分布模型需要突破难获得系统数据、难确定系统边界、系统代表性等问题。生态位的研究似乎要考虑许多因子，但环境因子无边界，人为的取值都带有主观倾向，因此可认为研究结果无法客观表述物种的纯粹“生态位”。

环境复杂性影响群落物种生态位研究，但在同一地理区域内，客观上群落各物种所受的环境条件是一致的。因此，环境因子属于公因素。在这样的概念背景下，从纯粹的种间关系角度建立模型，可以绕开环境因子边界难界定的问题，获得群落物种生态位研究的“纯粹”结果。物种的形态学性状是在种与环境、种与种相互作用下形成的，种与种不一样，是区分种类的基础。这些性状也包含了进化方面的信息，反映物种间的亲缘及系统演化过程（即物种性状包含了环境因素影响的信息）。由于分类性状的差异，种类有大小之分及食性差别，在能量利用上形成生态位互补的食物链关系，从而体现了群落构成的生态功能。形态学性状也能反映物种的迁徙（洄游）能力与栖息空间属性或范围，如空中、陆地、水下及不同水层（反映了物种的空间分布范围）。作者认为具有种属鉴别属性的性状，是可解译生态位的重要密码。

河流是带状生态系统，小尺度只能观测到片段化数据，大尺度环境异质性大，难于建立一个可系统性反映鱼类空间生态位关系的研究模型。为解决环境因素制约问题，作者尝试从形态学性状入手开展鱼类群落物种生态位关系的研究。在研究鱼类群落中，假设物种的形态学性状是物种与环境相互作用而形成，因此，每一个物种的综合形态学性状表征一种物种。由于“性状”是物种与环境相互作用的结果，综合形态学性状刻录了生态位信息。将研究河流所记录的每一种物种的形态学性状数字化，建立群落所有物种的数据矩阵，这样的数据集包含了群落生态位的信息。性状数字化后的信息就包含系统的“时间”“空间”边界，实质上也包含了群落时空维度，从而解决了群落研究难于确定边界的难题。这样的群落模型中，所确定的种类就决定了研究系统的边界。群落种类的变化即代表所研究的系统已经变化，如物种灭绝或新物种诞生是系统在时空维度发生变化的结果。

生物在演化过程中，一个种的性状是由另一种物种在适应环境中形成新的生态位初始就确定的，所以，一个种的性状是包含初始特征的。可以说群落中所有物种的性状都包含形成生态位时的初始特征，因此，针对群落的研究也可获得形成群落时初始特征的结果。研究结果赋予了群落种间关系初始生态位的概念，在现状环境处于剧烈变化背景下，需要对现状群落演替给予初始参照系进行比较，这样的研究结果或许可以担当“初始”（理论生态位）参照系的角色。

特征性状是分类学的依据，群落研究体现了系统性，数量性状反映了群落中种类的进化过程。通过对性状的量化转换，成为计算机可分析的数据，将数据信息转化为图像信息，结合理论生态位假设与现实生态位分析及图像信息空间转换方法，分析物种在研究群落中的理论生态位构成，可为评估群落演化及群落物种构建提供分析方法。千百年来物种形成分类的特征性状及种间信息形成多维体系，在计算机中，将 n 种鱼的数据构成“物种 + 性状”群落数据矩阵，经多元统计变换处理，把高维信息降维“投影”在平面直角坐标系上。经模型运算后群落中的 n 个物种以其生态位（散）点方式分布在二维平面上。平面中 n 个位点反映了群落物种的固定关系。在 n 种鱼组成的群落中，各种鱼的生态位加和值等于 1，从 1 中拆解出 n 种鱼的生态位量值化（量化为具体的百分比值）是难点。

假定在前述 n 种鱼组成的群落中，在平面直角坐标系上的位点就是反映该物种在群落中占有的生态空间关系点，具有量值属性，是量化 n 种鱼群落比例关系的关键。这样，在推导生态位量值中，赋予 n 种鱼中各种的生态位量值为 $X_i(i = 1, 2, 3, \cdots, n)$，则 $\sum X_i = 1$。在 n 种鱼形态学性状数据矩阵中，新引入假定的各物种生态位量值（随机数值，或测量的群落各物种丰度比例值）X_i 数值组的数列（它是作为矩阵中变量因子的随机数列），构成“物种（假设 n 种鱼）+性状+假设生态位量值”的新矩阵。此时，在模型分析的二维图中，除了原有 n 种鱼的位点外，增加了一个表征物种生态位量值的位点 A（A 是序列号不定变化序列的代称，在数据矩阵中随研究群落物种数量多少而变化。鱼类形态学模型软件确定其排序为紧接物种后的变量，在后续 19 种鱼的示例中，A 是所研究的二维图中的数字“20”），A 与坐标原点的连线距离定义为生态位偏离值。A 离坐标原点越远，则群落中 n 种鱼生态位处于越不平衡状态。反之，当偏离值为 0 时，群落各物种生态位处于各物种关系最合理的平衡状态。因此，偏离值可以成为群落物种适应环境变化的度量。

形态学参数的矩阵分析模型，集分类特征的精华，扩展了性状差异分析在量化群落生态位中的应用。建立形态学参数高维分析模型，从空间生态位角度研究群落构成，其随机样本的分析方法回避了现实中物种边界概念，尤其适合于群落标准、群落重构分析。本书只使用物种的性状对群落构成展开研究，消除了环境因子不确定性的干扰，获得的群落物种关系结果显得更纯粹，是一种反映客观生态位的研究方法。

本研究模型中，以“物种+性状”的群落二维坐标为参照系，通过“纠正”“物种+性状+假设生态位量值”中的 A 值（通常偏离坐标原点）趋 0 的方式，最终得到群落各物种的生态位量值 A'（总值为 1）。这时 A'对应的迭代结果视为各种鱼在群落中占有的比例值，并作为群落各种“理想”的生态位值。依托分析模型，以各种鱼在二维图的矢量（其实是标量）值大小为先后迭代顺序，调整各种鱼的生态位量值，令 A 点逼近（达到）坐标原点为目标获得 A'。A'反映了研究群落各物种的比例值，即自然生态位的测算值。

以鱼类群落中的种为单元，建立分类学参数作为变量的种间关系研究方法，以物种确定研究系统的边界，模型中物种之间的位置关系定义群落种间最适生态位关系，即为理想生态位关系。在理想生态位状态下，各物种在群落中占有的比例（空间、丰度、生物量等）处于最合理的状态，即符合生态系统能量的最大利用率状态，各物种间的拮抗率综合值为 0。受环境突变的影响，生态位失衡在群落物种的变化体现在丰度、生物量变化上。生态位失衡导致群落物种比例失衡，各物种间的拮抗率综合值的绝对值大于 0。因此，可在模型所反映的群落生态位偏离 0 与绝对值大于 0 之间，建立评价群落状态（或为群落物种重构）对照系，解决难于评价群落变化的难题。本章介绍建立量化评估群落物种的生态位的模型研究方法。

2.1　多元统计分析

多元统计分析能够在多个对象和多个指标互相关联的情况下分析它们的特征规律。

如果每个个体有多个观测数据并能表征为 P 维欧几里得空间的点，那么这样的数据叫作多元数据，而分析多元数据的统计方法就叫作多元统计分析。

多元统计分析有狭义与广义之分，狭义多元统计假定数据总体分布是多元正态分布，其他称为广义的。狭义多元统计分析应用较广，按分析所处理的问题性质进行分类，大致有如下几种。

1. 回归分析

回归分析是定量两种或两种以上变量间相互依赖关系的一种统计分析方法。按照涉及的因变量的多少，分为简单回归分析和多重回归分析。按照自变量的多少，可分为一元回归分析和多元回归分析。一个自变量和一个因变量的回归分析，如果两者的关系可用一条直线近似表示，称为一元线性回归分析。回归分析如果包括两个或两个以上的因变量，且因变量和自变量之间是线性关系，称为多重线性回归分析。自变量和因变量之间的关系不能用近似直线表示，则称为非线性关系，针对非线性关系的分析，称为非线性回归分析。

2. 判别分析

判别分析是在一定分类条件下，根据研究对象的各种特征值来确定对象类型的分析方法。基本原理是按照一定的判别准则，建立一个或多个判别函数，用研究对象的大量数据判别函数中的待定系数，并计算判别指标，从而确定某一未知样本的归类。样本分类的方法，可分为参数法和非参数法、定性判别分析和定量判别分析法。按判别的数据组数来区分，可分为两组判别分析和多组判别分析方法；按判别所用数学模型来区分，有线性判别和非线性判别类型；按判别时处理变量的方法划分，可分为逐步判别和序贯判别等。

3. 聚类分析

聚类分析又称群分析。该法将物理或抽象对象的集合分组为由类似的对象组成的多个类，通过衡量不同数据源间的相似性，把数据源分类到不同的簇中。聚类分析是一种探索性的分析，在分类的过程中，不用事先给出分类的标准，从样本数据出发自动进行分类。使用不同的聚类分析方法常常会得到不同的聚类结果，需要研究人员判断分析结果是否适用。

4. 主成分分析

主成分分析是将多个变量通过线性变换的方式，重新形成具有代表性的较少个数变量的一种多元统计分析方法。其过程是设法将原来变量重新组合成一组新的互相无关的几个综合变量，同时根据实际需要从中可以取出几个较少的综合变量，尽可能多地反映原来变量的信息的统计方法，也是数学上用来降维的一种方法。

5. 对应分析

对应分析也称关联分析、*R-Q* 型因子分析。通过分析样本和变量构成的交互汇总表来揭示变量间的联系。如果研究对象是样本，则采用 *Q* 型因子分析，即寻找样本的公共因子的因子分析；如果研究对象是变量，则采用 *R* 型因子分析，即寻找变量的公共因子的因子分析。它可根据 *R*、*Q* 型因子信息的内在联系，揭示同一变量的各个类别之间的差异，以及不同变量各个类别之间的对应关系。把众多的样本和众多的变量同时降维在同一张图上，将样本的大类及其属性在图上直观而又明了地表示出来，对样本进行直观的分类，而且能够指示分类的主要参数（主因子）以及分类的依据，省去了因子选择和因子轴旋转等复杂的数学运算及中间过程。

6. 因子分析

因子分析是指从变量群中提取共性因子，找出隐藏的具有代表性的因子。将相同本质的变量归入一个因子，可减少变量的数目，还可检验变量间关系的假设。

7. 典型相关分析

典型相关分析是研究两组随机变量的相关性。在两组变量中，分别提取有代表性的两个综合变量 U_1 和 V_1（分别为两个变量组中各变量的线性组合），利用这两个综合变量之间的相关关系来反映两组指标之间的整体相关性。

2.2　形态学数据模型

在自然界中，物种形成以及物种间的竞争、互利及与环境间的关系是群落生态学研究的基本内容。物种之间的关系影响群落状态（Vellend，2010），群落构成与地理范围有关（Anderson et al.，2010），说明在模型研究中群落与物种的分布区域的选择会影响研究结果，现实中群落的边界很难确定。在实际评价或建模中，很难得到完整的群落物种数据，导致模型分析不全面。小范围分布的种类往往由于占有的生态位小、种群少而难于监测，难于纳入模型系统研究。采用多年的群落物种历史资料，依据系统性资料积累记录的物种分布数据，可以更全面反映物种群落关系及生态系统的结构与功能。在系统发育群落结构比较分析中，也可揭示当代生态系统中物种的相互作用的起始与发展，对不同空间尺度和不同营养级群落的系统发育结构的研究也有助于理解性状的进化（Vamosi et al.，2009）。

鱼类的性状可以表征其生态功能，鱼类的营养级位置与其特化的功能性形态相对应。如大眼鳜（*Siniperca kneri*）有较大的头部比例，头高，背鳍靠前，眼睛较大且靠上，纺锤形体形，这些形态特征适合其伏击捕食的功能；大眼近红鲌（*Ancherythroculter lini*）、鳡（*Ochetobius elongatus*）等，身体呈梭形，背鳍和尾鳍靠后，有较深的叉尾，较长且较窄的尾柄，头部面积较小，这些形态特征有利于快速捕食。植食性鱼类相对肠长较长，而肉食性鱼类相对肠长较短，与各物种获取能量过程或能量生态位有关。口裂的大小、眼位、眼径、口位和口须与捕食有关，也与生态位有关。鱼类在生态系统的功能过程通过食物链系统体现，其中物种是功能的基础单元，因为物种与性状关联，所以物种的性状也与其在生态系统中的功能关联。不同鱼类有不同的性状，性状特征代表种特征，通过群落种类的性状特征建模，可以用于分析群落中的物种关系。本书采用形态学性状进行群落特征研究，相同的环境因素作为公因素而不纳入考虑，模型采用多元统计的对应分析模型方法。

2.2.1 数据源

本书依据鱼类分类学的形态识别性状（张春霖，1960；伍献文等，1963，1964；中国水产科学研究院珠江水产研究所等，1986，1991；郑慈英，1989；褚新洛等，1989，1990；广西壮族自治区水产研究所等，2006；伍律等，1989；湖南省水产科学研究所，1977），提取了 59 个用于区分鱼类种类的形态学性状作为建模候选因子。形态学性状数字化为可区分的数值。对定性性状，如“口位”，通常鱼类分类学中描述为“口位上位”“口位下位”“口位端位”，三种类型可分别数字化为“1”“2”“3”；类似性状如“尾鳍钝形”“尾鳍尖形”“尾鳍圆形”“尾鳍叉形”……，分别用数值“1”“2”“3”“4”……表示。性状数值可直接在矩阵表中列示。几种鱼类 59 个形态学性状数值如表 2-1。

表 2-1 几种鱼类形态学性状数值示例

序号	性状	性状数值		
		青鱼	壮体沙鳅	子陵吻虾虎鱼
1	口位	3	3	3
2	尾鳍性状	3	2	1
3	鳔室数目	2	2	0
4	上颌/下颌	1.5	1.5	0.1

续表

序号	性状	性状数值		
		青鱼	壮体沙鳅	子陵吻虾虎鱼
5	鳃耙 I	0	0	0
6	鳃耙 II	18	36	9
7	舌齿	0	0	0
8	下咽齿 I1	4	0	0
9	下咽齿 I2	0	0	0
10	下咽齿 I3	0	0	0
11	下咽齿 II1	5	0	0
12	下咽齿 II2	0	0	0
13	下咽齿 II3	0	0	0
14	背鳍硬棘 I	3	3	6
15	背鳍硬棘 II	0	0	1
16	背鳍分支鳍条*	7.0	8.5	8.5
17	臀鳍硬棘	3	2	1
18	臀鳍分支鳍条*	8	5	7.5
19	胸鳍硬棘	1	1	0
20	胸鳍分支鳍条*	16.0	12.5	18.5
21	腹鳍硬棘	1	1	1
22	腹鳍分支鳍条	8	7	5
23	体长/体高 I	3.7	3.6	4.2
24	体长/体高 II	3.80	4.05	4.60
25	体长/体高 III	3.9	4.5	5
26	体长/头长 I	3.5	3.5	2.9
27	体长/头长 II	3.65	3.55	3.00
28	体长/头长 III	3.8	3.6	3.1
29	头长/吻长 I	4.0	2.0	2.8
30	头长/吻长 II	4.30	2.25	2.95
31	头长/吻长 III	4.6	2.5	3.1
32	头长/眼径 I	5.2	4.5	4.9
33	头长/眼径 II	5.4	5.2	5.0
34	头长/眼径 III	5.6	5.9	5.1
35	头长/眼间距 I	2.3	3.6	6.5
36	头长/眼间距 II	2.35	4.20	7.00
37	头长/眼间距 III	2.4	4.8	7.5

续表

序号	性状	性状数值		
		青鱼	壮体沙鳅	子陵吻虾虎鱼
38	尾柄长/尾柄高	1.38	1.08	2.25
39	侧线鳞 I	42	0	0
40	侧线上鳞 I	6	0	0
41	侧线上鳞 II	6	0	0
42	侧线上鳞 III	6	0	0
43	侧线下鳞 I	4	0	0
44	侧线下鳞 II	4	0	0
45	侧线下鳞 III	4	0	0
46	侧线鳞 II	43	0	0
47	背鳍前鳞 I	15	0	20
48	背鳍前鳞 II	16	0	45
49	背鳍前鳞 III	17	0	70
50	围尾柄鳞 I	16	0	12
51	围尾柄鳞 II	16.5	0	19.0
52	围尾柄鳞 III	17	0	26
53	吻/眼径	1.4	2.5	1.8
54	上颌须	0	1	0
55	吻须（对）	0	2	0
56	背鳍位置 I	2	2	1
57	背鳍位置 II	2	3	4
58	背鳍形状	1	1	2
59	腹鳍数量	5	5	3

注：“0”表示为无此性状。

*表格中的非整数为变化幅度的平均值。

2.2.2 数据矩阵

鱼类形态学模型需要有反映鱼类群落各种类分类性状的数字化样本信息，数据矩阵如式（2-1）所示。其中 n 为所研究鱼类群落的物种数（即模型统计分析的样本）。p 为区分群落中各种鱼类的分类性状（即模型统计分析的变量）数据列（1～p），其中包含定性和定量数据。

式（2-1）表示当数据矩阵有 n 个样本、p 个因子、一个目标（即第 $p+1$ 列）时，其中各样本对应因子数据 X_{ij}，目标数据 Y_i（软件运行需要，而鱼类形态学模型不需要目标因子，但仍要加入虚拟数值）时构成的形式矩阵。

$$\begin{pmatrix} X_{11} & X_{12} & \cdots & X_{1p} & Y_1 \\ X_{21} & X_{22} & \cdots & X_{2p} & Y_2 \\ \vdots & \vdots & & \vdots & \vdots \\ X_{n1} & X_{n2} & \cdots & X_{np} & Y_n \end{pmatrix}_{n\times(p+1)} \tag{2-1}$$

2.2.3　对应分析模型原理

对应分析主要反映一个整体中因子和样本的不同侧面间的内在关系。为了实现将研究因子间、样本间、因子与样本间的相互关系的信息共同反映在二维平面上，模型将 R 型因子分析和 Q 型因子分析结合起来进行统计分析。分析过程从 R 型因子分析出发，直接获得 Q 型因子分析结果。中间借助过渡矩阵 $\boldsymbol{Z}$ 先求出变量的协方差矩阵 $\boldsymbol{A}$ 和样本的协方差矩阵 $\boldsymbol{B}$，然后求出 $\boldsymbol{A}$ 的特征根及特征向量，并求出 $\boldsymbol{B}$ 的特征根及特征向量，最后获得 R 型因子及 Q 型因子的载荷矩阵，实现将因子、样本信息在相同二维平面呈现的效果。

变量的协方差矩阵 $\boldsymbol{A}$：先求出第 i 个变量与第 j 个变量的协方差矩阵 $\boldsymbol{W}_{p\times n}$（$p$ 为因子数，n 为样本数）。有

$$\boldsymbol{Z}_{p\times n} = \boldsymbol{W}_{p\times n} \tag{2-2}$$

变量的协方差矩阵为

$$\boldsymbol{A} = \boldsymbol{Z}\boldsymbol{Z}' \text{（}\boldsymbol{Z}'\text{是 }\boldsymbol{Z}\text{ 的转置矩阵）} \tag{2-3}$$

变量 R 型因子分析：因子轴是矩阵 $\boldsymbol{A}$ 的特征向量与其对应特征值的方根的乘积，即

$$F_\alpha = (\boldsymbol{u}_{1\alpha}, \boldsymbol{u}_{2\alpha}, \cdots, \boldsymbol{u}_{p\alpha})'\sqrt{\lambda_\alpha} \tag{2-4}$$

$$(\alpha = 1, 2, \cdots, m, m < p)$$

其中，λ_α 为矩阵 $\boldsymbol{A}$ 的特征值（也是第 α 个因子在总方差中的贡献），而$(\boldsymbol{u}_{1\alpha}, \boldsymbol{u}_{2\alpha}, \cdots, \boldsymbol{u}_{p\alpha})'$为对应 λ_α 的特征向量。

样本的协方差矩阵 $\boldsymbol{B}$：用同样方法可以求出样本的协方差矩阵 $\boldsymbol{B}$，有

$$\boldsymbol{B} = \boldsymbol{Z}'\boldsymbol{Z} \tag{2-5}$$

主因子个数及 R 型因子的载荷矩阵：根据线性代数的定理可知，矩阵 $\boldsymbol{A}$ 与矩阵 $\boldsymbol{B}$ 有相同的非零特征根，因此可以从 R 型因子分析出发，直接获得 Q 型因子分析的结果。利用 $\boldsymbol{A} = \boldsymbol{Z}\boldsymbol{Z}'$求出特征值，$\lambda_1 \geqslant \lambda_2 \geqslant \cdots \geqslant \lambda_p$，当累计方差贡献率$(\lambda_1 + \lambda_2 + \cdots + \lambda_m)/(\lambda_1 + \lambda_2 + \cdots + \lambda_p)$在 70%～85%时（其取值随 m 的增大而减小），m 便是主因子的个数。选择 m

个特征根 $\lambda_1, \lambda_2, \cdots, \lambda_m$ 和对应的单位特征向量 $\boldsymbol{u}_1, \boldsymbol{u}_2, \cdots, \boldsymbol{u}_m$，便可求出 R 型因子载荷矩阵为

$$\boldsymbol{F} = (u_{i\alpha}\lambda_\alpha)_{p\times m} \tag{2-6}$$

Q 型因子的载荷矩阵：因 $\boldsymbol{B} = \boldsymbol{Z}'\boldsymbol{Z}$，其前面的特征值也是 $\lambda_1 \geqslant \lambda_2 \geqslant \cdots \geqslant \lambda_m$，对应的单位特征向量为 $\boldsymbol{V}_1 = \boldsymbol{Z}'U_1, \boldsymbol{V}_2 = \boldsymbol{Z}'U_2, \cdots, \boldsymbol{V}_m = \boldsymbol{Z}'U_m$，可得 Q 型因子载荷矩阵为

$$\boldsymbol{G} = (V_{j\alpha}\lambda_\alpha)_{n\times m} \tag{2-7}$$

通过 R 型因子和 Q 型因子的载荷，便可在两因子轴的平面上作出变量（因子）和样本点的降维图。

2.2.4 方差贡献率

在多元统计分析中，要对 m 个原始变量信息进行线性变换，构建 m 个新的变量（称主因子或主成分），变换时把信息重新整合、集中并分配到各个主成分去。每一个新变量都包含 m 个原始变量的信息，但它们又相互独立。在求取各个主成分的特征值 λ_i 及特征向量时，按照各个主成分的方差大小进行排序，第一主成分方差最大，第二主成分方差次之……最后一个主成分的方差最小。各个主成分（在降维图指各主轴）的方差占总方差的比例即是方差贡献率，它也反映降维图中各主轴含有总信息的比例。方差贡献率可理解为信息占有率，贡献率越高表示该主成分越重要。第 i 个主成分的方差贡献率（C_i）为

$$C_i = \lambda_i / (\lambda_1 + \lambda_2 + \lambda_3 + \cdots + \lambda_m) \tag{2-8}$$

在多元统计分析中，解读降维图需要了解各主轴方差贡献率。主轴的方差贡献率越高，反映信息占有率越高，分析的客观性、可靠性越强。在多元统计分析中，把矩阵的高维数据信息降维至二维图形时，第一、第二主轴的方差贡献率累计值表示图形解读的可信度量值。如果第一、第二主轴的方差贡献率累计达到 75%以上（如果维数较高，可以适当降低累计值要求），表明二维图所含总信息高于 75%。模型参数的筛选特别要关注方差贡献率及其累计值的大小，方差贡献率及其累计值越大，二维图体现的信息可信度越高。通常，第一主轴的方差贡献率会大于第二主轴，此时样本（或变量）点在水平轴的位置重要性便大于第二主轴（纵轴）。因此，样本（或变量）点在第一主轴“坐标”绝对值的影响力度通常大于第二主轴。

鱼类群落模型二维图结果中，相邻近的样本点之间的关系密切，或可视为一类性质相似的样本。同样，也可视为对样本有相似影响的因素，可归为同一类；当研究样本与因子关系时，若样本与因子关系越密切，因子对样本的影响越大。当然，在研究点与点

位置关系时，还要注意不同轴所占的方差贡献率（信息比例）差异对结果的影响。

2.2.5 鱼类群落种间关系图表征

鱼类形态学模型分析结果可以用二维图方式表征，即利用研究对象在平面图上 X 轴和 Y 轴的不同坐标（值），研究群落各种类（样本）和各种共同的性状（变量）间的关系。依据矩阵提供的信息，经模型运算获得以可区分的位点方式分布在二维平面中。平面图四角标示的数字为群落种间关系坐标轴的最大值、最小值，其值只有相对意义，由模型计算矩阵后确定。二维图坐标原点与样本或变量位点之间的连线分别反映该样本或变量的矢量（长度），可视为体现群落各种空间关系的度量。通过模型分析可获得三种形式的二维分布图。

1. 物种与性状关系

群落的物种-性状矩阵经对应分析结果反映在二维平面中。种、性状以编号的圈点表示，物种排列依据矩阵中物种的序列编号；性状排列依据矩阵中“性状的序列编号 + 最大物种数”确定编号（如物种数为 1, 2, 3, …, 10；性状第一编号在图形中为“1 + 10”，编号 11，性状第二编号为 12，……）。连接圆圈与坐标原点的连线表示物种或性状与坐标系之间的位置关系，其值由图角标示的 X，Y 轴值决定。

图 2-1 是以 19 种鱼类为群落，配以表 2-1 的 59 个分类性状数值因子构成（19×59）的矩阵的模型分析结果。图中数字 1～19 代表 19 种不同的鱼类，分别是：“1”代表青鱼；“2”代表草鱼；“3”代表鲢；“4”代表鳙；“5”代表广东鲂；“6”代表鳊；“7”代表银鲴；“8”代表赤眼鳟；“9”代表鲮；“10”代表鲤；“11”代表鳡；“12”代表鳍；“13”代表大眼鳜；“14”代表美丽沙鳅；“15”代表鳘；“16”代表银鮈；“17”代表银飘鱼；“18”代表白肌银鱼；“19”代表子陵吻虾虎鱼。数字 20～78 分别代表不同的变量（即分类性状），顺序如表 2-1 性状参数纵列的顺位。

2. 种间关系

群落的物种-性状矩阵经对应分析结果反映在二维平面中，种以编号的圈点表示，编号依据矩阵中物种的序列号。圈与坐标原点的连线均表示种与坐标系的位置关系，其值由图角标示的 X，Y 轴值决定。

图 2-2 以 19（种）×59（性状）矩阵分析结果，由图 2-1 去除性状相关的结果，图中数字 1～19 代表 19 种不同的鱼类。

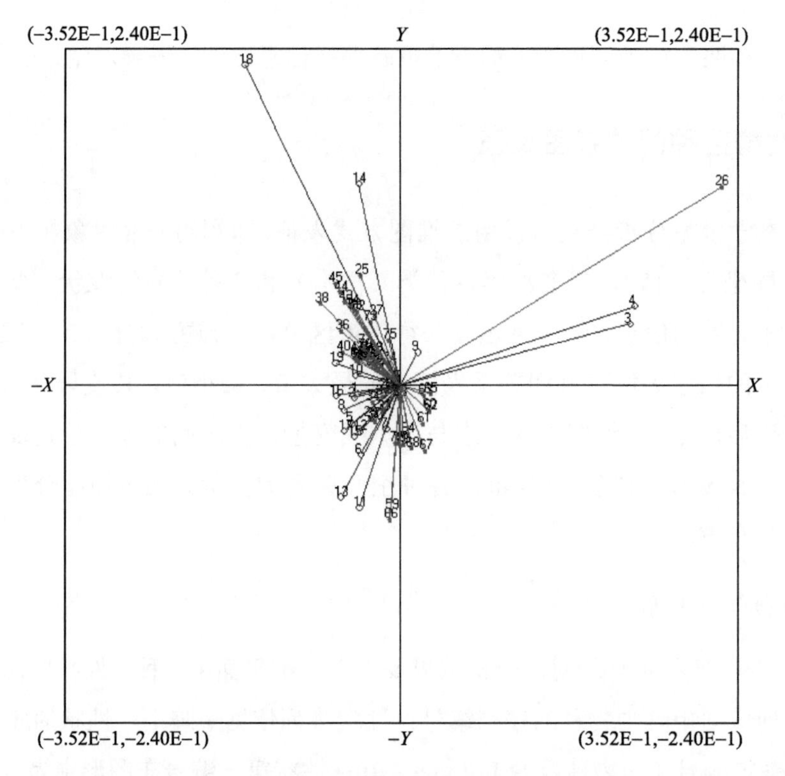

图 2-1　19（种）×59（性状）矩阵的物种-性状关系二维图

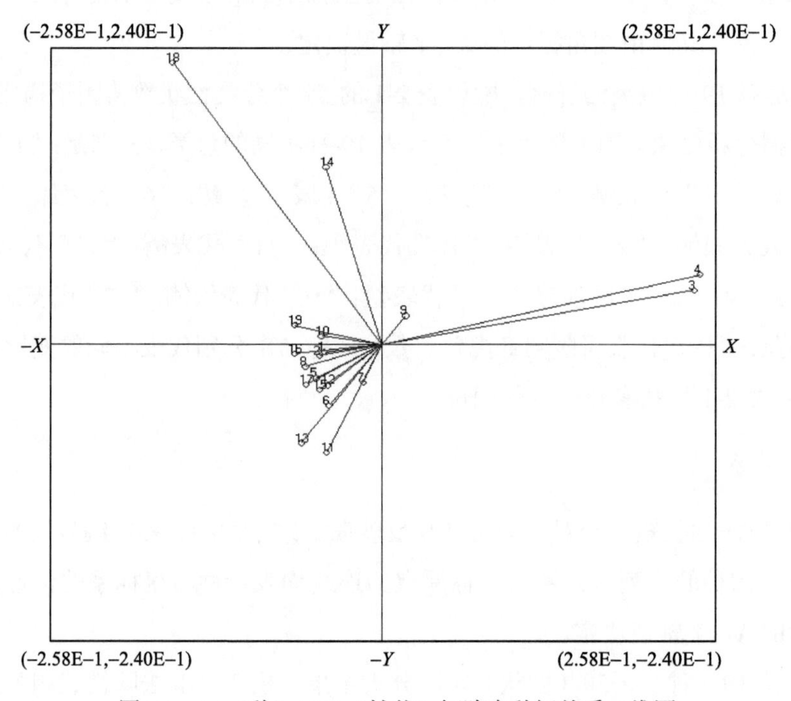

图 2-2　19（种）×59（性状）矩阵中种间关系二维图

3. 性状关系

群落的物种-性状矩阵经对应分析结果反映在二维平面中，圈代表不同的性状，编号依据矩阵中“性状的序列编号＋最大物种数”。

图 2-3 以 19（种）×59（性状）矩阵分析结果，由图 2-1 去除种相关的结果，图中数字 20～78 代表 59 种不同的性状。

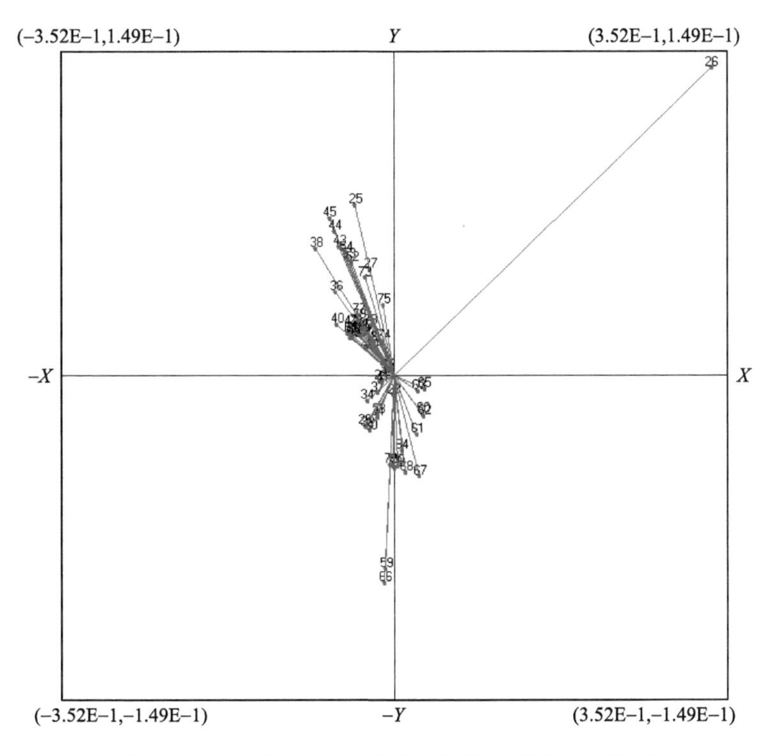

图 2-3　19（种）×59（性状）矩阵性状关系二维图

4. 坐标

群落种间关系降维分析后，每个种在二维图中都有对应的坐标。同一个数据矩阵，行（因子）或列（样本）位置的变化，不会影响群落中鱼种的二维坐标值，即坐标具有唯一性。当然，不同的种类或性状因子构成的数据矩阵，代表各种位置的坐标值便不相同。表 2-2 是依据图 2-1 数据得到 19 种鱼的坐标值。

表 2-2　59 个性状因子表征的 19 种鱼的坐标值

序号	鱼类种类	*X* 轴坐标值	*Y* 轴坐标值
1	青鱼	−0.044 874	−0.005 854
2	草鱼	−0.048 582	−0.008 689

续表

序号	鱼类种类	X 轴坐标值	Y 轴坐标值
3	鲢	0.240 778	0.044 257
4	鳙	0.245 318	0.057 038
5	广东鲂	–0.051 155	–0.026 847
6	鳊	–0.041 304	–0.048 978
7	银鲴	–0.014 737	–0.030 6
8	赤眼鳟	–0.059 231	–0.017 54
9	鲮	0.017 656	0.023 696
10	鲤	–0.046 981	0.007 503
11	鳡	–0.042 912	–0.086 624
12	鳍	–0.042 176	–0.032 617
13	大眼鳜	–0.062 285	–0.079 371
14	美丽沙鳅	–0.043 638	0.143 961
15	鳘	–0.048 5	–0.036 018
16	银鮈	–0.067 134	–0.007 238
17	银飘鱼	–0.058 6	–0.032 028
18	白肌银鱼	–0.162 126	0.228 608
19	子陵吻虾虎鱼	–0.067 629	0.016 062

5. *方差贡献率表征*

方差贡献率是模型分析结果中各维的信息占有率。在二维图形中，只标示了 X 和 Y 二维，但系统分析中后台可体现各维信息的占有率。

在图 2-1 示例的 19 种鱼、59 个因子数据矩阵降维分析中，各维所占的信息如图 2-4 所示。各轴方差贡献率加和值为 1，其中，第一轴方差贡献率为 0.44，第二轴方差贡献率为 0.24，第三轴方差贡献率为 0.1，第十四轴及以后方差贡献率太小已经无法显示。图中第一轴、第二轴方差贡献率累计为 68%，说明通过模型导出的二维图表达的信息率达到 68%（因维数达 59，累计方差贡献率值已经满足分析要求）。

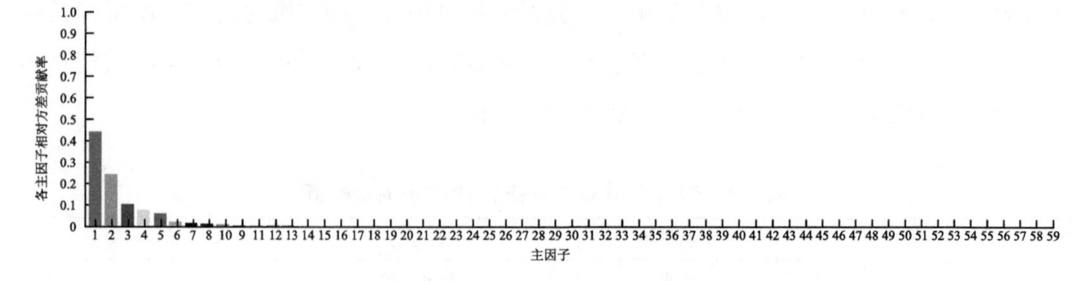

图 2-4　19 种鱼、59 个因子数据矩阵各主轴的方差贡献率

模型分析结果经方差检验满足分析需要，二维图的物种关系即为符合分析要求的结果。

2.3　鱼类形态与群落生态位模型

在群落构建学说中，一种学说认为物种种间是竞争关系（Green，1971），群落构成受物种类别所支配；另一种学说认为群落中物种的类别变化由偶然性支配（Hubbell，2001），其丰度受群落生物总量约束（de Mazancourt，2001）。竞争理论认为生态位类似的物种不可能共存，随机理论认为有相似生态位要求的物种能够共存。Ulrich 等（2010）观察到由生态位分化与新物种形成共同发生的证据，生态系统的生物构成具有其复杂性，维持系统的功能需要多样性，因此群落中出现物种竞争与类似生态位物种共存的现象。这与系统功能需要满足适应环境高度变化的需要有关，体现了生态系统具有多样性或高缓冲功能。物种的分布受多维空间制约，通过多维超空间向量可表征生态位（Drake et al.，2006）。Drake 等（2006）在哈钦森的生态位概念下，构建 106 种植物及其生长相关的 9 个环境因子模型，通过向量表征哈钦森的生态位。Burns 等（2011）分析了系统发育距离与生态相似性之间的关系，通过讨论系统发育相似性与生态位之间的作用关系，解释群落结构的机制。在系统发育过程中，生态位保守性（生境过滤）和物种相互作用（竞争或互利）的强度影响群落结构。

生物多样性及生态系统研究需要发展功能、群落、生物地理等方面的研究，需要从量化分析方面拓展生态学与分类学相结合的方法（Naeem et al.，2003），拓展量化研究种群和群落的分析方法（Jacobson et al.，2010），量化研究是生态学发展的需要（Devictor et al.，2010），生态群落在空间上表现出极其复杂的变异模式，物种分布模型准确性受样本量的影响（Stockwell et al.，2002），量化空间和环境因素对物种分布模式的影响是群落生态学研究的主要目标之一（Henriques-Silva et al.，2013）。生态位是许多生态应用的核心，认识生态位，可从群落物种的系统发育视角分析共存物种之间的进化关系，将系统发育上分离分类群的节点数作为衡量它们的系统发育相关性的指标，从中了解群落物种的系统发育结构，探索群落生态位结构的基础和性状进化关系等（Webb et al.，2002）。

当前的生物多样性危机正在促使生态学家和保护生物学家开发模型，以预测人类引起的自然资源转化对物种分布的影响，试图理解生物多样性模式的驱动因素。物种的生态位分布与环境有关（Randin et al.，2006），基于环境变量，可以解释鱼类种群构建机制，推断某一特定机制的存在或作用及假设机理等（Miller，2007）。预测物种分布的统计模型包括广义线性模型、广义附加模型、量化回归、结构方程建模、地理加权回归等（Austin，2007）。

模型需要具有解释性、预测能力并能减少模型的过度拟合提供良好的平衡（Rangel et al.，2012）。尽管科学家做了很大的努力，但人们逐渐认识到所研究的对象、模型、形成的学说都是局部的、有局限性且难于包罗万象。对生物群落的研究如同自然科学的其他领域一样，需要取各家之长，尽可能多角度观测研究才能更全面地了解生物的群落。

哈钦森生态位概念适用于种间竞争对物种分布格局形成的作用，Pulliam（2000）通过量化生境特定种群与生态位维度的时间和空间变化关系，更全面地表示生态位宽度、生境可用性和分散以及种间竞争本身的影响，观察到物种分布与合适栖息地的可用性之间的关系。Jackson 等（2000）通过物种群落重组模型回溯了某一历史时期的环境状况与生物响应的形式。例如，第四纪晚期气候变化在大的时间尺度上持续发生，生物群落变化幅度随时间跨度的变化而变化。陆地动植物种群因生境变化出现迁移或灭绝，结果也反映了环境变化的程度和速度。生物群落受空间过程的影响，群落中物种具有各自的空间结构特征。

种间关系可以用数量性状分析，也可通过分析遗传基因来获得。Clarke 等（1999）认为物种距离实质上是群落中种间关系的体现，同时也是特定种与种之间、环境之间关系的总和。Elith 等（2006）建立了用博物馆的标本数据研究物种分布与种间关系的分析方法。通过评估生态系统内物种分类学差异可获得诸如生物多样性分类特征指标（Leonard et al.，2006）、多样性指标与群落结构关系、传统的多样性和新型物种多样性与丰富度关系、群落构成的空间生态位关系的结果（Shen et al.，2015）。Anderson 等（2010）认为基于种类分布与生态位的研究需要考虑物种的分布范围，选择合适的研究范围。说明在模型研究中群落与物种的分布区域的选择会影响研究结果，现实中这种研究边界问题很难确定。但“相对生态位”的概念为群落生态学打开了方便之门。群落生态学最一般的形式是种间关系，也即是生态位关系，关键是需要建立量化分析群落生态位的方法。群落物种多样性的种间关系模式受选择、漂移、物种形成和扩散过程的影响，其中，物种的适应度差异可代表物种间关系，丰度变化代表漂移关系，新物种形成代表产生了新的性状，生物体跨越空间的运动代表扩散。群落动力学理论认为物种通过物种形成和扩散被添加到群落中，然后这些物种的相对丰度通过漂移和选择以及持续的扩散来驱动群落动态。揭示群落种间关系的钥匙是掌握生物的空间分布或物种的空间占有量的数据（Vellend，2010）。

物种形成是生物与环境相互作用的结果。虽然生物受不断变化的环境影响，机体在不断适应环境，但种的特征一直没有改变，也即体现种的分类特征未改变。这里的环境是包含特定物种之外的其他种类及生存条件，也包含食物竞争、掠食与被掠食等因素。因此，种的形态特征刻录着受环境影响的信息，即生态位信息。分类学参数量化了物种的特征，也量化了群落的种间差异，这样的数据解决了群落物种关系的量化问题，也解决了分析生态位的数据源问题。种与环境之间的关系通常也被认为是生态位的关系，物种的生态位可用空间占有的位置来表示。生态位的空间量值可用空间占有率（%）表示。在系统学概念范围中，群落中各物种占有的生态位总和为1。

2.3.1　物种关系模型

生态系统地理边界与物种关系是困扰群落生态学研究的因素，因为物种在不同大小地理范围对环境的响应不同（Gotelli et al.，2003）。生物群落的功能最终反映在物种组成、物种丰富度和分类多样性的变化上（Heino et al.，2005）。群落形成跨越空间，不确定的动态过程、生物相互作用和群落生态学效应最终都体现在物种的分布差异及功能性状差异上（Guisan et al.，2005）。

地理范围大小与群落中物种的个体大小呈线性正相关关系，然而在小范围环境中，最大与最小的物种出现率低，中等个体的物种出现率高（Inostroza-Michael et al.，2018）。生物种类的地理分布范围的差异达到不同数量级。微生物种类很少大范围占有生态空间，然而，具有局部分布丰富的特征。微生物分布范围的差异通常可以从分类特征、表型性状、基因组属性和生境偏好来预测（Choudoir et al.，2018），说明群落生态位研究可以通过生物学特征性状来揭示。群落所处的环境不同，体现在生态系统中的功能状态也不同，环境决定群落物种组成。在研究群落生态位中，时间维度的地质信息、进化方面的生物信息都可用于群落生态位变化分析（Dudei et al.，2010），挖掘数据库数据对物种关系模型研究很重要（Kéry et al.，2010）。

Zintzen 等（2011）在研究海洋水深梯度环境下鱼类群落中，发现各水层群落种类数目具有稳定性，没有随深度变化发生明显变化。按深度划分环境，不同深度的鱼类组成有差异，群落之间物种组成的分类相似性随深度增加而减小，平均分类差异没有明显的深度梯度模式，但在更深的样本中构建的物种之间的分类树比较浅的样本具有更多的可变路径长度。在深度上存在分类上不同、功能高度相关物种共同分布相同深度的现象，这表明在相对稳定的极端环境中（黑暗、相同水压）形成了功能生态位，也说明特定环境有特定的鱼类来占领群落生态位，完成生态系统的功能，这是群落功能生态学的基础。从大的时空尺度上看生态系统中的物种，体现物种特征的是“性状”，性状消失必然导致物种消失，出现新的性状必然产生新物种。在模型研究中，物种的性状值是固定不变的，群落变化反映在物种的丰度变化上。相同种类构成的群落中，物种通过丰度变化调节种间关系，实现生态位平衡。

在数学分析系统中，群落中物种生态位的关系并非排他性机制，系统中能量的合理分配使物体对空间的占有有先到先得的特征（Aarssen et al.，2006），后来物种总是靠挤占原有物体占有的空间才能获得相应的位置。因此，早出现的物体占有的空间位置大，随后被后来者逐渐挤迫而占有空间位置逐渐减少。

鱼类形态学模型，集分类特征的精华和扩展性状差异的分析功能，通过建立以性状为变量的多维模型，将群落种类设为样本，把分类性状作为变量因子，从数学的多维度研究种类在群落中的空间关系。通过二维坐标、矢量双重定位将种在群落中的空间位置确定，勾勒出群落空间生态位概念。种间互利、竞争是决定生态位的要素，又是群落构成的关键。在模型中，只选择物种各分类性状，回避了现实中物种及环境边界概念，模型适合于群落纯物种关系分析，可为群落适应环境变化过程的生态位演化提供参照系，也可为群落重构物种生态位关系提供分析手段。

物种丰度是群落物种生态位的关键性指标之一。本书用“物种＋性状”建立研究群落物种关系的鱼类形态学模型。用坐标标定的方式固化模型群落的物种空间位置关系，并定义其为群落物种的理想生态位。随后引入各物种丰度比例为综合变量（可随机引入，原则是各物种丰度比例加和等于 1），将综合变量变化与固化的群落物种空间位置关系进行比较，从物种的丰度比例关系（综合变量）实现生态位的量化研究。

模型以多元统计分析为基础，将“物种＋性状”关系固化为群落物种的空间关系，获得群落各种二维坐标、矢量，构建空间生态构象，作为群落各种理想生态位格局的标准。引入物种丰度比例作为生态位量值指标，并假设理想状态下群落各种的生态位量值需要满足“物种-性状”模型计算下的群落各种理想生态位格局。借助计算机迭代定位技术，调整群落各种的物种丰度比例，让群落各物种的空间位置趋向理想生态位（二维坐标、矢量双重定位确定的位置），迭代结果为群落理想生态位物种丰度比例，即为量化的生态位。

模型研究中，引入群落各物种丰度比例作为综合变量，其矢量（偏离度）影响群落各物种丰度比例。矢量越小，群落各物种丰度比例越合理；矢量越大，各物种丰度比例越不合理；模型中，当综合变量矢量为 0 时，群落各物种的位置与理想生态位重合。因此，矢量的变化反映了群落物种的丰度变化，建立的物种模型也可称为“鱼类群落生态位研究模型”，它是可将群落种间关系转化为数量生态位关系的一种工具。

在研究鱼类群落及生态系统功能机制中，很少关注鱼类整体形态的作用（张堂林，2005）。形态学性状为生物多样性研究提供了一个非常有潜力的指标，它具有多功能属性，而不仅仅是作为分类学和系统发育的指标（熊鹰等，2015）。生态形态学有一个主要的理论假设，即一种生物的生态与其形态是相关的（张堂林等，2008），通过形态学能够了解生态因子（包括物理的和生物的）与功能性状之间的关系。鱼类群落生态位研究模型在形式上不受环境因子的影响，只考虑鱼类及其性状。通常群落中各物种所处同一环境，因此，去除相同的环境条件建模对模型中的各物种是公平的，研究结果更为纯粹。再者，在群落研究中，除目标物种外，相对应的其他物种都可以认为是环境条件。每一物种所形成的分类性状均是由物种与环境、物种与物种相互作用的结果。因此，纯生物学性状实际上也包含了环境信息，客观上也没有排斥环境因子。

支撑鱼类形态学模型的理论基础：

（1）生物多样性及物种丰度数据受生境类型的复杂因素影响，不同生境或生境类型的数据难于比较，而分类性状没有这个问题。物种的分类特征不会因抽样强度或人为操作之间的差异而影响结果，而且物种间差异性的分类性状经过历史的检验。在环境影响评价中，以分类性状为对象的评价结果较许多依赖于容易受不确定因素影响的数据所评价的结果，更具有理论和机制方面的支撑优势（Warwick et al.，1998）。

（2）Blackburn 等（1997）在研究物种分布上，认为群落中物种之间具有固定的结构关系。Peterson 等（1999）在研究墨西哥南部鸟类、哺乳动物和蝴蝶姐妹分类群生态位模型的互惠预测表明，生态位保守性超过了数百万年的独立进化，这种保守性体现在种的层次上。相同群落结构具有相同的栖息地，与物种的丰富度关系不大（Bellwood et al.，2002）。这一结论从另一个角度也说明“理想生态位”是可以从物种群落信息中获得。

（3）Enquist 等（2002）利用来自不同生物地理区域和具有地质时代特征的生物数据研究群落的种类分类学和生态特征，揭示物种相互作用的机制。说明群落物种信息反映了环境属性信息。

（4）多元回归及其广义形式广泛应用于物种分布的建模中。包括神经网络、排序和分类方法、贝叶斯模型、局部加权方法等方法，性质上是利用概率型方法，支撑群落种类特征性状及生态位方面的分析（Guisan et al.，2000）。

（5）Hirzel 等（2002）在研究生物群落中，从生态变量的多维空间提取第一个因素作为目标种类的最大活动范围，定义为研究区域物种与平均生境之间的最佳生态距离，通过特征向量用于标定物种适宜的栖息地范围。特征向量可以作为度量或区分种特征的标量，从而为群落中的种确定“生态位范围”。

种间的相互作用力是维持群落状态的关键。本书在确定物种空间效应分析中，引入种间相互作用力的矢量概念，即在自然生物群落中，物种之间具有相互作用力。当群落处于稳定状态时，种间相互作用力的合力为零，否则群落生态位不稳定，或称群落结构处于环境干扰状态。不稳定的群落种间合矢量绝对值＞0。绝对数值1与0之间的量值大小，既反映了群落不稳定的状态，也反映了环境所受的干扰度。由于群落物种所处的环境不断变化，现实中群落的合力绝对值不可能处于零。

通常，在研究的同一生态单元内，环境条件对群落中每一个种的影响可视为均等，但不同物种对环境的适应度不同，形成分类性状的差异，也就形成了不同的物种，成为生态单元中形态各异的群落成员。鱼类形态学模型表征种的变量是由各物种的形态学分类性状数量化而成。用形态学分类性状研究的结果可视为理论生态位的结果。

如图2-1在19（种）×59（性状）的假设群落矩阵中，加入19种鱼丰度为模拟变量（A）。形成“19（种）×59（性状）$+A$”的新矩阵，其中A的编号为“20”，偏离中心点（图2-5），反映群落种间关系处于非自然生态位关系状态，即模拟群落受到了干扰。那么，模拟群落19种鱼的生态位怎样才是未受干扰的群落状态呢？可以通过调整各物种丰度比例获得结果。具体是使$A=0$，这可通过调整19种鱼的丰度关系获得。图2-6显示经过模型参数（A）调整后获得未受干扰的群落状态，即是理想生态位状态。

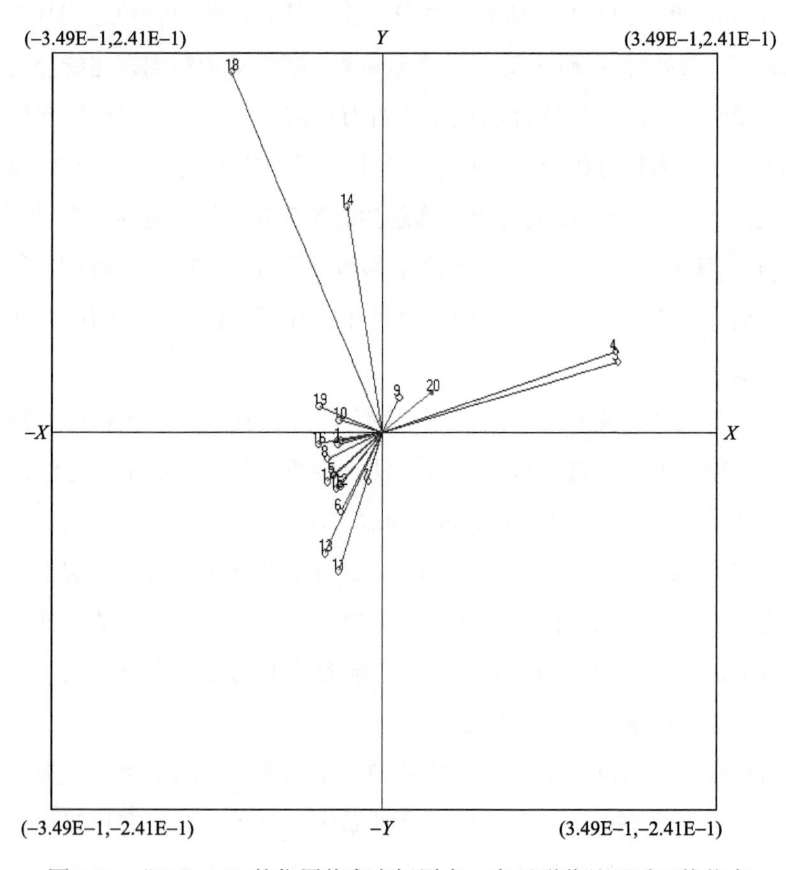

图2-5　“20”（A）的位置偏离坐标原点，表示群落处于受干扰状态

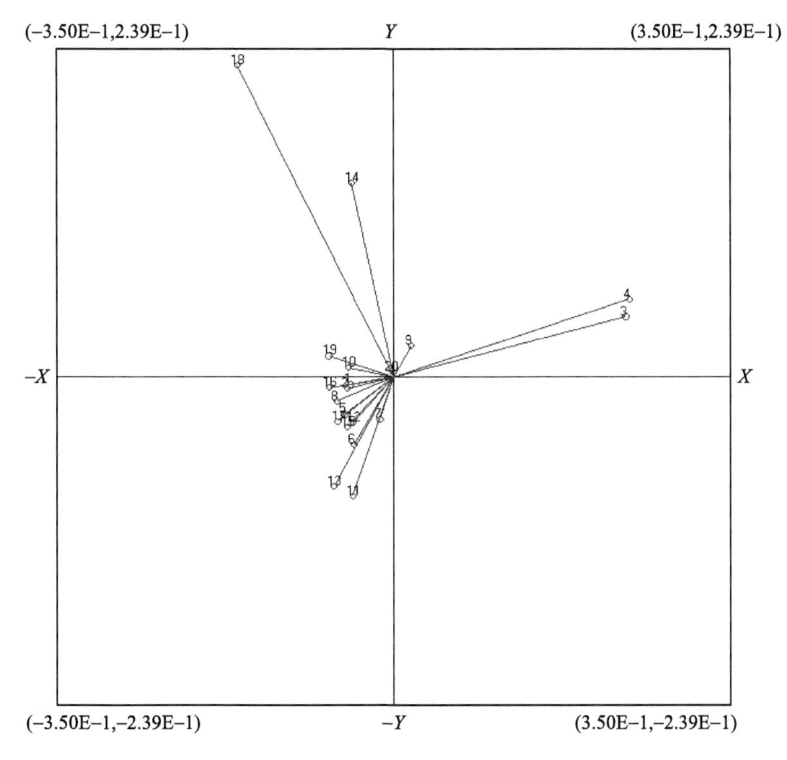

图 2-6　“20”（A）的位置在坐标原点，表示群落处于理想生态位状态

借助计算机技术在物种-性状模型中引入物种丰度作为生态位评价值，可以应用于任意种类组合的鱼类群落生态位关系研究，为鱼类群落结构研究提供一种分析手段。生物互利与竞争是普遍现象，了解群落中各种类的相互关系，是研究群落重构的基础。相邻种的相互作用关系可以反映物种对环境变化的响应状态。

2.3.2　群落物种性状变化的适用性

生物群落在不断适应环境的变化，从物种发育的进化树可见这一历史过程。生物适应环境的变化除表现在生态位变化外，也表现在性状变化过程中。如某些鱼类同一物种的侧线鳞数有一个变化幅度，人类的齿数目也有一个量变幅度。这些变化是种内差异，也是种群适应环境变化出现的结果。某一物种中诸多这样的变化也是新物种萌芽的基础。在生态位模型中，群落中物种这些变化可以通过性状量化的方式得到应用，具体方法是系统设置群落的统一变量，将某些可细化的性状表现出来，如齿（T）是一个可细化的特征性状，某物种具有 28～32 个齿，可根据齿的最小数（T_1）、平均数（T_2）、最大数（T_3）细化出三个表征种特征变量，增加群落物种的矩阵数据信息，模型获得的生态位关系结果将更客观。

2.3.3 群落新物种形成的适用性

Burns 等（2011）认为探讨系统发育相似性与生态位之间的潜在关系可以理解群落构建机制，并关注了系统发育距离与生态相似性之间的关系。认为生态位保守性（生境过滤）和物种相互作用（竞争或互利）是群落形成和维持的基础，系统发育关系反映物种对种间作用的强度。生物群落适应环境变化最终也导致新物种群落的形成（物种灭绝、新物种形成、外来物种入侵）。在这样的情况下，群落中物种变化了，物种的丰度（类似数量、质量等）也处于非稳定的过渡期，本书的模型可以测算形成群落的鱼类物种各生态位的“合理”性，预测鱼类群落各物种丰度变化的影响关系。

2.4 鱼类形态学模型应用示例

物种变化是漫长的，但近几十年环境急剧变化，许多物种无法适应环境骤变而灭绝。环境变化导致物种失去生态位，也导致群落生态功能丧失，进而造成河流生态系统功能紊乱，生态系统服务功能下降，这已成为全球的普遍现象。人们逐渐认识到水质保障需要鱼类，需要更多地探索研究河流生态系统中的鱼类群落种间关系及生态位功能。生态学所涉及的分类学、系统发育和生物多样性等领域都向量化方向发展（Devictor et al., 2010），生态位研究也需要有量化研究方法。结合群落物种理想生态位的空间组成构想，将群落物种丰度组成进行表征，鱼类形态学模型或许能为生态位研究提供新的手段。量化推求理想生态位将为群落演替分析建立参照系，或许可以为河流生态系统的功能恢复、保障，或恢复和重建鱼类群落，提供鱼类形态学生态位方面的方法手段。

定量分析生物的分布格局，有助于理解影响物种分布的形成过程。生态系统中，物种分布的范围受环境条件约束，物种的生态位格局具有规律性。植物和动物的目、科、属和种的分布范围大小通常有几个数量级差异，这种差异与个体大小、种群密度、扩散模式、纬度、海拔和深度（在海洋系统中）的变化有关。分析评价群落物种的变化，需要建立判断变化的标准。本研究模型建立的量化分析理想生态位的方法，对任意物种构成的鱼类群落，都能测算出群落各物种理想生态位的标准模式，为研究鱼类群落提供了参照系，也为研究群落物种搭建机制提供分析平台。本节选取珠江鱼类主要属的代表种作为群落，利用鱼类形态学模型进行分析，试图对模型的技术细节进行剖析。

2.4.1　群落物种关系表征

分类性状是生物在长期进化中与环境相互作用的结果，形成具有区分个体、物种的固定特征或性状。虽然生物在环境中不断变化，但通常的变化不足以改变物种属性的特征（如果改变了种的特征，通常认为进化形成新种），因此，性状可以看作是“不变”的。本书作者在珠江中下游鱼类资源调查中发现 19 种鱼类占捕捞资源量的 70%以上（李跃飞等，2008；李捷等，2010；谭细畅等，2010；徐田振等，2018；李新辉等，2020b，2020c，2020d，2020e，2020f），因此，以 19 种鱼作为目标鱼类群落进行研究可反映研究江段一定的鱼类物种关系信息。从表 2-2 的 59 个候选形态学分类性状中筛选参数，选用 24 个可表征形态学特征的参数进行分析。其中鱼类丰度数据以作者实验室在珠江肇庆段观测早期资源的数据为基础，从周年每天的采样数据中，每隔 2 天抽取一个样本，结合径流量断面数据校正，累加计算出各种鱼全年的早期资源补充量，转化为 19 种鱼早期资源量的百分比作为这组（群落）的丰度数据（生态位空间占有率）（表 2-3）。

表 2-3　2012 年珠江肇庆段漂流性鱼类早期资源比例

编号	种类	资源比例/%
1	青鱼	0.10
2	草鱼	1.13
3	鲢	2.76
4	鳙	1.15
5	广东鲂	22.30
6	鳊	0.56
7	银鲴	9.32
8	赤眼鳟	50.48
9	鲮	4.59
10	鲤	0.00
11	鳡	0.68
12	鳍	0.31
13	大眼鳜	0.15
14	美丽沙鳅	1.39
15	鳘	3.44
16	银鮈	0.92
17	银飘鱼	0.40
18	白肌银鱼	0.13
19	子陵吻虾虎鱼	0.19
20	合计	100.00

数据矩阵中，样本序号如表 2-3 中编号 1～19 分别对应的是鱼种类（即 1 对应青鱼，2 对应草鱼……）。编号 20 为实测各物种的丰度所耦合成的综合变量。编号 21～44 分别对应变量（性状），如 21 代表鳃耙，22 代表下咽齿 I1，23 代表下咽齿 I2，24 代表下咽齿 II1，25 代表下咽齿 II，26 代表背鳍硬棘 I，27 代表背鳍软棘，28 代表臀鳍硬棘，29 代表臀鳍软棘，30 代表胸鳍软棘，31 代表腹鳍软棘，32 代表体长/体高，33 代表体长/头长，34 代表头长/吻长，35 代表头长/眼径，36 代表头长/眼间距，37 代表尾柄长/尾柄高，38 代表侧线鳞，39 代表侧线上鳞，40 代表侧线下鳞（种的平均数），41 代表侧线下鳞（种的极端最小值），42 代表背鳍前鳞，43 代表尾柄鳞，44 代表最大体长。

通过模型多维关系分析，确定 19 种鱼的位置关系，并降维至二维图上，图 2-7 示 19 种鱼的位点的平面分布，表征为 19 种鱼（2012 年实测仔鱼）在研究江段的空间生态位关系。如表 2-4 所示，每种鱼在二维平面均有相应的坐标，反映在 *X*、*Y* 轴的位置。坐标原点与鱼类分布位点的连线是各位点的矢量。

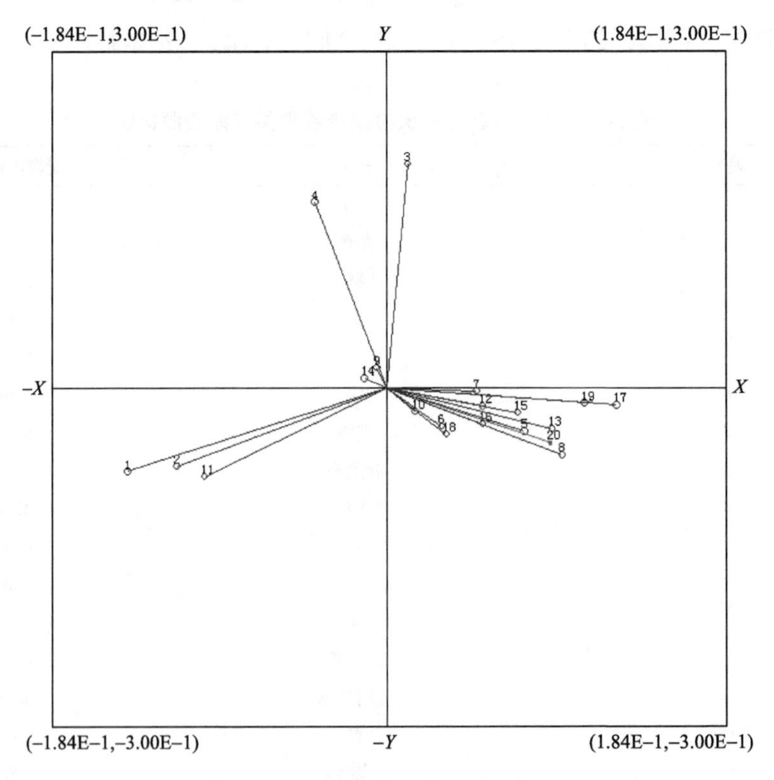

图 2-7　19 种鱼类的群落生态位图

鱼类丰度数据来自 2012 年的实测仔鱼

表 2-4　模型分析结果变量（19 种鱼）和自变量（24 个分类性状）的坐标

序号	鱼类	表征 24 个分类性状参数		表征 2012 年实测仔鱼丰度	
		X 坐标	Y 坐标	X 坐标	Y 坐标
1	青鱼	–0.151 054	–0.046 193	–0.142 393	–0.073 112
2	草鱼	–0.123 994	–0.046 818	–0.115 161	–0.068 696
3	鲢	0.051 495	0.193 775	0.011 141	0.200 559
4	鳙	–0.004 695	0.169 715	–0.039 908	0.166 425
5	广东鲂	0.050 262	–0.038 226	0.074 369	–0.037 824
6	鳊	0.027 657	–0.043 075	0.029 563	–0.033 252
7	赤眼鳟	0.043 327	–0.008 284	0.048 483	–0.002 338
8	银鲴	0.038 162	–0.038 585	0.095 056	–0.058 907
9	鲮	–0.003 05	0.020 642	–0.005 88	0.018 86
10	鲤	0.014 746	–0.026 327	0.015 125	–0.020 295
11	鳡	–0.108 723	0.060 384	–0.099 959	–0.077 613
12	鳍	0.052 637	–0.029 706	0.051 985	–0.015 654
13	大眼鳜	0.087 724	–0.058 959	0.089 384	–0.035 725
14	美丽沙鳅	–0.010 03	0.011 197	–0.012 657	0.009 464
15	银飘鱼	0.067 393	–0.036 665	0.070 946	–0.021 377
16	鳘	0.047 671	–0.043 766	0.051 766	–0.031 513
17	银鮈	0.125 002	–0.044 006	0.124 345	–0.014 619
18	白肌银鱼	0.028 382	–0.050 426	0.031 993	–0.040 283
19	子陵吻虾虎鱼	0.112 105	–0.042 79	0.107 082	–0.012 745
20	丰度			0.088 91	–0.047 711

生态位由种类、地理分布、丰度构成。根据前述假设，生态位（丰度）的变量偏离原点（图 2-7 中编号 20），则群落受到了环境干扰。表 2-4 中，代表 19 种鱼的群落丰度变量 X 坐标为 0.088 91、Y 坐标为–0.047 711，显然这个群落生态位受到环境干扰。编号 20 至原点的线段长度是群落生态位的偏离度。

那么 19 种鱼构成的模拟群落理想生态位是怎样的呢？按前面章节描述的假设，理想生态位是代表物种丰度的综合变量（A）出现在二维图坐标的原点。优化“最佳”物种组成是将“种丰度的综合变量”调整至坐标原点，通过对 19 种鱼的生物丰度值进行调整可实现这一目标，同时也获得物种属性的生态位比例值。

2.4.2　求解理想生态位

本书前面章节介绍了以鱼类分类性状参数分析群落物种关系的模型原理，通过物种丰度比例确定群落各种类生态位，以群落各物种丰度比例的综合矢量大小作为生态位受干扰程度的假设。通过计算机技术调整群落物种丰度比例，在迭代计算过程中实现综合矢量趋 0（综合变量在二维图的坐标原点）。物种丰度比例需要符合系统“1”的计算程序，最终获得群落各物种的理想生态位量值。

作者于 2006～2013 年在珠江肇庆段进行漂流性仔鱼长期定位观测，统计了 19 种鱼类周年早期资源的比例数据（李新辉等，2020b，2020c，2020d，2020e，2020f）。以 19 种鱼组成的“群落”各年种类丰度比例不同，表明 19 种鱼的空间生态位在动态变化，反映了鱼类栖息地环境处于变化之中。表 2-5 列示了各年度不同种类早期资源生物量的平均比例。

表 2-5　珠江肇庆段漂流性鱼类早期资源各种类的比例

种类	2006 年	2007 年	2008 年	2009 年	2010 年	2011 年	2012 年	2013 年	多年平均
青鱼	0.07	0.59	0.21	0.54	0.42	0.11	0.10	0.17	0.28
草鱼	2.15	0.29	1.14	1.28	1.19	2.10	1.13	0.94	1.28
鲢	2.86	1.08	4.51	2.97	2.21	2.73	2.76	2.51	2.70
鳙	1.14	0.12	0.51	0.78	0.57	0.96	1.15	0.82	0.76
广东鲂	29.59	29.95	12.13	15.10	11.91	29.68	22.30	4.73	19.42
鳊	1.21	1.39	1.57	0.57	0.74	1.14	0.56	0.37	0.94
银鮈	22.02	19.32	10.44	8.91	26.53	21.89	9.32	6.45	15.61
赤眼鳟	26.11	24.84	45.23	46.21	32.51	26.20	50.48	52.31	37.99
鲮	4.58	14.06	8.79	11.55	10.43	4.47	4.59	7.32	8.22
鲤	0.15	0.02	0.10	0.02	0.01	0.14	0.00	0.01	0.06
鳡	0.32	0.25	0.62	0.40	0.42	0.50	0.68	0.27	0.43
鳤	0.05	0.05	0.07	0.32	0.32	0.50	0.31	0.09	0.21
大眼鳜	0.34	0.09	0.37	0.23	0.20	0.34	0.15	0.09	0.23
美丽沙鳅	0.23	0.40	4.45	3.77	2.25	0.13	1.39	1.92	1.82
鳘	4.61	5.16	4.00	2.90	4.03	4.57	3.44	1.33	3.75
银鮈	1.11	0.36	2.72	2.41	5.43	1.29	0.92	20.21	4.31
银飘鱼	1.64	1.01	1.98	0.95	0.47	1.59	0.40	0.25	1.04
白肌银鱼	1.20	0.59	0.66	0.14	0.09	1.02	0.13	0.09	0.49
子陵吻虾虎鱼	0.63	0.42	0.51	0.95	0.27	0.65	0.19	0.13	0.47
合计	100.00	100.00	100.00	100.00	100.00	100.00	100.00	100.00	100.00

注：本表列的为已经识别种类的相对比例。

根据 20 世纪珠江鱼类资源调查记录（广西壮族自治区水产研究所，1984；珠江水系渔业资源调查编委会，1985)，研究江段“四大家鱼”(青鱼、草鱼、鲢、鳙)的捕捞产量占捕捞总量的 40%以上，“四大家鱼”为优势种，赤眼鳟是“小杂鱼”，广东鲂捕捞量小于 5%。2016～2018 年作者团队在珠江水系执行内陆鱼类捕捞抽样调查。广东省江河水域共抽取 5 个样本县，涉及样本船 40 艘，1～12 月平均统计 12.6 天，日均获得样本 101.5 kg；“四大家鱼”的捕捞产量占捕捞总量的 10.53%(表 2-6)。

表 2-6　广东省江河主要捕捞鱼类

序号	种类	2016～2018 年各种类的平均占比/%
1	其他鱼	58.53
2	广东鲂	10.99
3	草鱼	5.86
4	鲮	6.42
5	鲤	4.58
6	赤眼鳟	2.81
7	黄颡鱼	2.24
8	鲢	2.38
9	鳙	2.10
10	鳘	0.56
11	罗非鱼	1.10
12	鳊	1.10
13	鲇	0.52
14	青鱼	0.19
15	大眼鳜	0.19
16	斑鳠	0.06
17	长臀鮠	0.13
18	鲫	0.10
19	斑点叉尾鮰	0.02
20	刺鳅	0.04
21	斑鳜	0.01
22	长吻鮠	0.01
23	鳡	0.01
24	翘嘴红鲌	0.04
25	卷口鱼	0.01
26	海南红鲌	0.00
合计		100.00

与 20 世纪调查记录的“四大家鱼”生物量比较，无论表 2-5 还是表 2-6 均表明数据在变化中，但目前缺少统一的参照数据来衡量各种鱼的变化程度。评价鱼类资源变化需要建立标准参照系，尤其是群落结构水平的生态位量化参照系，通过鱼类群落形态学分析模型获得的理想生态位可以解决这一问题。比较理想生态位与实测生态位（生物量比例）可了解群落各物种的生态位变化过程，对认识鱼类群落形成机制、预测鱼类群落重构的生态位变化及河流生态管理具有意义。图 2-8 呈现了 19 种鱼分布变化与生态位综合矢量可在模型中分阶段呈现的过程，表 2-7 示表征 19 种鱼生态位的综合矢量趋于 0 时，“四大家鱼”在 19 种鱼的占比达到 57.46%，这一数值与 20 世纪珠江鱼类资源调查记录数据较吻合。

历史上珠江适宜“四大家鱼”繁殖的有西江红水河—浔江、郁江水系的左江和右江、柳江水系、东江水系数十处产卵场，近几十年梯级开发后，只有西江的浔江和柳江中下游尚有仅存的产卵场所。仅存的产卵场还面临栖息地改变的胁迫。河流环境改变后，鱼类群落的生物量改变。20 世纪 80 年代记录珠江水系捕捞输出鱼类产品约 17 万 t，2016～2018 年本书作者团队测算的量仅为 6 万 t。从生物量角度分析，生态位空间从 17 万 t 下降至 6 万 t，鱼类生态位缺损必然难于支撑江河生态系统功能的需要。评价河流生态系统、修复河流生态系统需要有鱼类群落生态位相关的理论指导。

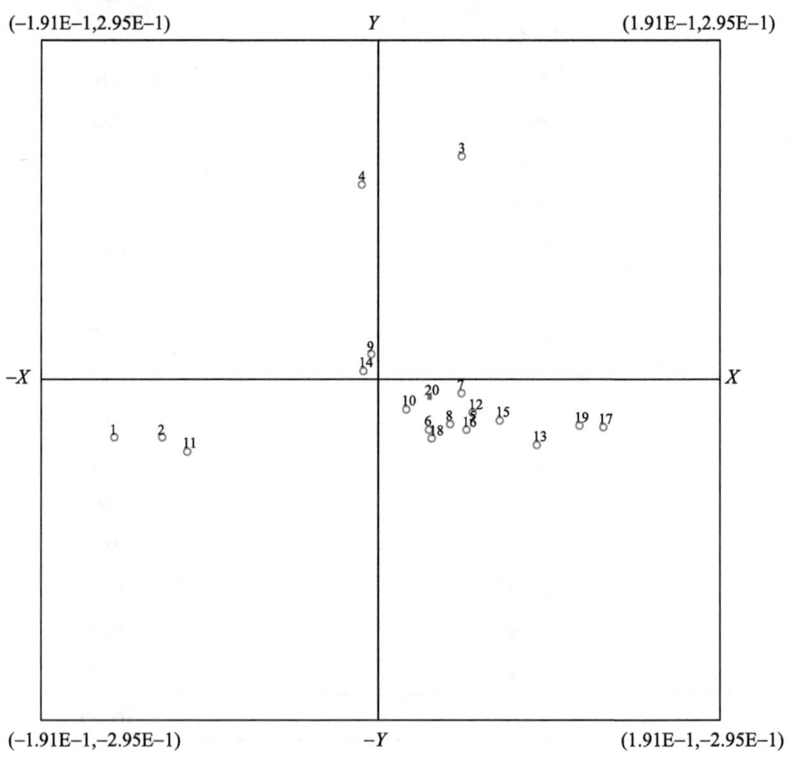

(a) 群落生态位综合矢量(序号 20)偏离坐标原点

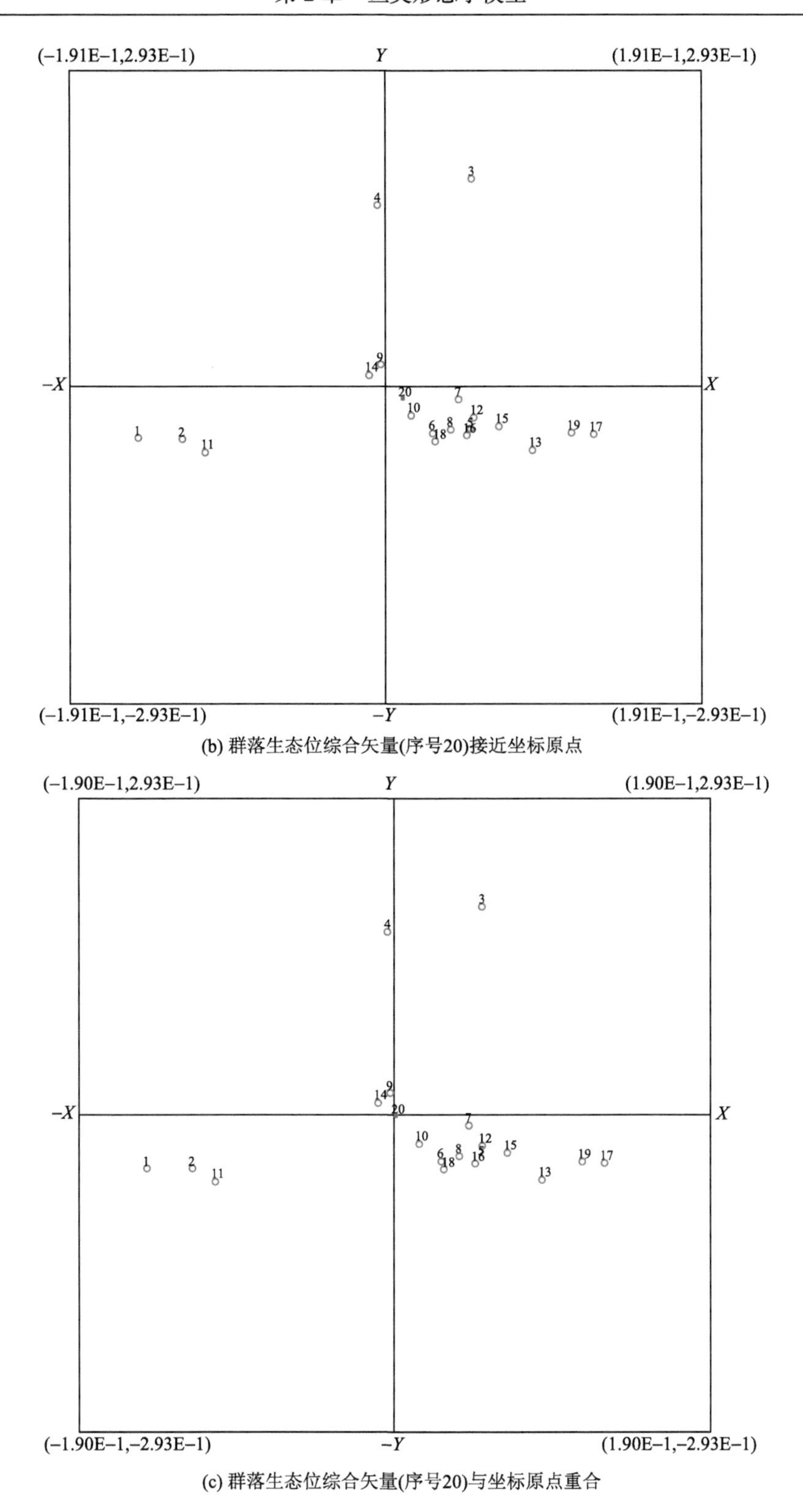

图 2-8　19 种鱼二维分布变化与生态位综合矢量偏差值缩小过程

表 2-7　19 种鱼丰度比例（生态位）值变化情况

序号	群落种类	2006～2013 年平均丰度/%	图 2-9（a）模型分析丰度值/%	图 2-9（a）X 坐标	图 2-9（a）Y 坐标	图 2-9（b）模型分析丰度值/%	图 2-9（b）X 坐标	图 2-9（b）Y 坐标	图 2-9（c）模型分析丰度值/%	图 2-9（c）X 坐标	图 2-9（c）Y 坐标
1	青鱼	0.28	8.00	−0.149 956	−0.049 416	15.71	−0.150 001	−0.046 779	20.31	−0.150 295	−0.045 994
2	草鱼	1.28	7.70	−0.122 760	−0.049 483	11.78	−0.123 255	−0.047 190	10.31	−0.123 619	−0.046 702
3	鲢	2.70	8.30	0.046 492	0.194 712	9.82	0.050 867	0.193 404	14.36	0.051 264	0.193 065
4	鳙	0.76	7.00	−0.009 414	0.169 736	8.84	−0.005 285	0.169 548	12.48	−0.004 722	0.169 264
5	广东鲂	19.42	10.00	0.052 699	−0.037 815	4.47	0.050 272	−0.038 067	3.90	0.050 120	−0.038 100
6	鳊	0.94	5.00	0.028 292	−0.042 155	2.03	0.027 418	−0.042 614	3.80	0.027 612	−0.042 985
7	赤眼鳟	15.61	15.00	0.046 293	−0.008 949	8.25	0.043 555	−0.008 631	0.06	0.043 341	−0.008 300
8	银鲴	37.99	6.22	0.039 798	−0.038 001	6.11	0.038 429	−0.038 687	3.88	0.038 036	−0.038 445
9	鲮	8.22	3.60	−0.003 775	0.020 660	2.54	−0.003 285	0.020 812	0.07	−0.003 055	0.020 657
10	鲤	0.06	4.00	0.015 510	−0.025 996	1.33	0.014 570	−0.026 002	3.91	0.014 695	−0.026 216
11	鳡	0.43	4.04	−0.108 819	−0.061 983	3.97	−0.109 053	−0.060 025	3.81	−0.108 613	−0.060 405
12	鳍	0.21	2.90	0.052 514	−0.028 060	2.85	0.052 440	−0.029 344	3.90	0.052 513	−0.029 642
13	大眼鳜	0.23	4.55	0.088 413	−0.056 540	4.47	0.087 591	−0.058 565	3.91	0.087 497	−0.058 826
14	美丽沙鳅	1.82	4.80	−0.008 631	0.010 058	1.63	−0.010 004	0.011 166	0.03	−0.010 065	0.011 293
15	银飘鱼	3.75	3.21	0.067 690	−0.034 819	3.15	0.067 262	−0.036 365	3.90	0.067 165	−0.036 542
16	鳘	4.31	4.67	0.049 098	−0.042 792	4.59	0.047 819	−0.043 723	3.89	0.047 470	−0.043 56
17	银鮈	1.04	4.36	0.125 567	−0.041 018	4.28	0.124 679	−0.043 694	1.75	0.124 769	−0.043 919
18	白肌银鱼	0.49	2.39	0.029 860	−0.049 721	2.35	0.028 573	−0.050 238	3.89	0.028 121	−0.049 871
19	子陵吻虾虎鱼	0.47	1.87	0.111 975	−0.039 640	1.84	0.111 839	−0.042 283	1.84	0.111 706	−0.042 578
20	生态位综合矢量		偏离坐标中心	0.028 583	−0.014 448	接近坐标中心	0.009 695	−0.009 849	重合	−0.000 035	−0.000 013

2.4.3 迭代

迭代在数学上是指以确定参数为目标的反复计算过程。每一次计算过程称为一次迭代，而每一次迭代得到的结果会作为下一次迭代的初始值。计算机具有运算速度快、适合做重复性操作的特点，在计算机上对一组指令（或一定步骤）进行重复执行，每完成一次指令（或步骤）后，都从变量的原值推出它的一个新值，通过不断运算最终获得目标或结果。在鱼类形态学模型研究生态位的量值关系中，假设代表群落各物种生态位量值的丰度比例值不均衡时，丰度比例值作为变量，综合变量（A）偏离坐标原点，需要调整丰度比例值，在群落物种与分类性状关系形成的物种二维坐标背景下，以 A 逼近坐标原点为迭代目标。具体如图 2-8（a）序号 20（A）通过计算机迭代逼近中心点的过程，其中涉及软件系统中的各种参数、条件的选择。

1. 选择迭代目标

图 2-8（a）序号 20 丰度因子可以在二维图的任何位置（依据群落物种生态位偏离程度）。迭代终点是根据研究目的，以 X、Y 坐标值确定在任何位置上。如果溯源研究，希望位点 20 逼近中心点，便选择迭代终点的 X、Y 坐标为原点（0，0）。

如果需要研究群落物种不同生态位关系，也可以把迭代终点定位在任何的非零 X、Y 坐标上，这种过程可以在群落物种恢复中应用。如表 2-7 的鱼类群落中，假设“四大家鱼”的生态位受到干扰，需要按理论值的 50%指标修复，则可按表 2-7 中 2006～2013 年平均丰度（群落受损现状平均丰度）为起始，按青鱼、草鱼、鲢、鳙四种鱼 50%理论指标为计算目标，获得另外 15 种鱼的理论生态位的结果（表 2-8）。根据此原理，可以设定群落中任意目标生态位，通过迭代获得群落其他种的理论生态位量值，为群落构建（恢复）提供形态学关系模型参照结果。

表 2-8　四种鱼 50%理论生态位的确定

序号	群落种类	群落受损现状平均丰度/%	模型分析丰度值/%	阶段性 50%理论指标修复目标/%
1	青鱼	0.28	20.31	10.16
2	草鱼	1.28	10.31	5.16
3	鲢	2.70	14.36	7.18
4	鳙	0.76	12.48	6.24

2. 迭代终点位点坐标误差

尽管确定了迭代目标，但不一定需要计算机 100%达到迭代定位目标点。在不影响迭代结果前提下，迭代终点目标（坐标）有一定的误差是可以接受的。通常 *X*、*Y* 的绝对误差在 0.0001～0.001 的范围即可满足统计学要求。如果迭代难以快速获得终点结果，可以适当扩大误差精度到 0.005 或更大，这样可减少迭代的时间，而又不影响结果。

3. 迭代步长确定

计算机自动迭代时需要反复调整各样本的丰度比例值，每一次增（或减）的量值就称为步长。步长的选择关乎结果的精度及运行的时间长短。步长越小，精度越高，运行所需时间越长；步长越大，精度可能越低，运行时间变短。一般选 0.1～0.001。

4. 迭代循环量选择

所谓小循环迭代是指对数据矩阵中的每一个样本丰度比例值通过增加或减少一个步长量去实行自身多次反复调整，让丰度比例因子往设定的方向移动；所谓大循环迭代是指对矩阵中的所有样本每一个都进行一遍丰度比例值大小的调整迭代。它本质上只是一个统计术语，完成对所有样本的小循环迭代也就是完成了一次大循环迭代。

要让图 2-8（a）的序号 20 往预定的终点目标移动，计算机迭代时需要反复调整各样本丰度比例值。小循环迭代次数可选择大于或等于 1 次。小循环迭代次数越多，迭代结果对样本迭代先后次序的影响越大，反之越少。通常选择 1～5 次。

当样本数量较多时，一般经过前几次大循环，图 2-8（c）的序号 20 已经接近用户要求逼近终点坐标，每个样本的比例值也就基本确定。故系统大循环次数预设定为 5 次基本可满足要求；当 5 次仍未到终点目标时，计算机会提示是否再继续执行大循环迭代或修改迭代参数，用户可据情况决定。

2.4.4 样本迭代顺序

当对样本丰度比例值调整迭代时，样本调整先后次序会对结果有影响。模型有三种迭代顺序供选择：一种是按用户指定的样本排列先后次序；另两种是按样本在二维图中表现的矢量标量值大小（参考矢量迭代法内容）排序，运行程序为从大到小或从小到大进行调整。

生物在适应环境过程中形成大小物种共存的格局，所在群落中物种生态位的关系并非排他性机制，这似乎与生态系统中能量最大利用度有关。进化生态学的一个中心目标是确定维持群落物种多样性的基本特征。Enquist 等（2002）在研究物种共存和多样性的过程机制中，分析群落物种的分类和生态特征后发现较高分类群物种的丰度较其他种类具有更强的表现，区域生物群落特征由较高分类群的生物所表征。

在 Aarssen 等（2006）的研究中，高大乔木出现生态位占有优势，乔木之间还存在能量未被利用的空隙，为小物种生存提供了空间条件，大、小物种出现共存状况。在动物体系中，系统中能量循环需要食物链系统中构成捕食与被捕食关系的食物链，如果掠食性生物在生态位中有排他行为，自身则没有存在的基础。因此，生态位的纽带是系统中能量的合理分配，这样就为大、小物种共存提供了基础条件。

大型物种在当地生态系统中使用的资源比例大，小物种尽管具有较高的种群密度，但在系统能量占有率上仍然较少。这种关系在鸟类、哺乳动物、鱼类和植物中非常普遍（Brown et al.，1986）。普遍认为几种生态优势物种（较大个体物种）能够垄断资源，由此产生的选择压力是导致许多物种谱系中体形增大趋势的进化原因。说明生态系统中，物种的能量利用率与其生态位有关。

自然界物体对空间的占有有先到先得的特征，后来物种总是靠挤占原有物体占有的空间才能获得相应的位置。因此，早出现的物体占有的空间位置大，随后被后来者逐渐挤迫而占有空间位置逐渐减少。基于这一原理，在鱼类形态总模型分析程序中，大物种优先占有生态位，生态位的分析程序优先考虑优势种类，选用从大矢量到小矢量次序迭代。

生物群落由大小不同的物种构成，物种分布遵从一定的规律（Phillips et al.，2006），但是，也不能忽视小物种。Dombroskie 等（2010）基于对多种植物类型的最大株高、叶大小和种子大小观测分析，认为物种体形有大有小共同分布是普遍的，即使在属内也是这样，是系统发育过程中物种自适应的结果，与物种的竞争能力无关（传统认为优越的竞争能力需要相对较大的体型/生物量产出），群落研究中不能忽视小物种。在具体分析中，可由研究者依据研究目标确定群落物种生态位占有顺序。

2.4.5　样本迭代制约因素

由于迭代是计算机程序化运算过程，在程序设计中需要给出群落物种生态位数值的边界值（即上下限），让计算机在该范围内自动选出优化的群落物种生态位量值。这种边界值随着迭代方法不同而有所区别，可以由用户给出，也可由计算机按一定原则赋予；当然其边界值可以相同，也可以不一样。需要指出的是，迭代数值的边界值（上下限）不同，最终的迭代结果或许会有差异。

2.4.6　样本归一化

当自动迭代结束时，要求群落中所有种类的生态位量值的和为 100%，即归一值为 1。

一般正负误差要小于 0.01，即归一值范围在 0.99～1.01；否则，应继续操作归一化程序。

2.4.7 模型检验

任何模型研究都需要经过实践检验。模型分析需要对分析数据进行（相关系数等参数）评估，从而判断模型的准确性和适用性。鱼类形态学模型利用分类性状参数寻求群落物种的生态空间占有率及其变化，运用非线性多元回归技术检验鱼类早期资源实测丰度比例与模型中对应鱼种的位点坐标间的函数关系，并进行 F 检验，平均置信水平高于 95%，19 种鱼丰度比例的平均回判准确率及平均预测准确率分别高于 98%和 93%。

2.4.8 模型工作流程

系统迭代工作框图如图 2-9 所示。

2.4.9 模型应用与局限性

物种本身带有许多生态学范畴的信息。物种信息模型可用于绘制资源分布图，随着地理信息系统广泛使用统计方法、拓展应用更多的生物和环境数据，模型除了在生物地理学和物种进化、物种分布等方面应用外，也在气候变化、生物保护、生物入侵、疾病传播和风险控制等领域的研究和决策中广泛应用（Miller，2010）。在古生物学研究领域，通过化石参数模型研究环境变化对物种分布的影响，可定量分析生态位的稳定性和物种的地理分布范围，以 C3 作为时间序列的参照，结合 GIS 的定位技术，结果可反映不同时期物种分布的变化范围，也可推演环境变化的过程（时间节点）（Walls et al.，2011）。

Svenning 等（2011）通过生态位模型分析动物区系的历史数据，对最后一次冰川期的驯鹿（*Rangifer tarandus*）和马鹿（*Cervus elaphus*）的生态位和地理分布进行评估，并为定量预测早期的生物分布、群落状态研究提供了手段。利用趋势表面分析划定物种分布的区域范围方法，通过使用地理准则来划分物种分布的区域范围，可以减少历史事件对模型参数化的影响（Acevedo et al.，2012）。物种分布建模的主要目标是提取与生态模式相关的重要因素，解释或预测生态模式变化与发展。建模过程中，对数据空间结构和模型参数需要假设，因此任何模型都有失真和应用范围的局限，建模过程中需要解释模型的自相关和非平稳性，说明模型的适用范围（Miller，2013）。

文件建立或导入

1.数据矩阵文件构成: m个鱼类的形态因子, 1个虚拟的因变量因子, 构成n(行)×(m+1)(列)的数据矩阵文件。
2.从菜单中的“帮助”功能找出“系统使用说明”, 打开“数据文件的生成及编辑”创建新文件。
3.利用菜单中的“文件”功能项的“打开数据文件”, 直接调用研究对象的数据矩阵文件。

↓

确定工作参数

1.输入用户希望的“生物量丰度”数据; 坐标值(X、Y); 允许迭代终点的误差值(例如: 终点定位在中心点, 则$X=0$, $Y=0$; 误差通常选$\Delta X=0.01$, $\Delta Y=0.01$)。
2.输入迭代步长, 通常在0.1~1中选择。
3.选择一种迭代方法: 在“普通迭代法”“制约迭代法”“矢量迭代法”中选一种, 通常选择“矢量迭代法”。
4.选择一种迭代起始方式: 从“任意排序开始”“矢量排序大的样本开始”“矢量排序小的样本开始”中选一种, 通常选择“矢量排序大的样本开始”。
5.选择循环迭代次数: 可在1~1000次中任选, 通常选择1次。

↓

自动迭代运行

为了让生物量丰度综合变量能定位在用户选定的目标位置, 软件系统需要依次、反复、自动调整各样本, 迭代运行直至“目标坐标”位置才停止。

↓

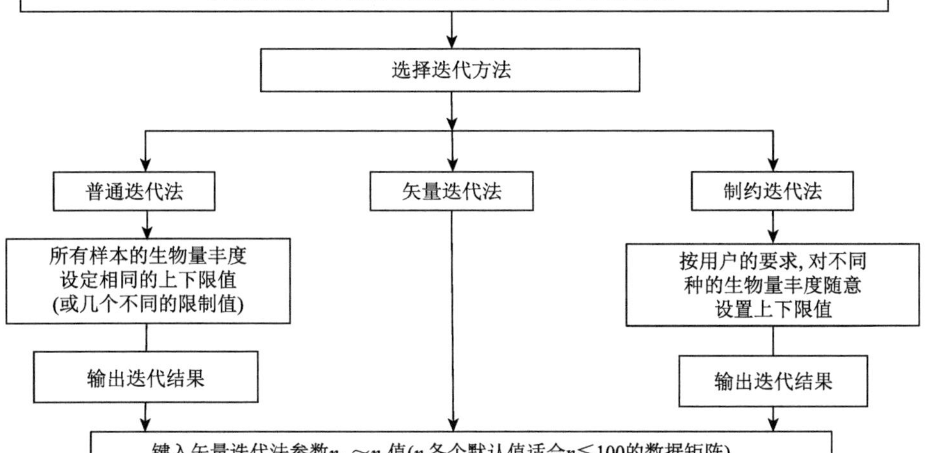

键入矢量迭代法参数$\eta_0\sim\eta_6$值(η_i各个默认值适合$n\leqslant100$的数据矩阵)

1.η_0为上限调整系数。η_0一般取值为2.5～5, 默认值为3。当η_0增大时, 样本上限边界值增高; 反之亦然。
2.η_1为上下限范围调整系数。η_1可取值为0.05～0.95, 默认值为0.1。当η_1增大时, 样本上下限取值范围缩小, 样本迭代调整区间变窄, 迭代收敛难度增加; 通常选用$\eta_1=0.1\sim0.3$。
3.η_2为矢量衰减系数。η_2一般取值为0.3～0.9, 默认值为0.45。当η_2增大时, 矢量衰减率变小, 对样本上限修正减慢。当$\eta_2=1$时, 矢量不作衰减修正。
4.η_3为衰减矢量的开始序号。η_3一般为1～10, 默认值为1, 即为所有样本矢量都衰减。当η_3增大时, 被衰减的样本数减少; 反之亦然。通常选用$\eta_3=1$。
5.η_4为样本的最小上限设定值。η_4一般为1～6, 默认值为4。当η_4增大时, 样本迭代的最小上限设定值变大; 反之亦然。
6.η_5为样本的最小下限设定值。η_5一般为0.01～0.0001, 默认值为0.001。η_5取值大小对迭代结果影响不大。通常选$\eta_5=0.001$。
7.η_6为样本的最大上限设定值。η_6一般为10～50, 默认值为20。当η_6增大时, 样本迭代的最大上限设定值变大; 反之亦然。通常选用$\eta_6=15\sim30$。

↓

输出迭代结果

图 2-9　系统迭代工作框图

人们认识到通过物种分布建模中挖掘动植物数据库数据用于建模的重要性，但物种分布模型的发展受方法学、研究边界、环境因素如何作用等方面因素的限制。这些因素影响模型的外推功能，也影响了模型的应用（Kéry et al.，2010）。种与种之间、种与环境之间的关系非简单的线性关系，建立物种分布模型需要有一个明确的理论体系，抽提数据特征的思路框架和数学分析方法（Walker et al.，1991；Austin，2002），明确物种分布模型需要的数据条件因素和目标（Barbet-Massin et al.，2012）。通常样本越多模型预测的精度越高，在机器学习方法下，可以在减少样本量的情况下获得较高的预测效率（Stockwell et al.，2002），也可以通过互联网建立通用空间建模平台，扩展模型应用（Stockwell et al.，1998）。生物的分类存在及区域分布特征，是生态系统物种生态位的基础（Batchelder et al.，2002），模型的功能作用通过分析样本，获得普遍性的规律结果，这是评价模型优良与否的关键（Peterson et al.，2007）。保持生态系统最基础的生物类群，人类需要的生态系统功能就有可能持续，未来科学技术是改变和保障生态系统服务功能最强力的保障。

物种分布模型的插值精度与可转移性是模型的重要特征，在机器学习建模技术中，MaxEnt、广义 Boosting 方法和人工神经网络表现出良好的可转移性，而基于遗传算法规则的预测模型和随机森林的性能在外推上明显下降。在基于回归的方法中，广义加性模型和广义线性模型具有良好的可转移性。对于三种建模技术：MaxEnt、广义 Boosting 方法和广义加性模型，良好的预测精度和良好的可转移性是一个理想的组合（Heikkinen et al.，2012）。

森林物种多样化的共存模式由生境关联因素和生态位分化所决定（Kraft et al.，2010）。群落模型中能够观察到在环境过滤作用下，大空间尺度上物种分布不均匀，小空间尺度上物种分布均匀的现象（Kraft et al.，2010）。竞争理论认为类似生态位的物种不可能共存，这是物种分类的表现。相反，栖息地过滤的概念意味着具有相似生态要求的物种应该共存。Ulrich 等（2010）发现现实生态环境中，同一属物种的聚集、随机物种共生，或物种跨属隔离现象均已存在。同属物种对环境变量的相似反应为物种的随机共生的基础。

本书作者在建立鱼类形态学模型中，首先从理想生态位入手，考虑群落中鱼的种类及其分类性状参数，回避现实生态位涉及的许多不确定的环境因素。以种间差异的形态学性状模型分析群落物种关系，产生物种的多维空间形态，定义为群落物种理想生态位的空间构象。将生态位的空间概念与群落各物种的丰度嫁接作为量化的理想生态位。利用理想生态位数值作为参照系，拓展模型分析群落现实生态位，评价群落的演替变化。如图 2-7 是以 2012 年各种鱼类早期资源数量比例的实测数据为变量的二维结果图，显示丰度比例因子偏离原点，本书认为这样的群落物种生态位处于不平衡状态，鱼类群落受到了干扰，但分析结果并没有指出干扰的对象是什么，这需要研究者根据鱼类栖息地环境状况的情况进行分析判断，找出关键因子进一步分析，获得与之对应的结果。这些环境因子可以变量的方式，在鱼类形态学模型中拓展进一步研究。河流是线性系统，系统中特定节点上发生扰动事件会对整个系统产生影响，因此，掌握系统信息对进一步分析很重要。

生态系统通常会受到不同频率和强度的干扰，一直在动态变化过程中，群落物种的生态位同样处于动态平衡状态。河流系统内群落物种结构受空间和时间过程的种类竞争与生态位分配所决定（Vanschoenwinkel et al.，2010）。Moore 等（1988）在研究区域物种多样性、食物网结构与栖息地及食物网的能量过程中发现，生物群落可能包含紧密耦合的亚基，其数量可能随着多样性增加而增加，物种多样性增加，相互作用强度下降，生态系统处于稳定状态。由此可见，群落生态位也应该是处于动态平衡状态，或者说鱼类形态学模型研究的群落物种生态位占有率也应该仅是“动态平衡”的一个量值点的表征。

Elith 等（2009）提出通过加强生物相互作用研究可以解决模型的不确定性问题。物种分布模型需要在生物相互作用及模型应用上进一步发展（Elith et al.，2009）。基础生态位和物种分布模型的分析结果（Soberón et al.，2005），可以成为评估环境影响下的物种分布和丰度的间接指标（Stanley et al.，2005），生态学研究需要有理论和经验成果的支持（Chave，2004），需要建立生态重建过程的标准体系，以及理论体系指导认知群落形成机制。在群落研究中，系统发育和性状数据的应用越来越广泛（Webb et al.，2008；Ings et al.，2009）。

2.5 鱼类形态学模型软件系统

鱼类形态学模型软件系统主页面（图 2-10）设置了人机对话提示框，通过信息提示可了解软件的具体使用、操作方法。另外，系统设置的“帮助”功能项中还载有关于本软件更全面、系统、详细的各种指引、说明。

（扫描二维码可使用鱼类形态学模型软件）

2.5.1 数据文件与编辑

1. 数据文件格式要求

本系统兼有多种数据统计功能，对数据文件的要求为：

样本数（n），自变量（因子）数（P），因变量（目标）数（k）（本鱼类生态研究不需要目标值，可以不引入，设为0。但其他一些功能程序的应用，可按需要输入样本的目标数值)，预报数（*nn*）（本鱼类生态研究不需要，输入 0 值后，不需要输入预报样本列数值）。

图 2-10 系统界面

“自变量 1”“自变量 2”“自变量 3”……“自变量 *P*”

“因变量 1”“因变量 2”“因变量 3”……“因变量 *p*”

“目标 1”“目标 2”……“目标 *k*”

“样本 1”“样本 2”“样本 3”……“样本 *n*”

“预报样本 1”“预报样本 2”……“预报样本 *nn*”

查看软件的帮助说明可知道数据矩阵中各样本的因子数据 X_{ij} 及目标数据 Y_i 的具体形式。

2. 数据文件生成

（1）利用本系统中“文件”功能项中的“新建数据文件”二级功能项，按提示框指引输入数据、编辑生成数据文件。如果不用默认因子名（或样本名），可通过右键弹出的提示框后进行更改。

（2）利用其他（如 Word）编辑软件准备文件。

例如，编制 6 种鱼（样本）、22 个因子、1 个目标、0 个预报样本的实际的数据文件（注意：自变量（因子）、因变量（目标）为字符串，必须加引号。完整的文件形式如下。

```
6,22,1,0
"鳔室数目","下咽齿I1","下咽齿I2","下咽齿I3","背鳍软条","臀鳍软条","胸鳍软条","腹鳍软条","体长/体高","体长/头长","头长/吻长","头长/眼径","头长/眼间隔","尾柄长/尾柄高","侧线鳞","侧线上鳞","侧线下鳞(种的平均数)","侧线下鳞(种的极端最小值)","背鳍前鳞","围尾柄鳞","上颌须","吻须","群落种类目标百分比"
"青鱼","草鱼","鲢","鳙","鳡","鳜"
2,4.5,.01,.01,7,8,16,8,3.9,3.8,4.6,5.6,2.4,.95,42,6,4,43,17,17,.01,.01,12.2668657
2,2,4.5,.01,7,8,16.5,8,4.3,3.8,4,7.1,2,.85,39,7,5,41,18,18,.01,.01,13.9
2,4,.01,.01,7,13,17,8,3.3,3.7,4.4,7.2,2.4,1.43,108,32,19,120,75,43,.01,.01,13.6
2,4,.01,.01,7,12.5,17,8,3.5,3,3.4,6.8,2.1,1.25,98,27,17,106,66,45,.01,.01,12.3
2,2,3,4,10,11,16.5,10.5,6.2,4.2,3.4,8.4,3.8,1.55,107,19,6,112,56,32,.01,.01,7.0
1,.01,.01,.01,13.5,8.5,15,5,3.5,2.7,4.1,6.9,10.8,1.35,85,9,20,98,20,40,.01,.01,4.8
```

3. 数据文件编辑

进入系统“文件”功能项，利用不同的二级功能，便可对数据文件进行编辑处理。

2.5.2　对应分析过程

点击主菜单中“分析”功能项后，可分别进行不同的操作，获得不同的信息。

1. 对应分析结果信息

点击“对应分析”，可得到研究对象（数据文件）中各个因子间的相关系数矩阵、*R*型因子（即自变量点图）载荷矩阵、*Q* 型因子（即样本点图）载荷矩阵、特征值（即主轴的方差贡献率）等结果信息。

2. 特征值图信息

点击“特征值图”，可得各主轴（主成分或称主因子）相对方差贡献率。

3. 图分析功能

当点击“图分析”功能项时，根据提示，可分别选择“因子样本图”“因子图”“样本图”“组成（1）＋样本图”四种二维图[分别有原点图和点线图（或称矢量图）]，按需要选择获得计算机分析后的结果图。

4. 调整功能

在二维图页面上，点击“调整”功能，即可进入自动迭代前的参数及迭代方法等的选择页面。用户可输入迭代终点位点坐标及其误差、步长、循环次数、迭代样本起始次序等参数。

5. 选择迭代模式

当选择“进入调整”功能时，可从普通法、制约法和矢量法三种模式中选定某一种迭代模式。

6. 迭代效果

因运算量大，页面有时会出现鼠标转圈等情况，为正常现象，请耐心等候。若等太久，表示可能因迭代方法及迭代参数选择不妥，进入死循环，可强制关闭。

系统完成自动调整迭代后，显示迭代结果“达标”或“无法达标”的信息。如果达标，可退出并输出结果；如果无法达标，可重新返回“调整”功能，选择调整参数、改变迭代方法等功能项，重复操作，直到达标。

7. 参数说明

要获得好的迭代结果，选择合适的工作参数十分重要。特别是矢量法有 η_0～η_6 等多个参数供选择，使用者可通过分析使用结果积累经验。为方便用户，系统设定了默认值。

2.5.3 操作界面说明

软件系统能实现多样本、多变量（多于 100 种鱼类、多于 50 个变量因子的二维坐标）定位，具有自动迭代优化并获取符合坐标误差精度要求的待求鱼类群落生态位结构的功能。它具有功能齐全、使用方便、容错性强、界面友好的基本要求。

（1）系统含有三种推求鱼类形态群落结构的工作模式：普通法溯源、矢量法溯源、制约法溯源。

（2）系统根据不同的溯源要求，提供不同的迭代方法，可以达到最佳的迭代效果。

（3）系统能满足多于 100 种鱼类、多于 50 个分类性状因子的二维坐标定位的溯源迭代推求。

（4）使用说明书配置操作方便的相关页面和视图指引。

1. 数据文件的生成

（1）利用本系统中“文件”功能项中的“新建数据文件”二级功能项，按提示框指引输入数据、编辑生成数据文件（图 2-11）。该操作比较方便，因子名及样本名如果不用默认值，可分别按提示或右键弹出的提示框指引加以更改确定。

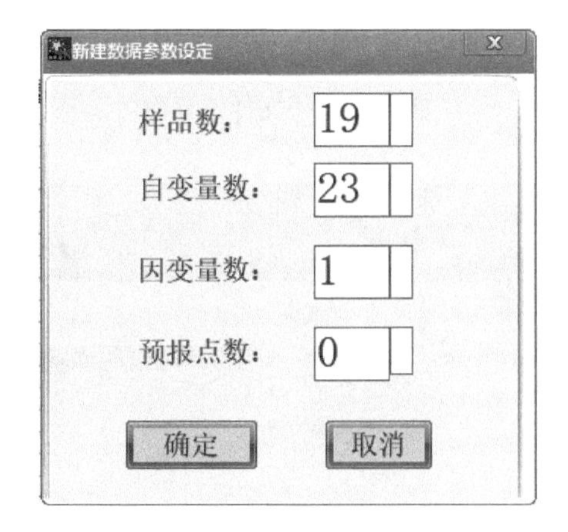

图 2-11　输入数据界面

按“确定”后，界面弹出数据输入文本框，用户可以把 Excel 的数据文件复制、粘贴到系统的数据框内，或者手动输入数据（显示数据框）。

（2）利用其他（如 Word）编辑软件，可按如下要求输入、编辑生成。

自变量（因子）名、因变量（目标）名为字符串时必须加引号。若数据保存为纯文本格式，则可以不加引号。

2. 数据文件编辑

进入系统“文件”功能项（图 2-12），利用不同的二级功能，便可对数据文件进行编辑处理。

进入系统“数据处理”功能项，利用不同的二级功能，可对数据文件进行编辑处理（图 2-13）。

按右键，进入不同的二级功能项，可对数据文件进行编辑处理（图 2-14）。

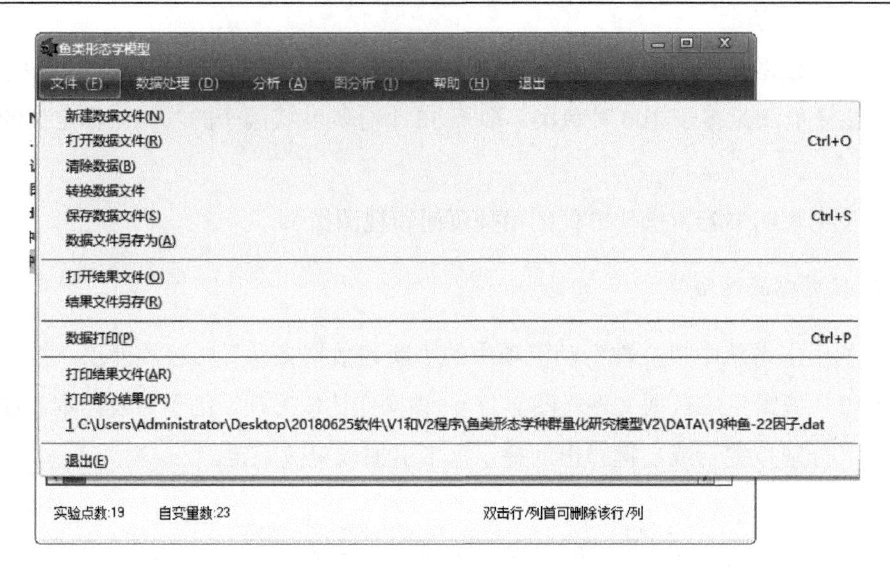

图 2-12　“文件”界面

鱼类形态学模型

文件 (F)　数据处理 (D)　分析 (A)　图分析 (I)　帮助 (H)　退出

数据格式设定(K)　查找数据(Z)　数据替换

大于数值Z　等于数值Z　小于数值Z

按列查找　按行查找

	含量				下咽齿I3	背鳍软棘	臀鳍软棘	胸鳍软
草鱼					.01	7	8	
鲢						7	13	
鳙	1.136	2				7	12.5	
广东鲂	29.592	3	2			7	26	
鳊	1.208	3	2			7	31	
鲴属	22.024	2	2	4	6	7	9	
赤眼鳟	26.113	2	2	4	4	7	7.5	
鲮鱼	4.584	2	2	4	5	12	5	
鲤	.145	2	1	1	3	18.5	5	
鳡	.32	2	2	3	4	10	11	
鳤	.052	2	2	4	4	9	9.5	
鳜	.341	1	.01	.01	.01	13.5	8.5	
壮体沙	.227	2	1	.01	.01	8.5	5	
参条	4.605	2	2	4	4	7	12	
银鮈	1.105	2	3	5	.01	7	6	
飘鱼	1.642	2	2	4	4.5	7	23.5	
银鱼	1.198	.01	.01	.01	.01	11	27.5	
鰕虎	.63	.01	.01	.01	.01	8.5	7.5	

实验点数:19　自变量数:23　双击行/列首可删除该行/列

图 2-13　“数据处理”界面

3. 对应分析有关结果参数的获取

点击主菜单中“分析”功能项显示如图 2-15 的页面后，可分别进行不同的操作。

4. 对应分析

点击“对应分析”，可得到研究对象（数据文件）中各个因子间的相关系数矩阵、*R*

型因子（即自变量点图）载荷矩阵、Q 型因子（即样本点图）载荷矩阵、特征值（即主轴的方差贡献率）等结果信息（图 2-16）。

鱼类形态学模型

文件 (F)　数据处理 (D)　图分析 (I)　帮助 (H)　退出

复制
粘贴
清空
删除所选行
删除所选列
按行输入
按列输入
插入行
插入列
添加行
添加预报行
添加列
样本重命名
变量重命名

	含量	下咽齿I2	下咽齿I3	背鳍软棘	臀鳍软棘
鲢	2.86	.01	.01	7	13
鳙	1.136	.01	.01	7	12.5
广东鲂	29.592	4	5	7	26
鳊	1.208	4	5	7	31
鲴属	22.024	4	6	7	9
赤眼鳟	26.113	4	4	7	7.5
鲮鱼	4.584	4	5	12	5
鲤	.145	1	3	18.5	5
鲫	.32	3	4	10	11
鳤	.052	4	4	9	9.5
鳜	.341	.01	.01	13.5	8.5
壮体沙	.227	.01	.01	8.5	5
参条	4.605	4	4	7	12
银鮈	1.105	5	.01	7	6
飘鱼	1.642	4	4.5	7	23.5
银鱼	1.198	.01	.01	11	27.5
鰕虎	.63	.01	.01	8.5	7.5

实验点数:19　自变量数:23　双击行/列首可删除该行/列

图 2-14　二级功能界面

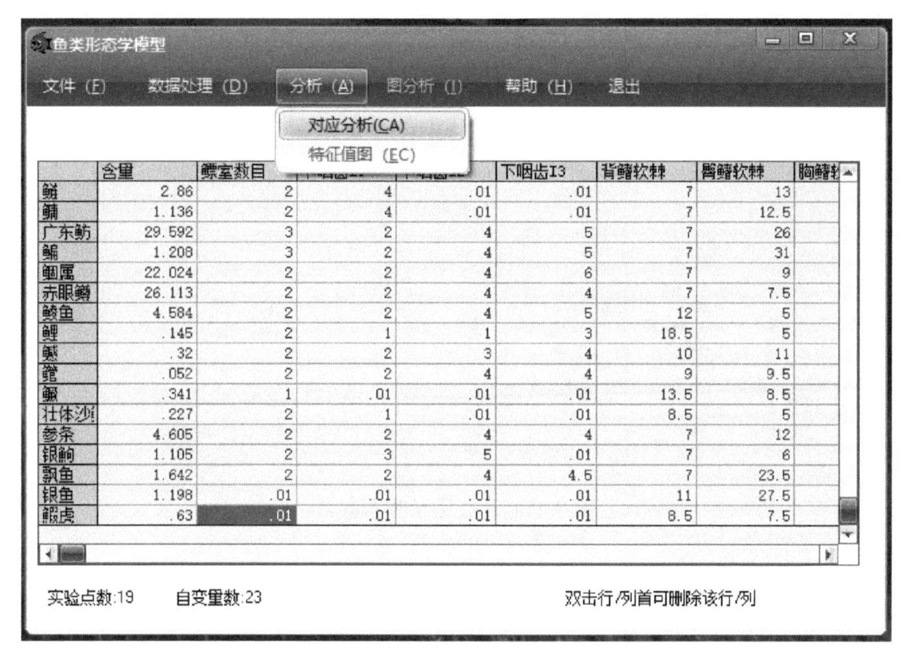

	含量	鳔室数目			下咽齿I3	背鳍软棘	臀鳍软棘	胸鳍软
鲢	2.86	2	4	.01	.01	7	13	
鳙	1.136	2	4	.01	.01	7	12.5	
广东鲂	29.592	3	2	4	5	7	26	
鳊	1.208	3	2	4	5	7	31	
鲴属	22.024	2	2	4	6	7	9	
赤眼鳟	26.113	2	2	4	4	7	7.5	
鲮鱼	4.584	2	2	4	5	12	5	
鲤	.145	2	1	1	3	18.5	5	
鲫	.32	2	2	3	4	10	11	
鳤	.052	2	2	4	4	9	9.5	
鳜	.341	1	.01	.01	.01	13.5	8.5	
壮体沙	.227	2	1	.01	.01	8.5	5	
参条	4.605	2	2	4	4	7	12	
银鮈	1.105	2	3	5	.01	7	6	
飘鱼	1.642	2	2	4	4.5	7	23.5	
银鱼	1.198	.01	.01	.01	.01	11	27.5	
鰕虎	.63	.01	.01	.01	.01	8.5	7.5	

图 2-15　“分析”界面

对应分析参数设定

---------相 关 矩 阵 A——————								
0.061306	0.003218	0.000926	0.008931	0.012514	-0.00216	0.006398	0.000655	
0.00241	-0.001066	0.003769	0.001917	-0.002282	-0.002473	-0.000129	-0.006743	–
0.00287	-0.006139	-0.008166	-0.006297	-0.005945	0.002118	0.001862		
0.003218	0.001371	0.001283	0.00244	0.002001	0.000438	0.000307	0.000909	
0.001039	-0.001035	0.000858	0.000355	-0.000911	-0.001202	-0.000063	-0.000656	–
0.000476	-0.001506	-0.001011	-0.000255	-0.000565	0.000872	0.000378		
0.000926	0.001283	0.003105	0.001706	0.000169	-0.000823	-0.001015	0.001142	
0.001206	-0.000876	0.000742	0.000675	-0.000685	-0.001976	0.000238	-0.000263	
0.000335	-0.002116	-0.000847	0.000958	-0.000026	0.000512	-0.000522		
0.008931	0.00244	0.001706	0.00809	0.005299	0.00071	0.002213	0.00272	
0.002853	0.000676	0.002934	0.001312	-0.000861	-0.000912	0.001211	-0.001926	–
0.002336	-0.00541	-0.002859	-0.002204	-0.002409	0.001758	-0.000048		
0.012514	0.002001	0.000169	0.005299	0.008969	0.001639	0.003295	0.000951	
0.001897	-0.000827	0.002258	0.000492	-0.002043	-0.001225	-0.000031	-0.002158	–
0.00142	-0.004728	-0.003108	-0.000939	-0.002589	0.001062	0.001053		
-0.00216	0.000438	-0.000823	0.00071	0.001639	0.012989	0.008331	0.007482	
0.005407	0.010529	0.004635	0.004365	0.008197	0.005251	0.002226	-0.006794	–
0.004562	-0.002073	-0.007267	-0.008704	-0.001819	0.003059	0.00238		
0.006398	0.000307	-0.001015	0.002213	0.003295	0.008331	0.037743	0.007374	
0.006833	0.020944	0.007356	0.007462	0.013954	0.004959	0.00217	-0.013711	–
0.005576	-0.00784	-0.015159	-0.004886	-0.01104	-0.002678	-0.003317		
0.000655	0.000909	0.001142	0.00272	0.000951	0.007482	0.007374	0.008148	

主因子数 M: 2　　确定

图 2-16　对应分析参数设定

当主因子数≥2 时，可得 R 型因子载荷矩阵（图 2-17）、Q 型因子载荷矩阵。

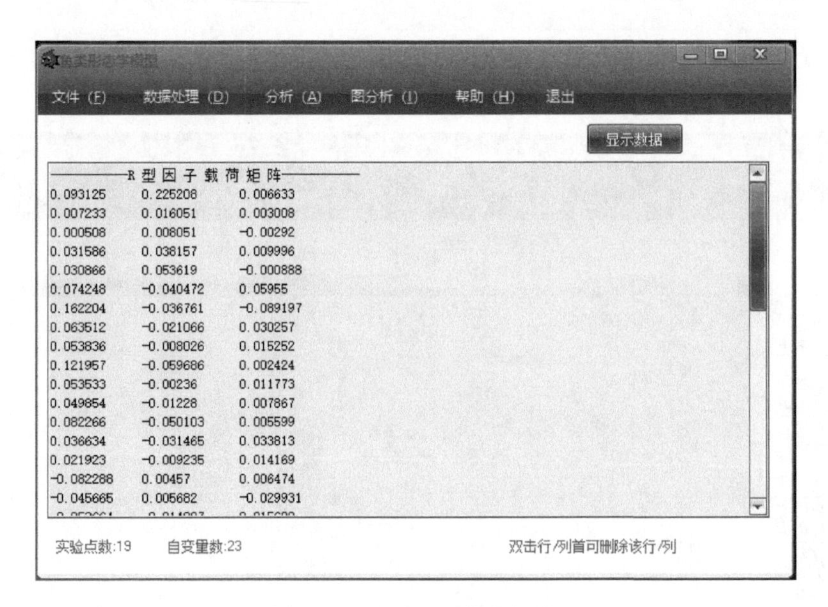

——R 型 因 子 载 荷 矩 阵——		
0.093125	0.225208	0.006633
0.007233	0.016051	0.003008
0.000508	0.008051	-0.00292
0.031586	0.038157	0.009996
0.030866	0.053619	-0.000888
0.074248	-0.040472	0.05955
0.162204	-0.036761	-0.089197
0.063512	-0.021066	0.030257
0.053836	-0.008026	0.015252
0.121957	-0.059686	0.002424
0.053533	-0.00236	0.011773
0.049854	-0.01228	0.007867
0.082266	-0.050103	0.005599
0.036634	-0.031465	0.033813
0.021923	-0.009235	0.014169
-0.082288	0.00457	0.006474
-0.045665	0.005682	-0.029931

图 2-17　R 型因子载荷矩阵

5. 特征值图

点击“特征值图”，可得各主轴（主成分或称主因子）相对方差贡献率，如图 2-18 所示。

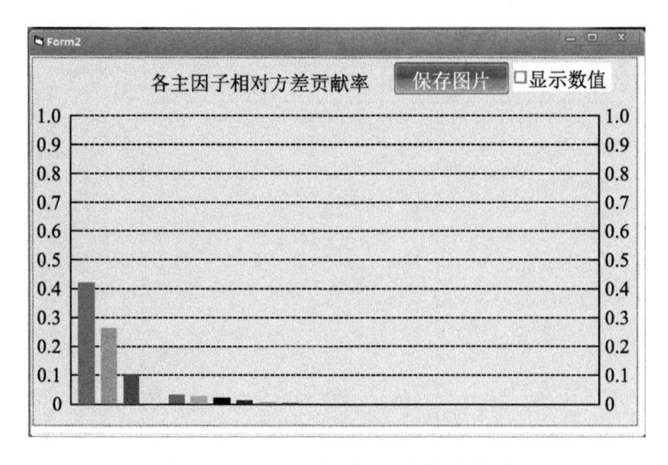

图 2-18　各主因子相对方差贡献率

6. 图分析功能

当点击“图分析”功能项时，根据提示，可分别选择“因子样本图”“因子图”“样本图”“比例（1）+样本图”四种二维分布图，获得起始或迭代后不同时点的因子、样本等四种对应分析二维图（图 2-19～图 2-21）。

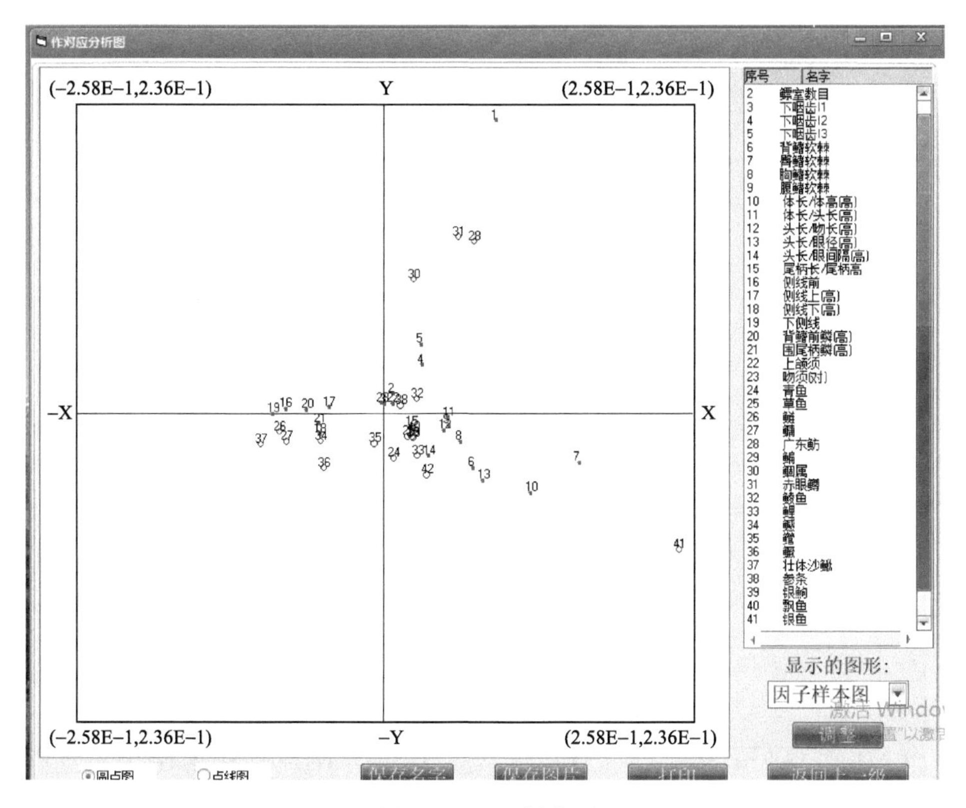

图 2-19　因子样本图

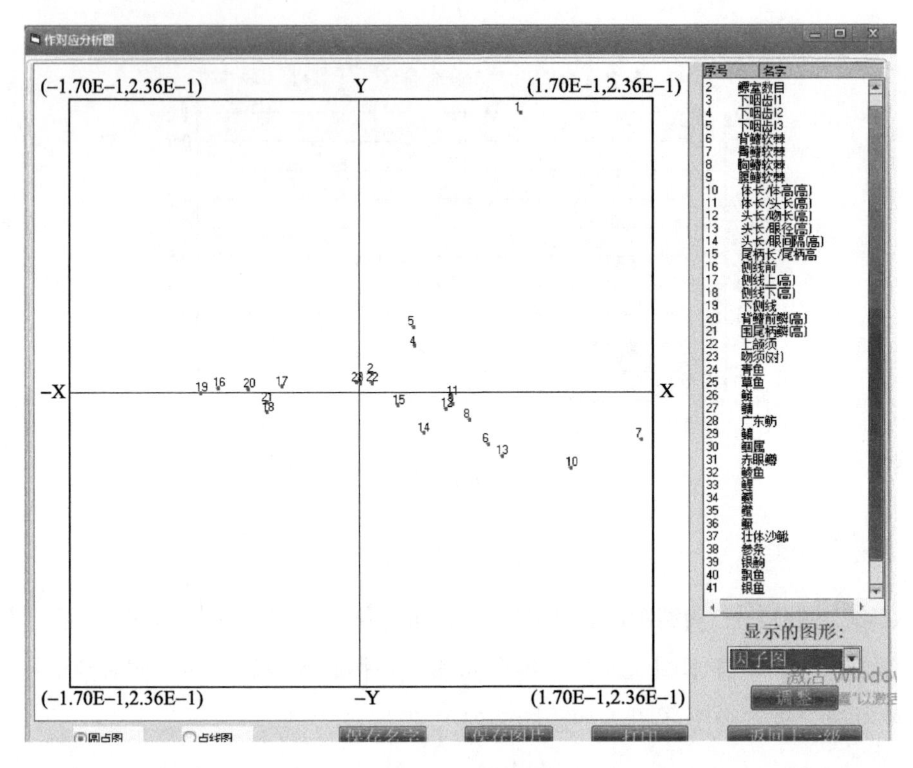

图 2-20　因子图

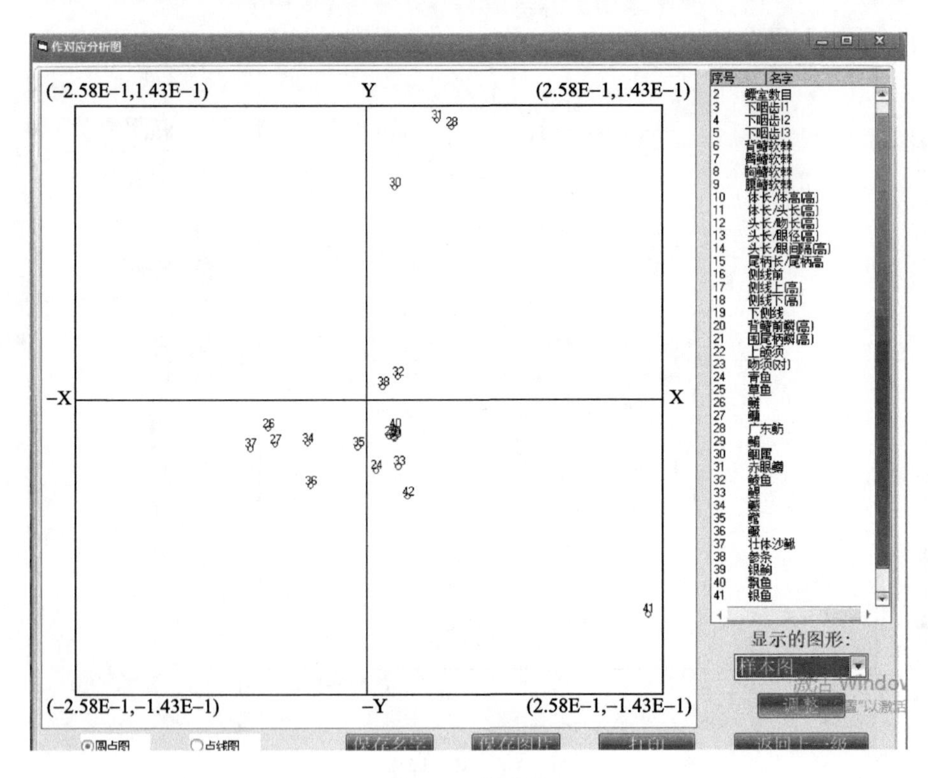

图 2-21　样本图

7. 调整功能

在二维图页面上，点击“调整”功能，即可进入样本范围设置功能页面（图 2-22）。

图 2-22　“范围设置”界面

8. 一键设置

采用普通法的非默认范围值法时，点击“一键设置”（如全部样本选择设置范围：0.01～100），可得图 2-23。

图 2-23　点击“一键设置”得到的界面

9. 批量设置

点击“批量设置”（如选择青鱼、草鱼、鲢、鳙设置范围：0.1～40）（图 2-24），可得图 2-25。

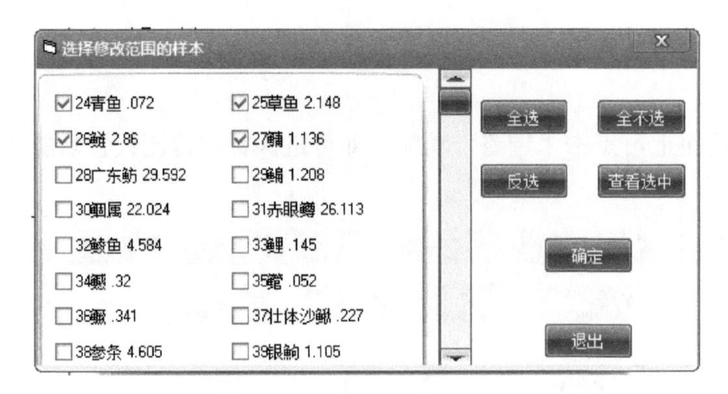

图 2-24　“批量设置”界面

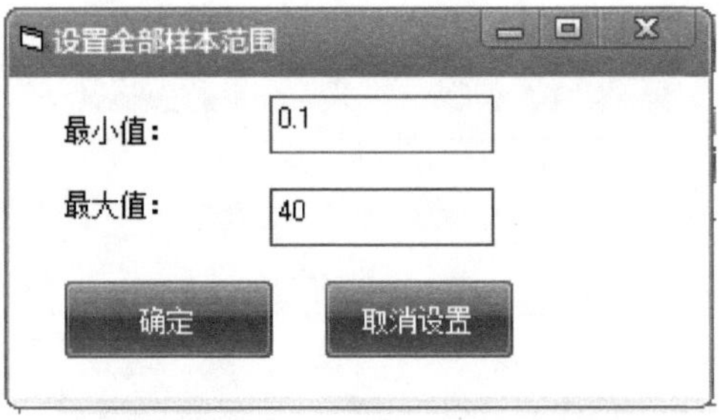

图 2-25　点击“批量设置”得到界面

10. 修改参数

点击“修改当前样本”可修改参数，如图 2-26 和图 2-27 所示。

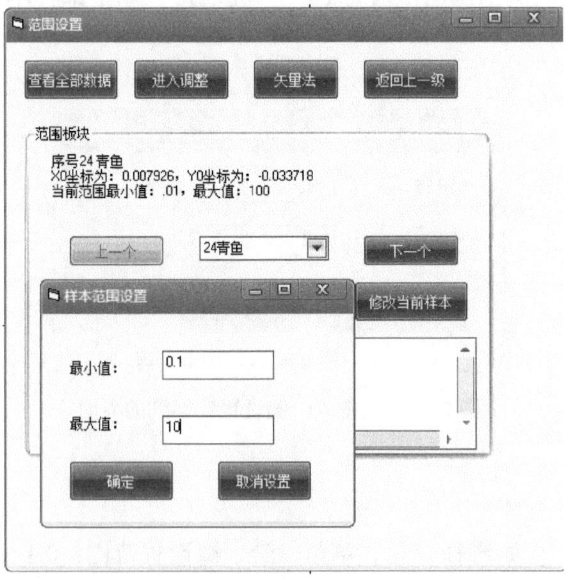

图 2-26　修改参数界面

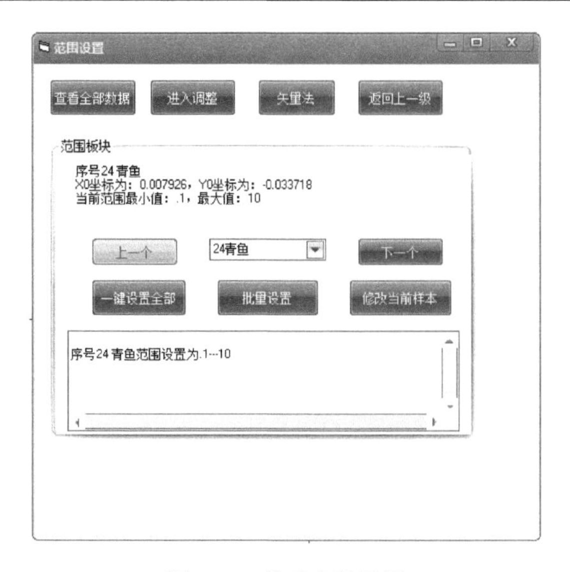

图 2-27　修改参数结果

11. 逐个设置

当样本数 $n>160$ 时，选择批量设置时，会提示用户采用单个样本“逐个设置”完成对样本的含量范围的赋值。

12. 查看全部数据

当设置完成时，用户使用“查看全部数据”功能，可检查样本赋值是否需要更改调整（图 2-28）。如果需调整，点击“进入调整”便可进入多目标坐标定位迭代调整程序。

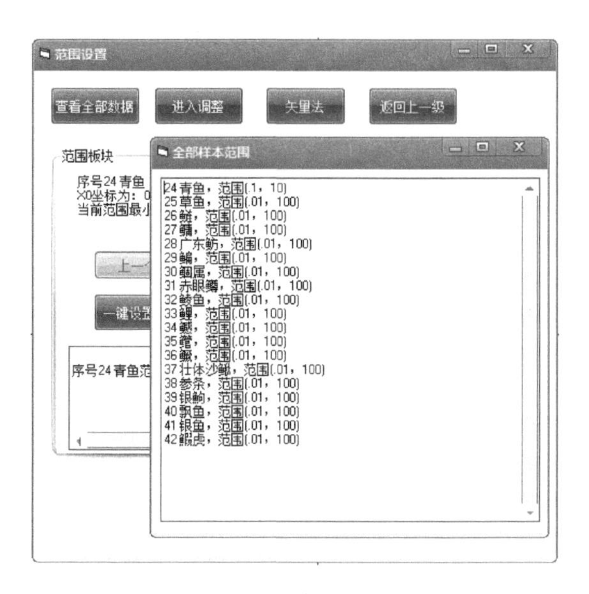

图 2-28　“查看全部数据”界面

13. 群落多目标迭代、制约方法选择

1）模式选择

选择迭代或制约模式。当选择“进入调整”功能时，确定所有样本的范围正确后（图 2-29），可从三种模式中选定某一种迭代或制约模式（图 2-30）。

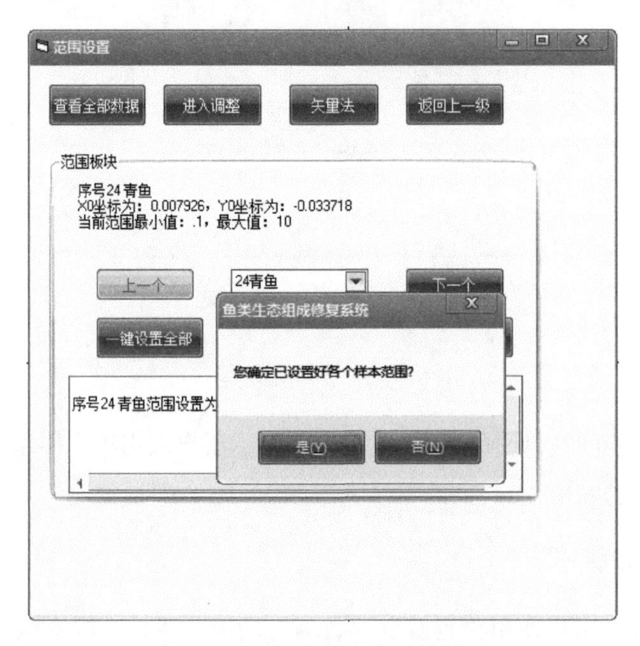

图 2-29　确定样本范围设置界面

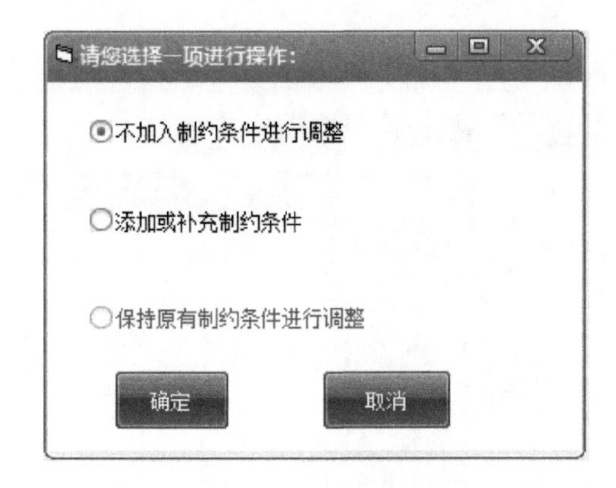

图 2-30　确定样本范围设置后的界面

2）默认模式

点击“不加入制约条件进行调整”，系统转入设定步长、目标点坐标、终点误差、样本排序方式页面（图 2-31）。用户完成设置后，点击“开始调整”，系统便自动添加“比

例列”，然后按选定的步长等参数和样本排序方式，程度自动调整样本的量值，往用户要求的多目标定位方向迭代并逼近目标值。

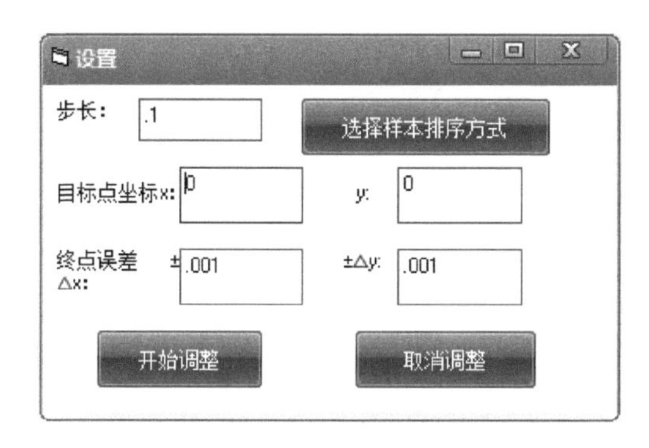

图 2-31　设置步长等参数界面

3）人工设置参数模式

点击“添加或补充制约条件”，用户可根据页面框图提示，按需要键入某些样本组合、总和的上限（或下限）阈值（可允许多个“添加下限条件”和多个“添加上限条件”）（图 2-32～图 2-36）。设置完成后，点击“设置完毕”，系统便转入设置步长、目标点坐标、终点误差、样本排序方式页面。完成设置后，点击“开始调整”，系统既按选定设置的范围等参数和样本排序方式进行迭代的同时，还要被添加的制约条件所制约，程序会自动调整样本的量值，往用户要求的多目标定位方向迭代并逼近目标值。

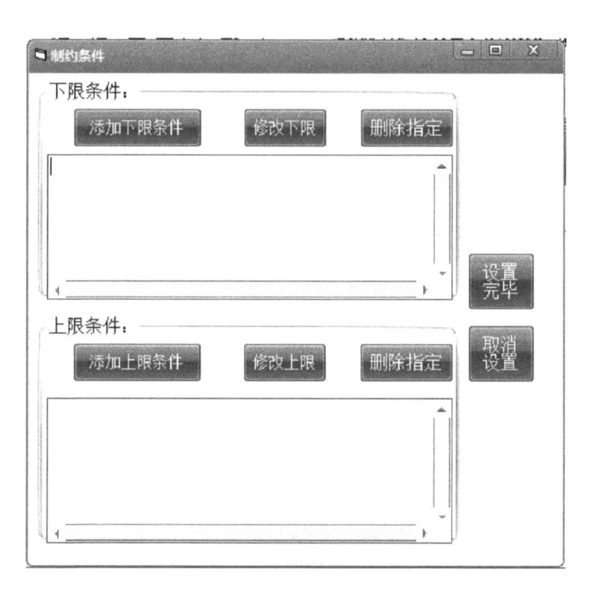

图 2-32　“制约条件”界面

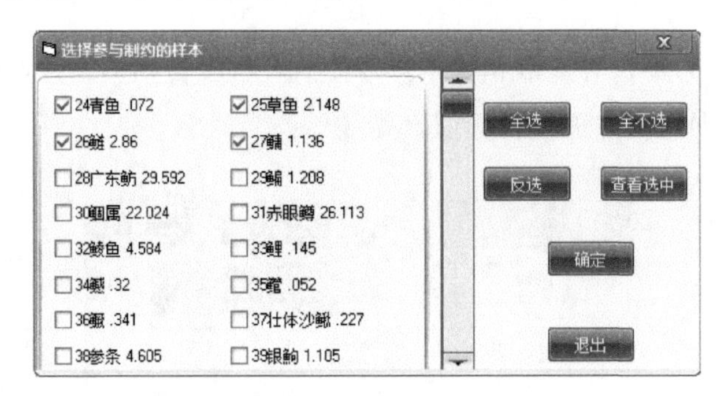

图 2-33　可选择参与制约的样本

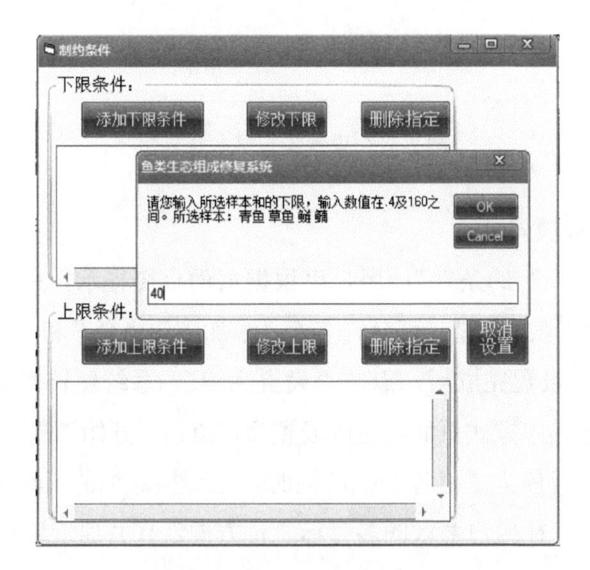

图 2-34　添加下限条件示例 1

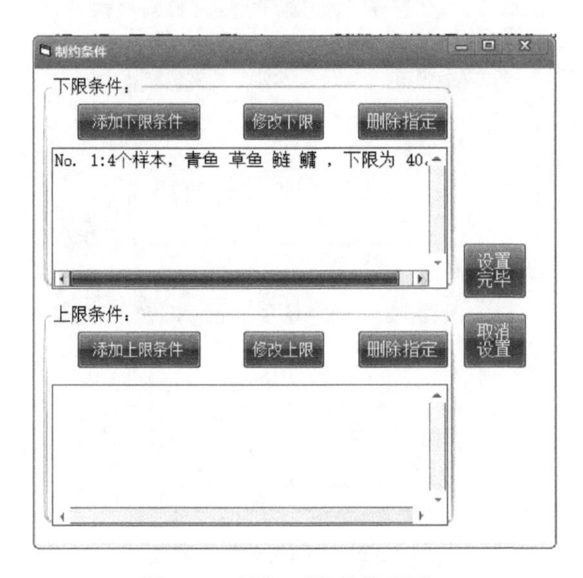

图 2-35　添加下限条件示例 2

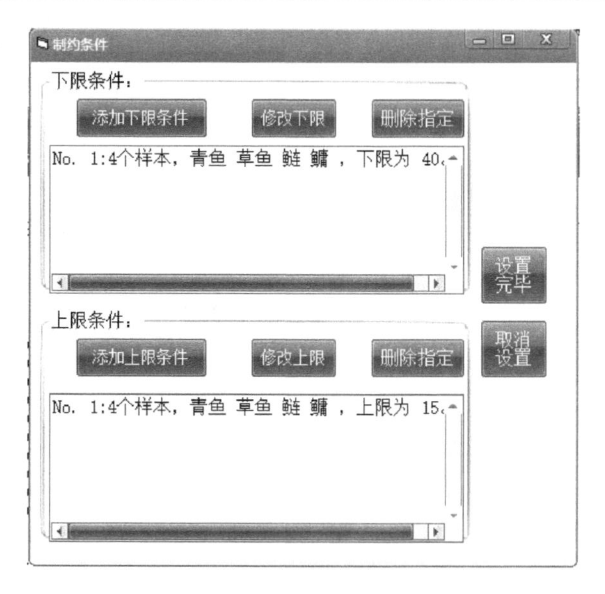

图 2-36　添加上限条件示例

4）默认条件模式

只有使用“制约条件进行调整”迭代后，需要重新进行新一轮迭代才能选择“保持原有制约条件进行调整”功能。点击此功能后，系统会重新进入设置步长、目标点坐标、终点误差、样本排序方式页面。完成设置后，点击“开始调整”。经用户确定后，系统按重新选定设置的范围、有关参数、样本排序方式，按更改迭代参数前的制约条件再自动进行调整样本、含量，往用户要求的多目标定位方向迭代并逼近目标值。

14. 迭代模式选择

确定迭代或制约方式后，系统进入设置“迭代条件”及“样本迭代时排序方式”页面。

“样本迭代时排序方式”为迭代时样本的迭代顺序。若用户不选择样本排序方式，则默认选择排序方式一，即按矢量值从大到小排序迭代（图 2-37）。

15. 步长、目标点坐标、终点误差设置

步长为迭代时改变样本的最小增量，步长越小，迭代时间越长，精度越高；步长越大，迭代时间越短，精度越低，甚至达标不了。如图 2-31 所示，起始步长一般取值 0.1～0.5，当需要达到更高精度时，可在后续结果处理时，更改（减少）步长和终点误差，以达到目标。目标点坐标为新增比例列因子（输出的数据矩阵的第一列）的坐标，一般取（0，0），也可取其他象限的任意点。终点误差为当前 R1 坐标与目标点坐标的差值。

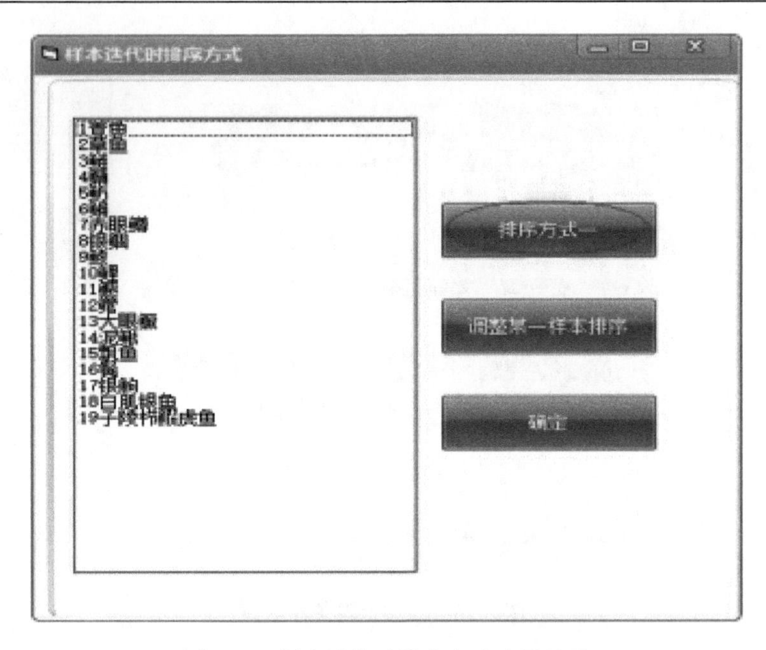

图 2-37　样本迭代时排序方式选择界面

若没有添加制约条件，则会出现“小循环次数”框图（图 2-38），用以在步长的基础上进一步精调结果，一般选择 1～10。

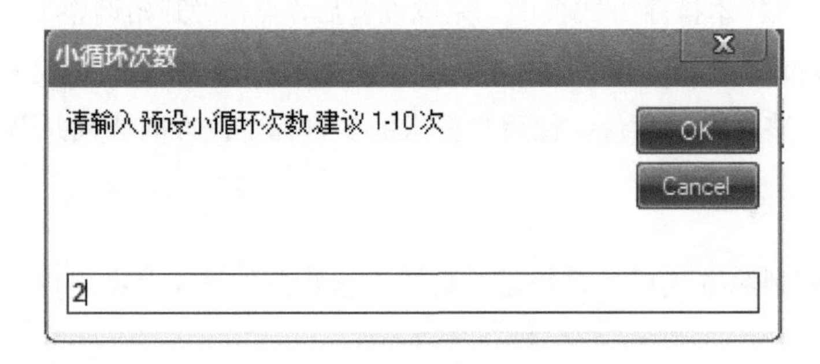

图 2-38　“小循环次数”界面

16. 迭代结果的显示及迭代方法、参数的调整

当根据“迭代条件”完成上述“迭代”或“制约”模式的运行后，系统会显示迭代结果和提供调整参数、选择迭代方法等功能页面，用户可根据需要进入下一步操作（图 2-39）。

1）归一化功能

如果“归一化”未能达标，点击后系统又一次自动进行归一化工作（图 2-40）。完毕，重新回到原来界面，以供其他功能选择。

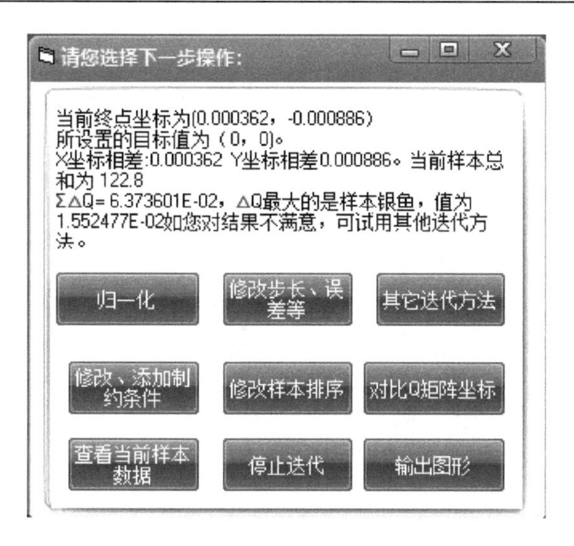

图 2-39　迭代结果 1

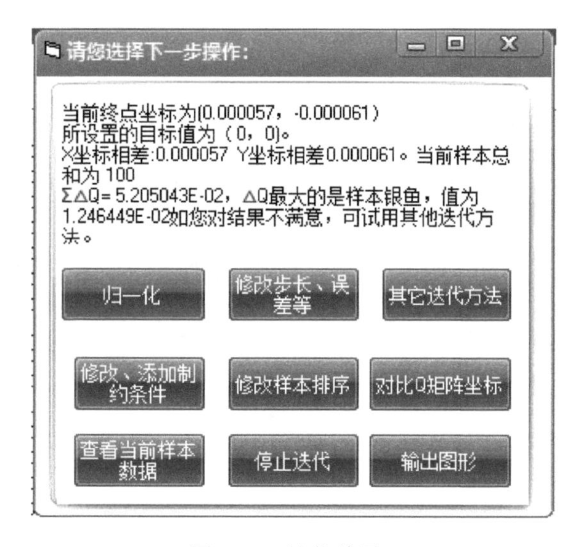

图 2-40　迭代结果 2

2）查看当前样本数据

点击该功能，系统显示迭代调整所得到的样本当前数据（图 2-41）。

3）对比 Q 矩阵坐标

点击该功能，系统显示所有样本的“当前”及“目标点坐标”的 *X*、*Y* 坐标，以及两种坐标的差值（图 2-42）。

4）修改步长、误差等

如果对迭代结果不满意，点击该功能，系统（界面）重新转入设置步长、目标点坐标、终点误差、样本排序方式的界面，可重新设置并让系统按新的条件进行迭代。

图 2-41　迭代调整所得到的样本当前数据

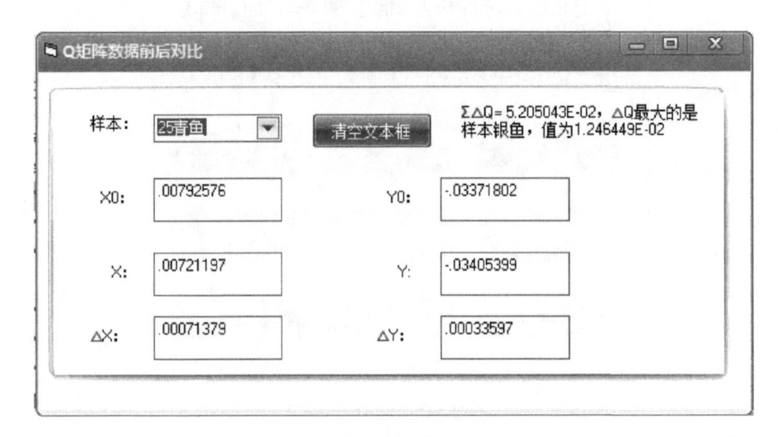

图 2-42　Q 矩阵数据前后对比界面

5）修改、添加制约条件

如果对迭代结果不满意，点击该功能，系统（界面）重新转入修改、添加制约条件界面，重新修改制约条件并按新的制约条件进行迭代。

6）输出图形

如要观察迭代后样本与因子间关系的二维图，可点击“输出图形”。

7）其它迭代方法

本系统提供三种迭代方法，第一种为“迭代方法一”应用在“不加制约条件”模式的迭代。如果选择“不加制约条件”模式，系统自动进入“迭代方法一”。此方法各个样本按固定的赋值范围（默认值为0.01～100）进行迭代调整。

第二种为“迭代方法二”应用在“添加制约条件”模式的迭代。如果选择“添加制约条件”模式迭代，系统自动进入“迭代方法二”。用该方法样本制约迭代时，在满足初始赋值条件下，根据当下情况变动样本的取值范围，加快迭代达标进程。例如，用户开始对全部样本设置范围为0.1～100，后又添加（青鱼＋草鱼＋鲢＋鳙）＞40的制约条件进行迭代。当迭代到青鱼时，假设现在草鱼的值为5，鲢的值为10，鳙的值为12，那么想要满足制约条件，青鱼就至少要大于13才行。结合初始赋值范围，这时青鱼的可迭代范围就变为13～100。这样就可以同时满足个别样本初始赋值范围和多种鱼的制约条件，增加迭代的灵活性，提高迭代效率。

第三种为矢量迭代法（即迭代方法三）。系统根据物种在二维图上矢量长短不同自动赋予相应的边界范围进行迭代。

有时因数据结构或者迭代条件的特殊要求，需要变换迭代方法，以求取得更佳的迭代效果，可点击“其它迭代方法”，页面提供迭代方法的选择。

8）修改样本排序功能介绍

样本排序方式分为“排序方式一”和“调整某一样本排序”两种方法。“排序方式一”是按二维图样本点到中心点连线标量长度大小，从大到小安排样本的迭代顺序。为了研究需要，系统还提供“调整某一样本排序”功能，让用户按需要安排样本迭代顺序。

9）停止迭代

当用户点击此功能，系统结束迭代，转入到输出页面。

点击“显示数据”，可观察并保存经迭代后的样本比例结果；点击“显示结果”，系统重新进入“图分析”操作页面。

17. 补充说明

1）样本数n＞160时的含量设置

需要指出，由于受Visual Basic语言某控件功能容量的限制，当数据文件的迭代样本数＞160时，可以利用“一键设置全部”的功能设置输入所有样本值范围（图2-43），但不能使用“批量设置”功能键，只能通过“单个样本设置”的输入方式，设置样本的特殊范围值及若干样本组合的特定量总和的制约条件。当样本数＞160时，点击“批量设置”会出现提示框（图2-44）。

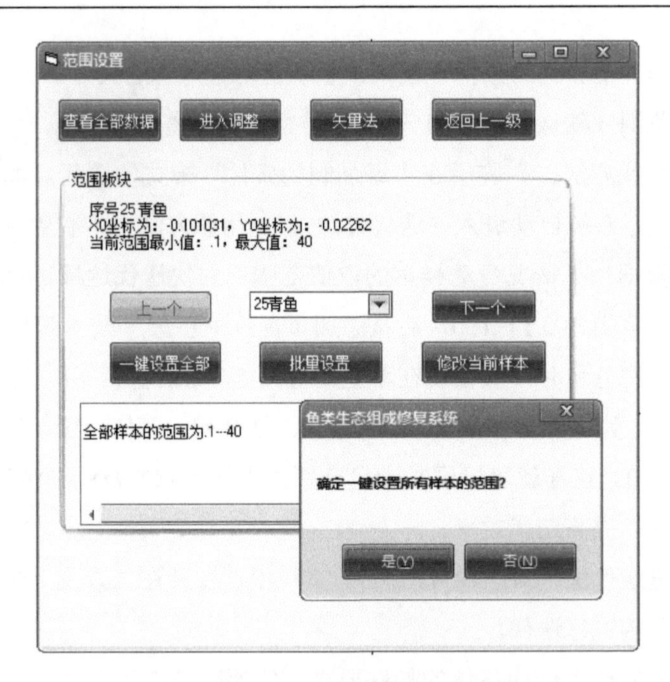

图 2-43　“一键设置全部”界面

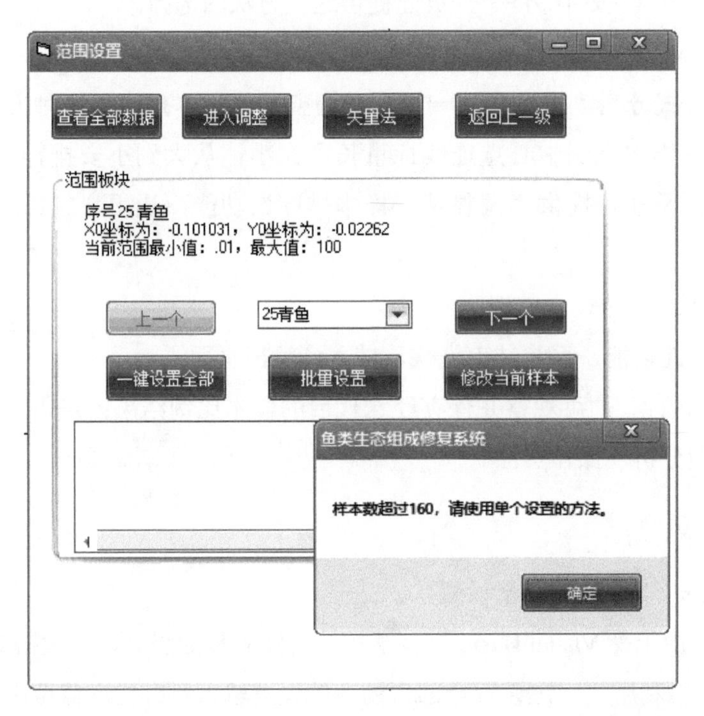

图 2-44　样本数超过 160 时，点击“批量设置”出现的提示框

此时可以先点击“查看全部数据”按钮，找到所需样本，再用下拉框单个选择样本，再点击“修改当前样本”，修改样本范围（图 2-45 和图 2-46）。

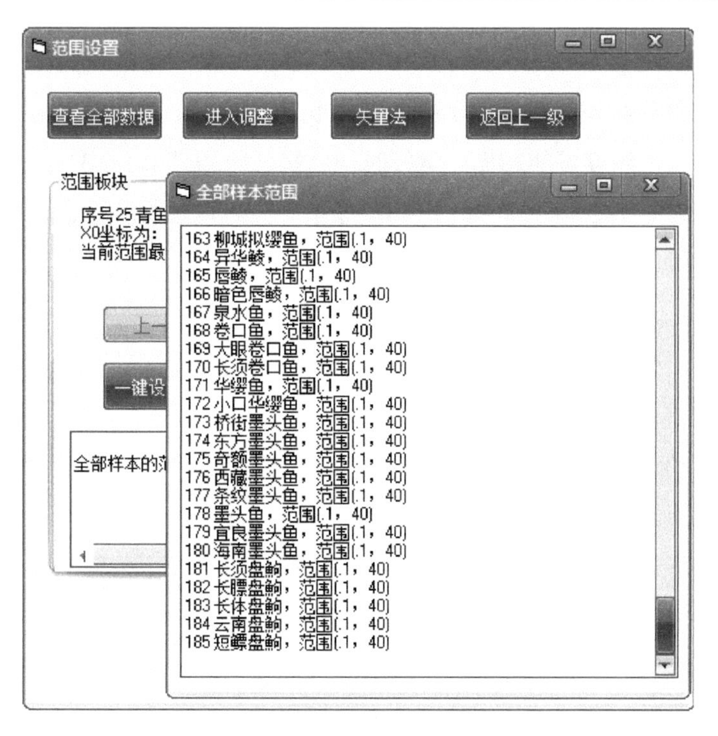

图 2-45　查看全部样本范围界面

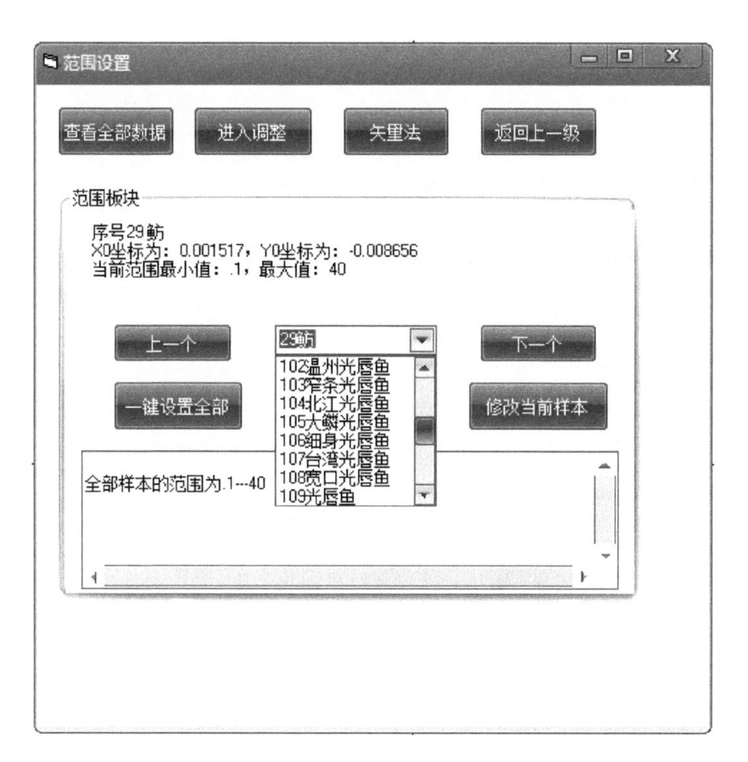

图 2-46　“修改当前样本”界面

2）关于步长、目标点坐标及终点误差的设置

步长的选择关乎结果的精度及运行的时间长短。步长越小，精度越高，运行所需时间越长；步长越大，精度可能越低，运行时间越短。一般选 0.1～0.001。

目标点坐标为：中心趋于 $X=0, Y=0$；非中心值可以选择任意点。

允许误差一般选：0.0001～0.001。

3）迭代调整效果的判定及后续操作

因运算量大，页面有时会不响应，鼠标处于转圈状态，此时请耐心等候。若等太久，可强制关闭。

系统进入自动调整迭代的循环周期后，会根据运行结果自动弹出“达标”或“无法达标”的信息页面。

如果达标，可退出并输出结果；如果无法达标，可选择下列的某种方式进行操作。

（1）重新调整参数。

如果经过多次循环调整，迭代仍无法达到（终点）目标坐标值，系统会弹出提示框，请用户考虑修改设置范围、制约阈值、终点坐标误差（图 2-47）。

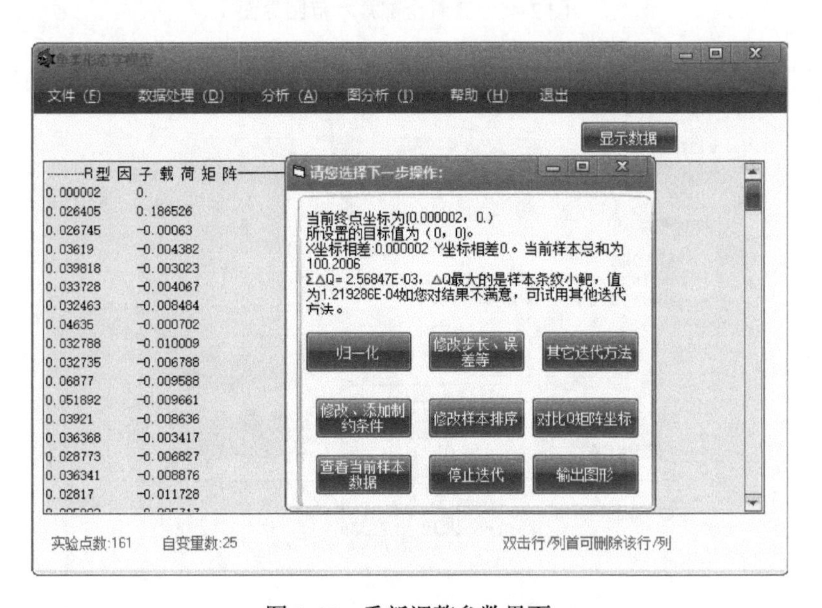

图 2-47　重新调整参数界面

可选择修改参数，适当降低要求，系统按新标准重新进行迭代，直至达标；如果不修改参数，可退出并输出当时图形及结果。

（2）重新归一化。

如果经过多次循环迭代后，目标点坐标（误差）已达标，但归一化误差较大系统停

止迭代，弹出提示框，告知用户此时的坐标误差、样本归一化（总和）数值等有关信息。同时提供“归一化，修改步长、误差等，修改、添加制约条件，其它迭代方法，停止迭代，输出图形”六种选择。用户可根据不同情况，选用不同的操作。

①当归一化误差＜10%时（即系统显示＞90），建议选择“归一化”，即继续进行归一化操作，观察重新迭代达标与否，再决定下一步操作。

②当多次归一化，其误差仍＞10%时（系统显示＜90），建议选择“其它迭代方法”迭代。然后观察重新迭代达标与否，再决定下一步操作。

③当上述两种选择都无法令归一化误差＜0.5%时（系统显示为＞95），建议选择“修改步长、误差等”（一般为缩减步长），继续进行迭代，观察重新迭代达标与否，再决定下一步操作。

④当上述三种选择都无法令归一化误差＜0.5%时，建议选择“修改步长、误差等”（适当增加终点坐标），继续进行迭代，观察重新迭代达标与否，再决定下一步操作。

⑤当上述四种选择都无法令归一化误差＜0.5%时，可使用有制约的迭代，建议选择“修改、添加制约条件”（即适当降低制约阈值），继续进行迭代，观察重新迭代达标与否，再决定下一步操作。

⑥当上述五种选择都无法令归一化误差＜0.5%时，建议选择“停止迭代”“输出图形”。这表明被研究对象的数据矩阵无法达到用户要求，要认真分析各种参数的选择是否合理并去应对它。

（3）先满足“低级达标”，再考虑“高级达标”。

为保证迭代调整有序进行，有时先使用0.00*x*（或更大）级别的终点坐标误差，当弹出“达标”（坐标误差较大的低级水平）界面后，可选择“修改步长、误差等”方式，减少坐标误差（或需同步减小步长作配合）进行迭代，令其达到0.000*x*（或更低）的“高级达标”。

4）步长、坐标误差、归一化值相互协调

协调好步长、坐标误差、归一化三者关系，对提高迭代效果有积极意义。为让多目标定位操作中，各样本*X*、*Y*坐标尽快逼近终点目标，建议分两次（或多次）进行迭代。先“初级”达标，后“高级”达标。所谓初级，使用稍大的步长（0.1～0.05）、稍大的坐标误差（0.01～0.05）进行迭代调整，当坐标误差满足上述低级要求，而且归一化误差在1%～5%时，便可继续施行高级达标操作。所谓高级达标是指：调整坐标误差，要求＜0.000*x*，步长则以＜0.05要求，具体数值，视迭代效果伺机确定；归一化的误差，必须要求＜0.5（即比例总和在99.5～100.5范围内）。迭代过程可根据提示框的指引，灵活协调上述三个参数的数值，让迭代全面、高级达标。

5）设置范围、制约阈值的输入安排

不同研究对象，其样本数据结构不一样、设置范围宽窄不相同、制约条件个数及阀值有差异，会影响获得目标结果的时间长短过程。

对难度不大的迭代，可以一次性输入样本设置范围及所有制约条件阈值，一次性输进高级达标的步长（＜0.01）、坐标误差（＜0.000x），施行迭代，让坐标误差及归一化误差高标准全面达标。

对难度较大的迭代，建议除分初级、高级两阶段安排步长及坐标误差外，还把样本“数值范围设置”与样本“数值范围和制约条件”分开两步实施，即先让“设置”达标，后再一次（或多次）加入制约条件进行“制约”达标迭代。如果迭代（坐标误差、归一化误差）指标不理想，要注意选择“其它迭代方法”实行调整。总之，分步进行迭代，虽然耗时较多，但往往是提高迭代达标操作的不错选择。

物种分布资料需要长期调查积累，短期难于获得完整的生物多样性数据，导致模型研究出现偏差（Townsend，2001）。因此，针对生物群落的物种生态位研究结果在一定程度上是“相对”的结果。尽可能获得研究区域完整的物种数据，可以提高模型的精度。基于这样的背景，现状文献相关的生态位研究大多数属于随机群落物种分布模型或随机群落物种生态位模型。

第3章　种与群落关系

生态系统的功能就是保持生命体与环境处于和谐的状态，其中，生物群落在能量分配统一的体系下有序占有生态位。外源能量（如太阳能）和地球内源能量驱动地球物质在生态系统中不断循环运转，既包括环境中的物质循环、生物间的营养传递和生物与环境间的物质交换，也包括生命物质的合成与分解等物质形式的转换。生态系统中的物质循环过程与生物群落构成密切相关，在无环境突变的条件下，生物群落中种类、数量处于稳定平衡状态。由于环境空间的资源是有限的，系统只能承载一定数量的生物，当生物量接近饱和时，如果某一种类数量（密度）增加，势必影响系统中的其他生物种类生长，导致群落结构的改变，直至出现新的平衡。生物群落由众多物种组成，物种之间必然包含竞争、捕食和非生物胁迫、物种间的互利关系（Bruno et al.，2003）。生物群落中的任何物种都与其他物种存在着相互依赖和相互制约的关系，常见的关系如下：

（1）构成食物链。捕食者的生存依赖于被捕食者，其数量也受被捕食者的制约；被捕食者的生存和数量同样受捕食者的制约，两者间的数量保持相对稳定。居于相邻环节的两物种的数量比例也保持相对稳定的趋势。

（2）竞争。物种间常因利用同一资源而发生竞争：植物间争光、争空间、争水、争土壤养分；动物间争食物、争栖居地等。在长期进化中、竞争促进了物种的生态特性的分化，结果使竞争关系得到缓和，同时也形成“稳定”的生物群落结构。例如，河流中既有定居性鱼类，又有洄游性鱼类；既有适合水体上层生长的鱼类，又有喜欢栖息于底层的种类；既有植食性鱼类，又有掠食性鱼类。系统中不同类型的生物密切关联，但又各有其所。

（3）互利共生。物种的生存相互依赖，如地衣中菌藻相依为生，动物胃肠道消化系统中寄生微生物与宿主共生等，都表现了物种间的相互依赖的关系。生物群落表现出复杂而稳定的依存平衡结构，平衡的破坏常可能导致群落物种结构重组，使某种生物资源永久性丧失，或生态系统功能改变。

互利关系并不仅仅是两个伙伴间的属性。从宏观角度看，稳定的群落物种关系都处于某种互利状态。通常，研究互利关系以两个关联物种为对象，对广泛的群落种间关系缺少研究（Bronstein，1994）。群落物种间并非只有竞争和捕食的作用形式，任何生物的存在有其竞争与互利的一面，在竞争与互利中实现平衡，应该是生态系统的主要特征。无论水生生态系统还是陆生生态系统，群落物种间的互利关系都是学者研究的焦点，互利是生物群落的普遍关系，包含特定分类群或分类群组合，涉及部分与整体关系（Bruno et al.，2003）。

评价群落的指标除多样性指数和物种丰度排序方法外，种类组成、群落物种间的平均距离和质量等指标也用于群落评价（Rochet et al.，2003）。群落的稳定性包含空间生态位的平衡关系，其中“位”体现了物种和空间占有“量”的关系，引入相对比例关系更方便量化评估。生物之间的相互关系或许也能从能量分配、食物链物质输移关系中得到量化，其中，生物量值（或称为生态位量值）就可能成为一种反映群落稳定性的重要指标。

生态系统的稳定性与环境资源和物种组成有关。从物种组成角度分析，早期的研究认为简单的生态系统不如复杂的生态系统稳定，但后来的研究得出了相反的结论（Mcnaughton，1978；Connell，1978；Pimm，1984）。群落中物种多样性与功能多样性之间呈弱相关性，同样在河流生态系统中体现。物种多样性丰富的河流，并不一定功能多样性高，说明群落中物种生态位重叠关系，也说明群落构建中物种生态位具有多重互补现象，群落复杂性也提高了群落功能的缓冲能力和保障能力，这或许是群落生态功能的保障机制。群落有其基本的种类构成，这对人工构建（生态系统重构）水生生态系统中的鱼类群落框架非常重要。

在生态系统中，多样性程度受扩散模式和潜在生物相互作用的影响，生物群落特征由较高的分类群的生物所表征，因为较高分类群的丰度较其他种类具有更强的表现。系统中，多样性的变化由群落种之间生态位分配的定期变化所决定（Enquist et al.，2002）。群落中物种分布有优势种和稀有种的特征，即大多数类群中的物种占据的范围很小，而只有少数物种占有大的生态位置。物种的存活程度随着地理活动范围的增大而减小，然而，范围大小与物种形成率及种群大小之间的关系不那么明显（Silvia et al.，2017）。群落结构受区域性环境特征的影响，通常模型很难捕捉到反映生态系统的物种间结构关系的所有信息，这主要与研究系统的数据源不足有关（Bowman，1986）。在食物链体系中，群落物种包括从高端至低端的系列物种组成，在环境胁迫的影响下，哪些物种首先受到冲击？其引起的群落效应过程及结果怎样？这都是群落生态学需要解决的问题。解决生态学的这些问题与如何选择研究对象有关，能否通过群落物种的生态位关系寻找答案值得期待。

群落物种生态位的信息可以从标本中挖掘（Elith et al.，2006），标本的性状特征提供了特定物种在空间和时间的信息（Lughadha et al.，2018），化石提供特定历史时期的信息，研究者可从地质尺度上研究生物群落与环境的关系（Stigall，2012）。通过区域物种分布生态位信息，可以了解物种间的相互作用及其与环境的关系；通过性状变化可以了解种类分化与环境的适应性，了解生物群落在生态和进化的空间过程，了解不同时期物种分布的变化范围。通过化石数据也可推演环境变化过程对物种分布的影响（Walls et al.，2011）。同样，文献的物种数据也可研究生物群落演替，还原不同时代生物群落的结构特征，还可跳出区域范围研究群落形成机制，为研究生态系统中群落演化、重构提供手段（Gravel et al.，2006）。在系统重建中，需要关注容纳物种多样性，即各物种不能占有大的生态位，而广布性物种具有“宽”的生态位特征，与此相对应的是，个体小的物种空间生态位“窄”，个体大的物种空间生态位“宽”。在环境胁迫下，某些物种个体出现小型化，也预示该物种的空间生态位变小，群落中物种的组成也随之发生变化，生态系统功能将重排。处理群落物种之间的关系，需要有合适的模型方法和预测手段。

本章从物种演替角度呈现群落物种的变化关系。选择分布于我国的 62 个属 104 种鱼类为代表，建立模拟群落，通过模型研究其中某种鱼的缺失，了解种间关系的变化。模型研究突出以珠江水系鱼类为基础，尽可能选择形态分类阶元代表“属”的种，也有类似南方裂腹鱼和洞穴鱼金线鲃类等特化种，这样与现实河流鱼类群落物种关系更接近。通过研究，了解模拟群落中“缺失”物种与其他物种的关系，推演群落物种关系的变化和生态位演化的机制，为探索群落构建提供一种分析手段。根据假设的 104 种鱼组成的群落，进行逐种消失模拟，分析群落中一些鱼对消失种类的响应关系。原则是：如果模拟种类消失，某种鱼的生态位占有量减少，判定该消失的种与对应生态位减少的种为“互利关系”；如果模拟种类消失，某种鱼的生态位占有量增加，判定该消失的种与对应生态位增加的种为“竞争关系”；如果模拟种类消失，某种鱼的生态位占有量不变，判定该消失的种与对应生态位不变的种为“无竞争关系”。我国淡水鱼类以鲤形目为主，模拟群落分析选择的种类鲤形目鱼类占 89 种，其中鲤科鱼类占 84 种，其他还包括鲈形目（6 科 6 种）、鲇形目（1 科 7 种）、鲀形目和胡瓜鱼目各 1 科 1 种。模拟分析总体上显示，分类学上亲缘关系近的鱼类对相同鱼类缺失的反应不同，未显示分类上的聚类现象，差异可体现在竞争与互利属性不同，对生态位变化率影响的量级程度不同。

在模拟群落种间关系分析中，无论何种鱼生态位丧失，一些鱼类的生态位均表现出明显增加。这些鱼类在模拟群落中的起始基础生态位小，某种鱼的生态位缺失，表现出明显的生态位扩张。在 104 种鱼组成的模拟群落分析中，对其他鱼表现为完全竞争型的鱼类有两种，分别是杞麓鲤和珠江卵形白甲鱼，这两种鱼在现实珠江水系中分布范围小、种群小。无论何种鱼生态位丧失，一些鱼类的生态位均表现出减少。这些鱼类在模拟群落中的起始基础生态位小，某种鱼的生态位缺失，表现出明显的生态位变小。在 104 种鱼组成的模拟群落分析中，对其他鱼表现为完全互利型的鱼类仅为乌原鲤，它分布于西南河流，种群小。生态位变化温和的种类可能更有利于群落的稳定，提示在人工构建生态系统中，需要更多地考虑有利于生态位稳定的种类。群落鱼类的生态位关系可能与食物链能量分配关系更密切。通过模拟群落演替分析，可以增加对物种种间关系的认识，为重构鱼类群落提供种间关系预评估手段。

3.1　模拟物种缺失分析

Schoener（1974）认为群落中物种的生态位与资源分配有关，研究生态位需要从个体和群体层面建立整体理论体系和模型，分析群落中的物种关系，认识维度与生态位的关系，了解种间生态位的界线及生态位的形状。生物群落在它们所包含的物种数量、物种之间的相互作用数量（主要是喂养和竞争关系）以及它们相互作用的强度可用物种丰度比值来表示。相互作用强度随物种数量的变化而变化，通常物种数量增加相互作用强度可能会显著下降（Rejmanek et al.，1979）。通过模拟群落物种缺失，可以了解系统中种间生态位的变化。本章模拟群落的 104 种鱼类，涉及 5 目 12 科。

3.1.1　胡瓜鱼目银鱼科白肌银鱼属

在缺失不同种鱼类测试中，白肌银鱼（*Lcucosoma chinensis*）生态位变化率介于 0～98%之间（图 3-1）。103 种鱼类中，生态位与白肌银鱼形成互利关系的鱼类有 58 种，其中对白肌银鱼生态位影响大于 10%的鱼类有 34 种，鲢影响达到 98%。生态位与白肌银鱼形成竞争关系的鱼类有 45 种，其中对白肌银鱼生态位影响大于 10%的鱼类有 30 种，鲸影响达到 23%。对白肌银鱼生态位影响小于 10%的鱼类有 39 种。

3.1.2　鲤形目

1. 鳅科

1）小条鳅属

在缺失不同种鱼类测试中，美丽小条鳅（*Micronemacheilus pulcher*）生态位变化率介于 0～124%之间（图 3-2）。103 种鱼类中，生态位与美丽小条鳅形成互利关系的鱼类有

41种，其中，对美丽小条鳅生态位影响大于10%的9种，影响最大的是鲢，达到99%。生态位与美丽小条鳅形成竞争关系的鱼类有62种，其中，对美丽小条鳅生态位影响大于10%的有58种，大于100%的有2种，影响最大的是鳊，达到124%。对美丽小条鳅生态位影响小于10%的鱼类有36种。

2）沙鳅属

在缺失不同种鱼类测试中，美丽沙鳅（*Sinibotia pulchra*）生态位变化率介于0～230%之间（图3-3）。103种鱼类中，生态位与美丽沙鳅形成互利关系的鱼类有45种，其中，对美丽沙鳅生态位影响大于10%的鱼类有3种，影响最大的是鳙，达到27%。生态位与美丽沙鳅形成竞争关系的鱼类有58种，其中，对美丽沙鳅生态位影响大于10%的有54种，大于100%的有6种，大于200%的有1种，泥鳅影响最大，达到230%。对美丽沙鳅生态位影响小于10%的鱼类有46种。

3）薄鳅属

在缺失不同种鱼类测试中，薄鳅（*Leptobotia pellegrini*）生态位变化率介于0～134%之间（图3-4）。103种鱼类中，生态位与薄鳅形成互利关系的鱼类有46种，其中，对薄鳅生态位影响大于10%的鱼有16种，影响最大的为鲢，达到45%。生态位与薄鳅形成竞争关系的鱼类有57种，其中，对薄鳅生态位影响大于10%的鱼有53种，大于100%的有1种，影响最大的为青鱼，达到134%。对薄鳅生态位影响小于10%的鱼类有34种。

4）泥鳅属

在缺失不同种鱼类测试中，泥鳅（*Misgurnus anguillicaudatus*）生态位变化率介于0～63%之间（图3-5）。103种鱼类中，生态位与泥鳅形成互利关系的鱼类有84种，其中，对泥鳅生态位影响大于10%的有15种，影响最大的为鲢，达到63%。生态位与泥鳅形成竞争关系的鱼类有19种，其中，对泥鳅生态位影响大于10%的有15种，影响最大的为花鲈，达到51%。对泥鳅生态位影响小于10%的鱼类有73种。

2. 鲤科

1）马口鱼属

在缺失不同种鱼类测试中，马口鱼（*Opsariichthys bidens*）生态位变化率介于0～63%之间（图3-6）。103种鱼类中，生态位与马口鱼形成互利关系的鱼类有91种，其中，对马口鱼生态位影响大于10%的鱼类有87种，影响最大的为大鳍鳠，达到87%。生态位与马口鱼形成竞争关系的鱼类有12种，其中，对马口鱼生态位影响大于10%的2种，影响最大的为鲂，达到14%。对马口鱼生态位影响小于10%的鱼类有14种。

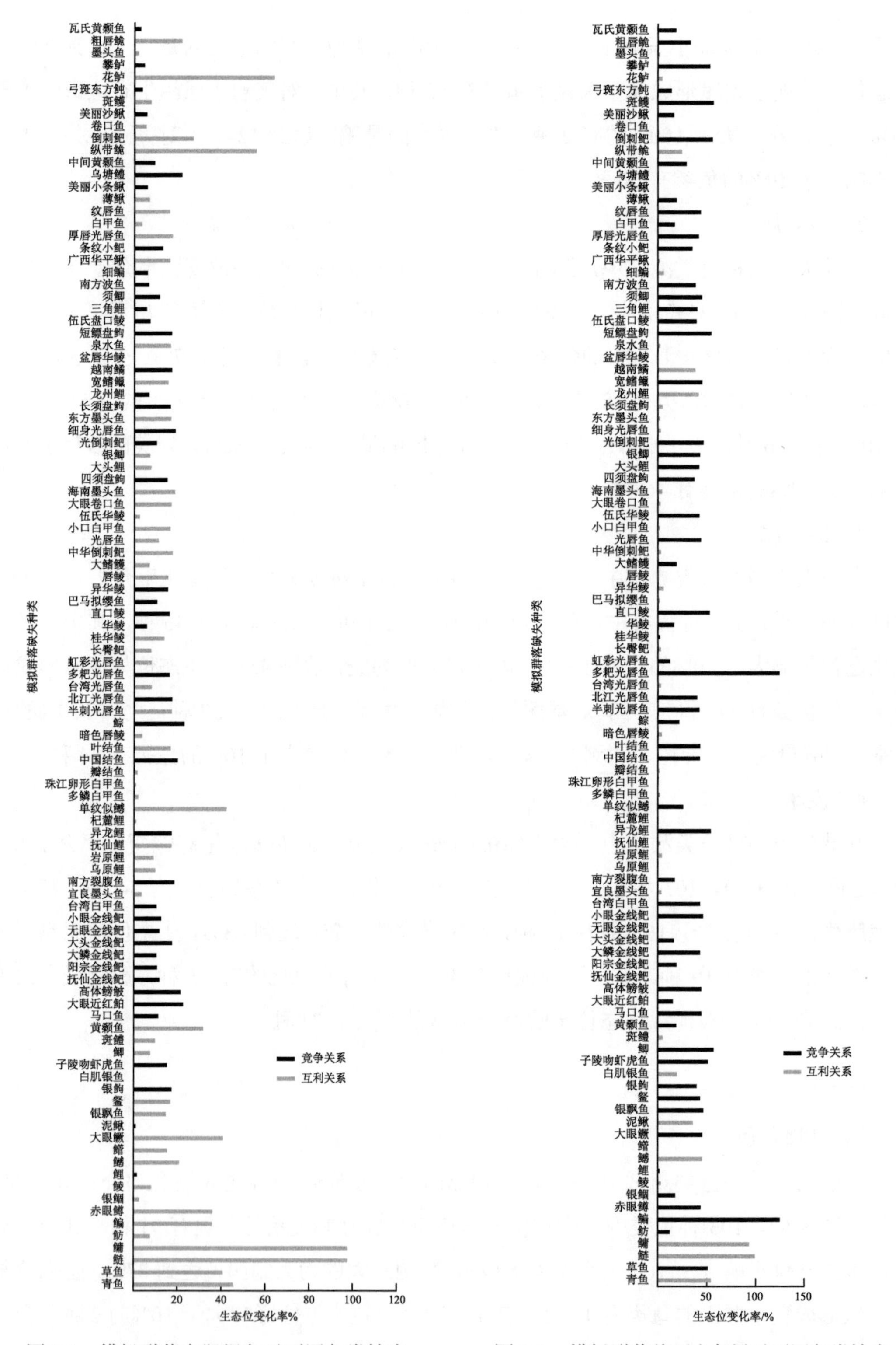

图 3-1　模拟群落白肌银鱼对不同鱼类缺失生态位的响应

图 3-2　模拟群落美丽小条鳅对不同鱼类缺失生态位的响应

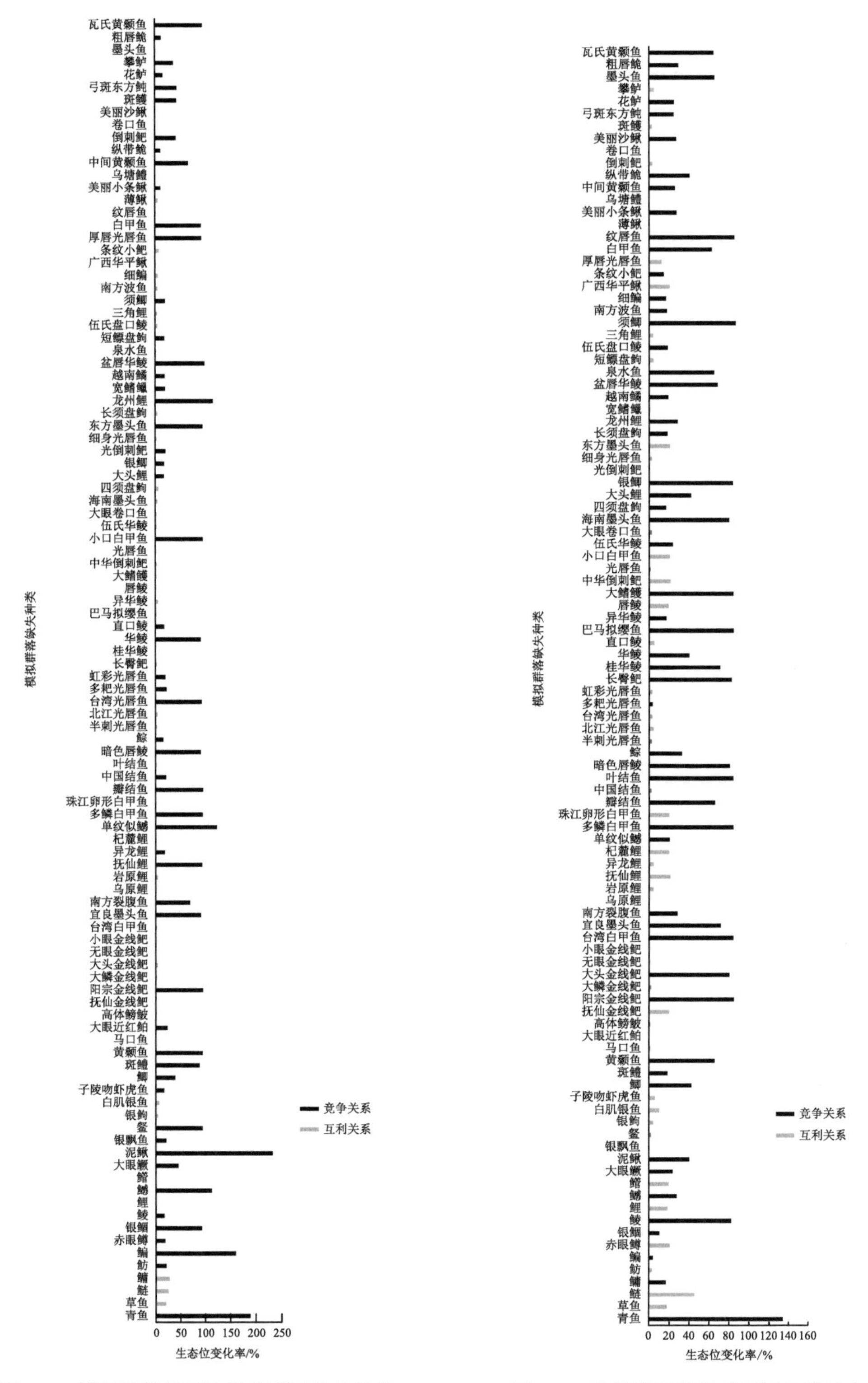

图 3-3　模拟群落美丽沙鳅对不同鱼类缺失生态位的响应

图 3-4　模拟群落薄鳅对不同鱼类缺失生态位的响应

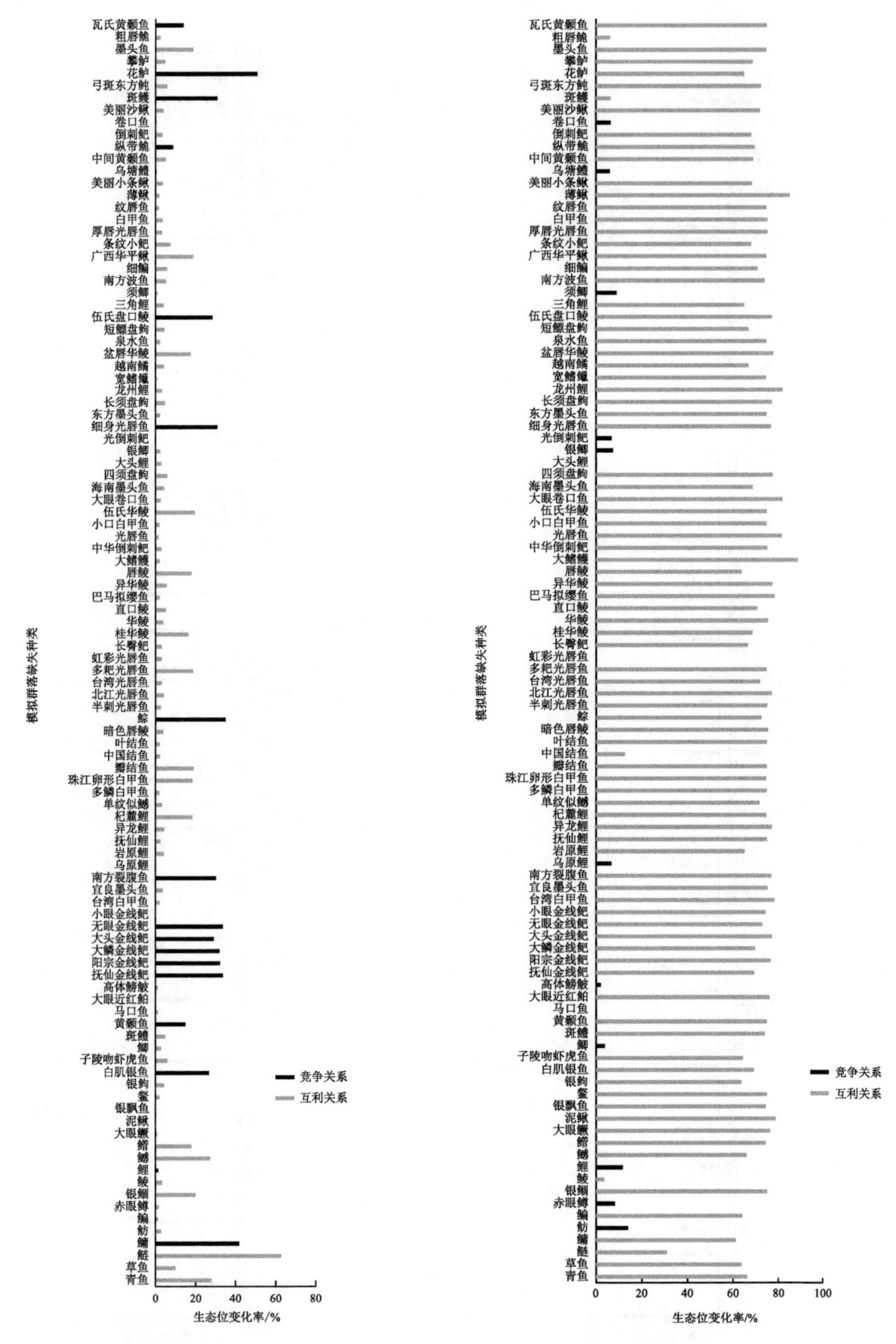

图 3-5　模拟群落泥鳅对不同鱼类缺失生态位的响应

图 3-6　模拟群落马口鱼对不同鱼类缺失生态位的响应

2）波鱼属

在缺失不同种鱼类测试中，南方波鱼（*Rasbora steineri*）生态位变化率介于 0～51%之间（图 3-7）。103 种鱼类中，生态位与南方波鱼形成互利关系的鱼类有 95 种，其中，对南方波鱼生态位影响大于 10%的鱼类有 52 种，影响最大的为唇鲮，达到 51%。生态位与南方波鱼形成竞争关系的鱼类有 8 种，其中，对南方波鱼生态位影响大于 10%的有 4 种，影响最大的为鲢，达到 35%。对南方波鱼生态位影响小于 10%的鱼类有 47 种。

3）鱲属

在缺失不同种鱼类测试中，宽鳍鱲（*Zacco platypus*）生态位变化率介于 0～116%之间（图 3-8）。103 种鱼类中，生态位与宽鳍鱲形成互利关系的鱼类有 47 种，其中，对宽鳍鱲生态位影响大于 10%的鱼类有 31 种，影响最大的为鲢，达到 81%。生态位与宽鳍鱲形成竞争关系的鱼类有 56 种，其中，对宽鳍鱲生态位影响大于 10%的有 49 种，大于 100%的有 15 种，影响最大的为倒刺鲃，达到 116%。对宽鳍鱲生态位影响小于 10%的鱼类有 23 种。

4）青鱼属

在缺失不同种鱼类测试中，青鱼（*Mylopharyngodon piceus*）生态位变化率介于 0～629%之间（图 3-9）。103 种鱼类中，生态位与青鱼形成互利关系的鱼类有 91 种，其中，对青鱼生态位影响大于 10%的鱼类有 3 种，影响最大的为墨头鱼，达到 12%。生态位与青鱼形成竞争关系的鱼类有 12 种，对青鱼生态位影响大于 10%的鱼类有 2 种，鳙对青鱼生态位影响为 175%，影响最大的为鲢，达到 629%。对青鱼生态位影响小于 10%的鱼类有 98 种。

5）鯮属

在缺失不同种鱼类测试中，鯮（*Luciobrama macrocephalus*）生态位变化率介于 12%～1974%之间（图 3-10）。103 种鱼类中，生态位与鯮形成互利关系的鱼类有 17 种，对鯮生态位的影响均大于 40%，影响最大的为虹彩光唇鱼，达到 55%。生态位与鯮形成竞争关系的鱼类有 86 种，对鯮生态位的影响均大于 30%，其中，大于 100%的有 81 种，大于 500%的有 55 种，大于 1000%的 27 种，影响最大的为瓦氏黄颡鱼，达到 1974%。群落中无对鯮生态位影响小于 10%的种类。

6）草鱼属

在缺失不同种鱼类测试中，草鱼（*Ctenopharyngodon idella*）生态位变化率介于 0～40%之间（图 3-11），103 种鱼类中，生态位与草鱼形成互利关系的鱼类有 94 种，其中，对草鱼生态位影响大于 10%的鱼类有 5 种，影响最大的为墨头鱼，达到 16%。生态位与

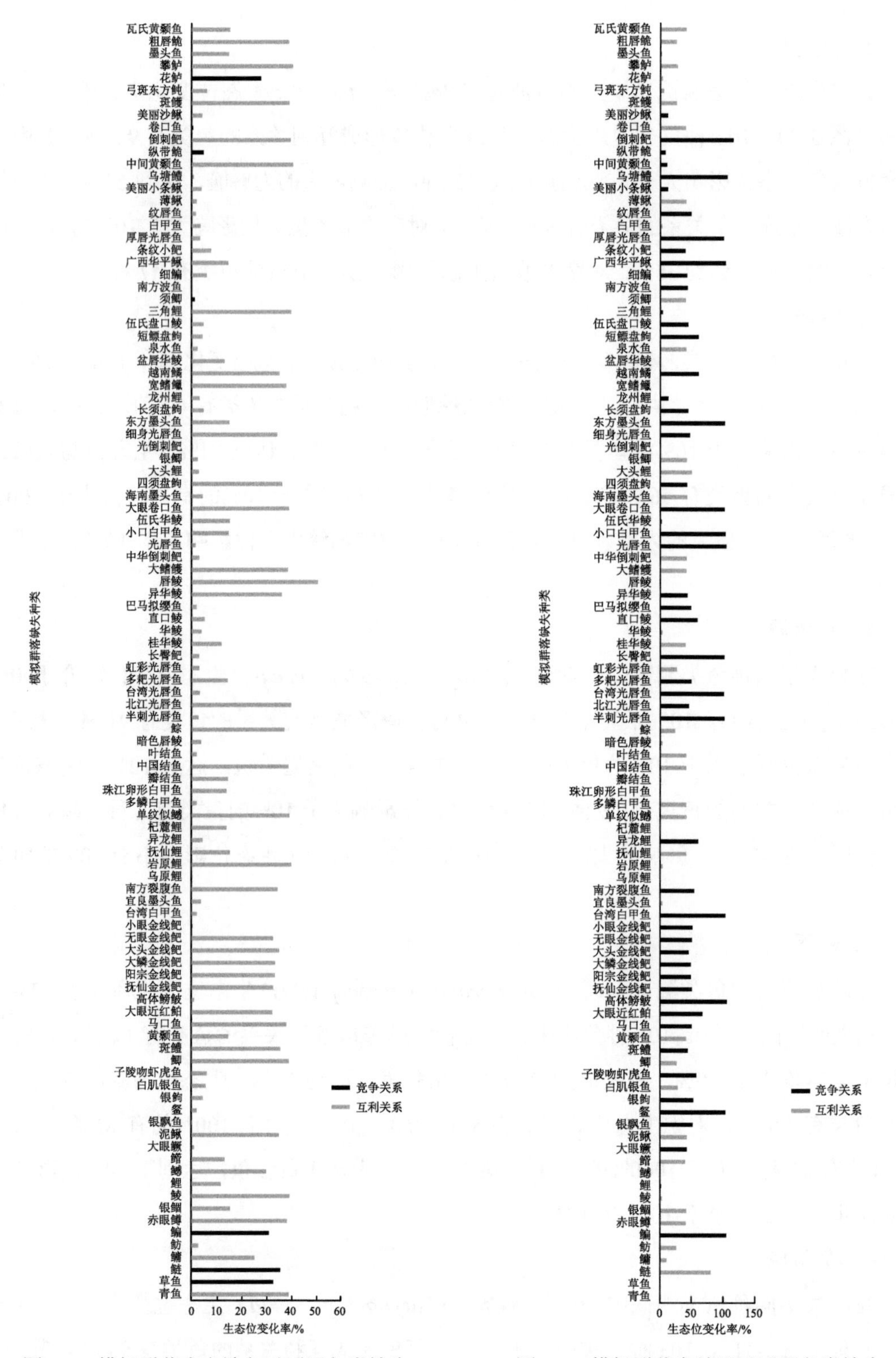

图 3-7　模拟群落南方波鱼对不同鱼类缺失生态位的响应

图 3-8　模拟群落宽鳍鱲对不同鱼类缺失生态位的响应

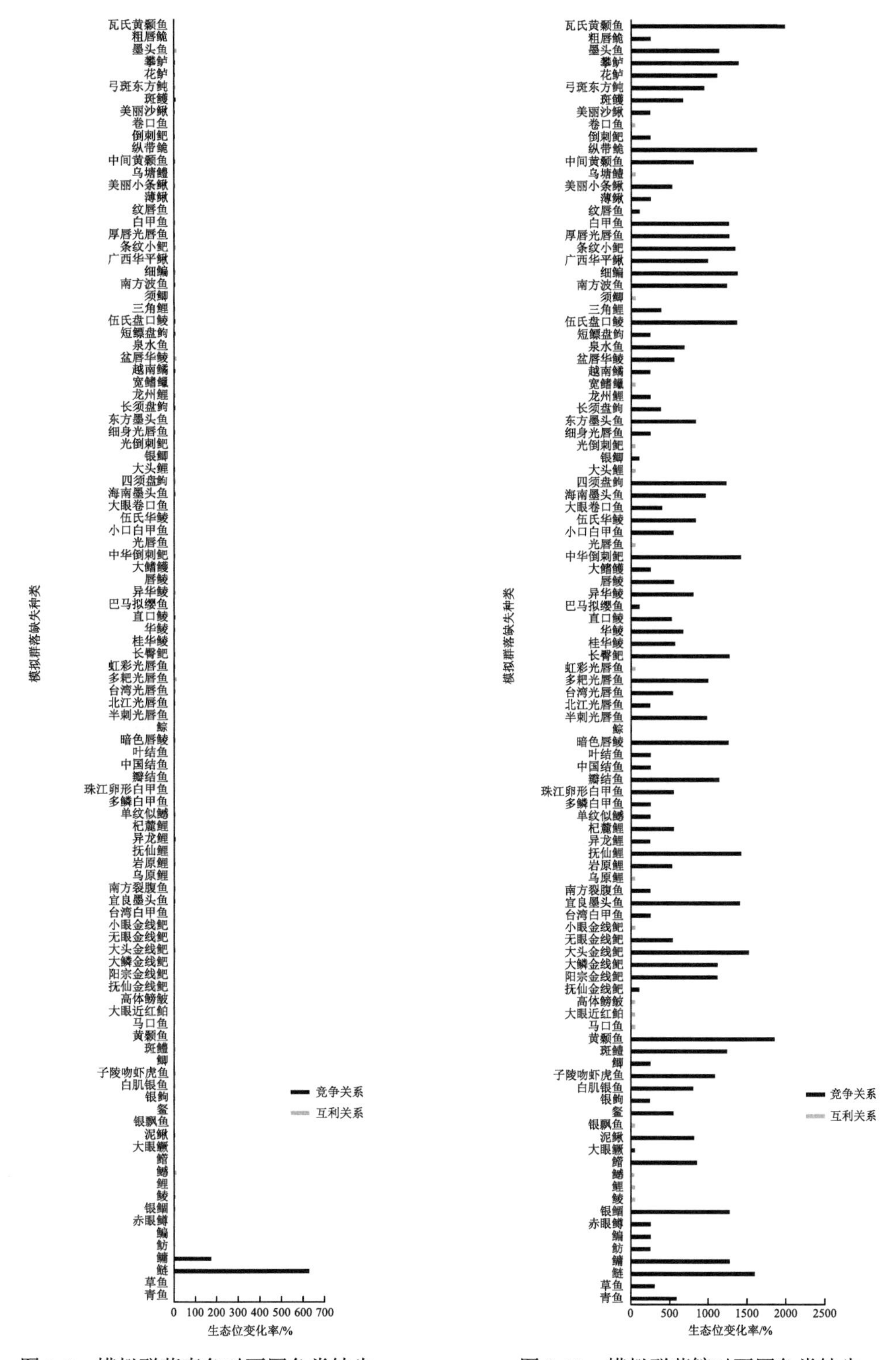

图 3-9　模拟群落青鱼对不同鱼类缺失生态位的响应

图 3-10　模拟群落鯮对不同鱼类缺失生态位的响应

草鱼形成竞争关系的鱼类有 9 种，对草鱼生态位影响大于 10%的有 3 种，影响最大的为鳙，达到 40%。对草鱼生态位影响小于 10%的鱼类有 95 种。

7）鳤属

在缺失不同种鱼类测试中，鳤（*Ochetobius elongatus*）生态位变化率介于 0～395%之间（图 3-12）。103 种鱼类中，生态位与鳤形成互利关系的鱼类有 11 种，对鳤生态位的影响均小于 10%，影响最大的为单纹似鳡，仅为 3%。生态位与鳤形成竞争关系的鱼类有 92 种，其中，鳤生态位影响大于 10%的有 87 种，大于 100%的有 68 种，影响最大的为鳙，达到 395%。对鳤生态位影响小于 10%的鱼类有 16 种。

8）鳡属

在缺失不同种鱼类测试中，鳡（*Elopichthys bambusa*）生态位变化率介于 0～213%之间（图 3-13）。103 种鱼类中，生态位与鳡形成互利关系的鱼类有 95 种，其中，对鳡生态位影响大于 10%的 7 种，影响最大的为青鱼 25%。生态位与鳡形成竞争关系的鱼类有 8 种，其中，对鳡生态位影响大于 10%的 1 种，即鲢，影响达到 213%。对鳡生态位影响小于 10%的鱼类有 95 种。

9）赤眼鳟属

在缺失不同种鱼类测试中，赤眼鳟（*Squaliobarbus curriculus*）生态位变化率介于 0～199%之间（图 3-14）。103 种鱼类中，生态位与赤眼鳟形成互利关系的鱼类有 73 种，其中，对赤眼鳟生态位影响大于 10%的鱼类有 8 种，影响最大的为鳡，达到 45%。生态位与赤眼鳟形成竞争关系的鱼类有 30 种，其中，对赤眼鳟生态位影响大于 10%的 26 种，大于 100%的有 6 种，影响最大的为美丽小条鳅，达到 199%。对赤眼鳟生态位影响小于 10%的鱼类有 69 种。

10）近红鲌属

在缺失不同种鱼类测试中，大眼近红鲌（*Ancherythroculter lini*）生态位变化率介于 0～211%之间（图 3-15）。103 种鱼类中，生态位与大眼近红鲌形成互利关系的鱼类有 69 种，其中，对大眼近红鲌生态位影响大于 10%的 19 种，影响最大的为鲢，达到 52%。生态位与大眼近红鲌形成竞争关系的鱼类有 34 种，其中，对大眼近红鲌生态位影响大于 10%的 34 种，大于 100%的有 18 种，影响最大的为鲸，达到 211%。对大眼近红鲌生态位影响小于 10%的鱼类有 50 种。

11）飘鱼属

在缺失不同种鱼类测试中，银飘鱼（*Pseudolaubuca sinensis*）生态位变化率介于 0～158%之间（图 3-16）。103 种鱼类中，生态位与银飘鱼形成互利关系的鱼类有 41 种，其

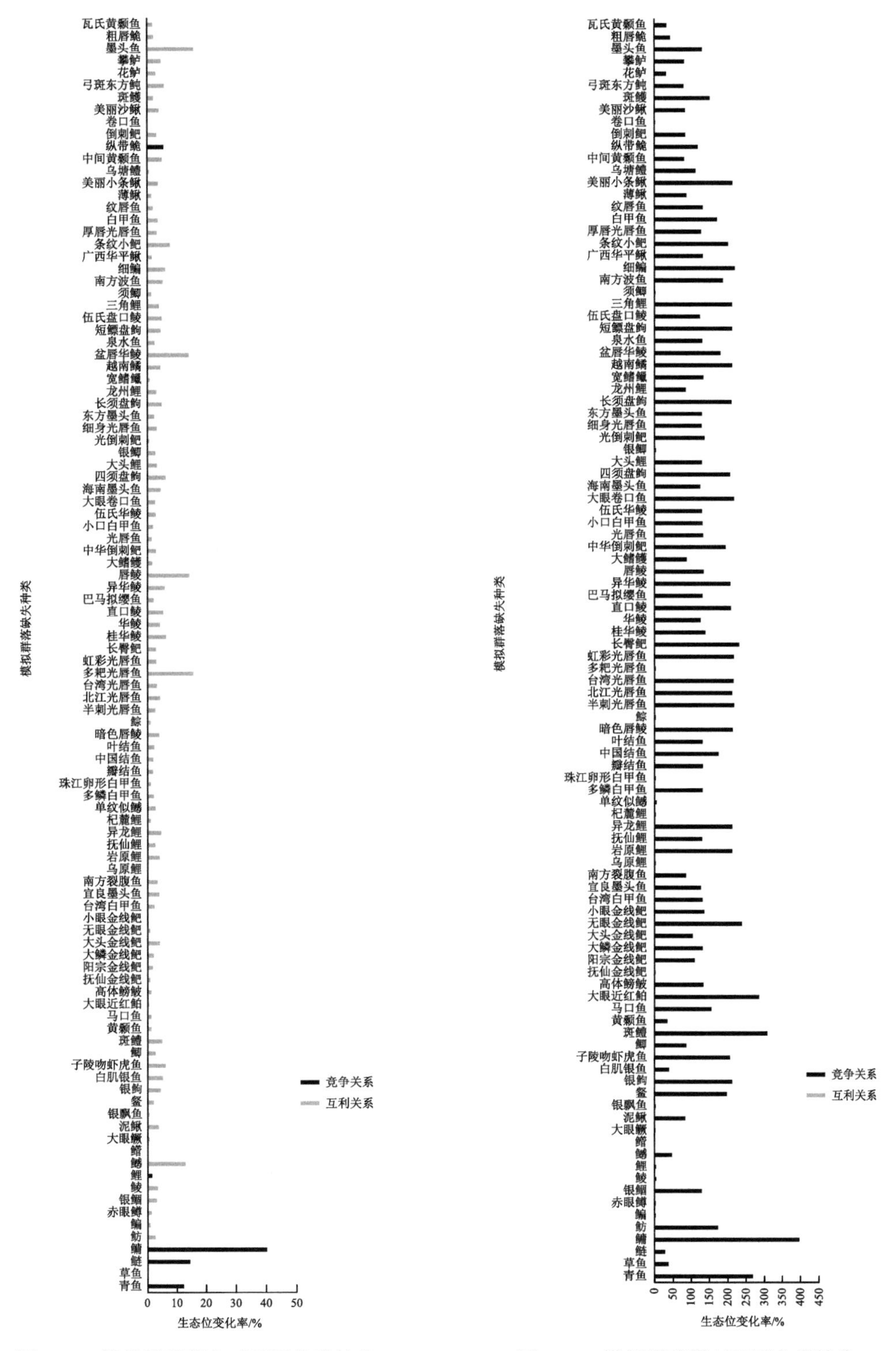

图 3-11　模拟群落草鱼对不同鱼类缺失生态位的响应

图 3-12　模拟群落鳤对不同鱼类缺失生态位的响应

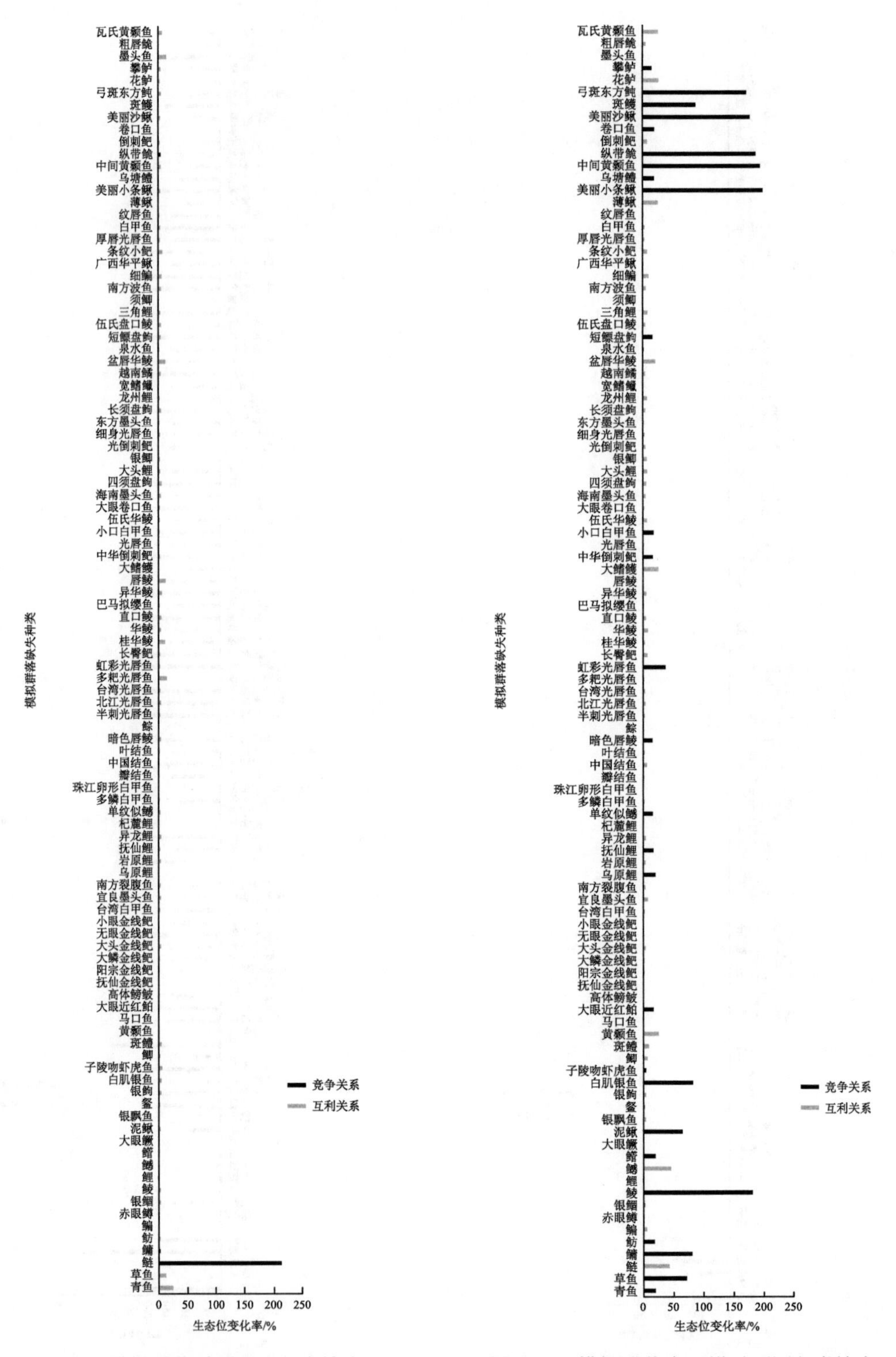

图 3-13　模拟群落鳡对不同鱼类缺失生态位的响应

图 3-14　模拟群落赤眼鳟对不同鱼类缺失生态位的响应

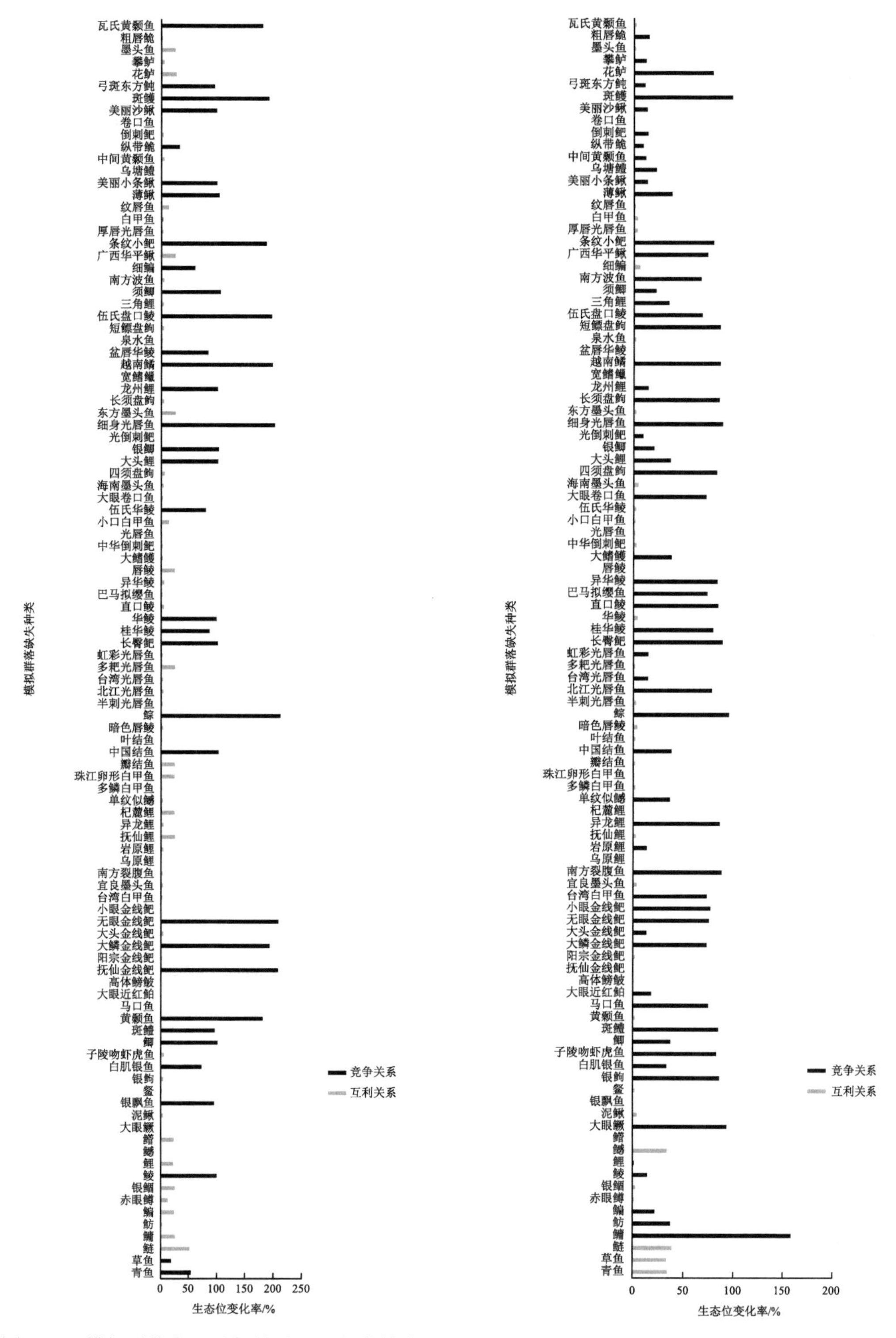

图 3-15　模拟群落大眼近红鲌对不同鱼类缺失生态位的响应

图 3-16　模拟群落银飘鱼对不同鱼类缺失生态位的响应

中，对银飘鱼生态位影响大于 10%的 4 种，影响最大的为鲢，达到 38%。生态位与银飘鱼形成竞争关系的鱼类有 62 种，其中，对银飘鱼生态位影响大于 10%的有 58 种，大于 100%的有 1 种，影响最大的为鳙，达到 158%。对银飘鱼生态位影响小于 10%的鱼类有 41 种。

12）鳊属

在缺失不同种鱼类测试中，鳊（*Parabramis pekinensis*）生态位变化率介于 0～160%之间（图 3-17）。103 种鱼类中，生态位与鳊形成互利关系的鱼类有 3 种，其中，对鳊生态位影响大于 10%的有 2 种，影响最大的为鲢，达到 73%。生态位与鳊形成竞争关系的鱼类有 100 种，其中，对鳊生态位影响大于 10%的鱼类有 99 种，大于 100%的有 40 种，影响最大的为薄鳅，达到 160%。对鳊生态位影响小于 10%的鱼类有 2 种。

13）䱗属

在缺失不同种鱼类测试中，䱗（*Hemiculter leucisculus*）生态位变化率介于 0～273%之间（图 3-18）。103 种鱼类中，生态位与䱗形成互利关系的鱼类有 66 种，其中，对䱗生态位影响大于 10%的有 7 种，影响最大的为鲢，达到 49%。生态位与䱗形成竞争关系的鱼类有 37 种，其中，对䱗生态位影响大于 10%的有 32 种，大于 100%的有 6 种，大于 200%的有 3 种，影响最大的为鲫，达到 273%。对䱗生态位影响小于 10%的鱼类有 64 种。

14）细鳊属

在缺失不同种鱼类测试中，细鳊（*Rasborinus lineatus*）生态位变化率介于 0～193%之间（图 3-19）。103 种鱼类中，生态位与细鳊形成互利关系的鱼类有 30 种，其中，对细鳊生态位影响大于 10%的有 12 种，影响最大的为鳙，达到 52%。生态位与细鳊形成竞争关系的鱼类有 73 种，对细鳊生态位影响大于 10%的有 67 种，大于 100%的有 18 种，影响最大的为光倒刺鲃，达到 193%。对细鳊生态位影响小于 10%的鱼类有 24 种。

15）鲂属

在缺失不同种鱼类测试中，鲂（*Megalobrama skolkovii*）生态位变化率介于 0～145%之间（图 3-20）。103 种鱼类中，生态位与鲂形成互利关系的鱼类有 93 种，其中，对鲂生态位影响大于 10%的有 74 种，影响最大的为鲢，达到 43%。生态位与鲂形成竞争关系的鱼类有 10 种，其中，对鲂生态位影响大于 10%的有 6 种，大于 100%的有 4 种，影响最大的为攀鲈，达到 145%。对鲂生态位影响小于 10%的鱼类有 23 种。

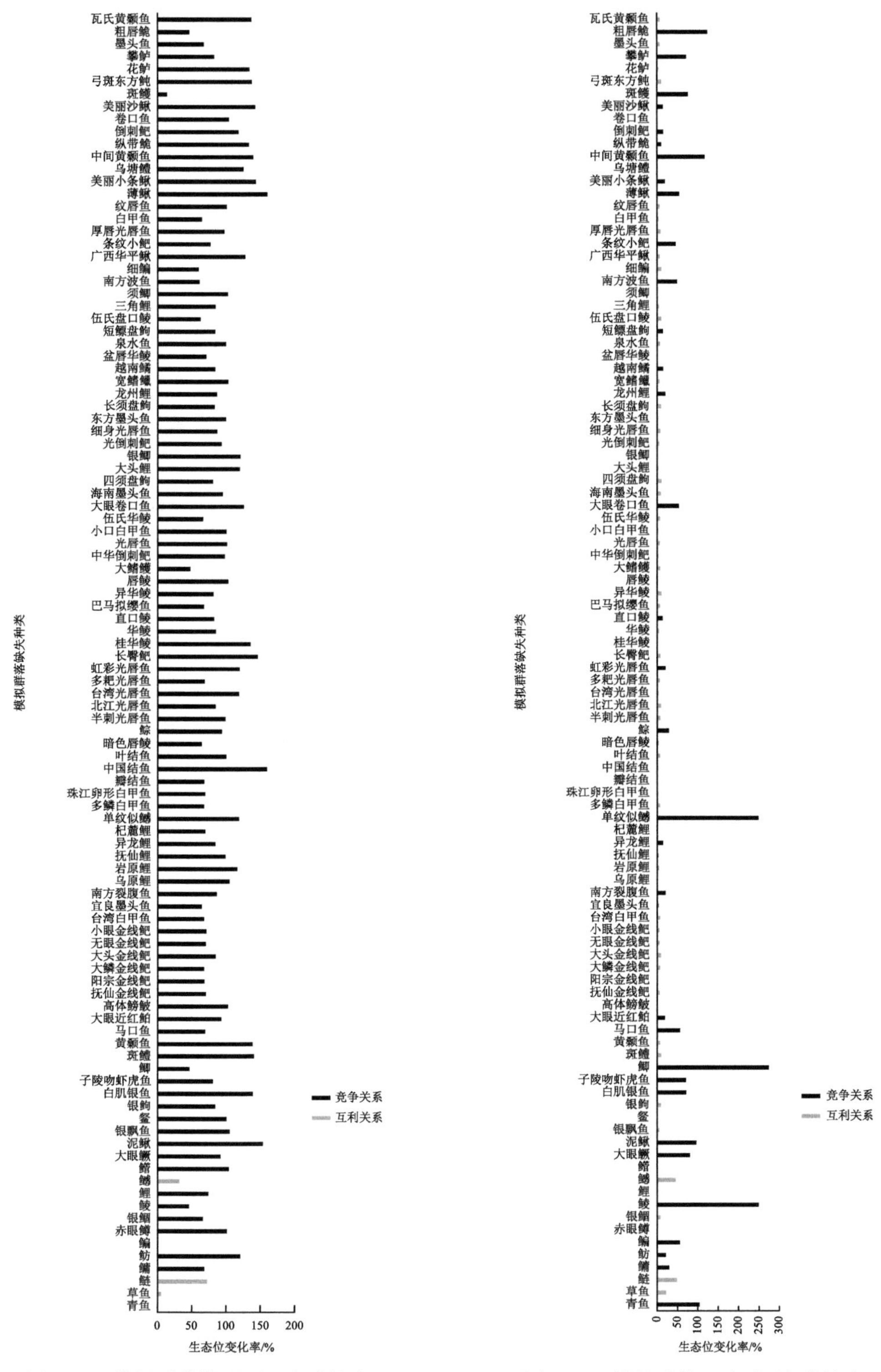

图 3-17　模拟群落鳊对不同鱼类缺失生态位的响应

图 3-18　模拟群落鳘对不同鱼类缺失生态位的响应

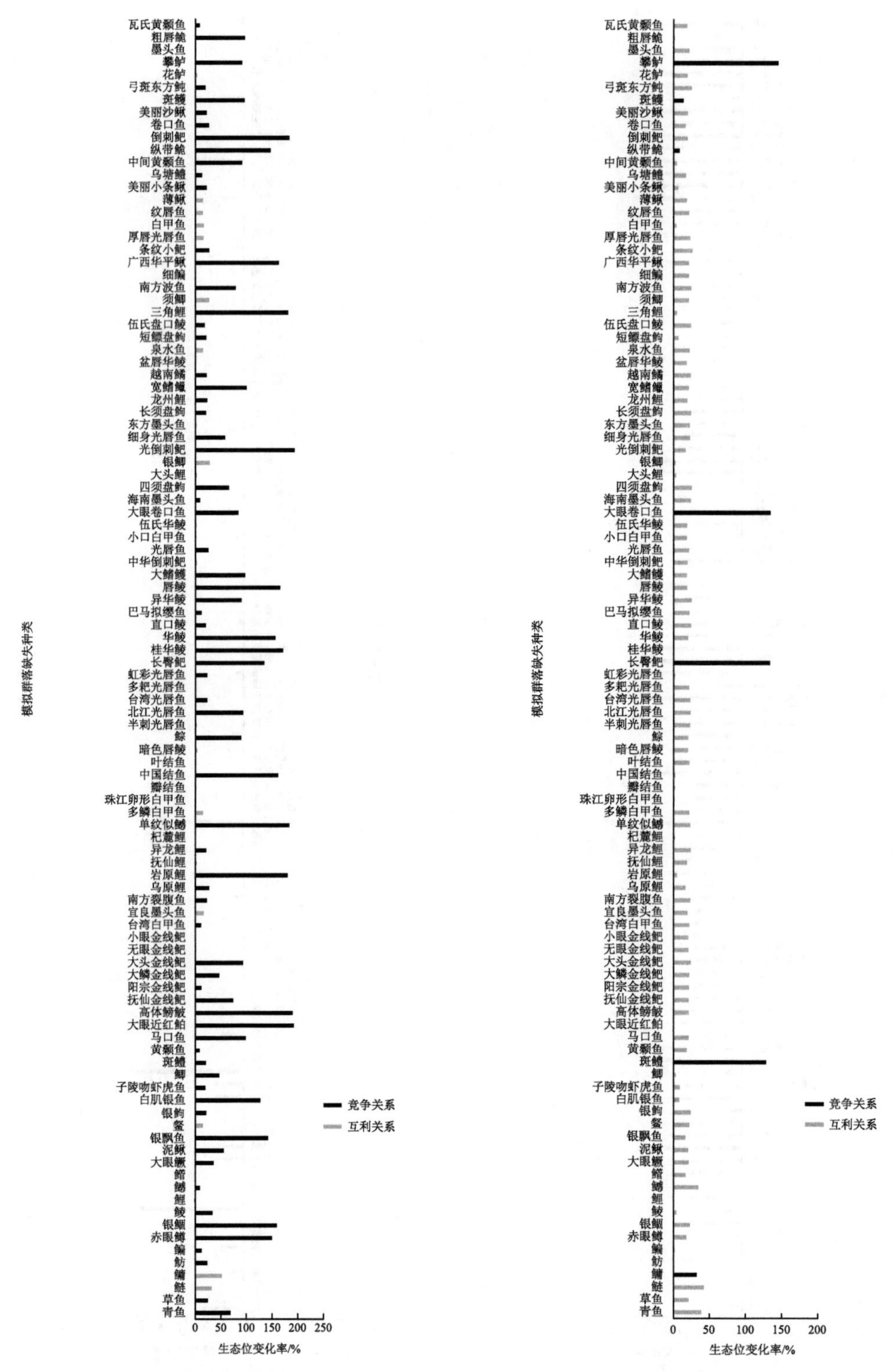

图 3-19　模拟群落细鳊对不同鱼类缺失生态位的响应

图 3-20　模拟群落鲂对不同鱼类缺失生态位的响应

16）鲴属

在缺失不同种鱼类测试中，银鲴（*Xenocypris argentea*）生态位变化率介于 0～1704%之间（图 3-21）。103 种鱼类中，生态位与银鲴形成互利关系的鱼类有 24 种，其中，对银鲴生态位影响大于 10%的有 1 种，青鱼影响最大，为 17%。生态位与银鲴形成竞争关系的鱼类有 79 种，其中，对银鲴生态位影响大于 10%的有 72 种，大于 100%的有 71 种，大于 1000%的有 19 种，影响最大的为青鱼，达到 1704%。对银鲴生态位影响小于 10%的鱼类有 30 种。

17）鲢属

在缺失不同种鱼类测试中，鲢（*Hypophthalmichthys molitrix*）生态位变化率介于 0～10%之间（图 3-22）。103 种鱼类中，生态位与鲢形成互利关系的鱼类有 93 种，对鲢生态位的影响均小于 10%。生态位与鲢形成竞争关系的鱼类有 10 种，对鲢生态位的影响也均小于 10%，影响最大的为盆唇华鲮，仅 2%。对鲢生态位影响小于 10%的鱼类有 103 种。

18）鳙属

在缺失不同种鱼类测试中，鳙（*Hypophthalmichthys nobilis*）生态位变化率介于 0～98%之间（图 3-23）。103 种鱼类中，生态位与鳙形成互利关系的鱼类有 85 种，其中，对鳙生态位影响大于 10%的有 2 种，影响最大的为鲢，达到 98%。生态位与鳙形成竞争关系的鱼类有 18 种，对鳙生态位影响均小于 10%，影响最大的为盆唇华鲮，仅 2%。对草鱼生态位影响小于 10%的鱼类有 101 种。

19）泉水属

在缺失不同种鱼类测试中，泉水鱼（*Pseudogyrinocheilus prochilus*）生态位变化率介于 0～2319%之间（图 3-24）。103 种鱼类中，生态位与泉水鱼形成互利关系的鱼类有 36 种，其中，对泉水鱼生态位影响大于 10%的 10 种，影响最大的为纵带鮠，达到 20%。生态位与泉水鱼形成竞争关系的鱼类有 67 种，其中，对泉水鱼生态位影响大于 10%的有 46 种，大于 100 的有 39 种，大于 1000%的有 22 种，大于 2000%的有 16 种，影响最大的为飘鱼，达到 2319%。对泉水鱼生态位影响小于 10%的鱼类有 47 种。

20）银鮈属

在缺失不同种鱼类测试中，银鮈（*Squalidus argentatus*）生态位变化率介于 0～76%之间（图 3-25）。103 种鱼类中，生态位与银鮈形成互利关系的鱼类有 68 种，其中，对银鮈生态位影响大于 10%的有 32 种，影响最大的为鲢，达到 76%。生态位与银鮈形成竞争关系的鱼类有 35 种，其中，对银鮈生态位影响大于 10%的有 11 种，影响最大的为大眼鳜，达到 22%。对银鮈生态位影响小于 10%的鱼类有 60 种。

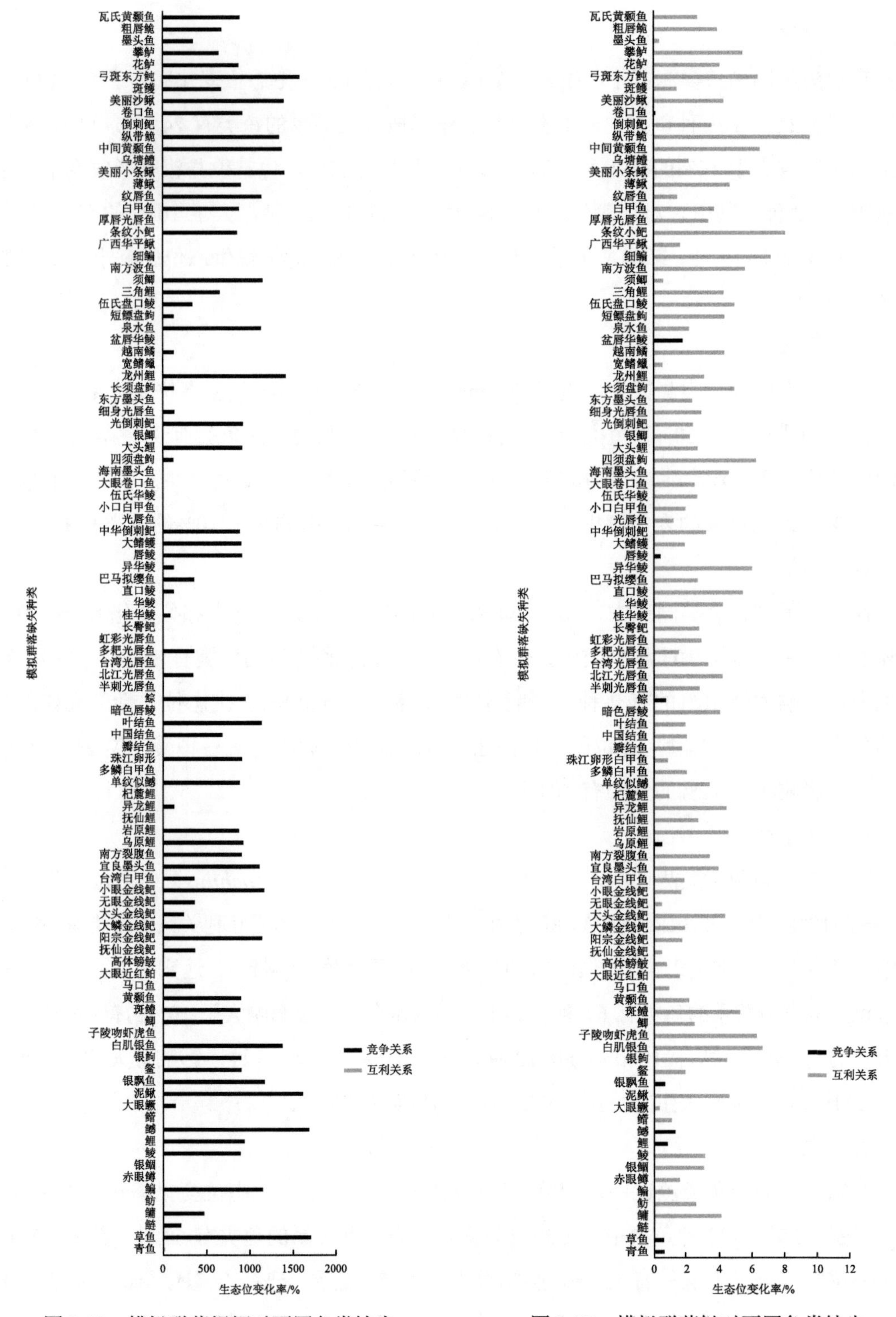

图 3-21　模拟群落银鲴对不同鱼类缺失生态位的响应

图 3-22　模拟群落鲢对不同鱼类缺失生态位的响应

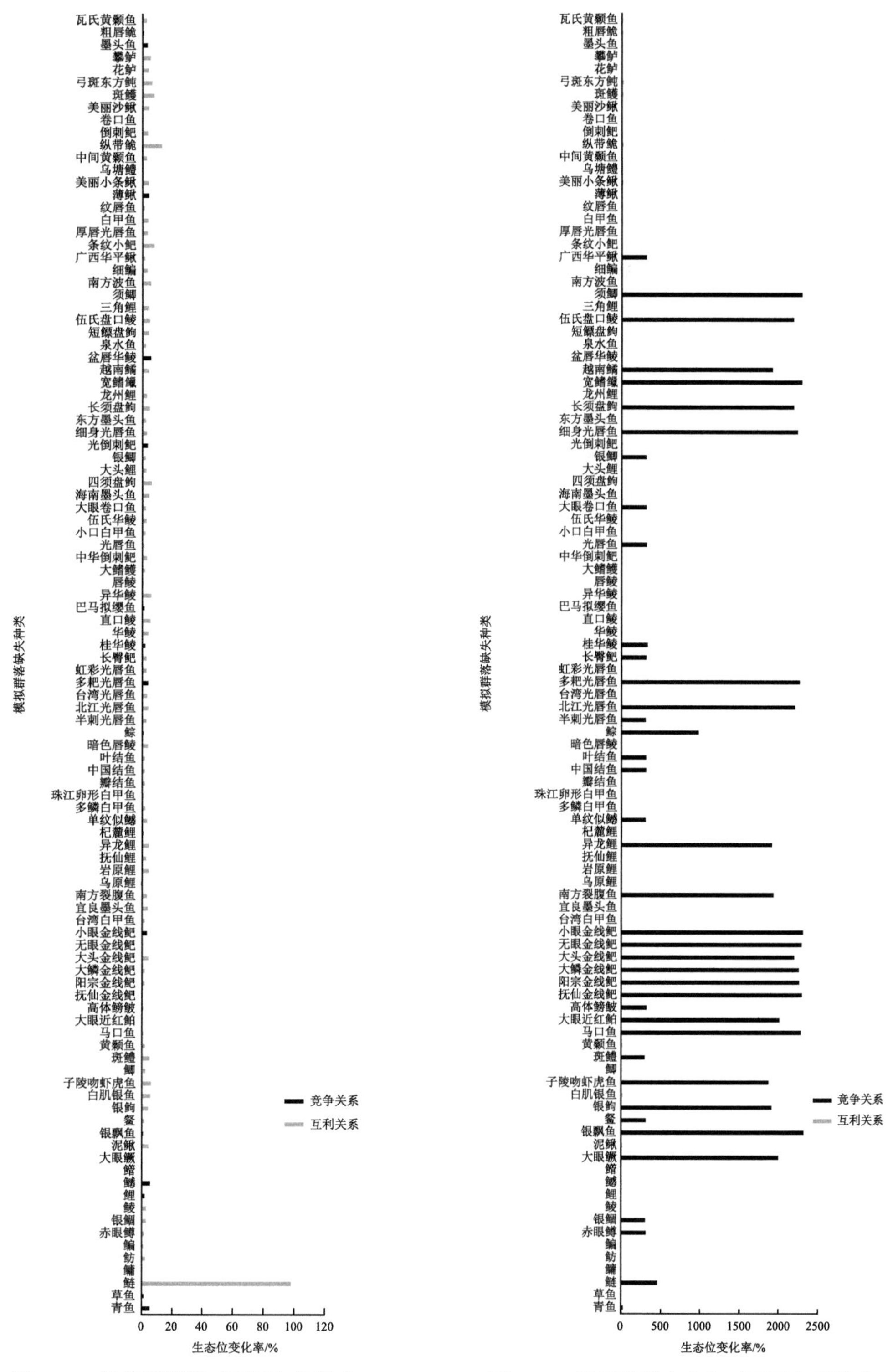

图 3-23 模拟群落鳙对不同鱼类缺失生态位的响应

图 3-24 模拟群落泉水鱼对不同鱼类缺失生态位的响应

21）高体鳑鲏

在缺失不同种鱼类测试中，高体鳑鲏（*Rhodeus ocellatus*）生态位变化率介于 0～111%之间（图 3-26）。103 种鱼类中，生态位与高体鳑鲏形成互利关系的鱼类有 88 种，其中，对高体鳑鲏生态位影响大于 10%的有 71 种，有 50 种鱼对其生态位的影响接近 100%。生态位与高体鳑鲏形成竞争关系的鱼类有 15 种，其中，对高体鳑鲏生态位影响大于 10%的有 9 种，大于 100%的有 4 种，影响最大的为无眼金线鲃，达到 111%。对高体鳑鲏生态位影响小于 10%的鱼类有 23 种。

22）鱊属

在缺失不同种鱼类测试中，越南鱊（*Acheilognathus tonkinensis*）生态位变化率介于 0～842%之间（图 3-27）。103 种鱼类中，生态位与越南鱊形成互利关系的鱼类有 33 种，其中，对越南鱊生态位影响大于 10%的有 30 种，影响最大的为泥鳅，达到 87%。生态位与越南鱊形成竞争关系的鱼类有 70 种，其中，对越南鱊生态位影响大于 10%的有 67 种，大于 100%的有 45 种，影响最大的为鳡，达到 842%。对越南鱊生态位影响小于 10%的鱼类有 6 种。

23）小鲃属

在缺失不同种鱼类测试中，条纹小鲃（*Puntius semifasciolatus*）生态位变化率介于 0～77%之间（图 3-28）。103 种鱼类中，生态位与条纹小鲃形成互利关系的鱼类有 22 种，其中，对条纹小鲃生态位影响大于 10%的有 19 种，影响最大的为鳙，达到 77%。生态位与条纹小鲃形成竞争关系的鱼类有 81 种，其中，对条纹小鲃生态位影响大于 10%的有 7 种，影响最大的为光倒刺鲃，为 11%。对条纹小鲃生态位影响小于 10%的鱼类有 77 种。

24）倒刺鲃属

（1）光倒刺鲃

在缺失不同种鱼类测试中，光倒刺鲃（*Spinibarbus hollandi*）生态位变化率介于 0～154%之间（图 3-29）。103 种鱼类中，生态位与光倒刺鲃形成互利关系的鱼类有 45 种，其中，对光倒刺鲃生态位影响大于 10%的 22 种，影响最大的为鲢，达到 67%。生态位与光倒刺鲃形成竞争关系的鱼类有 58 种，其中，对光倒刺鲃生态位影响大于 10%的有 52 种，大于 100%的有 8 种，影响最大的为鳙，达到 154%。对光倒刺鲃生态位影响小于 10%的鱼类有 29 种。

（2）中华倒刺鲃

在缺失不同种鱼类测试中，中华倒刺鲃（*Spinibarbus sinensis*）生态位变化率介于 0～42%之间（图 3-30）。103 种鱼类中，生态位与中华倒刺鲃形成互利关系的鱼类有 94 种，其中，对中华倒刺鲃生态位影响大于 10%的有 64 种，影响最大的为条纹小鲃，达到 42%。生态位与中华倒刺鲃形成竞争关系的鱼类有 9 种，其中，对中华倒刺鲃生态位影响大于

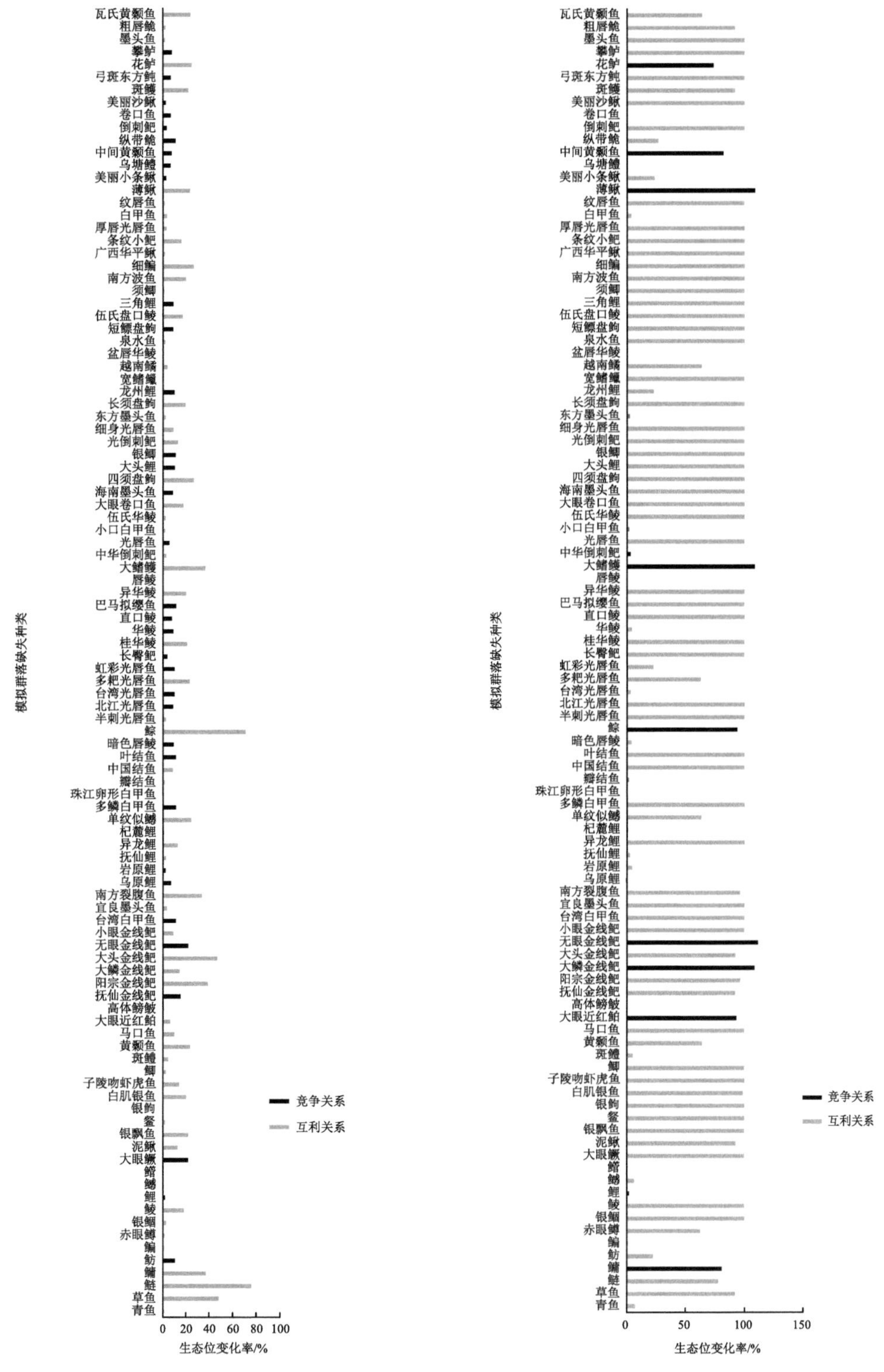

图 3-25　模拟群落银鮈对不同鱼类缺失生态位的响应

图 3-26　模拟群落高体鳑鲏对不同鱼类缺失生态位的响应

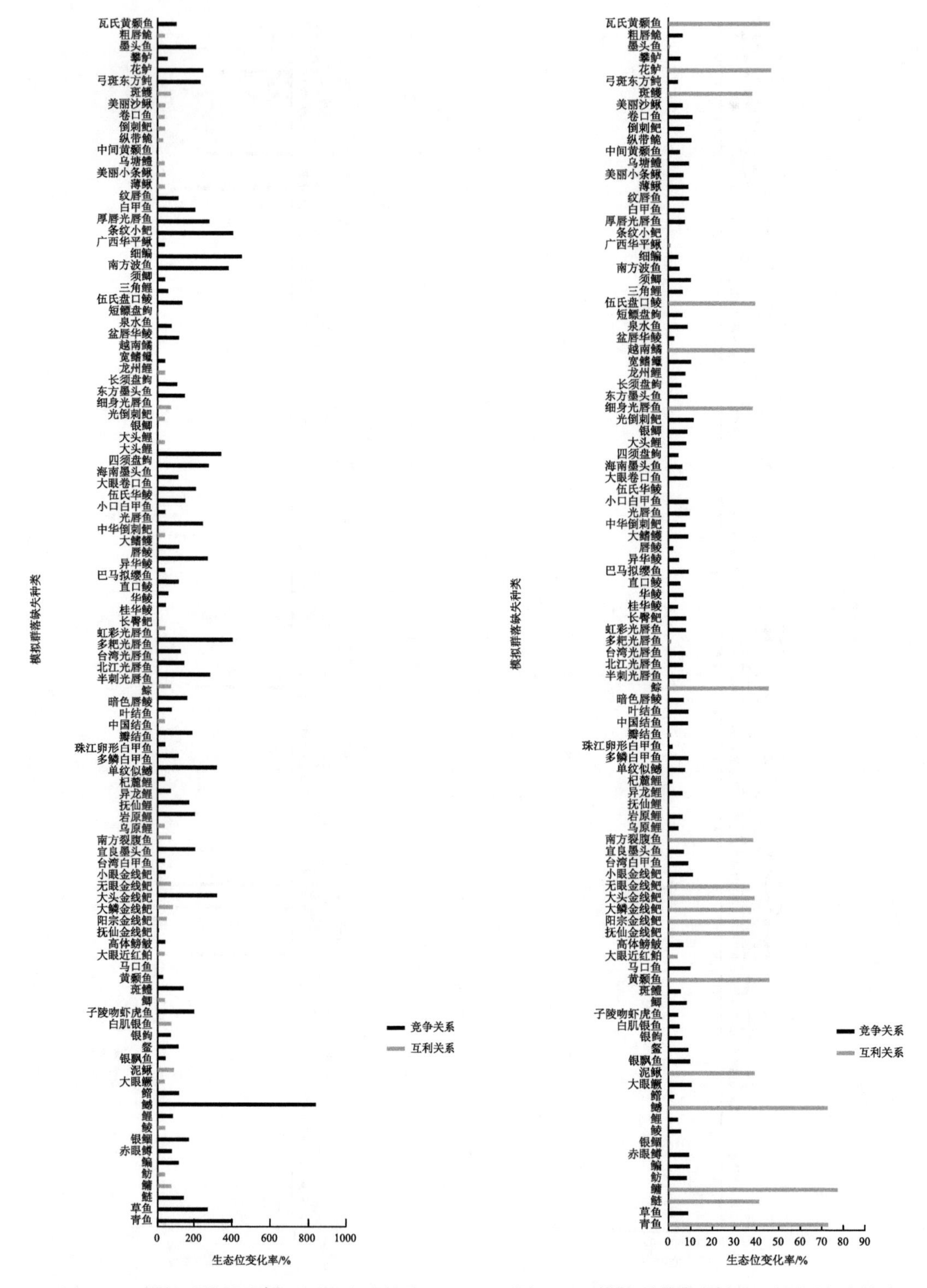

图 3-27　模拟群落越南鱊对不同鱼类缺失生态位的响应

图 3-28　模拟群落条纹小鲃对不同鱼类缺失生态位的响应

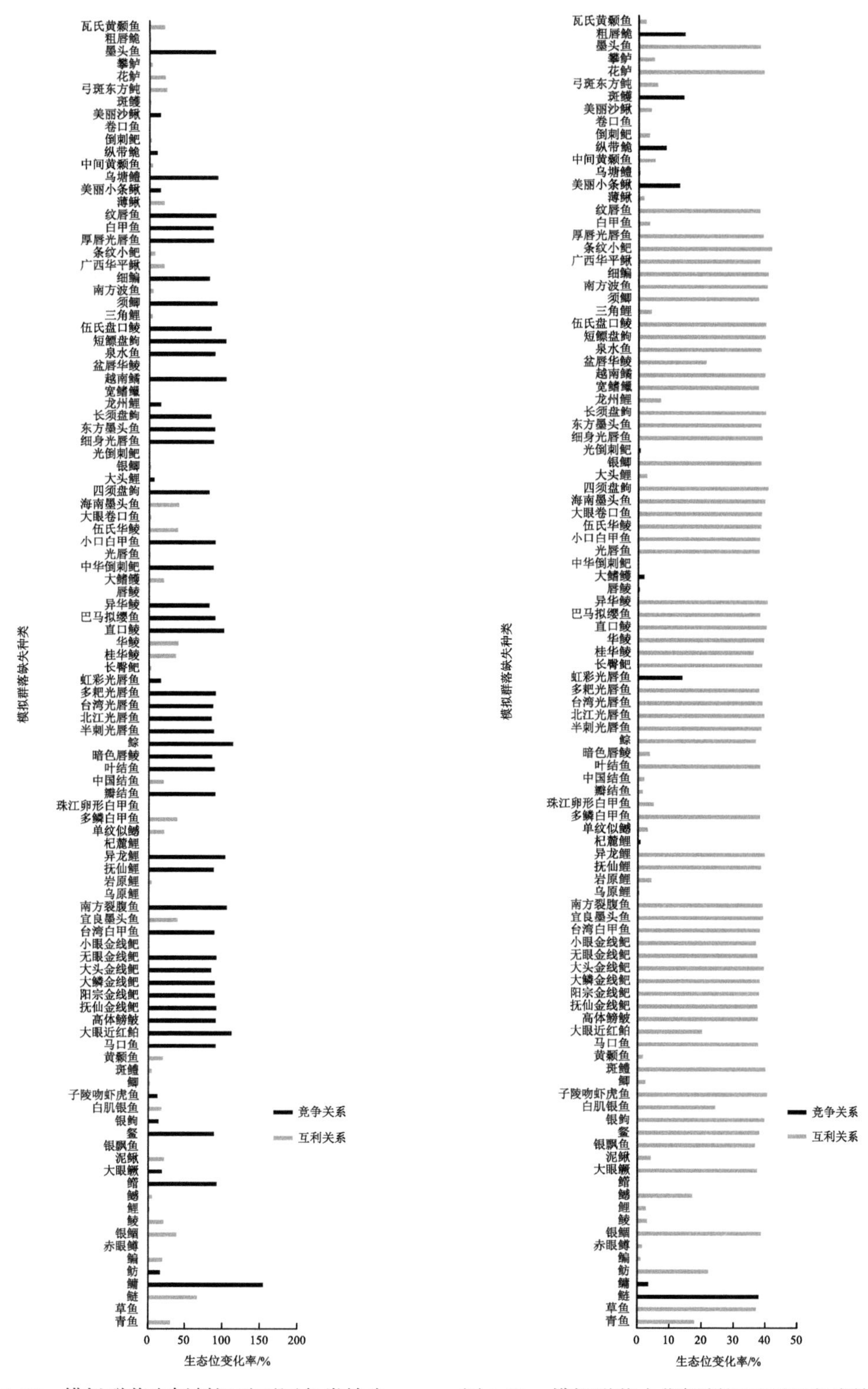

图 3-29　模拟群落光倒刺鲃对不同鱼类缺失生态位的响应

图 3-30　模拟群落中华倒刺鲃对不同鱼类缺失生态位的响应

10%的 5 种，影响最大的为鲢，达到 38%。对中华倒刺鲃生态位影响小于 10%的鱼类有 34 种。

（3）倒刺鲃

在缺失不同种鱼类测试中，倒刺鲃（*Spinibarbus denticulatus*）生态位变化率介于 0～66%之间（图 3-31）。103 种鱼类中，生态位与倒刺鲃形成互利关系的鱼类有 88 种，其中，对倒刺鲃生态位影响大于 10%的 57 种，影响最大的为长须盘鮈，达到 66%。生态位与倒刺鲃形成竞争关系的鱼类有 15 种，其中，对倒刺鲃生态位影响大于 10%的只有 1 种，即鳙，影响达到 17%。对倒刺鲃生态位影响小于 10%的鱼类有 45 种。

25）金线鲃属

（1）大鳞金线鲃

在缺失不同种鱼类测试中，大鳞金线鲃（*Sinocyclocheilus macrolepis*）生态位变化率介于 0～5117%之间（图 3-32）。103 种鱼类中，生态位与大鳞金线鲃形成互利关系的鱼类有 2 种，对大鳞金线鲃生态位影响均大于 10%，影响最大的为虹彩光唇鱼，达到 93%。生态位与大鳞金线鲃形成竞争关系的鱼类有 101 种，其中，对大鳞金线鲃生态位影响大于 10%的有 97 种，大于 100%的有 96 种，大于 1000%的有 83 种，大于 5000%的有 8 种，影响最大的为三角鲤，达到 5117%。对大鳞金线鲃生态位影响小于 10%的鱼类有 4 种。

（2）抚仙金线鲃

在缺失不同种鱼类测试中，抚仙金线鲃（*Sinocyclocheilus tingi*）生态位变化率介于 0～63%之间（图 3-33）。103 种鱼类中，生态位与抚仙金线鲃形成互利关系的鱼类有 29 种，其中，对抚仙金线鲃生态位影响大于 10%的有 12 种，影响最大的为鯮，达到 63%。生态位与抚仙金线鲃形成竞争关系的鱼类有 74 种，其中，对抚仙金线鲃生态位影响大于 10%的种类 4 种，影响最大的为纵带鮠，达到 13%。对抚仙金线鲃生态位影响小于 10%的鱼类有 87 种。

（3）阳宗金线鲃

在缺失不同种鱼类测试中，阳宗金线鲃（*Sinocyclocheilus yangzongensis*）生态位变化率介于 0～13293%之间（图 3-34）。103 种鱼类中，生态位与阳宗金线鲃形成互利关系的鱼类有 29 种，其中，对阳宗金线鲃生态位影响大于 10%的仅有 1 种，即大眼卷口鱼，它使阳宗金线鲃生态位变化率达到 40%。生态位与阳宗金线鲃形成竞争关系的鱼类有 74 种，对阳宗金线鲃生态位影响均大于 10%，大于 100%的有 72 种，大于 1000%的有 29 种，大于 6000%的有 4 种，大于 10000%的有 1 种，影响最大的为鳙，达到 13293%。对阳宗金线鲃生态位影响小于 10%的鱼类有 28 种。

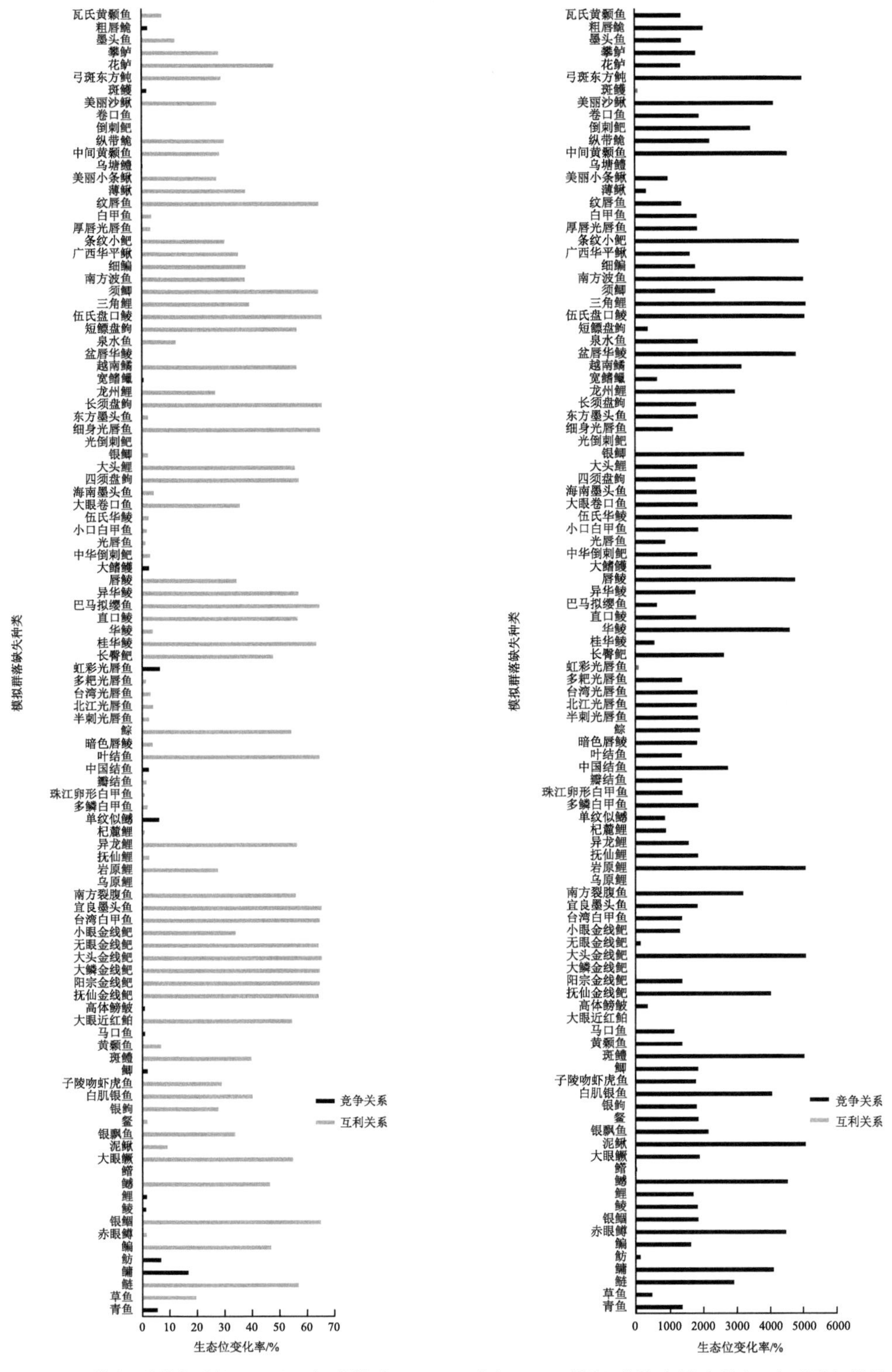

图 3-31　模拟群落倒刺鲃对不同鱼类缺失生态位的响应

图 3-32　模拟群落大鳞金线鲃对不同鱼类缺失生态位的响应

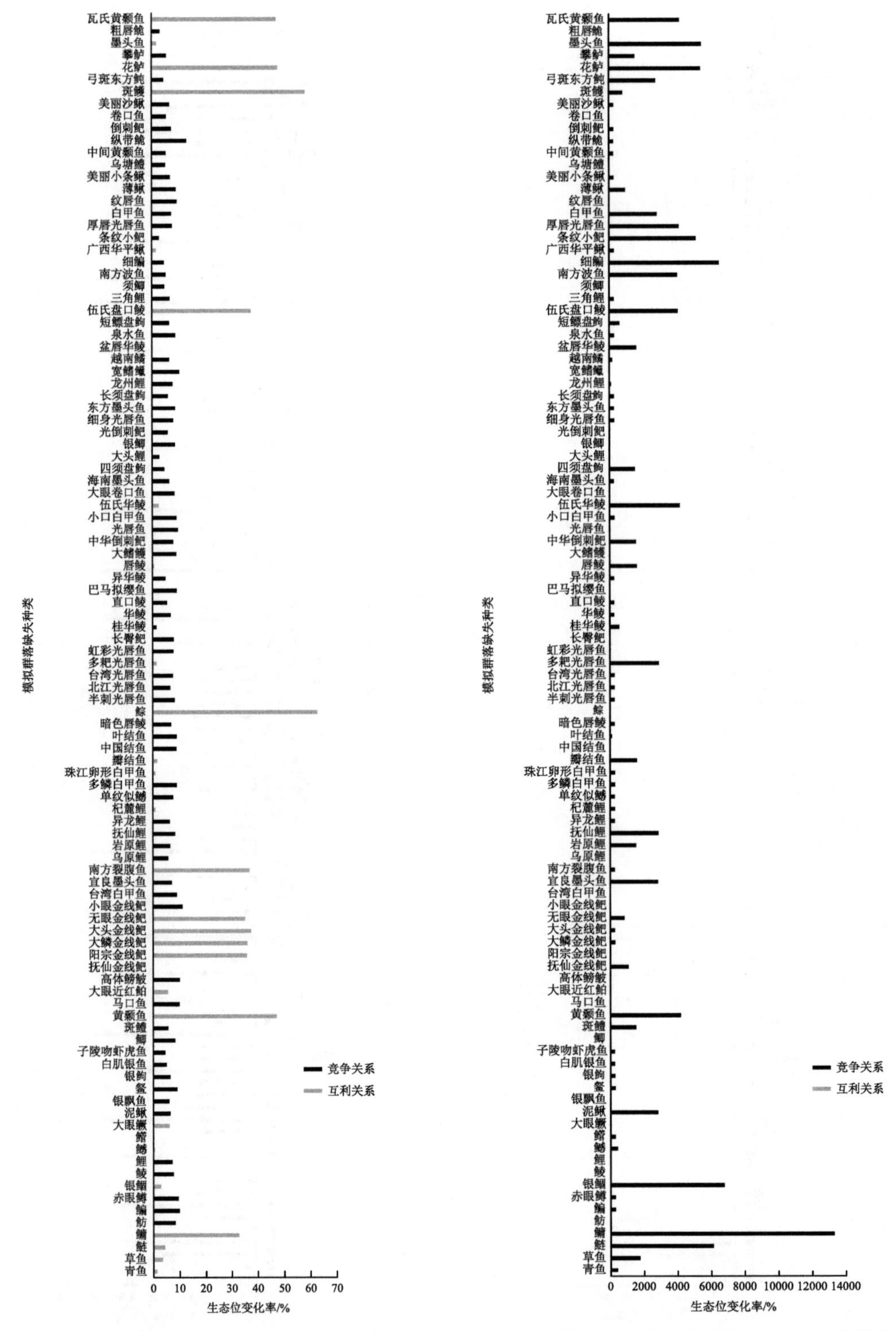

图 3-33　模拟群落抚仙金线鲃对不同鱼类缺失生态位的响应

图 3-34　模拟群落阳宗金线鲃对不同鱼类缺失生态位的响应

（4）无眼金线鲃

在缺失不同种鱼类测试中，无眼金线鲃（*Sinocyclocheilus anophthalmus*）生态位变化率介于 0～2020%之间（图 3-35）。103 种鱼类中，生态位与无眼金线鲃形成互利关系的鱼类有 72 种，其中，对无眼金线鲃生态位影响大于 10%的有 34 种，影响最大的为银鲴，达到 71%。生态位与无眼金线鲃形成竞争关系的鱼类有 31 种，其中，对无眼金线鲃生态位影响大于 10%的种类 15 种，大于 100%的有 8 种，大于 500%的有 3 种，大于 1000%的有 1 种，影响最大的为鳙，达到 2020%。对无眼金线鲃生态位影响小于 10%的鱼类有 54 种。

（5）小眼金线鲃

在缺失不同种鱼类测试中，小眼金线鲃（*Sinocyclocheilus microphthalmus*）生态位变化率介于 0～70%之间（图 3-36）。103 种鱼类中，生态位与小眼金线鲃形成互利关系的鱼类有 89 种，其中，对小眼金线鲃生态位影响大于 10%的有 72 种，影响最大的为花鲈，达到 70%。生态位与小眼金线鲃形成竞争关系的鱼类有 14 种，对小眼金线鲃生态位影响均小于 10%，影响最大的为斑鳠，仅为 6%。对小眼金线鲃生态位影响小于 10%的鱼类有 31 种。

（6）大头金线鲃

在缺失不同种鱼类测试中，大头金线鲃（*Sinocyclocheilus macrocephalus*）生态位变化率介于 0～245%之间（图 3-37）。103 种鱼类中，生态位与大头金线鲃形成互利关系的鱼类有 9 种，其中，对大头金线鲃生态位影响大于 10%的有 4 种，影响最大的为大眼近红鲌，达到 34%。生态位与大头金线鲃形成竞争关系的鱼类有 94 种，对大头金线鲃生态位影响均大于 10%，其中，大于 100%的有 79 种，影响最大的为纵带鮠，达到 245%。对大头金线鲃生态位影响小于 10%的鱼类有 5 种。

26）长臀鲃属

在缺失不同种鱼类测试中，长臀鲃（*Mystacoleucus marginatus*）生态位变化率介于 0～172%之间（图 3-38）。103 种鱼类中，生态位与长臀鲃形成互利关系的鱼类有 29 种，其中，对长臀鲃生态位影响大于 10%的只有鲢，达到 61%。生态位与长臀鲃形成竞争关系的鱼类有 74 种，其中，对长臀鲃生态位影响大于 10%的有 71 种，大于 100%的有 5 种，影响最大的为无眼金线鲃，达到 172%。对长臀鲃生态位影响小于 10%的鱼类有 31 种。

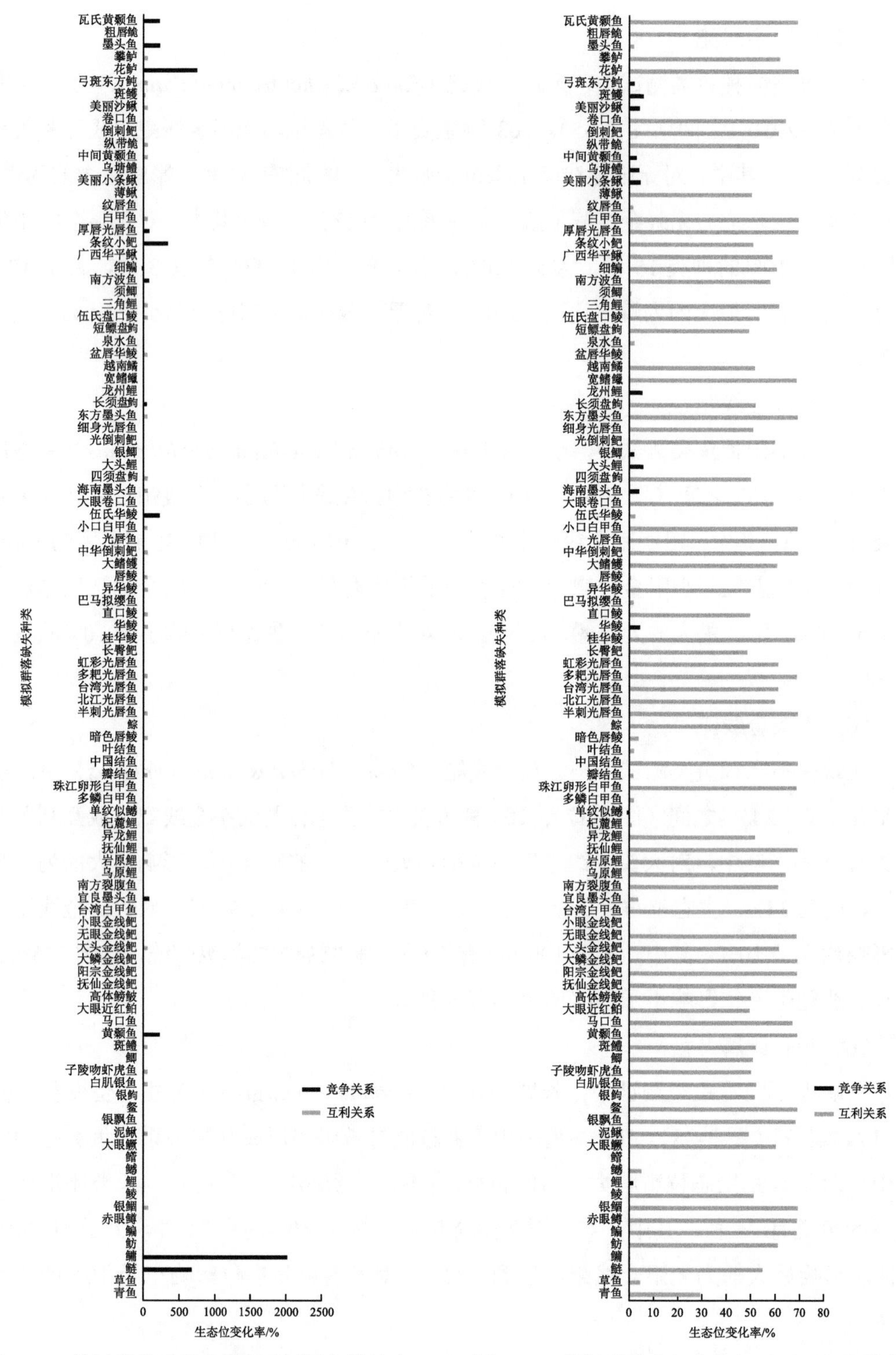

图 3-35　模拟群落无眼金线鲃对不同鱼类缺失生态位的响应

图 3-36　模拟群落小眼金线鲃对不同鱼类缺失生态位的响应

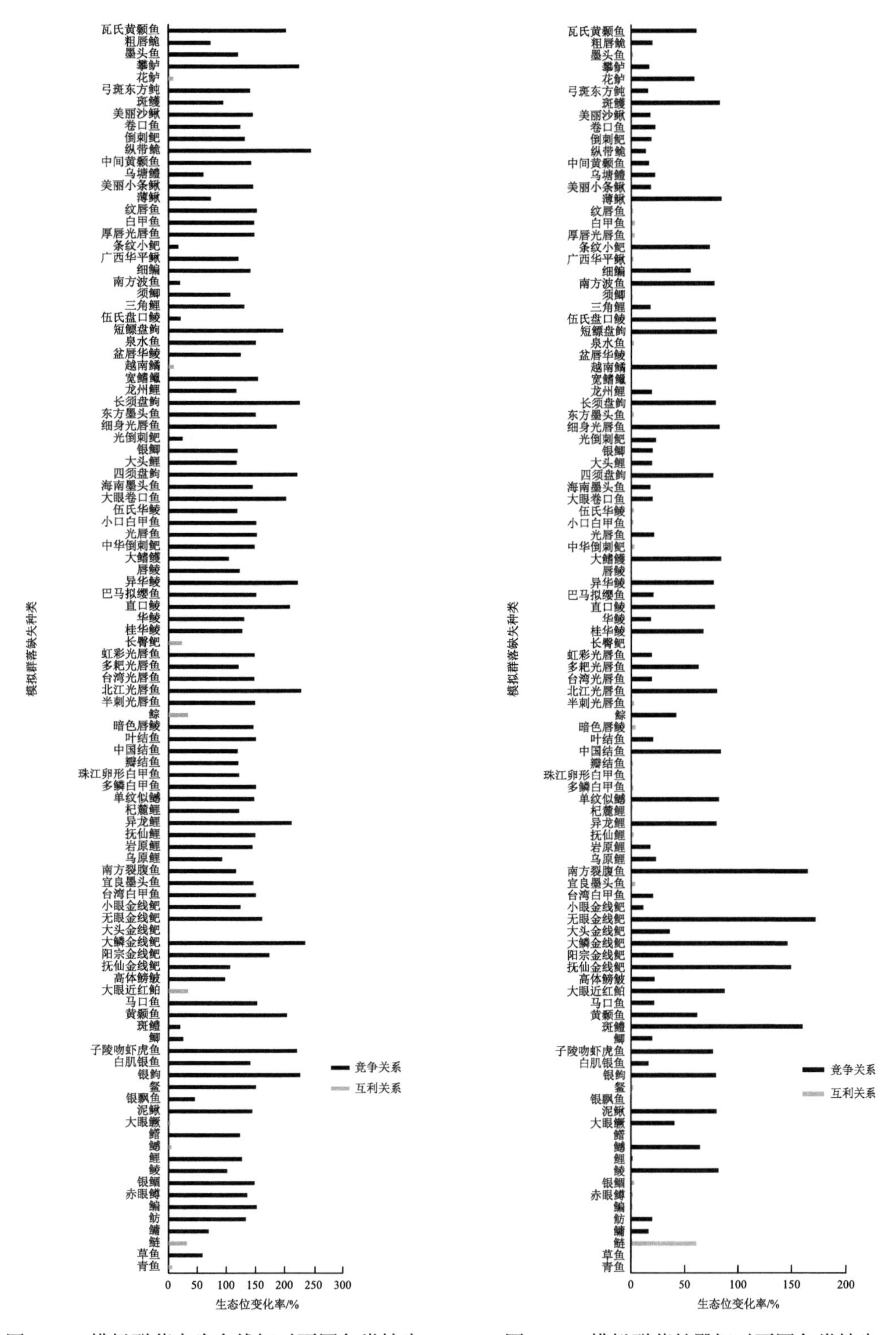

图 3-37 模拟群落大头金线鲃对不同鱼类缺失生态位的响应

图 3-38 模拟群落长臀鲃对不同鱼类缺失生态位的响应

27）似鳡属

在缺失不同种鱼类测试中，单纹似鳡（*Luciocyprinus langsoni*）生态位变化率介于 0～75%之间（图 3-39）。103 种鱼类中，生态位与单纹似鳡形成互利关系的鱼类有 95 种，其中，对单纹似鳡生态位影响大于 10%的有 83 种，影响最大的为鳡，达到 75%。生态位与单纹似鳡形成竞争关系的鱼类有 8 种，对单纹似鳡生态位影响均小于 10%，影响最大的为鲂，仅有 5%。对单纹似鳡生态位影响小于 10%的鱼类有 20 种。

28）光唇鱼属

（1）半刺光唇鱼

在缺失不同种鱼类测试中，半刺光唇鱼（*Acrossocheilus hemispinus hemispinus*）生态位变化率介于 0～221%之间（图 3-40）。103 种鱼类中，生态位与半刺光唇鱼形成互利关系的鱼类有 49 种，其中，对半刺光唇鱼生态位影响大于 10%的有 5 种，影响最大的为大头金线鲃，达到 40%。生态位与半刺光唇鱼形成竞争关系的鱼类有 54 种，其中，对半刺光唇鱼生态位影响大于 10%的有 28 种，大于 100%的有 9 种，大于 200%的有 1 种，影响最大的为鳙，达到 221%。对半刺光唇鱼生态位影响小于 10%的鱼类有 70 种。

（2）北江光唇鱼

在缺失不同种鱼类测试中，北江光唇鱼（*Acrossocheilus beijiangensis*）生态位变化率介于 0～1564%之间（图 3-41）。103 种鱼类中，生态位与北江光唇鱼形成互利关系的鱼类有 40 种，其中，对北江光唇鱼生态位影响大于 10%的种类 26 种，影响最大的为多鳞白甲鱼，达到 98%。生态位与北江光唇鱼形成竞争关系的鱼类有 63 种，其中，对北江光唇鱼生态位影响大于 10%的有 30 种，大于 100%的有 27 种，大于 200%的有 9 种，大于 500%的有 6 种，大于 1000%的有 3 种，影响最大的为鳙，达到 1564%。对北江光唇鱼生态位影响小于 10%的鱼类有 47 种。

（3）台湾光唇鱼

在缺失不同种鱼类测试中，台湾光唇鱼（*Acrossocheilus paradoxus*）生态位变化率介于 0～69%之间（图 3-42）。103 种鱼类中，生态位与台湾光唇鱼形成互利关系的鱼类有 67 种，其中，对台湾光唇鱼生态位影响大于 10%的有 43 种，影响最大的为斑鳠，达到 63%。生态位与台湾光唇鱼形成竞争关系的鱼类有 36 种，其中，对台湾光唇鱼生态位影响大于 10%的有 28 种，影响最大的为草鱼，达到 69%。对台湾光唇鱼生态位影响小于 10%的鱼类有 32 种。

（4）多耙光唇鱼

在缺失不同种鱼类测试中，多耙光唇鱼（*Acrossocheilus clivosius*）生态位变化率介于

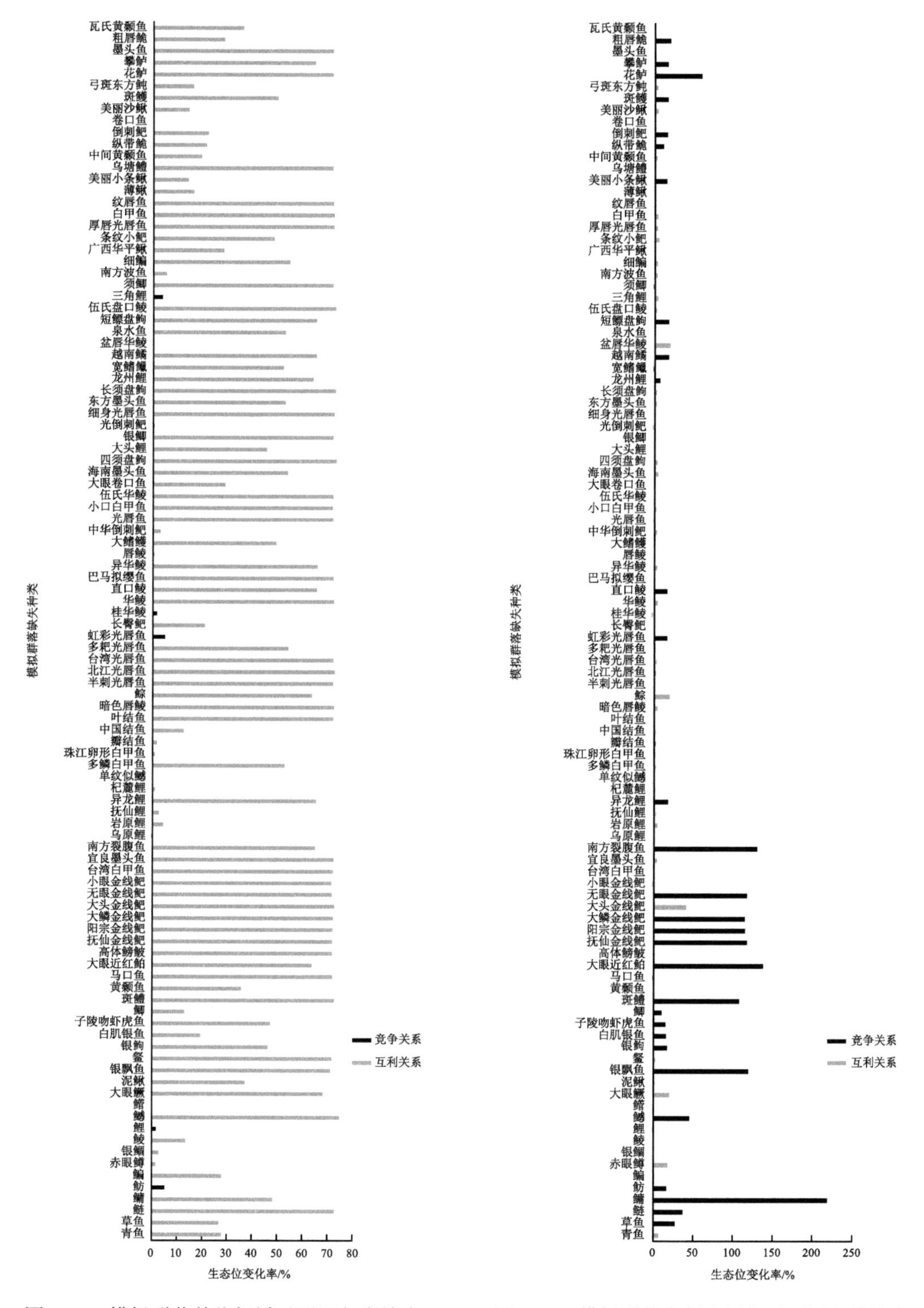

图 3-39　模拟群落单纹似鳡对不同鱼类缺失生态位的响应

图 3-40　模拟群落半刺光唇鱼对不同鱼类缺失生态位的响应

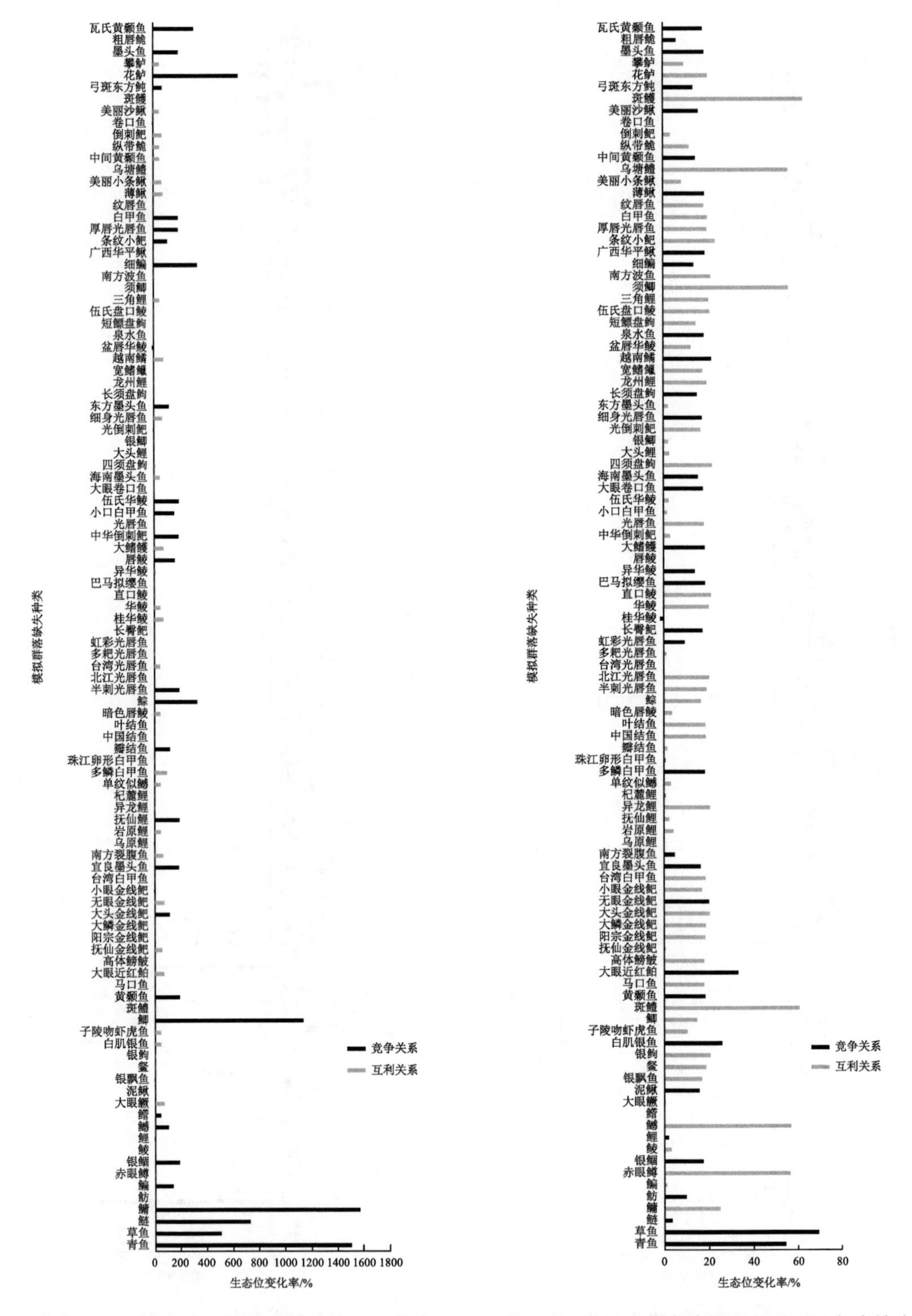

图 3-41　模拟群落北江光唇鱼对不同鱼类缺失生态位的响应

图 3-42　模拟群落台湾光唇鱼对不同鱼类缺失生态位的响应

0～5774%之间（图 3-43）。103 种鱼类中，生态位与多耙光唇鱼形成互利关系的鱼类有 15 种，其中，对多耙光唇鱼生态位影响大于 10%的种类 2 种，影响最大的为白肌银鱼，达到 75%。生态位与多耙光唇鱼形成竞争关系的鱼类有 88 种，其中，对多耙光唇鱼生态位影响大于 10%的有 76 种，大于 100%的有 54 种，大于 500%的有 8 种，大于 2000%的有 8 种，大于 3000%的有 7 种，大于 4000%的有 3 种，大于 5000%的有 1 种，影响最大的为鲢，达到 5774%。对多耙光唇鱼生态位影响小于 10%的鱼类有 25 种。

（5）虹彩光唇鱼

在缺失不同种鱼类测试中，虹彩光唇鱼（*Acrossocheilus iridescens iridescens*）生态位变化率介于 0～56%之间（图 3-44）。103 种鱼类中，生态位与虹彩光唇鱼形成互利关系的鱼类有 100 种，其中，对虹彩光唇鱼生态位影响大于 10%的有 92 种，影响最大的为弓斑东方鲀，达到 56%。生态位与虹彩光唇鱼形成竞争关系的鱼类有 3 种，对虹彩光唇鱼生态位影响均小于 10%，影响最大的为鲤，仅有 2%。对虹彩光唇鱼生态位影响小于 10%的鱼类有 11 种。

（6）光唇鱼

在缺失不同种鱼类测试中，光唇鱼（*Acrossocheilus fasciatus*）生态位变化率介于 0～96%之间（图 3-45）。103 种鱼类中，生态位与光唇鱼形成互利关系的鱼类有 81 种，对光唇鱼生态位影响均大于 10%，影响最大的为鲫，达到 96%。生态位与光唇鱼形成竞争关系的鱼类有 22 种，其中，对光唇鱼生态位影响大于 10%的有 19 种，影响最大的为花鲈，达到 44%。对光唇鱼生态位影响小于 10%的鱼类有 3 种。

（7）细身光唇鱼

在缺失不同种鱼类测试中，细身光唇鱼（*Acrossocheilus elongatus*）生态位变化率介于 0～579%之间（图 3-46）。103 种鱼类中，生态位与细身光唇鱼形成互利关系的鱼类有 54 种，其中，对细身光唇鱼生态位影响大于 10%的有 2 种，影响最大的为纵带鮠，达到 63%。生态位与细身光唇鱼形成竞争关系的鱼类有 49 种，其中，对细身光唇鱼生态位影响大于 10%的有 27 种，大于 100%的有 27 种，大于 200%的有 12 种，大于 300%的有 3 种，大于 400 的有 1 种，影响最大的为鲢，达到 579%。对细身光唇鱼生态位影响小于 10%的鱼类有 74 种。

（8）厚唇光唇鱼

在缺失不同种鱼类测试中，厚唇光唇鱼（*Acrossocheilus labiatus*）生态位变化率介于 0～284%之间（图 3-47）。103 种鱼类中，生态位与厚唇光唇鱼形成互利关系的鱼类有 40 种，其中，对厚唇光唇鱼生态位影响大于 10%的有 22 种，影响最大的为唇鲮，达到 49%。生

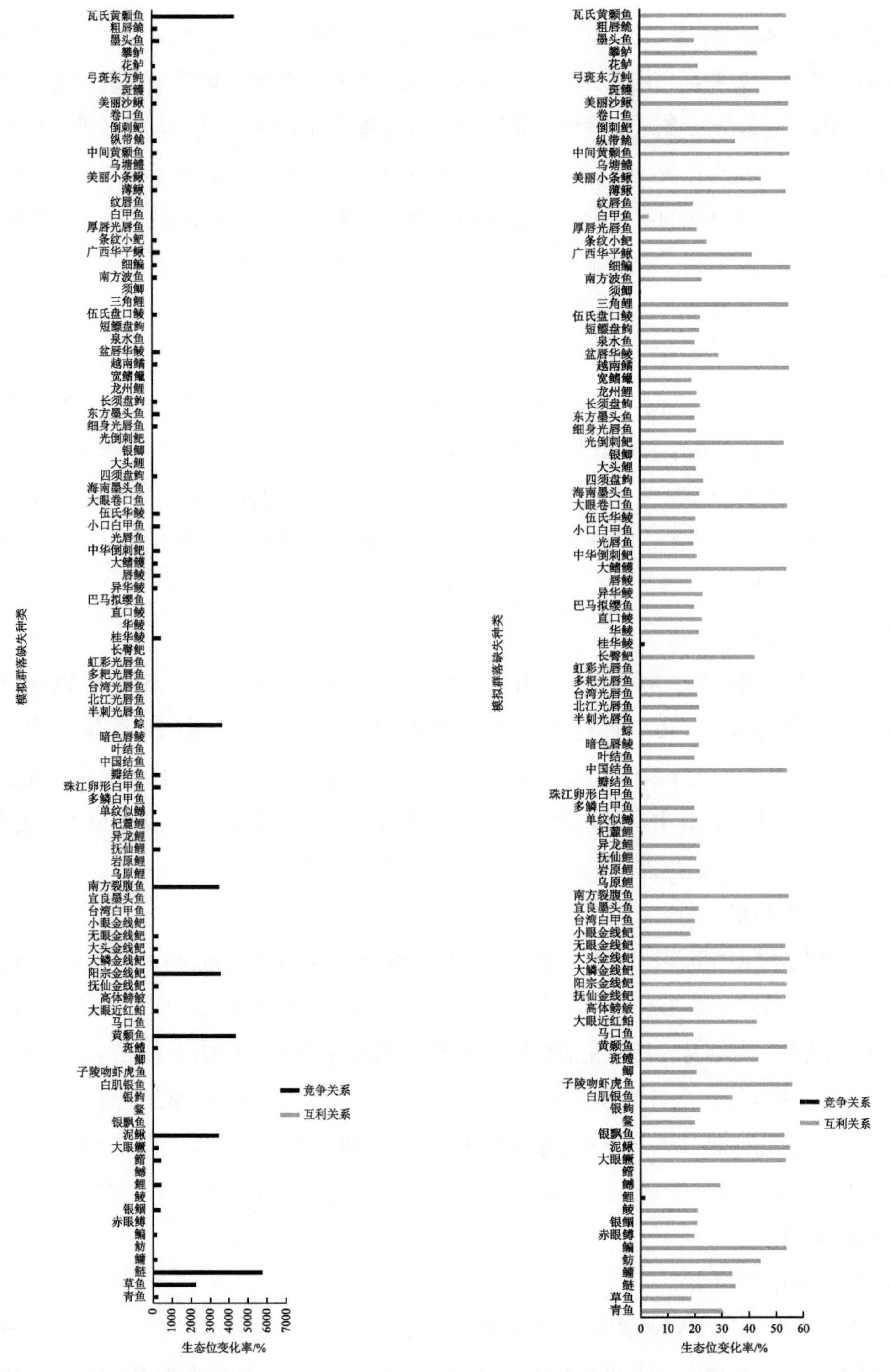

图 3-43　模拟群落多耙光唇鱼对不同鱼类缺失生态位的响应

图 3-44　模拟群落虹彩光唇鱼对不同鱼类缺失生态位的响应

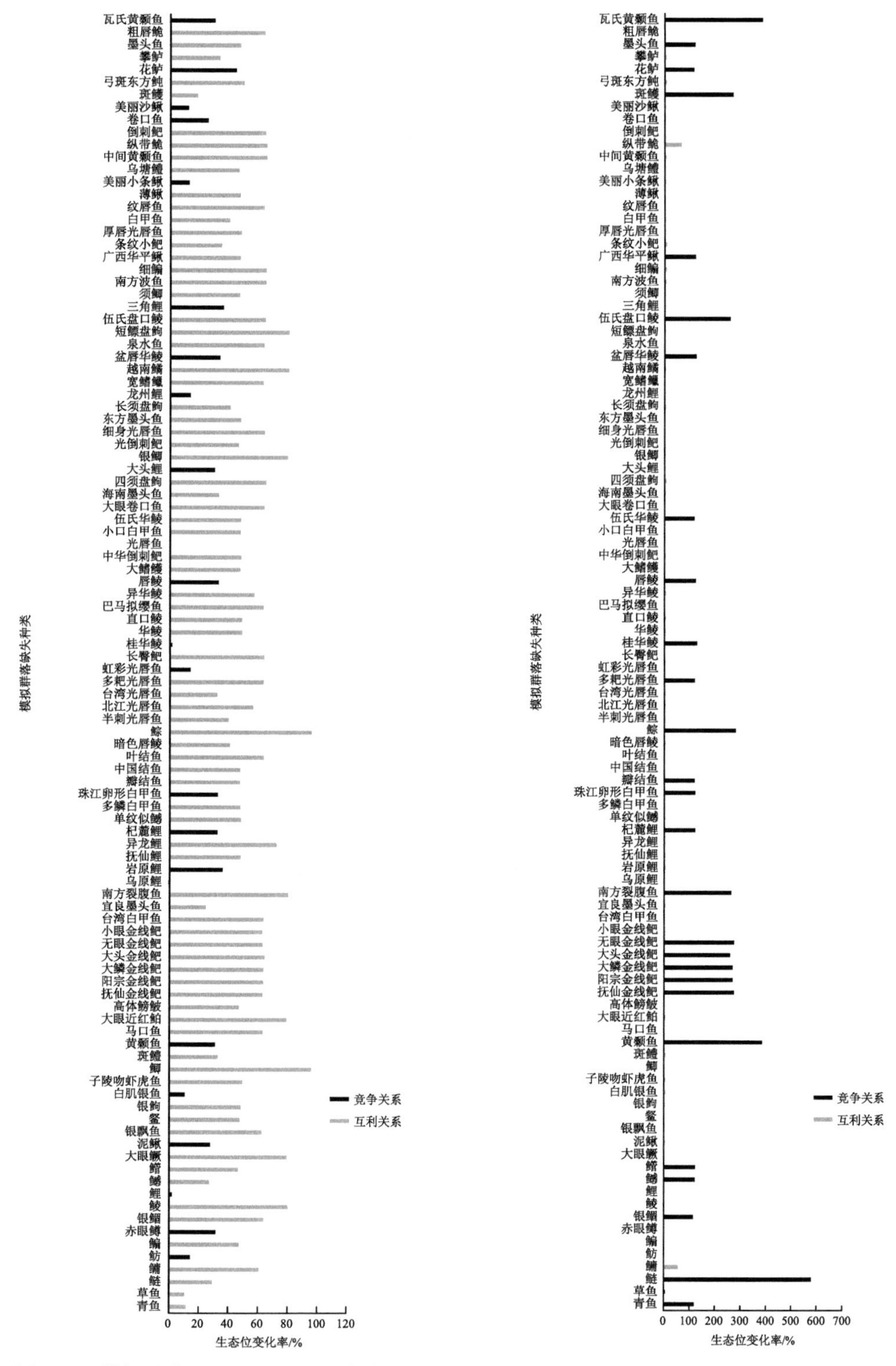

图 3-45　模拟群落光唇鱼对不同鱼类缺失生态位的响应

图 3-46　模拟群落细身光唇鱼对不同鱼类缺失生态位的响应

态位与厚唇光唇鱼形成竞争关系的鱼类有63种，其中，对厚唇光唇鱼生态位影响大于10%的有55种，大于100%的种，大于100%的有4种，大于200%的有3种，影响最大的为草鱼，达到284%。对厚唇光唇鱼生态位影响小于10%的鱼类有26种。

29）白甲鱼属

（1）多鳞白甲鱼

在缺失不同种鱼类测试中，多鳞白甲鱼（*Onychostoma macrolepis*）生态位变化率介于0～459%之间（图3-48）。103种鱼类中，生态位与多鳞白甲鱼形成互利关系的鱼类有42种，其中，对多鳞白甲鱼生态位影响大于10%的有24种，影响最大的为花鲈，达到99%。生态位与多鳞白甲鱼形成竞争关系的鱼类有61种，其中，对多鳞白甲鱼生态位影响大于10%的有52种，大于100%的有37种，大于200%的有4种，大于400%的有4种，影响最大的为黄颡鱼，达到459%。对多鳞白甲鱼生态位影响小于10%的鱼类有27种。

（2）白甲鱼

在缺失不同种鱼类测试中，白甲鱼（*Onychostoma sima*）生态位变化率介于0～97%之间（图3-49）。103种鱼类中，生态位与白甲鱼形成互利关系的鱼类有92种，其中，对白甲鱼生态位影响大于10%的有14种，影响最大的为鯮，达到97%。生态位与白甲鱼形成竞争关系的鱼类有11种，其中，对白甲鱼生态位影响大于10%的有2种，影响最大的为盆唇华鲮，达到21%。对白甲鱼生态位影响小于10%的鱼类有87种。

（3）小口白甲鱼

在缺失不同种鱼类测试中，小口白甲鱼（*Onychostoma lini*）生态位变化率介于0～1991%之间（图3-50）。103种鱼类中，生态位与小口白甲鱼形成互利关系的鱼类有3种，其中，对小口白甲鱼生态位影响大于10%的有2种，影响最大的为粗唇鮠，达到50%。生态位与小口白甲鱼形成竞争关系的鱼类有100种，其中，对小口白甲鱼生态位影响大于10%的有86种，大于100%的有85种，大于1000%的有3种，影响最大的为鲢，达到1991%。对小口白甲鱼生态位影响小于10%的鱼类有15种。

（4）台湾白甲鱼

在缺失不同种鱼类测试中，台湾白甲鱼（*Onychostoma barbatulum*）生态位变化率介于0～2006%之间（图3-51）。103种鱼类中，生态位与台湾白甲鱼形成互利关系的鱼类有62种，其中，对台湾白甲鱼生态位影响大于10%的34种，影响最大的为华鲮，达到80%。生态位与台湾白甲鱼形成竞争关系的鱼类有41种，其中，对台湾白甲鱼生态位影响大于10%的30种，大于100%的有30种，大于1000%的有28种，影响最大的为鲢，达到2006%。对台湾白甲鱼生态位影响小于10%的鱼类有39种。

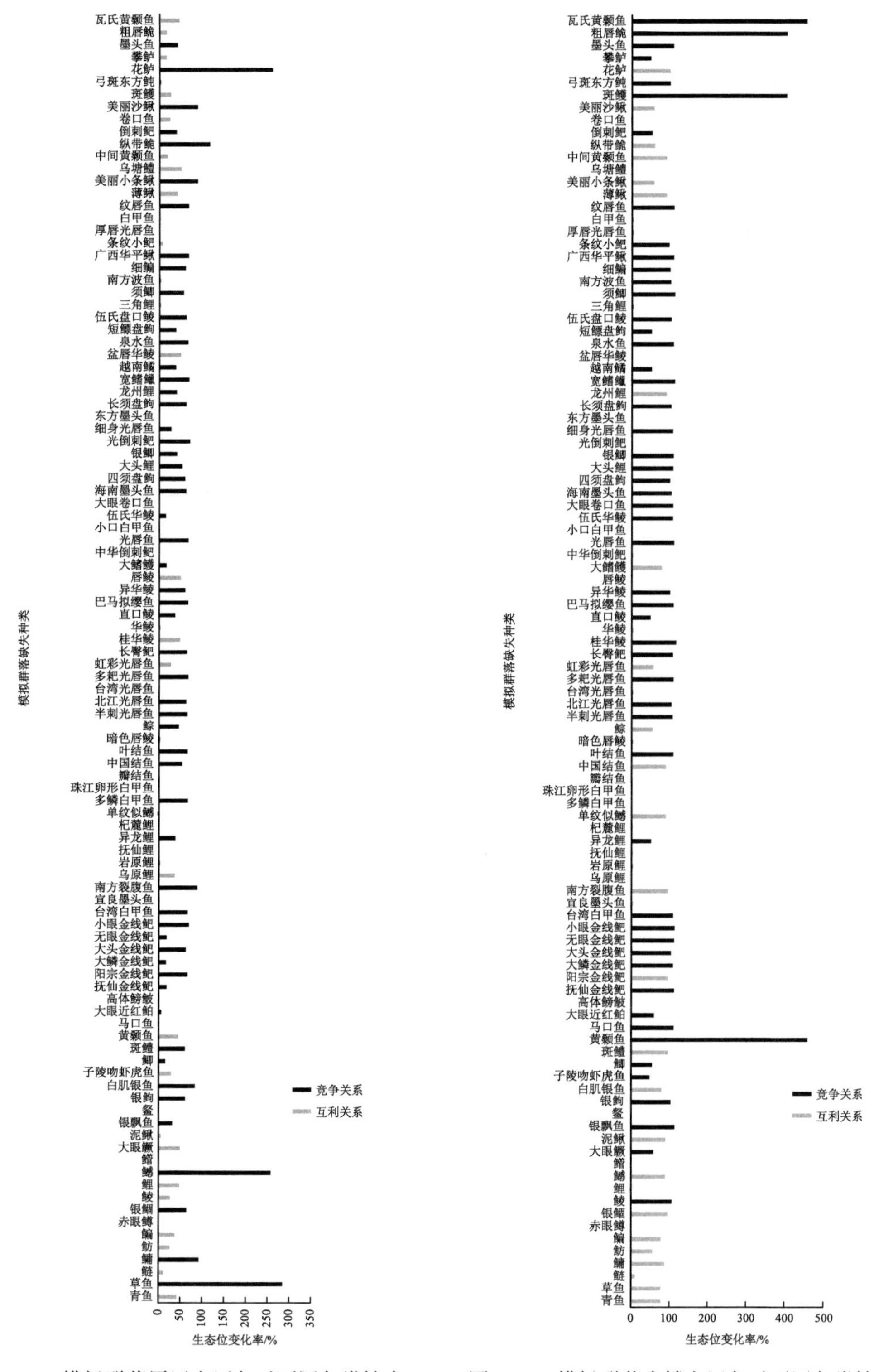

图 3-47　模拟群落厚唇光唇鱼对不同鱼类缺失生态位的响应

图 3-48　模拟群落多鳞白甲鱼对不同鱼类缺失生态位的响应

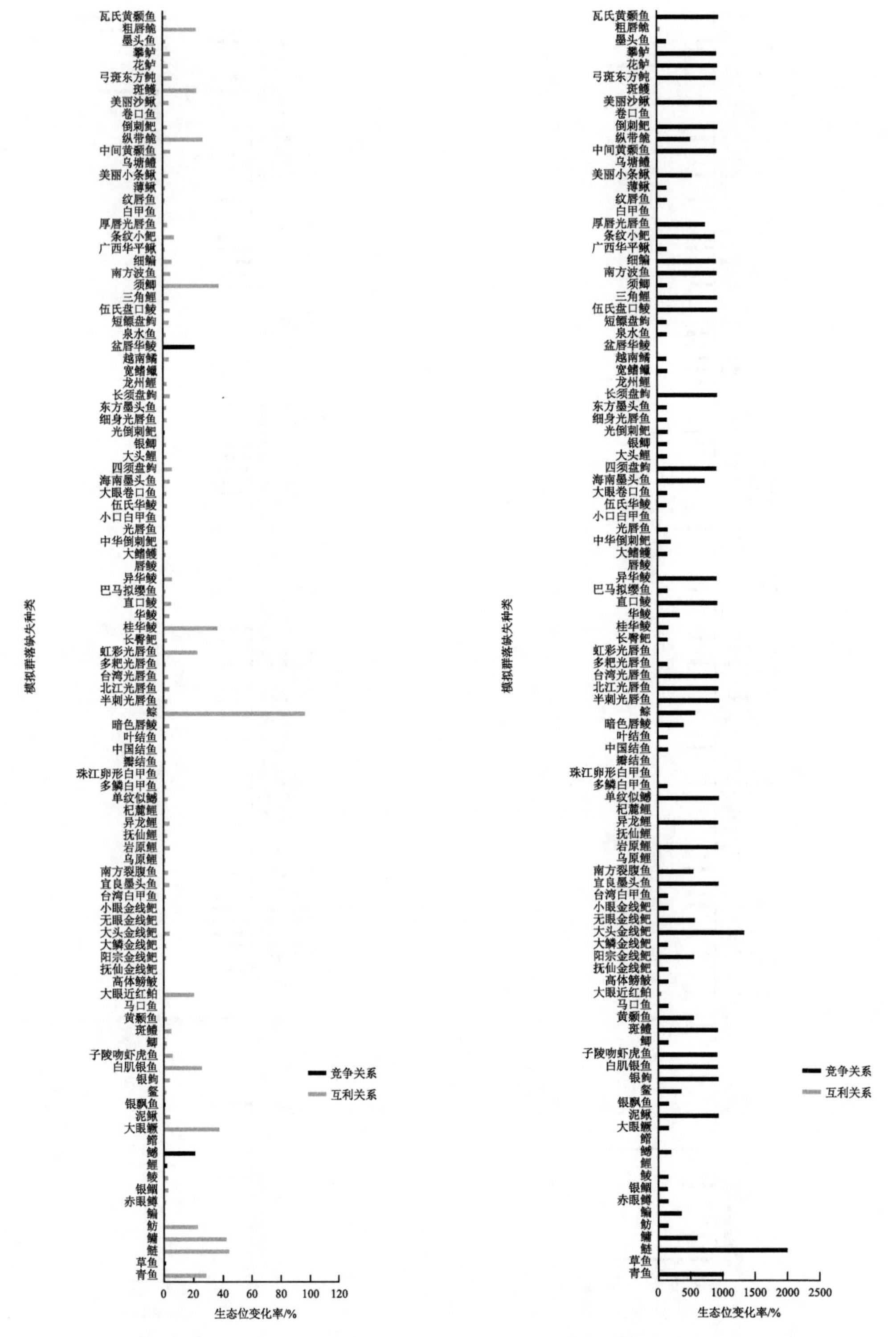

图 3-49　模拟群落白甲鱼对不同鱼类缺失生态位的响应

图 3-50　模拟群落小口白甲鱼对不同鱼类缺失生态位的响应

（5）珠江卵形白甲鱼

在缺失不同种鱼类测试中，珠江卵形白甲鱼（*Onychostoma ovalis rhomboides*）生态位变化率介于 0～4618%之间（图 3-52）。103 种鱼类生态位与珠江卵形白甲鱼均形成竞争关系，且对珠江卵形白甲鱼生态位影响均大于 200%，其中，大于 500%的有 37 种，大于 1000%的有 28 种，大于 2000%的有 7 种，大于 4000%的有 3 种，影响最大的为草鱼，达到 4618%。

30）结鱼属

（1）瓣结鱼

在缺失不同种鱼类测试中，瓣结鱼（*Tor brevifilis*）生态位变化率介于 0～228%之间（图 3-53）。103 种鱼类中，生态位与瓣结鱼形成互利关系的鱼类有 21 种，其中，对瓣结鱼生态位影响大于 10%的有 7 种，影响最大的为鳙，达到 91%。生态位与瓣结鱼形成竞争关系的鱼类有 82 种，其中，对瓣结鱼生态位影响大于 10%的有 73 种，大于 100%的有 3 种，影响最大的为鲢，达到 228%。对瓣结鱼生态位影响小于 10%的鱼类有 23 种。

（2）中国结鱼

在缺失不同种鱼类测试中，中国结鱼（*Tor sinensis*）生态位变化率介于 0～65%之间（图 3-54）。103 种鱼类中，生态位与中国结鱼形成互利关系的鱼类有 63 种，其中，对中国结鱼生态位影响大于 10%的 40 种，影响最大的为瓦氏黄颡鱼，达到 65%。生态位与中国结鱼形成竞争关系的鱼类有 40 种，其中，对中国结鱼生态位影响大于 10%的仅有 1 种，即鲢，其对中国结鱼生态位的影响为 25%。对中国结鱼生态位影响小于 10%的鱼类有 62 种。

（3）叶结鱼

在缺失不同种鱼类测试中，叶结鱼（*Tor zonatus*）生态位变化率介于 0～3994%之间（图 3-55）。103 种鱼类中，生态位与叶结鱼形成互利关系的鱼类有 2 种，其中，对叶结鱼生态位影响大于 10%的 1 种，影响最大的为纵带鮠，达到 56%。生态位与叶结鱼形成竞争关系的鱼类有 101 种，其中，对叶结鱼生态位影响大于 10%的有 59 种，大于 100%的有 17 种，大于 300%的有 17 种，大于 500%的有 3 种，大于 1000%的有 3 种，大于 2000%的有 2 种，大于 3000%的有 1 种，影响最大的为鲢，达到 3994%。对叶结鱼生态位影响小于 10%的鱼类有 43 种。

31）华鲮属

（1）桂华鲮

在缺失不同种鱼类测试中，桂华鲮（*Bangana decora*）生态位变化率介于 0～98%之间（图 3-56）。103 种鱼类中，生态位与桂华鲮形成互利关系的鱼类有 87 种，其中，对桂

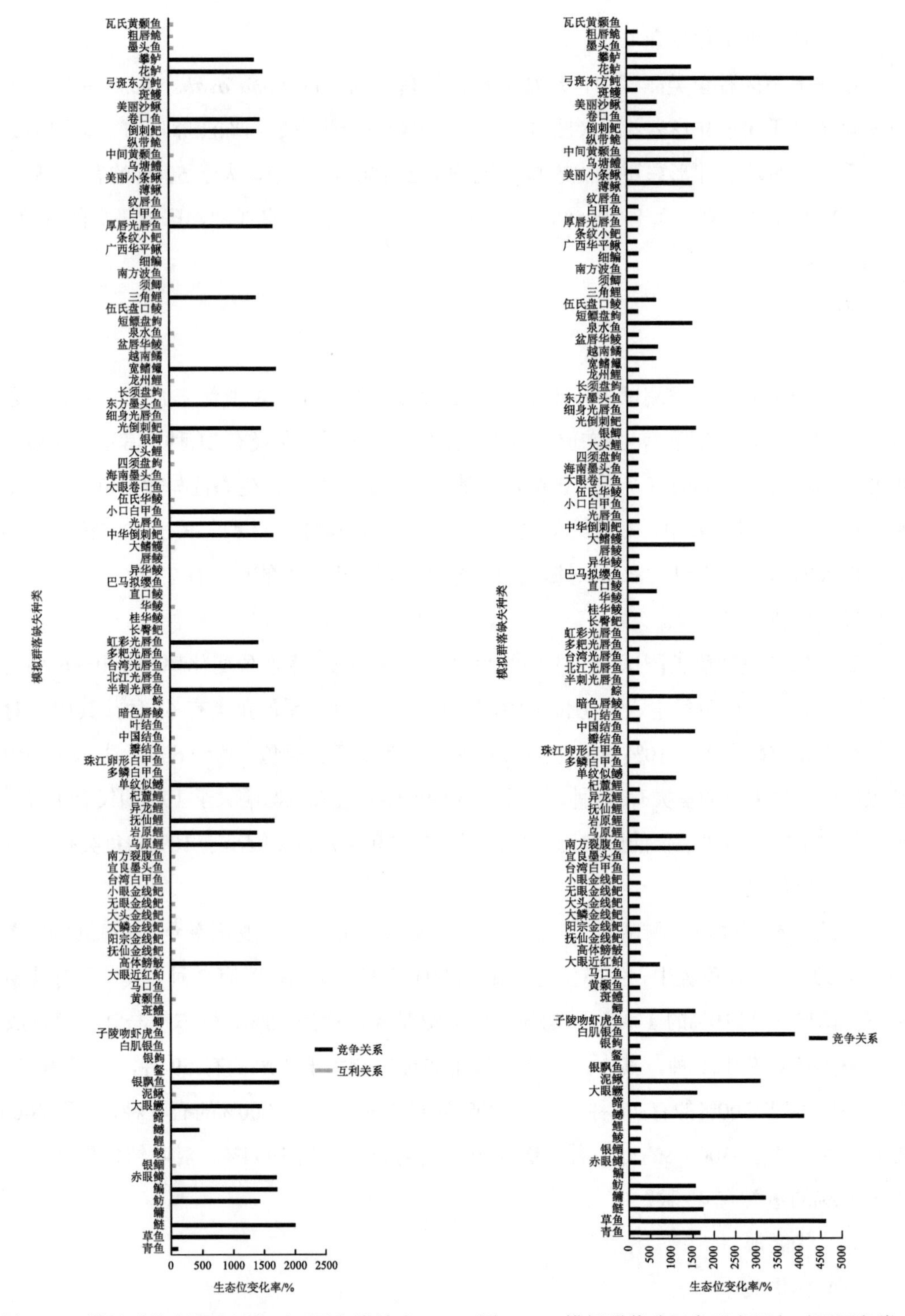

图 3-51　模拟群落台湾白甲鱼对不同鱼类缺失生态位的响应

图 3-52　模拟群落珠江卵形白甲鱼对不同鱼类缺失生态位的响应

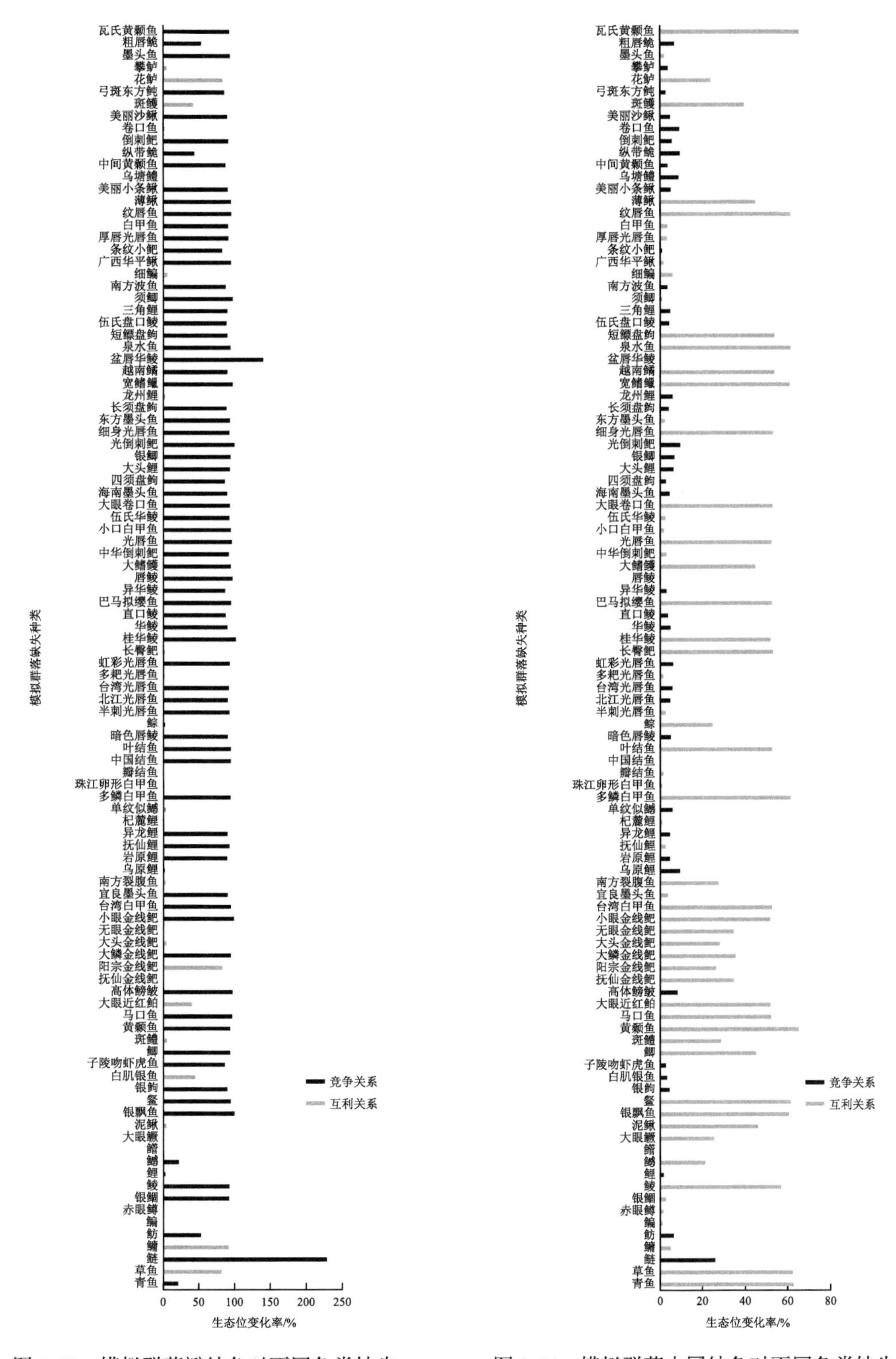

图 3-53　模拟群落瓣结鱼对不同鱼类缺失生态位的响应

图 3-54　模拟群落中国结鱼对不同鱼类缺失生态位的响应

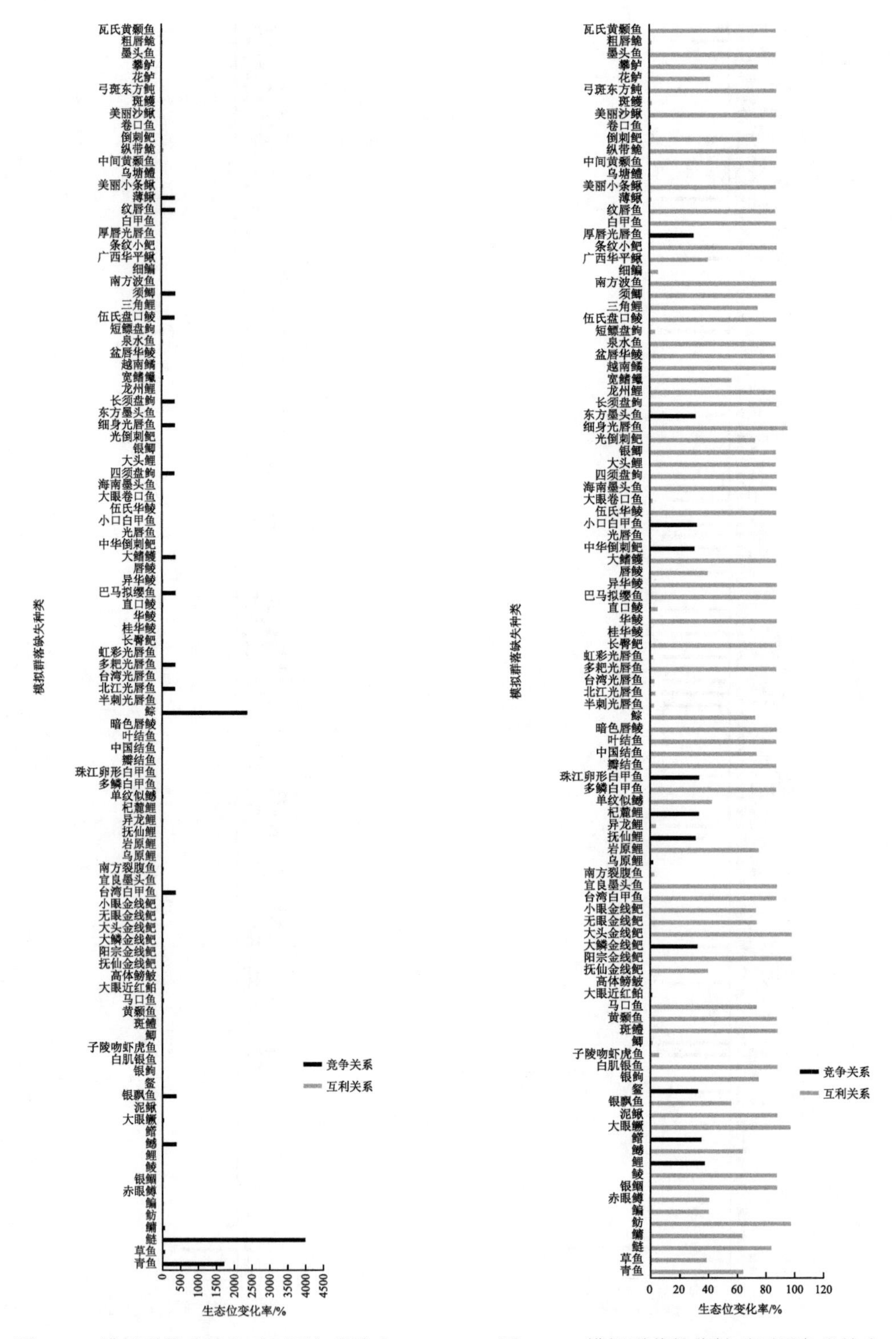

图 3-55　模拟群落叶结鱼对不同鱼类缺失生态位的响应

图 3-56　模拟群落桂华鲮对不同鱼类缺失生态位的响应

华鲮生态位影响大于 10%的有 71 种，影响最大的为大头金线鲃，达到 98%。生态位与桂华鲮形成竞争关系的鱼类有 16 种，其中，对桂华鲮生态位影响大于 10%的有 11 种，影响最大的为鲤，达到 37%。对桂华鲮生态位影响小于 10%的鱼类有 21 种。

（2）华鲮

在缺失不同种鱼类测试中，华鲮（*Bangana rendahli*）生态位变化率介于 0～3930%之间（图 3-57）。103 种鱼类中，生态位与华鲮形成互利关系的鱼类有 7 种，其中，对华鲮生态位影响大于 10%的有 2 种，影响最大的为鳙，达到 91%。生态位与华鲮形成竞争关系的鱼类有 96 种，其中，对华鲮生态位影响大于 10%的有 66 种，大于 500%的有 62 种，大于 1000%的有 42 种，大于 2000%的有 7 种，大于 3000%的有 7 种，影响最大的为鳡，达到 3930%。对华鲮生态位影响小于 10%的鱼类有 35 种。

（3）盆唇华鲮

在缺失不同种鱼类测试中，盆唇华鲮（*Bangana discognathoides*）生态位变化率介于 0～273%之间（图 3-58）。103 种鱼类中，生态位与盆唇华鲮形成互利关系的鱼类有 11 种，对盆唇华鲮生态位影响均小于 10%，影响最大的为攀鲈，仅有 4%。生态位与盆唇华鲮形成竞争关系的鱼类有 92 种，其中，对盆唇华鲮生态位影响大于 10%的有 68 种，大于 100%的有 59 种，大于 500%的有 53 种，大于 1000%的有 17 种，大于 2000%的有 15 种，大于 3000%的有 3 种，影响最大的为鯮，达到 3593%。对盆唇华鲮生态位影响小于 10%的鱼类有 35 种。

（4）伍氏华鲮

在缺失不同种鱼类测试中，伍氏华鲮（*Bangana wui*）生态位变化率介于 0～1097%之间（图 3-59）。103 种鱼类中，生态位与伍氏华鲮形成互利关系的鱼类有 32 种，其中，对伍氏华鲮生态位影响大于 10%的有 13 种，影响最大的为纵带鮠，达到 88%。生态位与伍氏华鲮形成竞争关系的鱼类有 71 种，大于 10%的有 54 种，大于 500%的有 52 种，大于 1000%的有 36 种，影响最大的为桂华鲮，达到 1097%。对伍氏华鲮生态位影响小于 10%的鱼类有 36 种。

32）异华鲮属

在缺失不同种鱼类测试中，异华鲮（*Parasinilabeo assimilis*）生态位变化率介于 0～1049%之间（图 3-60）。103 种鱼类中，生态位与异华鲮形成互利关系的鱼类有 65 种，其中，对异华鲮生态位影响大于 10%的有 34 种，影响最大的为条纹小鲃，达到 34%。生态位与异华鲮形成竞争关系的鱼类有 38 种，其中，对异华鲮生态位影响大于 10%的有 19 种，大于 100%的有 18 种，大于 1000%的有 1 种，影响最大的为鲢，达到 1049%。对异华鲮生态位影响小于 10%的鱼类有 50 种。

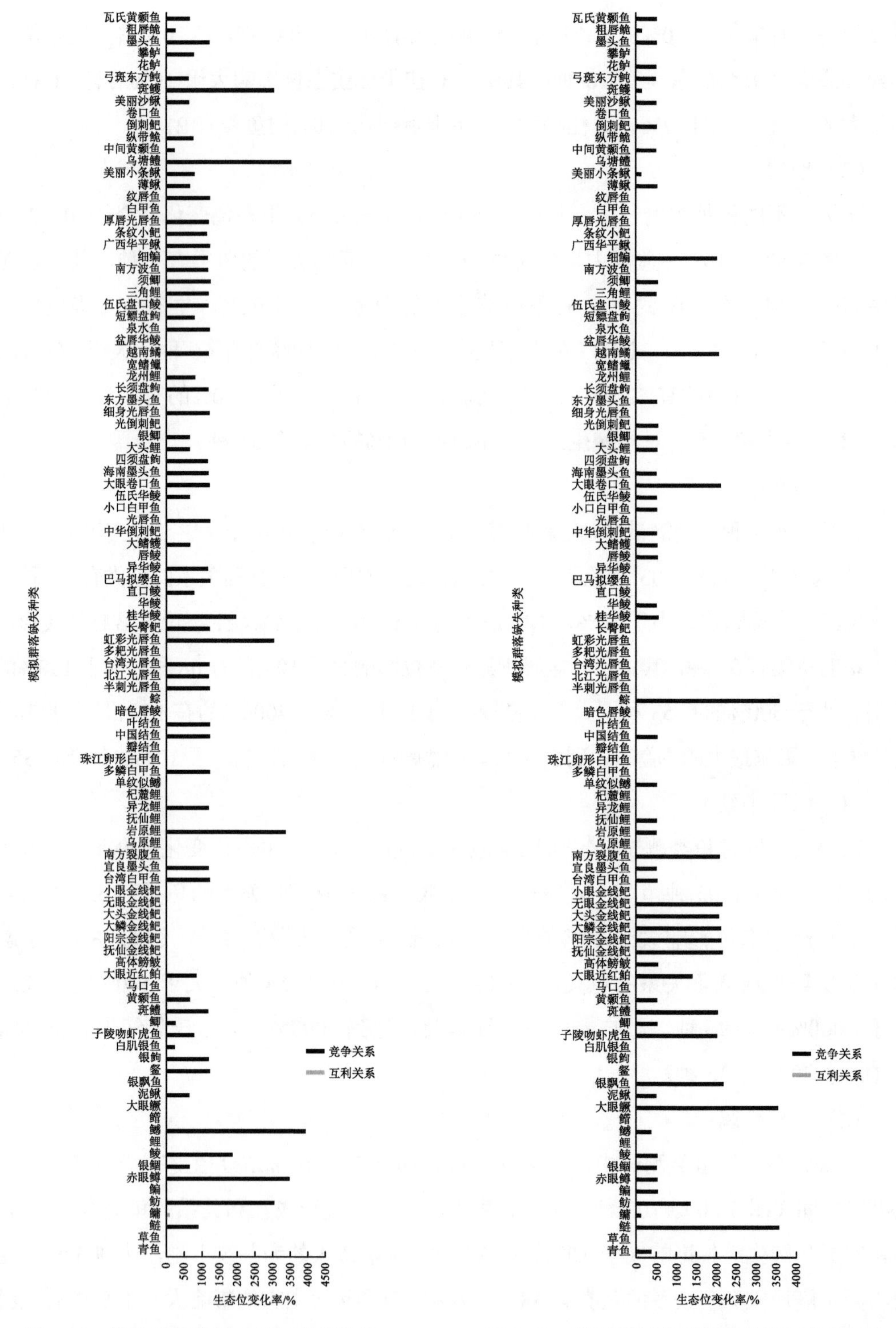

图 3-57　模拟群落华鲮对不同鱼类缺失生态位的响应

图 3-58　模拟群落盆唇华鲮对不同鱼类缺失生态位的响应

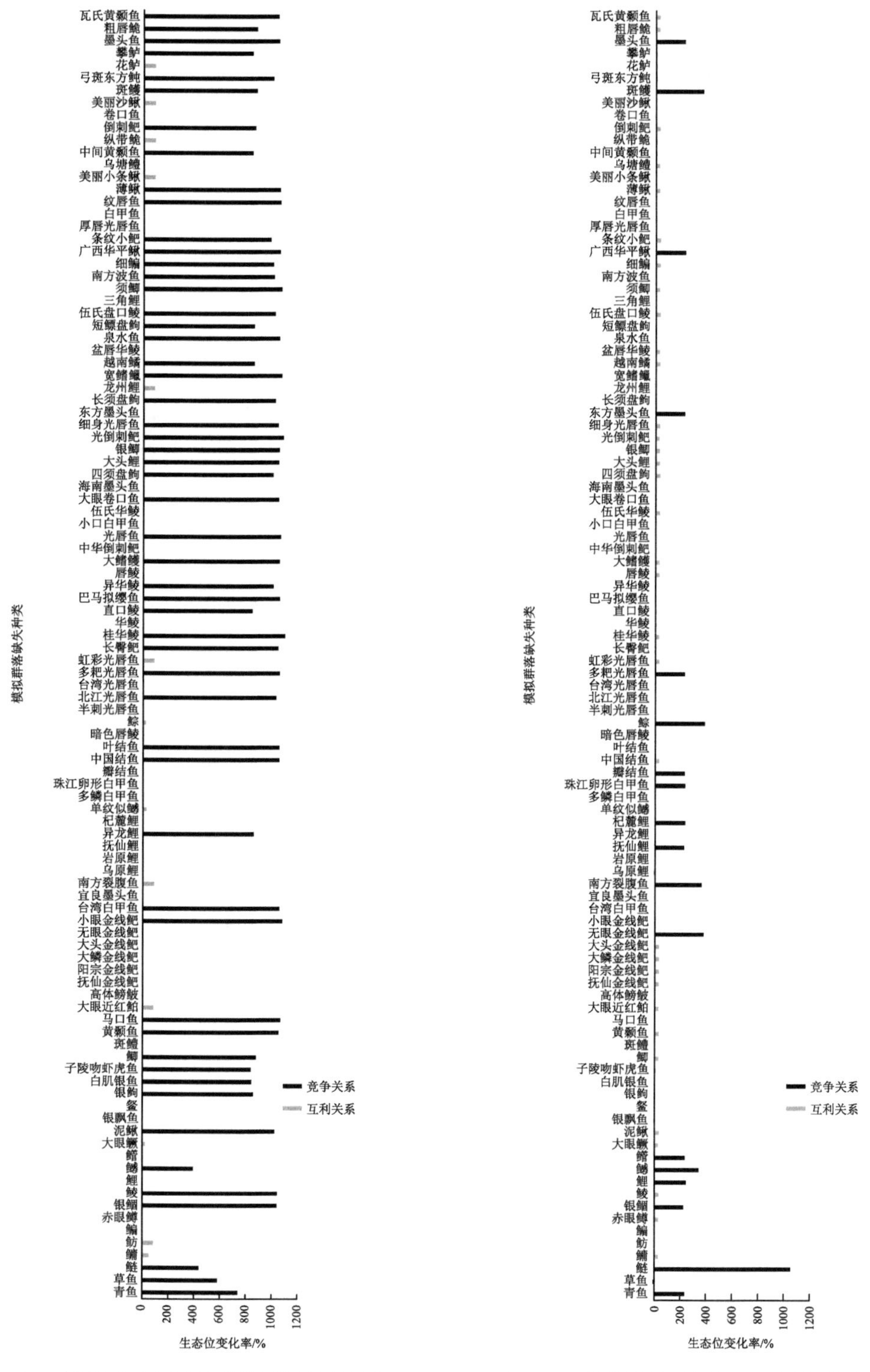

图 3-59　模拟群落伍氏华鲮对不同鱼类缺失生态位的响应

图 3-60　模拟群落异华鲮对不同鱼类缺失生态位的响应

33）鲮属

在缺失不同种鱼类测试中，鲮（*Cirrhinus molitorella*）生态位变化率介于 0～369%之间（图 3-61）。103 种鱼类中，生态位与鲮形成互利关系的鱼类有 70 种，其中，对鲮生态位影响大于 10%的有 54 种，影响最大的为鳙，达到 97%。生态位与鲮形成竞争关系的鱼类有 33 种，其中，对鲮生态位影响大于 10%的有 26 种，大于 100%的有 6 种，大于 300%的有 1 种，影响最大的为鲢，达到 369%。对鲮生态位影响小于 10%的鱼类有 23 种。

34）直口鲮属

在缺失不同种鱼类测试中，直口鲮（*Rectoris posehensis*）生态位变化率介于 0～6097%之间（图 3-62）。103 种鱼类中，生态位与直口鲮形成互利关系的鱼类有 33 种，其中，对直口鲮生态位影响大于 10%的有 3 种，影响最大的为斑鳢，达到 49%。生态位与直口鲮形成竞争关系的鱼类有 70 种，其中，对直口鲮生态位影响大于 10%的有 33 种，大于 100%的有 32 种，大于 500%的有 31 种，大于 1000%的有 24 种，大于 5000%的有 3 种，影响最大的为草鱼，达到 6097%。对直口鲮生态位影响小于 10%的鱼类有 67 种。

35）唇鲮属

（1）暗色唇鲮

在缺失不同种鱼类测试中，暗色唇鲮（*Semilabeo obscurus*）生态位变化率介于 0～97%之间（图 3-63）。103 种鱼类中，生态位与暗色唇鲮形成互利关系的鱼类有 92 种，其中，对暗色唇鲮生态位影响大于 10%的 71 种，影响最大的为华鲮，达到 97%。生态位与暗色唇鲮形成竞争关系的鱼类有 11 种，其中，对暗色唇鲮生态位影响大于 10%的 5 种，影响最大的为鳡，达到 95%。对暗色唇鲮生态位影响小于 10%的鱼类有 27 种。

（2）唇鲮

在缺失不同种鱼类测试中，唇鲮（*Semilabeo notabilis*）生态位变化率介于 0～60%之间（图 3-64）。103 种鱼类中，生态位与唇鲮形成互利关系的鱼类有 53 种，其中，对唇鲮生态位影响大于 10%的 29 种，影响最大的为鳡，达到 60%。生态位与唇鲮形成竞争关系的鱼类有 50 种，其中，对唇鲮生态位影响大于 10%的有 3 种，影响最大的为大眼近红鲌，有 22%。对唇鲮生态位影响小于 10%的鱼类有 71 种。

36）盘口鲮属

在缺失不同种鱼类测试中，伍氏盘口鲮（*Discocheilus wui*）生态位变化率介于 0～1097%之间（图 3-65）。103 种鱼类中，生态位与伍氏盘口鲮形成互利关系的鱼类有 11 种，其中，对伍氏盘口鲮生态位影响大于 10%的 9 种，影响最大的为鳍，达到 25%。生态

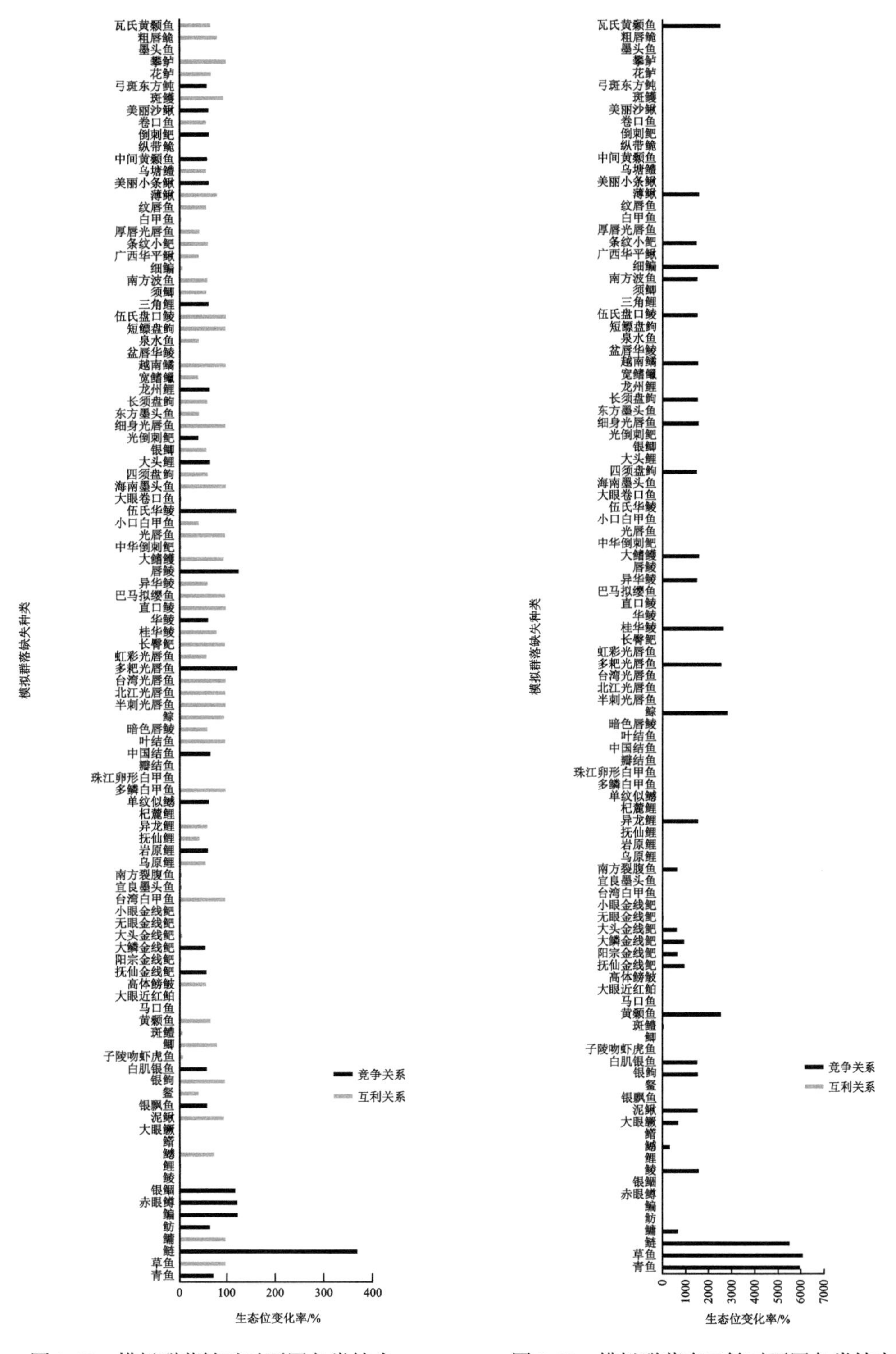

图 3-61　模拟群落鲮对对不同鱼类缺失生态位的响应

图 3-62　模拟群落直口鲮对不同鱼类缺失生态位的响应

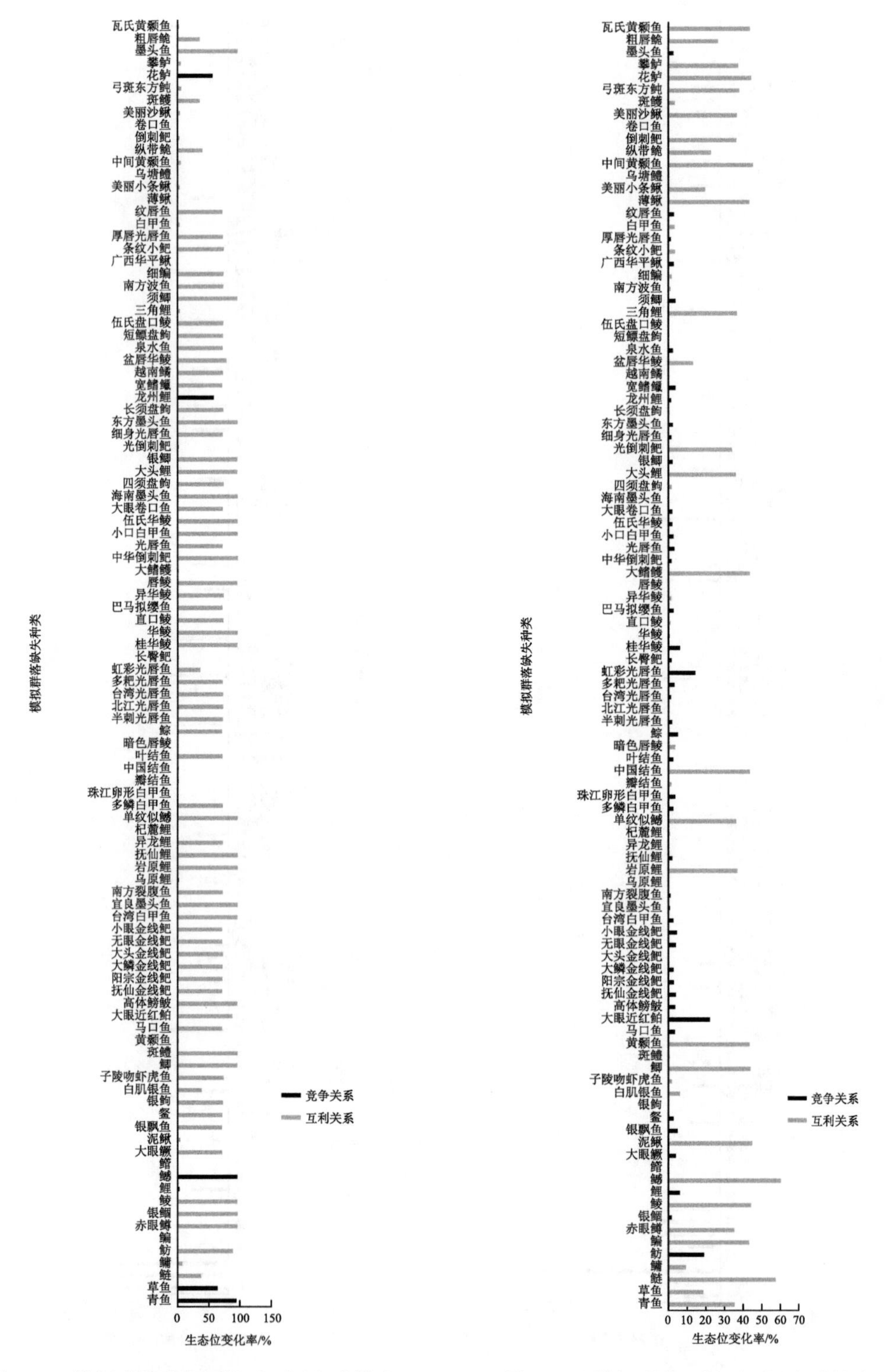

图 3-63　模拟群落暗色唇鲮对不同鱼类缺失生态位的响应

图 3-64　模拟群落唇鲮对不同鱼类缺失生态位的响应

位与伍氏盘口鲮形成竞争关系的鱼类有 92 种，其中，对伍氏盘口鲮生态位影响大于 10%的 65 种，影响最大的为粗唇鮠，达到 95%。对伍氏盘口鲮生态位影响小于 10%的鱼类有 29 种。

37）纹唇鱼属

在缺失不同种鱼类测试中，纹唇鱼（*Osteochilus salsburyi*）生态位变化率介于 0～95%之间（图 3-66）。103 种鱼类中，生态位与纹唇鱼形成互利关系的鱼类有 83 种，其中，对纹唇鱼生态位影响大于 10%的 50 种，影响最大的为鳡，达到 95%。生态位与纹唇鱼形成竞争关系的鱼类有 20 种，其中，对纹唇鱼生态位影响大于 10%的 15 种，影响最大的为单纹似鳡，达到 71%。对纹唇鱼生态位影响小于 10%的鱼类有 38 种。

38）拟缨属

在缺失不同种鱼类测试中，巴马拟缨鱼（*Pseudocrossocheilus bamaensis*）生态位变化率介于 0～332%之间（图 3-67）。103 种鱼类中，生态位与巴马拟缨鱼形成互利关系的鱼类有 51 种，其中，对巴马拟缨鱼生态位影响大于 10%的 27 种，影响最大的为鳙，达到 80%。生态位与巴马拟缨鱼形成竞争关系的鱼类有 52 种，其中，对巴马拟缨鱼生态位影响大于 10%的有 46 种，大于 100%的有 43 种，大于 200%的有 39 种，大于 300%的有 8 种，影响最大的为桂华鲮，达到 332%。对巴马拟缨鱼生态位影响小于 10%的鱼类有 30 种。

39）卷口鱼属

（1）大眼卷口鱼

在缺失不同种鱼类测试中，大眼卷口鱼（*Ptychidio macrops*）生态位变化率介于 0～243%之间（图 3-68）。103 种鱼类中，生态位与大眼卷口鱼形成互利关系的鱼类有 42 种，其中，对大眼卷口鱼生态位影响大于 10%的有 11 种，影响最大的为鳙，达到 40%。生态位与大眼卷口鱼形成竞争关系的鱼类有 61 种，其中，对大眼卷口鱼生态位影响大于 10%的有 51 种，大于 100%的有 9 种，大于 200%的有 2 种，影响最大的为鯮，达到 243%。对大眼卷口鱼生态位影响小于 10%的鱼类有 41 种。

（2）卷口鱼

在缺失不同种鱼类测试中，卷口鱼（*Ptychidio jordani*）生态位变化率介于 0～86%之间（图 3-69）。103 种鱼类中，生态位与卷口鱼形成互利关系的鱼类有 31 种，其中，对卷口鱼生态位影响大于 10%的有 3 种，影响最大的为青鱼，达到 36%。生态位与卷口鱼形成竞争关系的鱼类有 72 种，其中，对卷口鱼生态位影响大于 10%的有 67 种，影响最大的为乌原鲤，达到 86%。对卷口鱼生态位影响小于 10%的鱼类有 33 种。

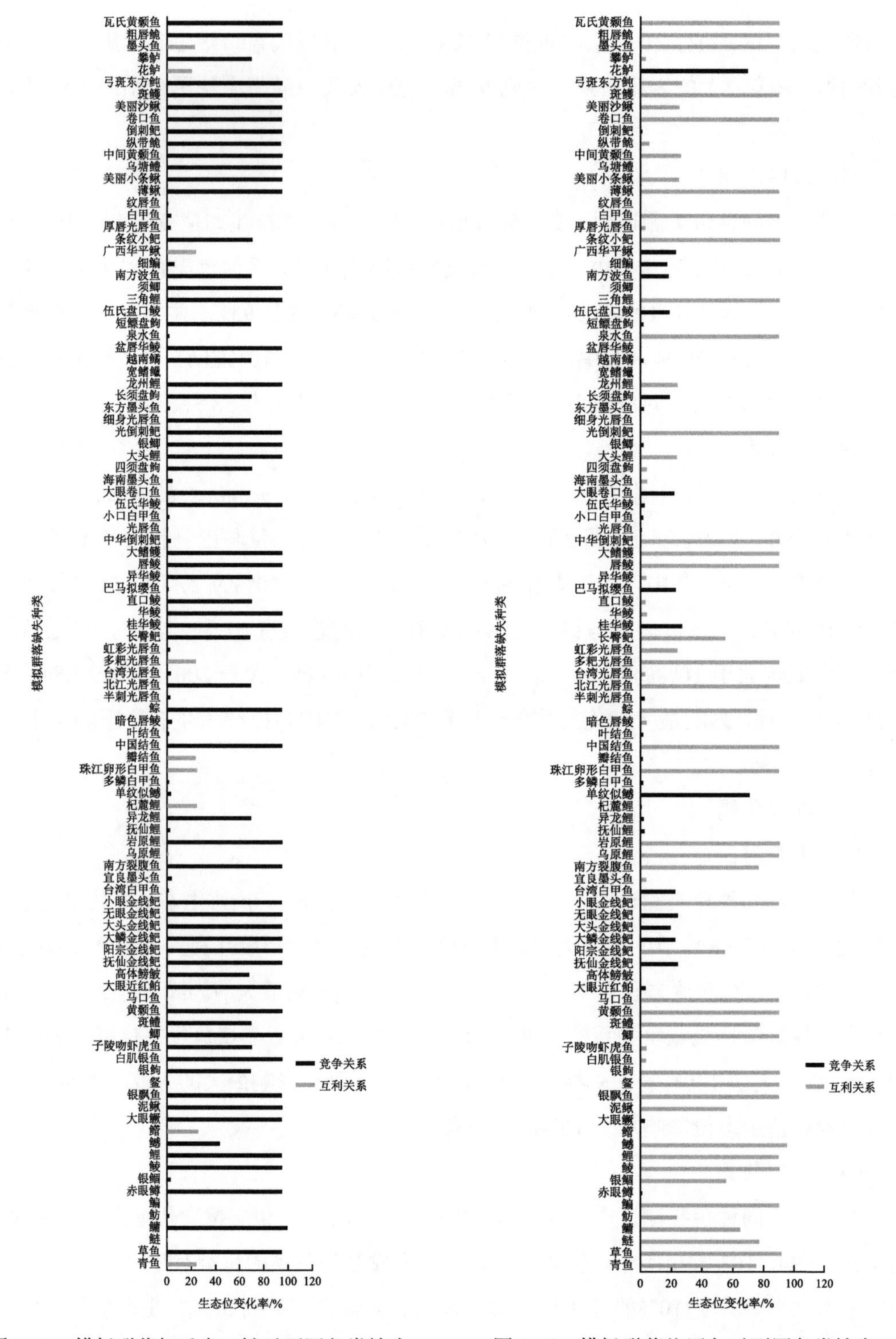

图 3-65　模拟群落伍氏盘口鲮对不同鱼类缺失生态位的响应

图 3-66　模拟群落纹唇鱼对不同鱼类缺失生态位的响应

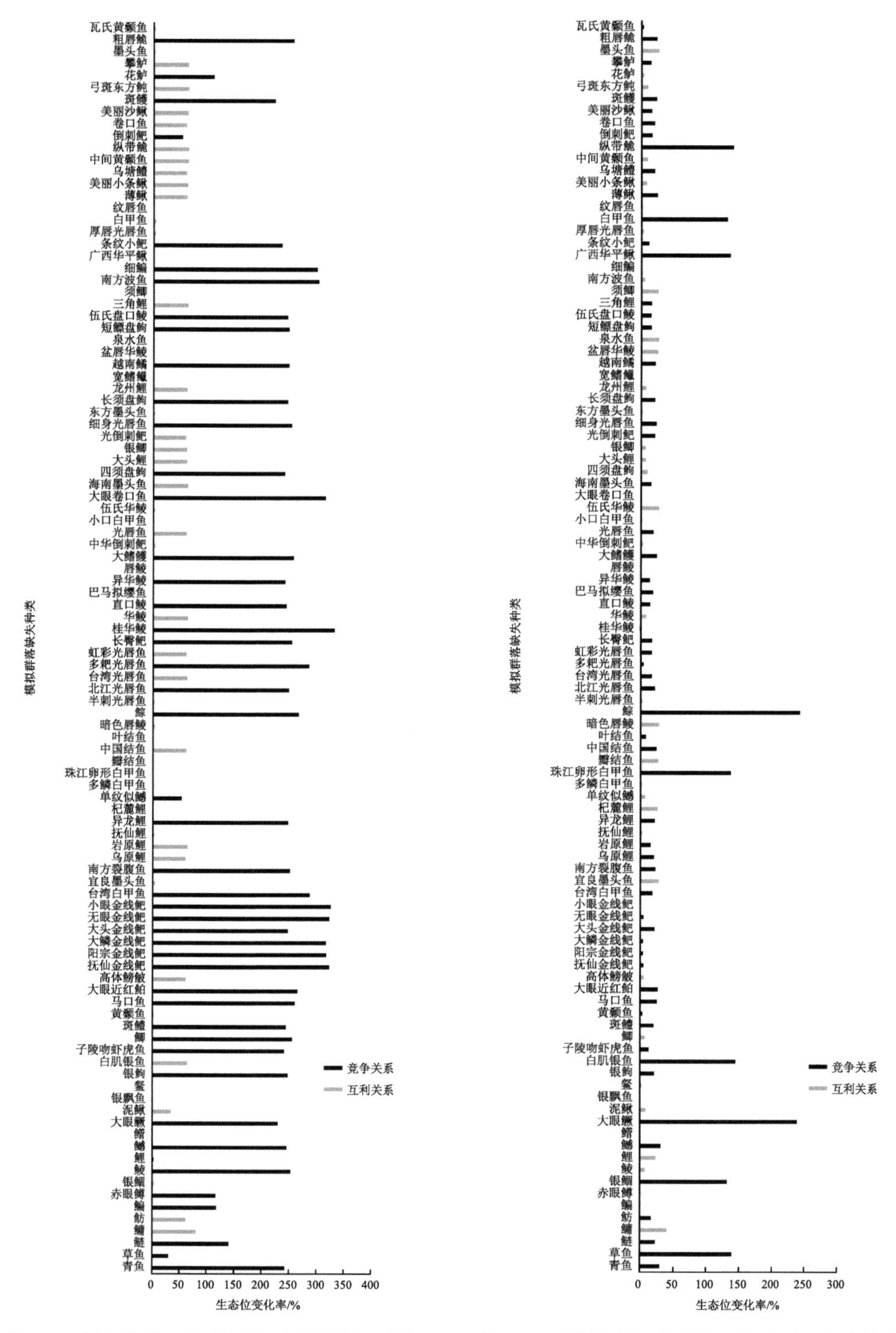

图 3-67　模拟群落巴马拟缨鱼对不同鱼类缺失生态位的响应

图 3-68　模拟群落大眼卷口鱼对不同鱼类缺失生态位的响应

40）墨头鱼属

（1）宜良墨头鱼

在缺失不同种鱼类测试中，宜良墨头鱼（*Garra pingi yiliangensis*）生态位变化率介于 0～100%之间（图 3-70）。103 种鱼类中，生态位与宜良墨头鱼形成互利关系的鱼类有 97 种，其中，对宜良墨头鱼生态位影响大于 10%的 77 种，影响最大的为泥鳅，达到 100%。生态位与宜良墨头鱼形成竞争关系的鱼类有 6 种，对宜良墨头鱼生态位影响均小于 10%，影响最大的为鲤，仅有 2%。对宜良墨头鱼生态位影响小于 10%的鱼类有 26 种。

（2）海南墨头鱼

在缺失不同种鱼类测试中，海南墨头鱼（*Garra pingi hainanensis*）生态位变化率介于 0～192%之间（图 3-71）。103 种鱼类中，生态位与海南墨头鱼形成互利关系的鱼类有 96 种，其中，对海南墨头鱼生态位影响大于 10%的有 88 种，影响最大的为攀鲈，达到 98%。生态位与海南墨头鱼形成竞争关系的鱼类有 7 种，其中，对海南墨头鱼生态位影响大于 10%的有 2 种，大于 100%的有 2 种，影响最大的为青鱼，达到 192%。对海南墨头鱼生态位影响小于 10%的鱼类有 13 种。

（3）墨头鱼

在缺失不同种鱼类测试中，墨头鱼（*Garra pingi pingi*）生态位变化率介于 0～3207%之间（图 3-72）。103 种鱼类中，生态位与墨头鱼形成互利关系的鱼类有 57 种，其中，对墨头鱼生态位影响大于 10%的有 16 种，影响最大的为草鱼，达到 76%。生态位与墨头鱼形成竞争关系的鱼类有 46 种，其中，对墨头鱼生态位影响大于 10%的有 32 种，大于 100%的有 31 种，大于 500%的有 30 种，大于 1000%的有 25 种，大于 2000%的有 1 种，影响最大的为鲢，达到 3207%。墨头鱼生态位变化率小于 10%的鱼类有 55 种。

（4）东方墨头鱼

在缺失不同种鱼类测试中，东方墨头鱼（*Garra orientalis*）生态位变化率介于 0～5216%之间（图 3-73）。103 种鱼类中，生态位与东方墨头鱼形成互利关系的鱼类有 14 种，对东方墨头鱼生态位影响均大于 10%，影响最大的为攀鲈，有 70%。生态位与东方墨头鱼形成竞争关系的鱼类有 89 种，其中，对东方墨头鱼生态位影响大于 10%的有 80 种，大于 100%的有 71 种，大于 500%的有 62 种，大于 1000%的有 59 种，大于 4000%的有 58 种，大于 5000%的有 37 种，影响最大的为鲸，达到 5216%。对东方墨头鱼生态位影响小于 10%的鱼类有 9 种。

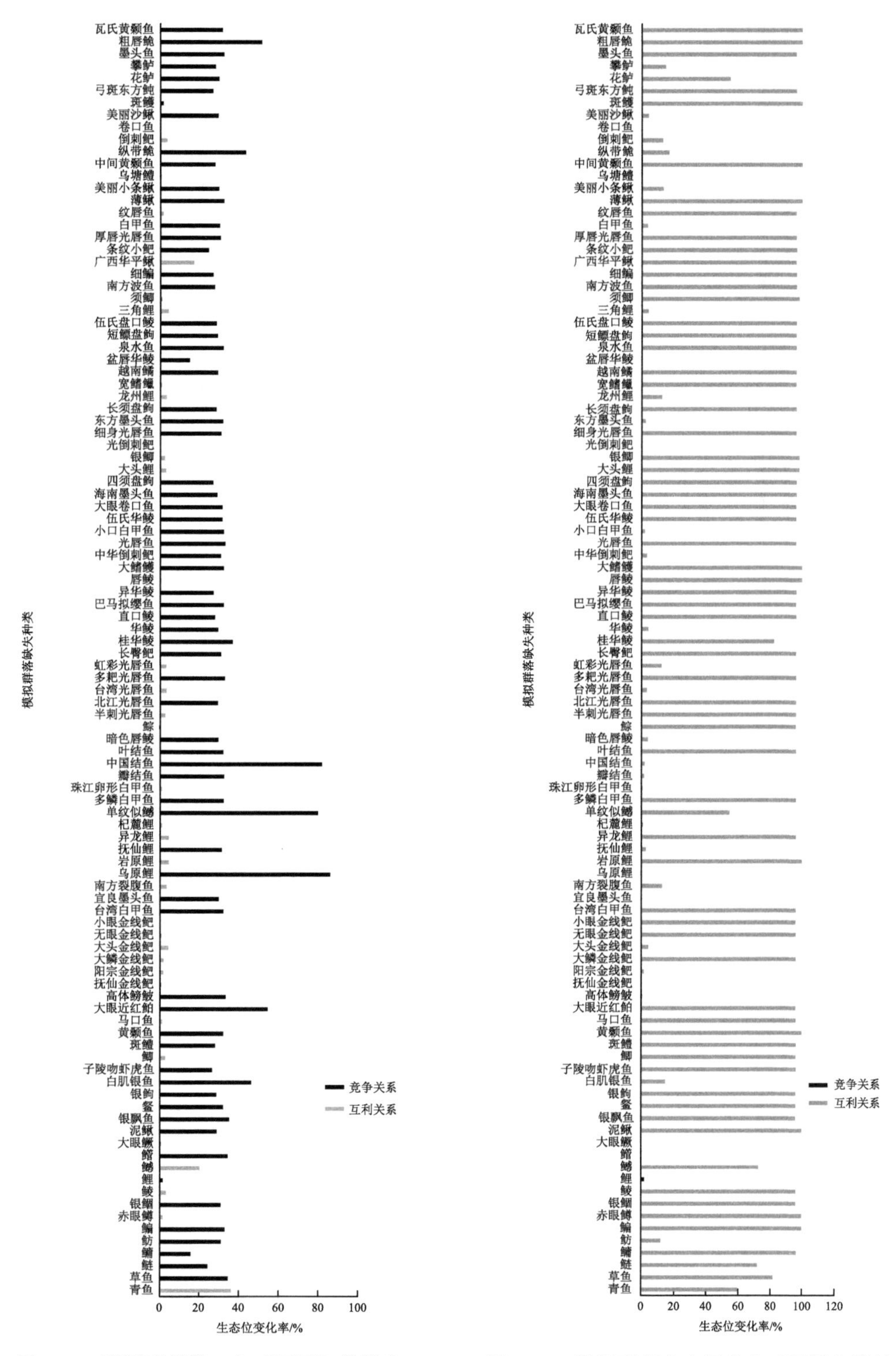

图 3-69　模拟群落卷口鱼对不同鱼类缺失生态位的响应

图 3-70　模拟群落宜良墨头鱼对不同鱼类缺失生态位的响应

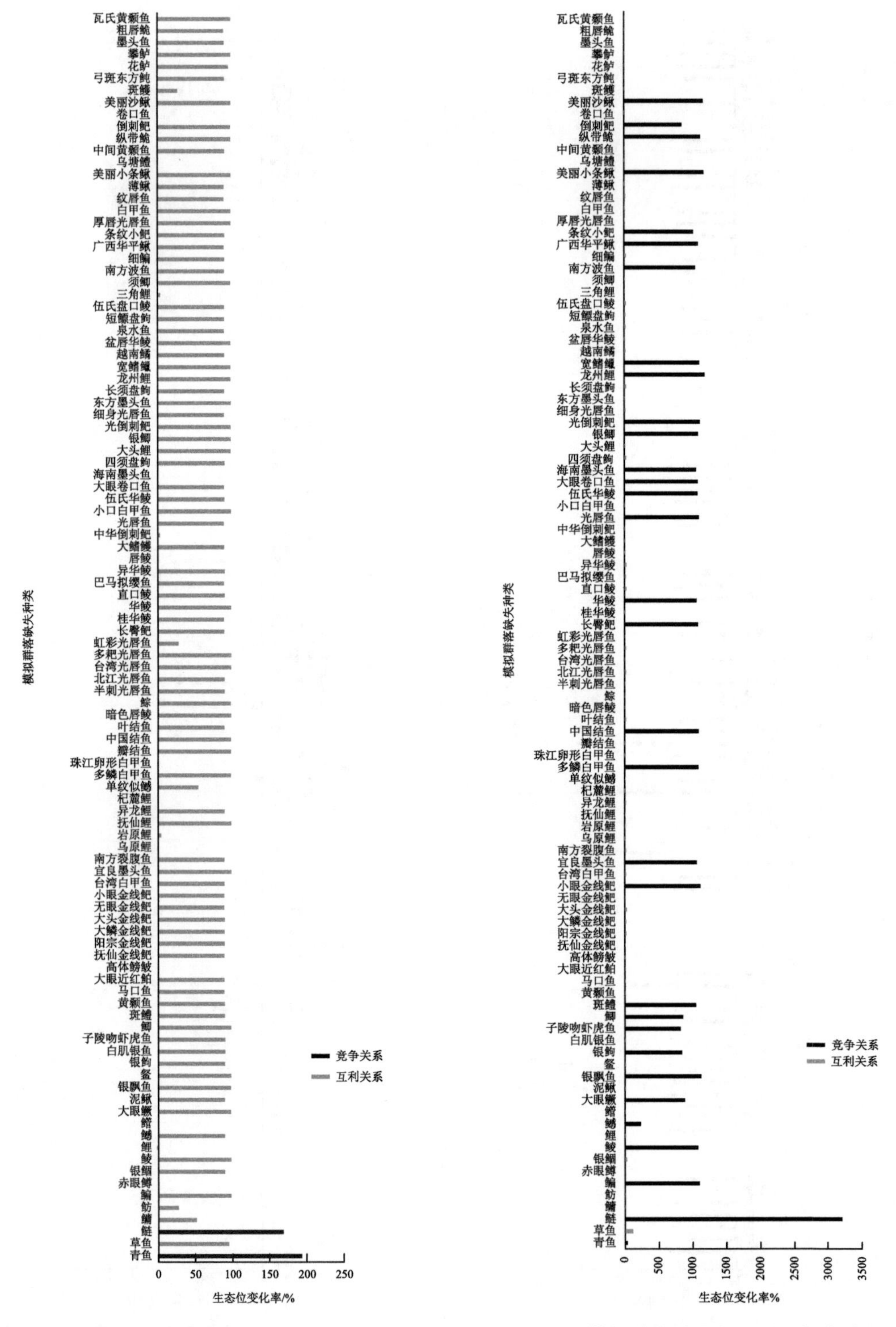

图 3-71　模拟群落海南墨头鱼对不同鱼类缺失生态位的响应

图 3-72　模拟群落墨头鱼对不同鱼类缺失生态位的响应

41）盘鮈属

（1）四须盘鮈

在缺失不同种鱼类测试中，四须盘鮈（*Discogobio tetrabarbatus*）生态位变化率介于 0～213%之间（图 3-74）。103 种鱼类中，生态位与四须盘鮈形成互利关系的鱼类有 76 种，其中，对四须盘鮈生态位影响大于 10%的有 36 种，影响最大的为鳡，达到 98%。生态位与四须盘鮈形成竞争关系的鱼类有 27 种，其中，对四须盘鮈生态位影响大于 10%的有 17 种，大于 100%的有 5 种，大于 200%的有 4 种，影响最大的为阳宗金线鲃，达到 213%。对四须盘鮈生态位影响小于 10%的鱼类有 50 种。

（2）长须盘鮈

在缺失不同种鱼类测试中，长须盘鮈（*Discogobio longibarbatus*）生态位变化率介于 0～99%之间（图 3-75）。103 种鱼类中，生态位与长须盘鮈形成互利关系的有 87 种，其中，对长须盘鮈生态位影响大于 10%的 46 种，影响最大的为华鲮，达到 99%。生态位与长须盘鮈形成竞争关系的有 16 种，其中，对长须盘鮈生态位影响大于 10%的有 12 种，影响最大的为鲢，达到 36%。对长须盘鮈生态位影响小于 10%的鱼类有 45 种。

（3）短鳔盘鮈

在缺失不同种鱼类测试中，短鳔盘鮈（*Discogobio brachyphysallidos*）生态位变化率介于 0～344%之间（图 3-76）。103 种鱼类中，生态位与短鳔盘鮈形成互利关系的鱼类有 90 种，其中，对短鳔盘鮈生态位影响大于 10%的 66 种，影响最大的为泥鳅，达到 99%。生态位与短鳔盘鮈形成竞争关系的鱼类有 13 种，其中，对短鳔盘鮈生态位影响大于 10%的有 8 种，大于 100%的有 7 种，大于 300%的有 3 种，影响最大的为草鱼，达到 344%。对短鳔盘鮈生态位影响小于 10%的鱼类有 29 种。

42）原鲤属

（1）乌原鲤

在缺失不同种鱼类测试中，乌原鲤（*Procypris merus*）生态位变化率介于 0～1482%之间（图 3-77）。103 种鱼类生态位与乌原鲤均形成互利关系，且对乌原鲤生态位影响均大于 10%，影响最大的为鲢，达到 80%。

（2）岩原鲤

在缺失不同种鱼类测试中，岩原鲤（*Procypris rabaudi*）生态位变化率介于 0～232%之间（图 3-78）。103 种鱼类中，生态位与岩原鲤形成互利关系的鱼类有 30 种，其中，对岩原鲤生态位影响大于 10%的 3 种，影响最大的为鲢，达到 69%。生态位与岩原鲤形成竞争关系的鱼类有 73 种，其中，对岩原鲤生态位影响大于 10%的有 68 种，大于

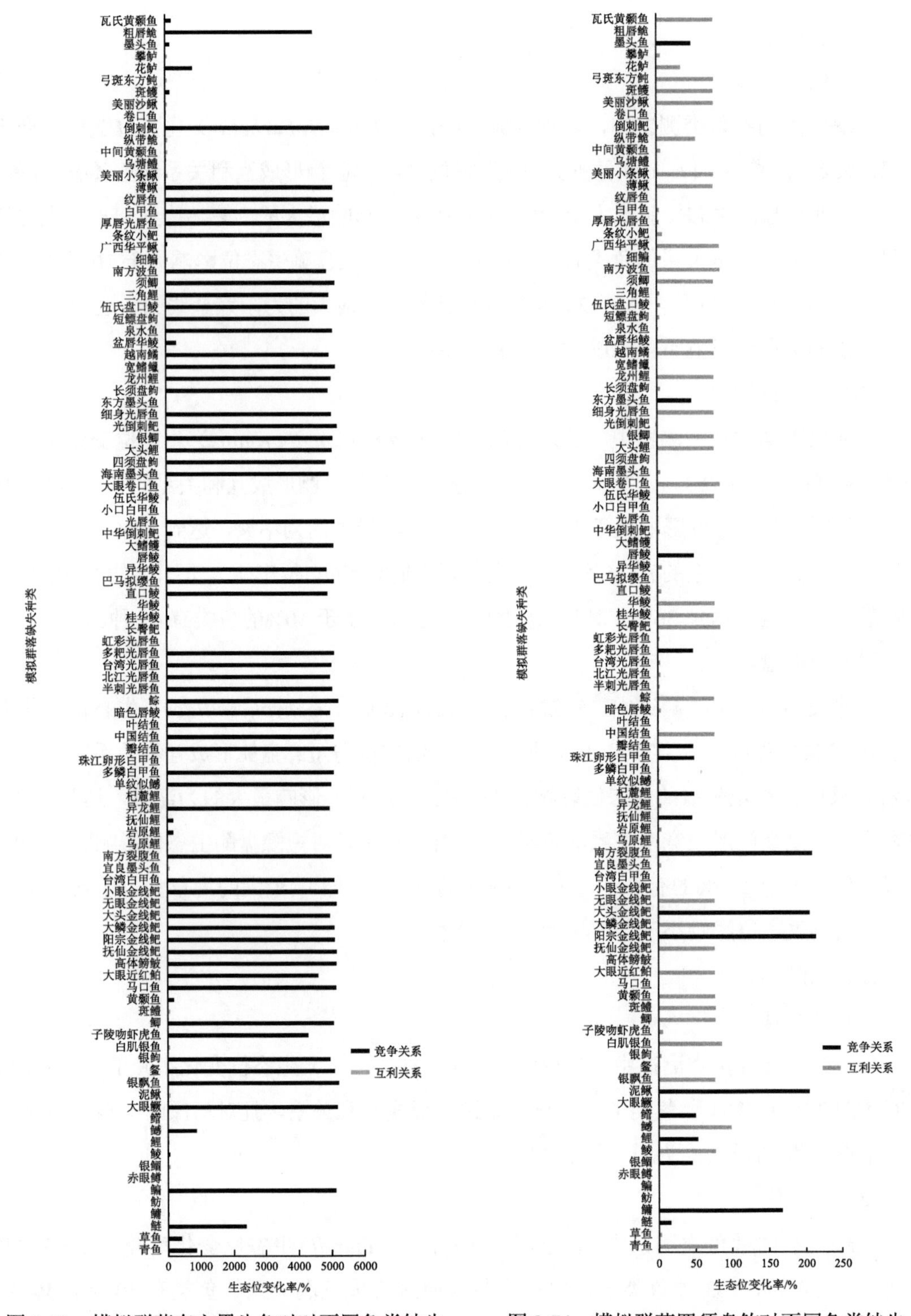

图 3-73　模拟群落东方墨头鱼对对不同鱼类缺失生态位的响应

图 3-74　模拟群落四须盘鮈对不同鱼类缺失生态位的响应

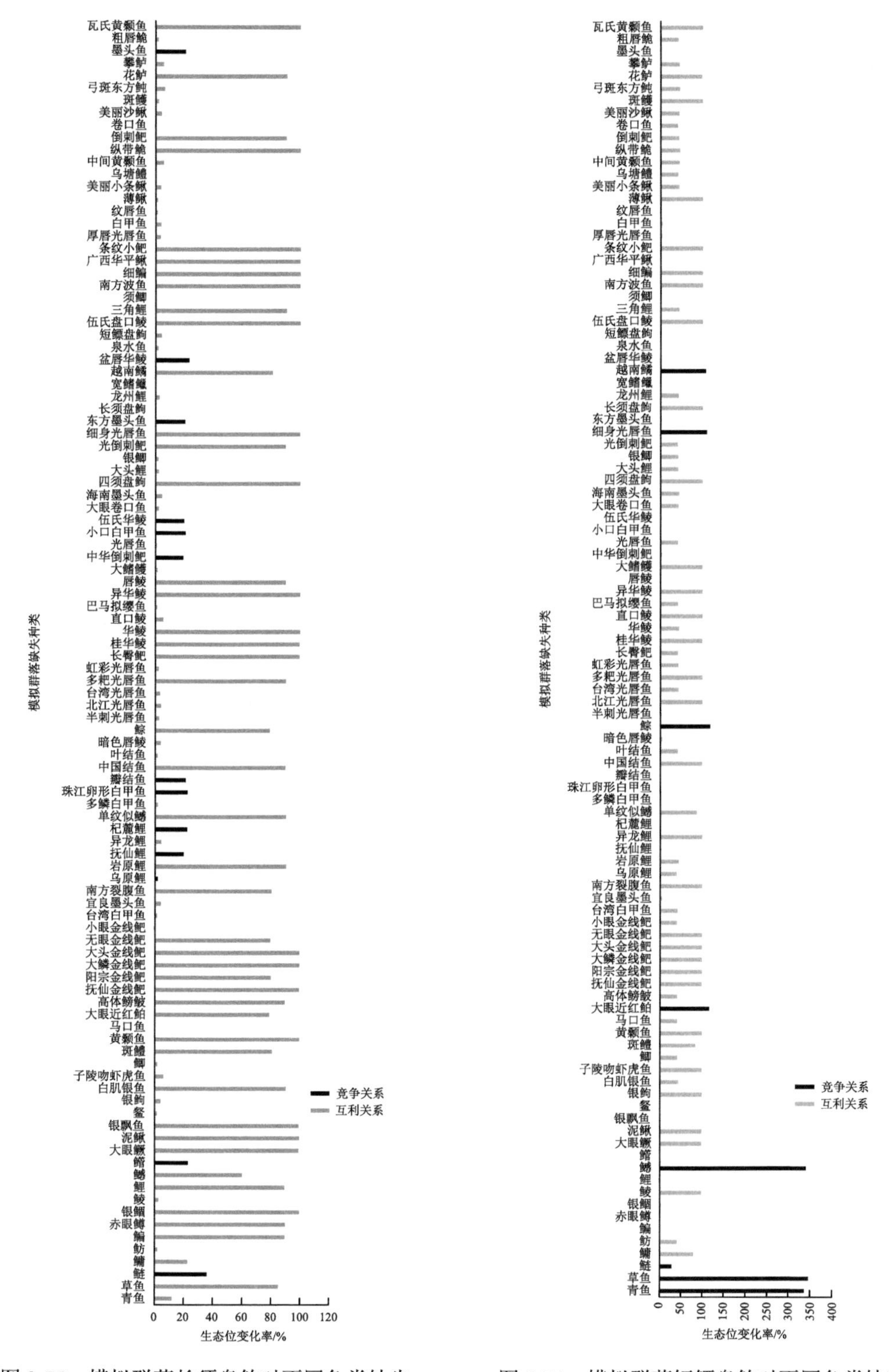

图 3-75　模拟群落长须盘鮈对不同鱼类缺失生态位的响应

图 3-76　模拟群落短鳔盘鮈对不同鱼类缺失生态位的响应

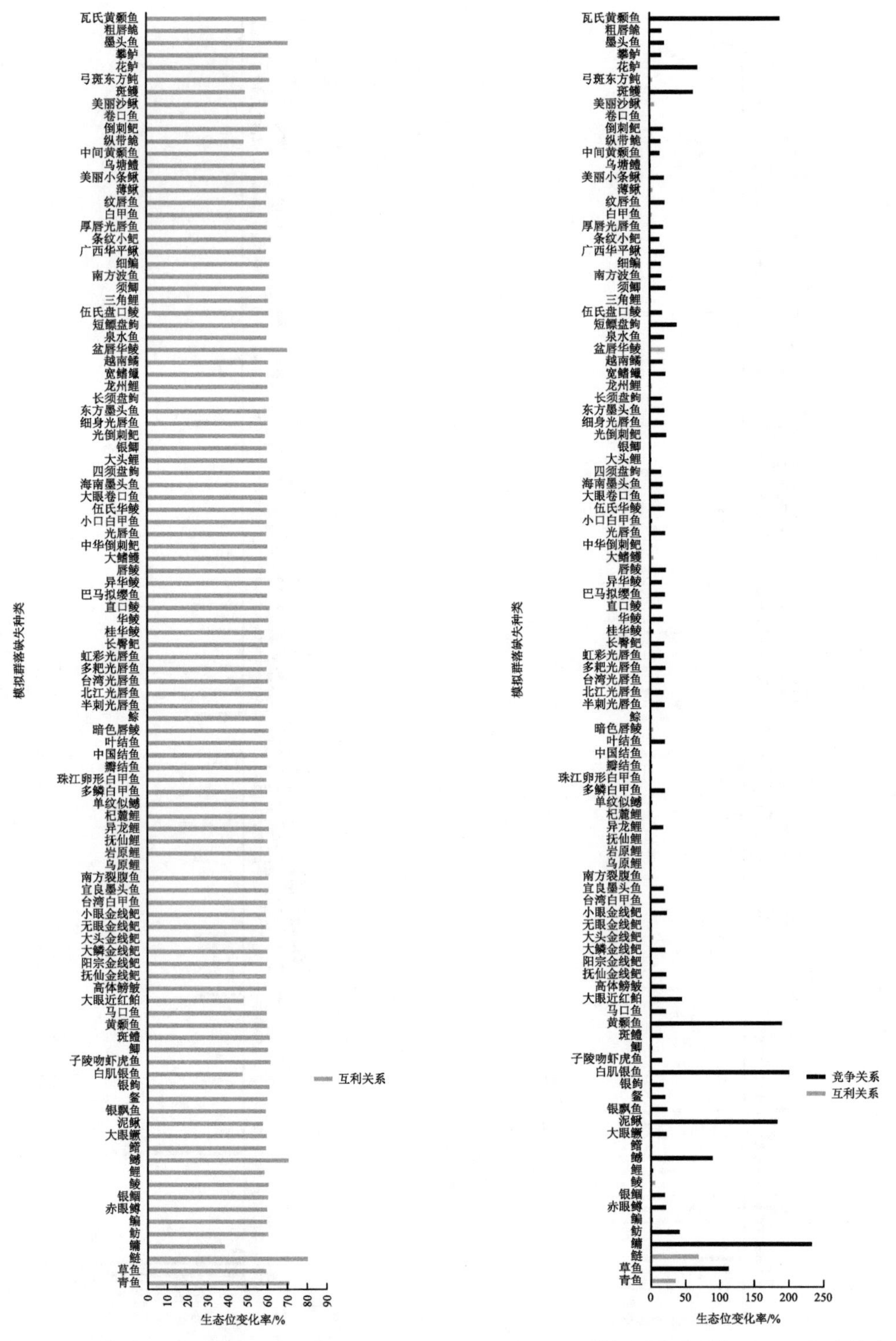

图 3-77　模拟群落乌原鲤对不同鱼类缺失生态位的响应

图 3-78　模拟群落岩原鲤对不同鱼类缺失生态位的响应

100%的有 6 种，影响最大的为鳙，达到 232%。对岩原鲤生态位影响小于 10%的鱼类有 32 种。

43）鲤属

（1）鲤

在缺失不同种鱼类测试中，鲤（*Cyprinus rabaudi*）生态位变化率介于 0～39%之间（图 3-79）。103 种鱼类中，生态位与鲤形成互利关系的鱼类有 32 种，其中，对鲤生态位影响大于 10%的有 25 种，影响最大的为弓斑东方鲀，达到 39%。生态位与鲤形成竞争关系的鱼类有 71 种，其中，对鲤生态位影响大于 10%的有 68 种，影响最大的为大眼近红鲌，有 32%。对鲤生态位影响小于 10%的鱼类有 10 种。

（2）三角鲤

在缺失不同种鱼类测试中，三角鲤（*Cyprinus multitaeniata*）生态位变化率介于 0～366%之间（图 3-80）。103 种鱼类中，生态位与三角鲤形成互利关系的鱼类有 22 种，其中，对三角鲤生态位影响大于 10%的有 1 种，影响最大的为鲢，达到 16%。生态位与三角鲤形成竞争关系的鱼类有 81 种，其中，对三角鲤生态位影响大于 10%的有 78 种，大于 100%的有 56 种，影响最大的为越南鱊，达到 366%。对三角鲤生态位影响小于 10%的鱼类有 24 种。

（3）抚仙鲤

在缺失不同种鱼类测试中，抚仙鲤（*Cyprinus fuxianensis*）生态位变化率介于 0～2152%之间（图 3-81）。103 种鱼类中，生态位与抚仙鲤形成互利关系的鱼类仅有 1 种，即白甲鱼，其对抚仙鲤生态位的影响仅有 0.3%。生态位与抚仙鲤形成竞争关系的鱼类有 102 种，其中，对抚仙鲤生态位影响大于 10%的有 87 种，大于 100%的有 46 种，大于 1000%的有 4 种，影响最大的为青鱼，达到 2152%。对抚仙鲤生态位影响小于 10%的鱼类有 15 种。

（4）异龙鲤

在缺失不同种鱼类测试中，异龙鲤（*Cyprinus yilongensis*）生态位变化率介于 0～742%之间（图 3-82）。103 种鱼类中，生态位与异龙鲤形成互利关系的鱼类有 69 种，其中，对异龙鲤生态位影响大于 10%的 57 种，影响最大的为青鱼，达到 97%。生态位与异龙鲤形成竞争关系的鱼类有 34 种，其中，对异龙鲤生态位影响大于 10%变化率的有 31 种，大于 100%的有 20 种，影响最大的为鲢，达到 742%。对异龙鲤生态位影响小于 10%的鱼类有 15 种。

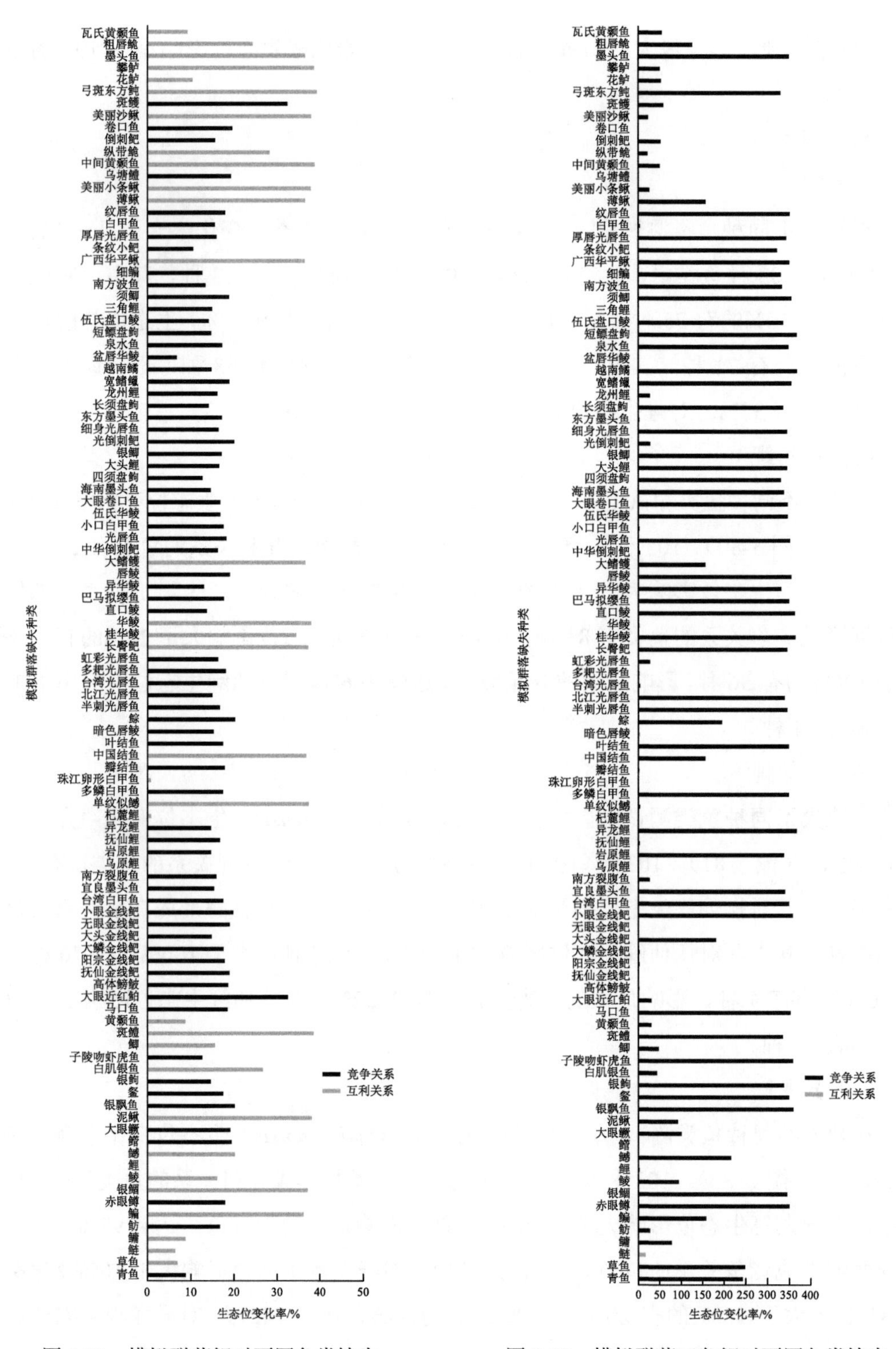

图 3-79　模拟群落鲤对不同鱼类缺失生态位的响应

图 3-80　模拟群落三角鲤对不同鱼类缺失生态位的响应

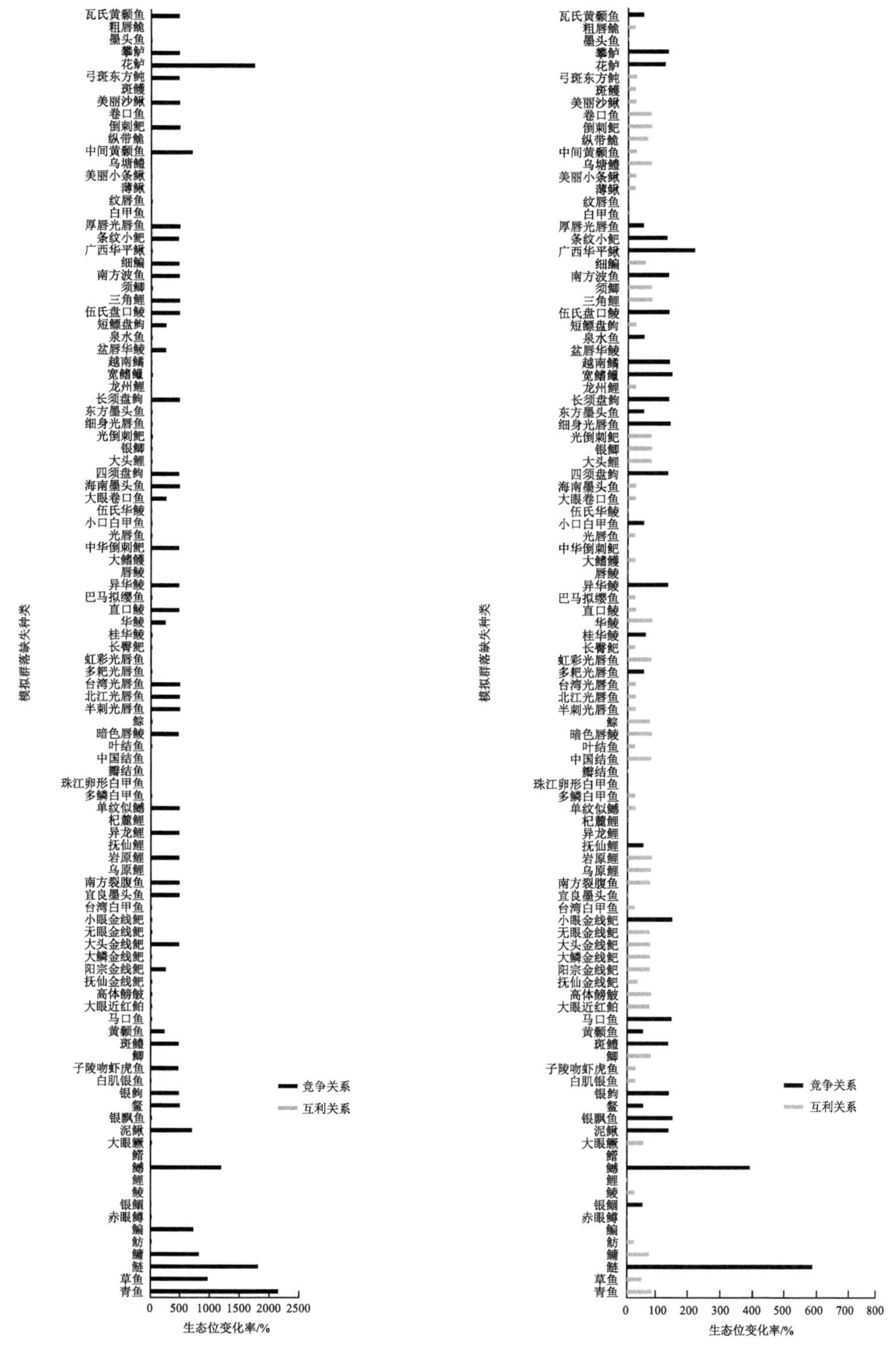

图 3-81　模拟群落抚仙鲤对不同鱼类缺失生态位的响应

图 3-82　模拟群落异龙鲤对不同鱼类缺失生态位的响应

（5）杞麓鲤

在缺失不同种鱼类测试中，杞麓鲤（*Cyprinus chilia*）生态位变化率介于 0～4199%之间（图 3-83）。103 种鱼类中，生态位与杞麓鲤均形成竞争关系，其中，对杞麓鲤生态位影响大于 10%的 100 种，大于 100%的有 98 种，大于 500%的有 97 种，大于 1000%的有 96 种，大于 2000%的有 95 种，大于 3000%的有 13 种，影响最大的为薄鳅，达到 4199%。杞麓鲤生态位变化率小于 10%的鱼类有 3 种。

（6）大头鲤

在缺失不同种鱼类测试中，大头鲤（*Cyprinus pellegrini*）生态位变化率介于 0～937%之间（图 3-84）。103 种鱼类中，生态位与大头鲤形成互利关系的鱼类有 86 种，其中，对大头鲤生态位影响大于 10%的 64 种，影响最大的为鳙，达到 90%。生态位与大头鲤形成竞争关系的鱼类有 17 种，其中，对大头鲤生态位影响大于 10%的有 5 种，大于 100%的有 2 种，大于 500%的有 1 种，影响最大的为鲢，达到 937%。对大头鲤生态位影响小于 10%的鱼类有 34 种。

（7）龙州鲤

在缺失不同种鱼类测试中，龙州鲤（*Cyprinus longzhouensis*）生态位变化率介于 0～80%之间（图 3-85）。103 种鱼类中，生态位与龙州鲤形成互利关系的鱼类有 100 种，其中，对龙州鲤生态位影响大于 10%的有 79 种，影响最大的为鲢，达到 80%。生态位与龙州鲤形成竞争关系的鱼类有 3 种，其中，对龙州鲤生态位影响最大的为鲸，仅有 1%。对龙州鲤生态位影响小于 10%的鱼类有 24 种。

44）鲫属

（1）银鲫

在缺失不同种鱼类测试中，银鲫（*Carassius auratus gibelio*）生态位变化率介于 0～98%之间（图 3-86）。103 种鱼类中，生态位与银鲫形成互利关系的鱼类有 97 种，其中，对银鲫生态位影响大于 10%的 71 种，影响最大的为鳙，达到 98%。生态位与银鲫形成竞争关系的鱼类有 6 种，对银鲫生态位影响均小于 10%，其中，对银鲫生态位影响最大的为鲤，仅有 2%。对银鲫生态位影响小于 10%的鱼类有 32 种。

（2）鲫

在缺失不同种鱼类测试中，鲫（*Carassius auratus auratus*）生态位变化率介于 0～300%之间（图 3-87）。103 种鱼类中，生态位与鲫形成互利关系的鱼类有 57 种，对鲫生态位影响均大于 10%，其中，影响最大的为泥鳅，达到 97%。生态位与鲫形成竞争关系的鱼类有 46 种，其中，对鲫生态位影响大于 10%的有 44 种，大于 100%的有 43 种，

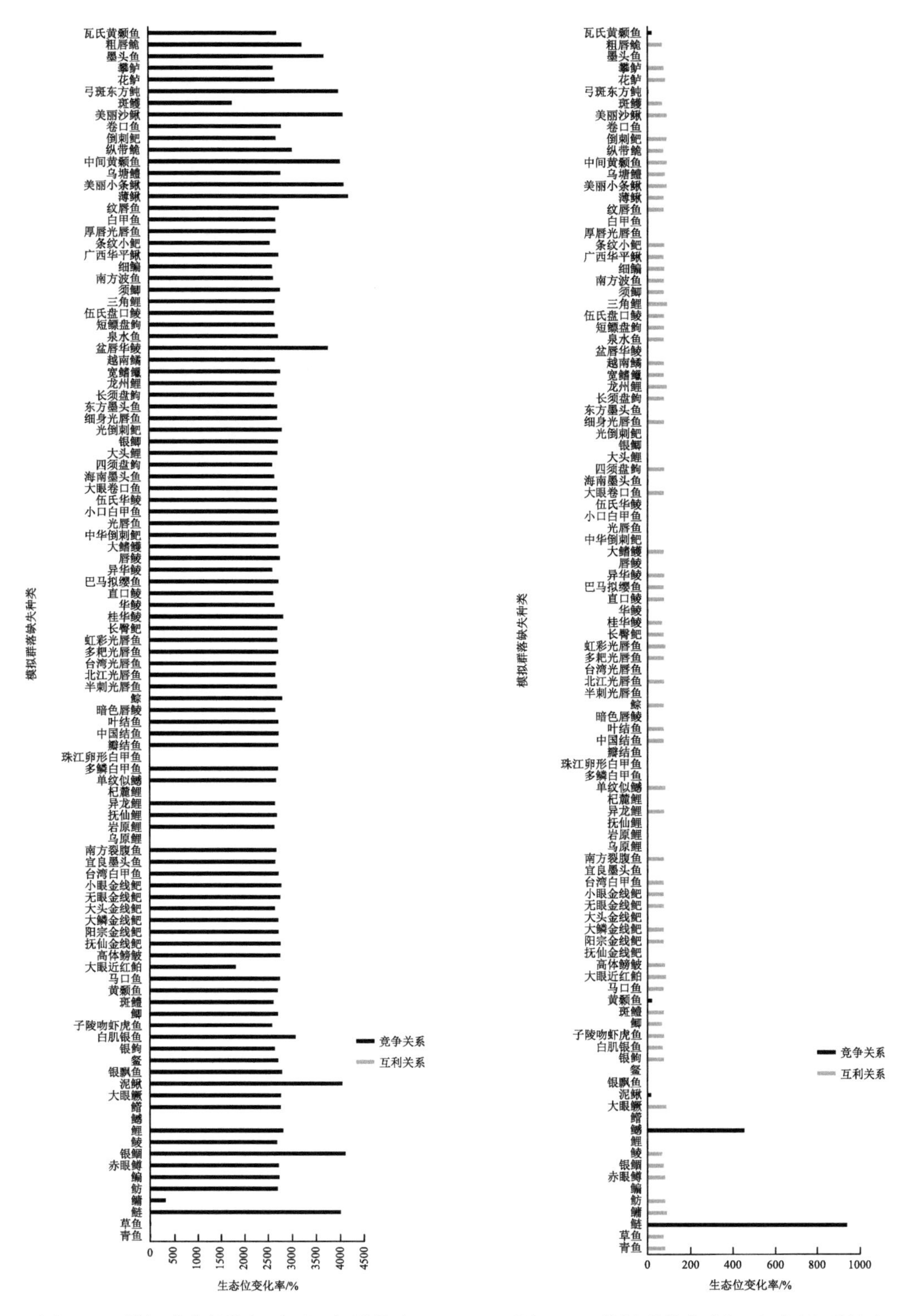

图 3-83　模拟群落杞麓鲤对不同鱼类缺失生态位的响应

图 3-84　模拟群落大头鲤对不同鱼类缺失生态位的响应

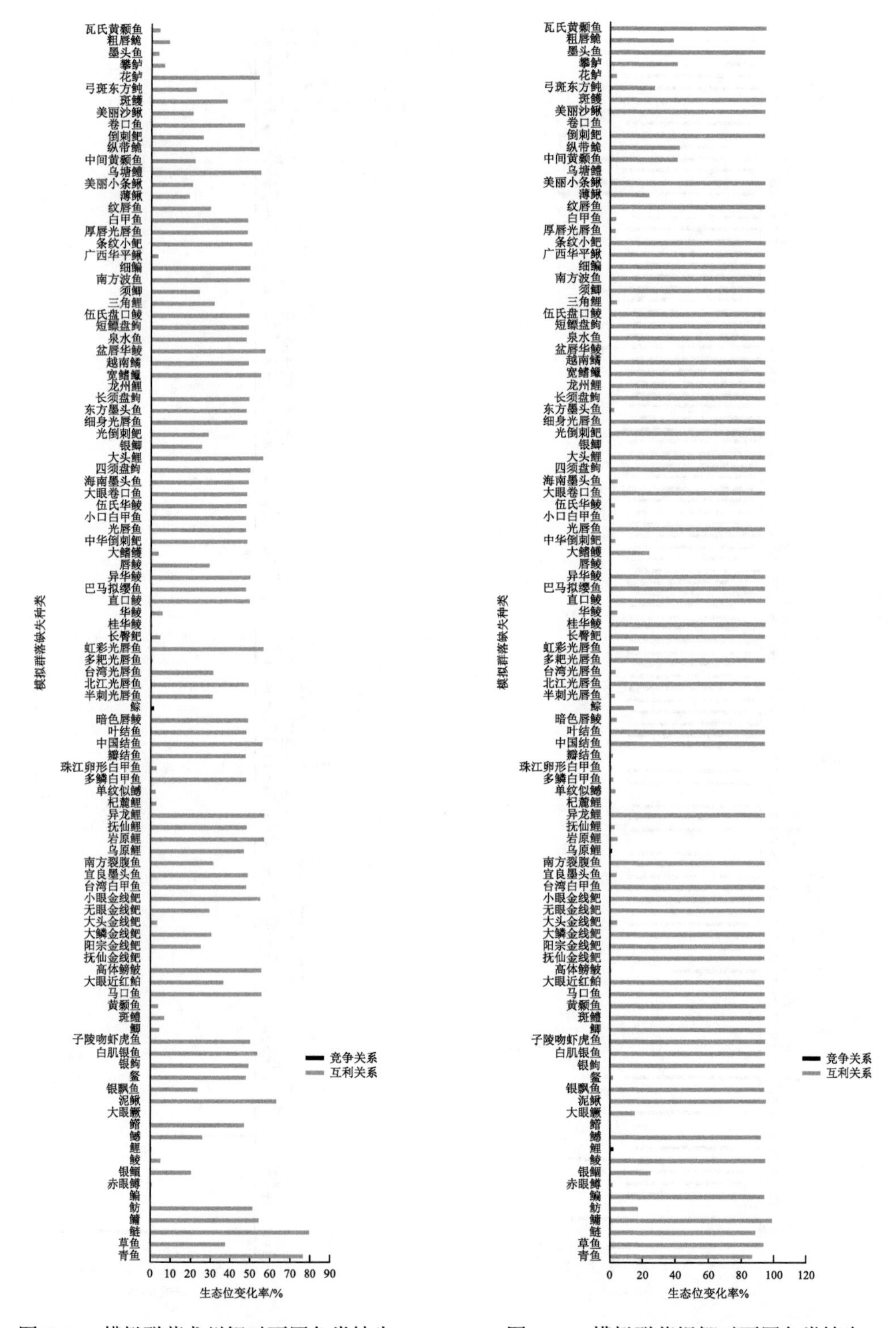

图 3-85　模拟群落龙州鲤对不同鱼类缺失生态位的响应

图 3-86　模拟群落银鲫对不同鱼类缺失生态位的响应

大于200%的有20种，影响最大的为大眼近红鲌，达到300%。对鲫生态位影响小于10%的鱼类有2种。

45）须鲫属

在缺失不同种鱼类测试中，须鲫（*Carassioides cantonensis*）生态位变化率介于0～2055%之间（图3-88）。103种鱼类中，生态位与须鲫形成互利关系的鱼类有27种，其中，对须鲫生态位影响大于10%的1种，即半刺光唇鱼，达到10%。生态位与须鲫形成竞争关系的鱼类有76种，其中，对须鲫生态位影响大于10%的有61种，大于100%的有58种，大于300%的有38种，大于1000%的有37种，大于2000%的有15种，影响最大的为纹唇鱼，达到2055%。对须鲫生态位影响小于10%的鱼类有41种。

46）裂腹鱼属

在缺失不同种鱼类测试中，南方裂腹鱼（*Schizothorax meridionalis*）生态位变化率介于0～2215%之间（图3-89）。103种鱼类中，生态位与南方裂腹鱼形成互利关系的鱼类有62种，对南方裂腹鱼生态位影响均大于10%，影响最大的为青鱼，达到99%。生态位与南方裂腹鱼形成竞争关系的鱼类有41种，其中，对南方裂腹鱼生态位影响大于10%的有40种，大于100%的有31种，大于500%的有3种，大于1000%的有1种，影响最大的为鳙，达到2215%。对南方裂腹鱼生态位影响小于10%的鱼类仅有1种。

3. 平鳍鳅科华平鳅属

在缺失不同种鱼类测试中，广西华平鳅（*Balitora kwangsiensis*）生态位变化率介于0～67%之间（图3-90）。103种鱼类中，生态位与广西华平鳅形成互利关系的鱼类有78种，其中，对广西华平鳅生态位影响大于10%的49种，影响最大的为草鱼，达到67%。生态位与广西华平鳅形成竞争关系的鱼类有25种，对广西华平鳅生态位影响均小于10%，其中，影响最大的为光倒刺鲃，仅有9%。对广西华平鳅生态位影响小于10%的鱼类有54种。

3.1.3　鲇形目鲿科

1）鳠属

（1）大鳍鳠

在缺失不同种鱼类测试中，大鳍鳠（*Hemibagrus macropterus*）生态位变化率介于0～105%之间（图3-91）。103种鱼类中，生态位与大鳍鳠形成互利关系的鱼类有64种，其中，对大鳍鳠生态位影响大于10%的有23种，影响最大的为青鱼，有20%。生态位与大鳍鳠形成竞争关系的鱼类有39种，其中，对大鳍鳠生态位影响大于10%的有30种，大

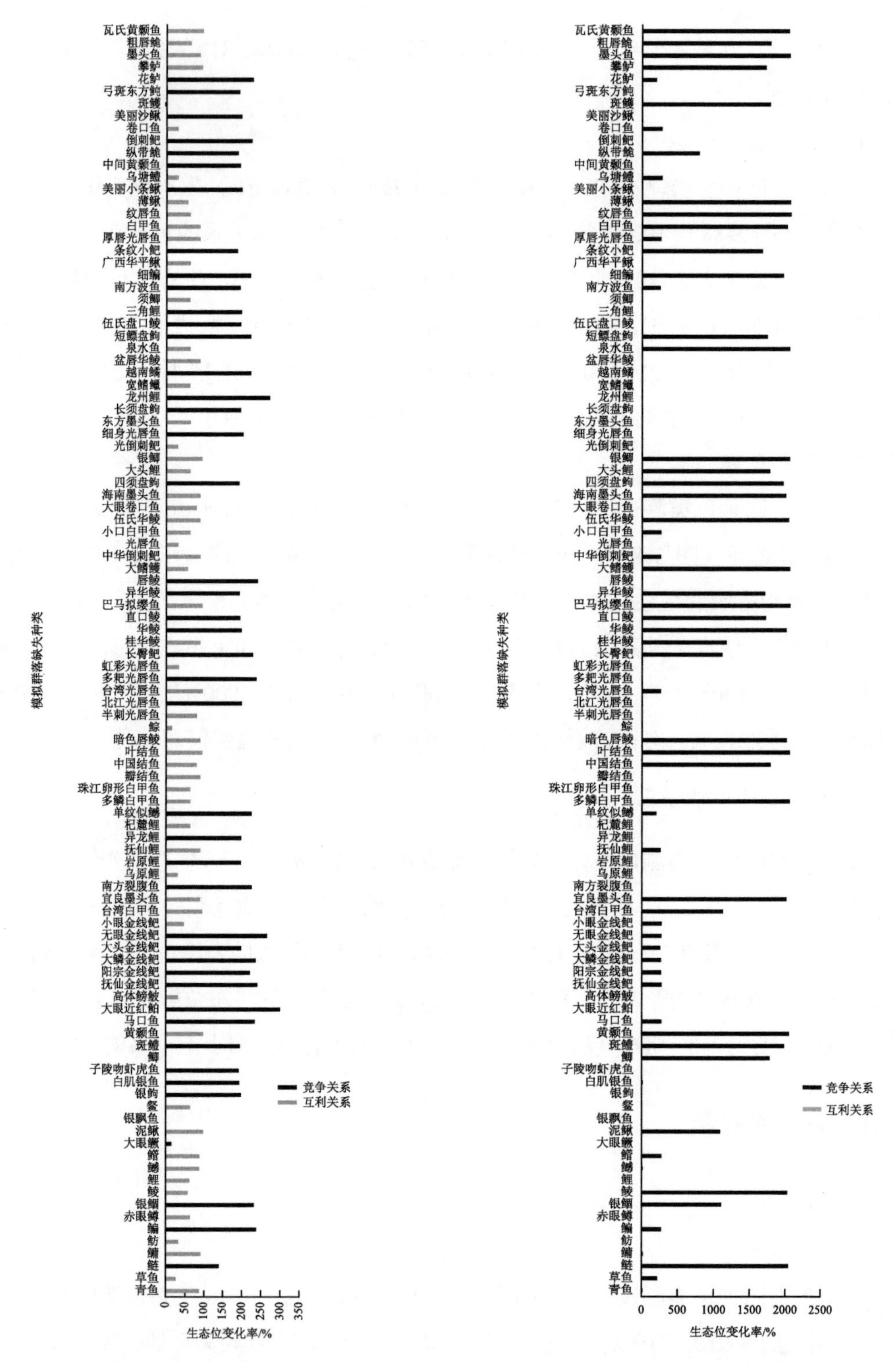

图 3-87　模拟群落鲫对不同鱼类缺失生态位的响应

图 3-88　模拟群落须鲫对不同鱼类缺失生态位的响应

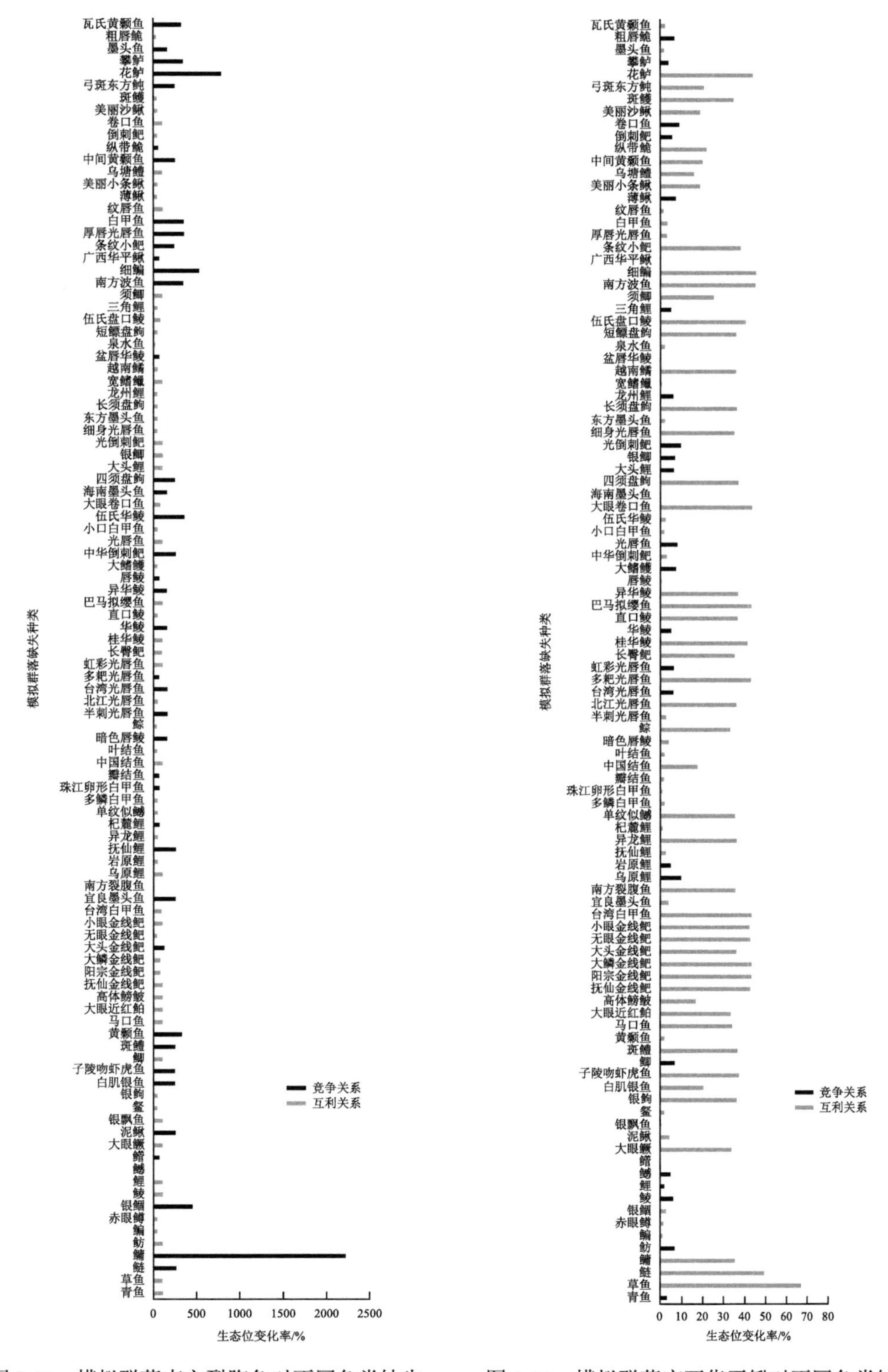

图 3-89　模拟群落南方裂腹鱼对不同鱼类缺失生态位的响应

图 3-90　模拟群落广西华平鳅对不同鱼类缺失生态位的响应

于 100%的有 1 种，影响最大的为花鲈，达到 105%。对大鳍鳠生态位影响小于 10%的鱼类有 50 种。

（2）斑鳠

在缺失不同种鱼类测试中，斑鳠（*Hemibagrus guttatus*）生态位变化率介于 0～76%之间（图 3-92）。103 种鱼类中，生态位与斑鳠形成互利关系的鱼类有 96 种，其中，对斑鳠生态位影响大于 10%的有 9 种，影响最大的为鲢，达到 76%。生态位与斑鳠形成竞争关系的鱼类有 7 种，对斑鳠生态位变化影响均小于 10%，影响最大的为鳙，小于 5%。对斑鳠生态位影响小于 10%的鱼类有 94 种。

2）鮠属

（1）纵带鮠

在缺失不同种鱼类测试中，纵带鮠（*Leiocassis argentivittatus*）生态位变化率介于 0～93%之间（图 3-93）。103 种鱼类中，生态位与纵带鮠形成互利关系的鱼类有 99 种，其中，对纵带鮠生态位影响大于 10%的有 83 种，影响最大的为鳙，达到 93%。生态位与纵带鮠形成竞争关系的鱼类有 4 种，对纵带鮠生态位影响均小于 10%，影响最大的为鲤，仅有 2%。对纵带鮠生态位影响小于 10%的鱼类有 20 种。

（2）粗唇鮠

在缺失不同种鱼类测试中，粗唇鮠（*Leiocassis crassilabris*）生态位变化率介于 0～351%之间（图 3-94）。103 种鱼类中，生态位与粗唇鮠形成互利关系的鱼类有 10 种，其中，对粗唇鮠生态位影响大于 10%的 2 种，影响最大的为鳙，达到 97%。生态位与粗唇鮠形成竞争关系的鱼类有 93 种，其中，对粗唇鮠生态位影响大于 10%的有 92 种，大于 100%的有 42 种，大于 300%的有 38 种，影响最大的为光唇鱼，达到 351%。对粗唇鮠生态位影响小于 10%的鱼类有 9 种。

3）黄颡鱼属

（1）瓦氏黄颡鱼

在缺失不同种鱼类测试中，瓦氏黄颡鱼（*Pelteobagrus vachellii*）生态位变化率介于 0～44%之间（图 3-95）。103 种鱼类中，生态位与瓦氏黄颡鱼形成互利关系的鱼类有 96 种，其中，对瓦氏黄颡鱼生态位影响大于 10%的有 14 种，影响最大的为花鲈，达到 33%。生态位与瓦氏黄颡鱼形成竞争关系的鱼类有 7 种，其中，对瓦氏黄颡鱼生态位影响大于 10%的有 4 种，影响最大的为鲢，有 44%。对瓦氏黄颡鱼生态位影响小于 10%的鱼类有 85 种。

（2）中间黄颡鱼

在缺失不同种鱼类测试中，中间黄颡鱼（*Pelteobagrus intermedius*）生态位变化率介

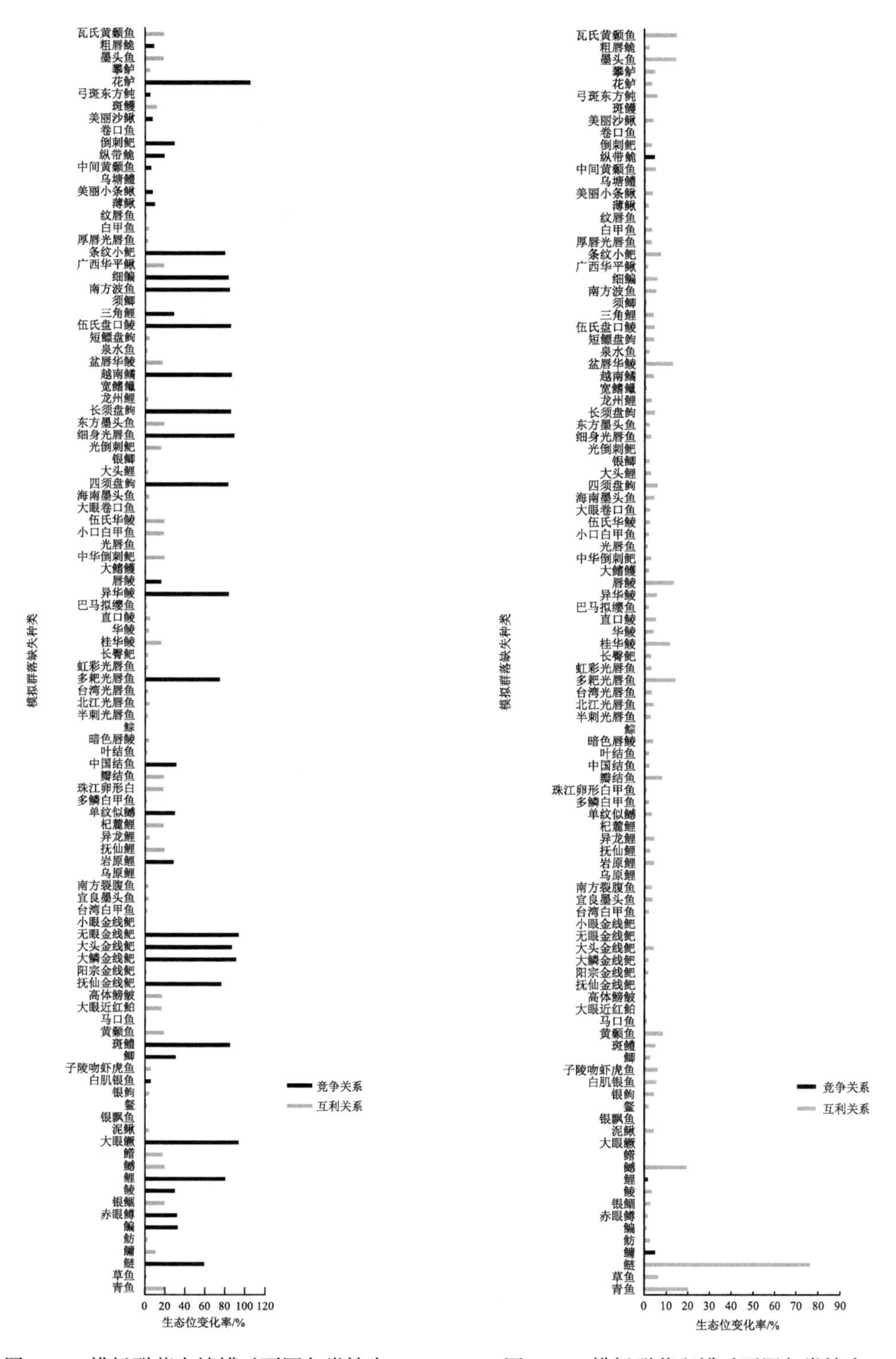

图 3-91　模拟群落大鳍鳠对不同鱼类缺失生态位的响应

图 3-92　模拟群落斑鳠对不同鱼类缺失生态位的响应

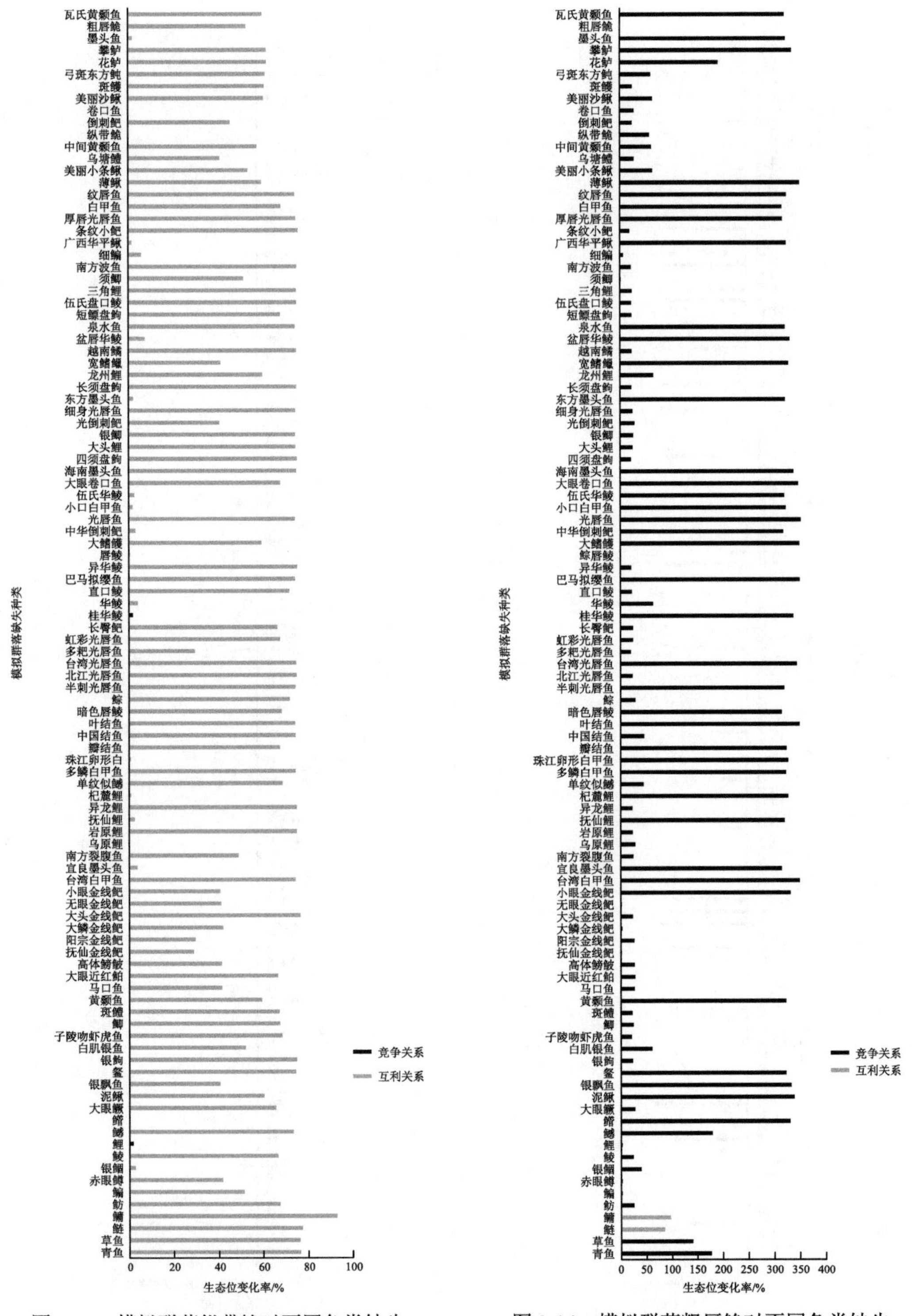

图 3-93　模拟群落纵带鮠对不同鱼类缺失生态位的响应

图 3-94　模拟群落粗唇鮠对不同鱼类缺失生态位的响应

于0～103%之间（图3-96）。103种鱼类中，生态位与中间黄颡鱼形成互利关系的鱼类有31种，其中，对中间黄颡鱼生态位影响大于10%的有5种，影响最大的为鳙，达到89%。生态位与中间黄颡鱼形成竞争关系的鱼类有72种，其中，对中间黄颡鱼生态位影响大于10%的有65种，大于100%的有1种，影响最大的为大眼鳜，达到103%。对中间黄颡鱼生态位影响小于10%的鱼类有33种。

（3）黄颡鱼

在缺失不同种鱼类测试中，黄颡鱼（*Pelteobagrus fulvidraco*）生态位变化率介于0～35%之间（图3-97）。103种鱼类中，生态位与黄颡鱼形成互利关系的鱼类有95种，其中，对黄颡鱼生态位影响大于10%的15种，影响最大的为青鱼，有35%。生态位与黄颡鱼形成竞争关系的鱼类有8种，其中，对黄颡鱼生态位影响大于10%的有4种，影响最大的为鳙，有22%。对黄颡鱼生态位影响小于10%的鱼类有84种。

3.1.4 鲈形目

1）真鲈科花鲈属

在缺失不同种鱼类测试中，花鲈（*Lateolabrax japonicus*）生态位变化率介于0～29%之间（图3-98）。103种鱼类中，生态位与花鲈形成互利关系的鱼类有94种，其中，对花鲈生态位影响大于10%的8种，影响最大的为瓦氏黄颡鱼，有17%。生态位与花鲈形成竞争关系的鱼类有9种，其中，对花鲈生态位影响大于10%的3种，影响最大的为鳙，有29%。对花鲈生态位影响小于10%的鱼类有92种。

2）攀鲈科攀鲈属

在缺失不同种鱼类测试中，攀鲈（*Anabas testudineus*）生态位变化率介于0～62%之间（图3-99）。103种鱼类中，生态位与攀鲈形成互利关系的鱼类有73种，其中，对攀鲈生态位影响大于10%的24种，影响最大的为鲢，达到51%。生态位与攀鲈形成竞争关系的鱼类有30种，其中，对攀鲈生态位影响大于10%的有25种，影响最大的为粗唇鮠，达到62%。对攀鲈生态位影响小于10%的鱼类有54种。

3）塘鳢科乌塘鳢属

在缺失不同种鱼类测试中，乌塘鳢（*Bostrichthys sinensis*）生态位变化率介于0～186%之间（图3-100）。103种鱼类中，生态位与乌塘鳢形成互利关系的鱼类有76种，其中，对乌塘鳢生态位影响大于10%的63种，影响最大的为多耙光唇鱼，达到90%。生态位与乌塘鳢形成竞争关系的鱼类有27种，其中，对乌塘鳢生态位影响大于10%的有17种，大于100%的有7种，影响最大的为鳡，达到186%。对乌塘鳢生态位影响小于10%的鱼类有23种。

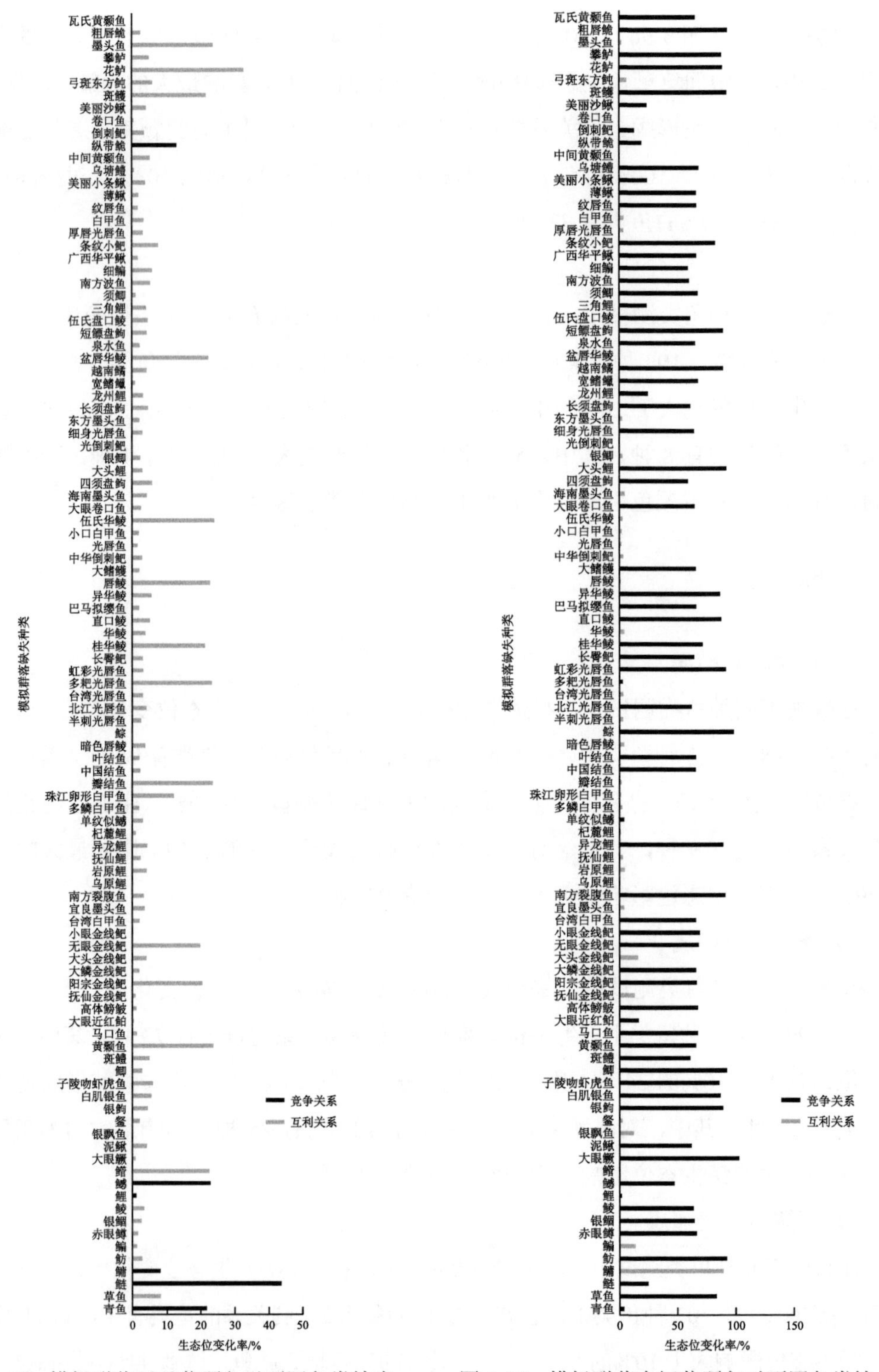

图 3-95　模拟群落瓦氏黄颡鱼对不同鱼类缺失生态位的响应

图 3-96　模拟群落中间黄颡鱼对不同鱼类缺失生态位的响应

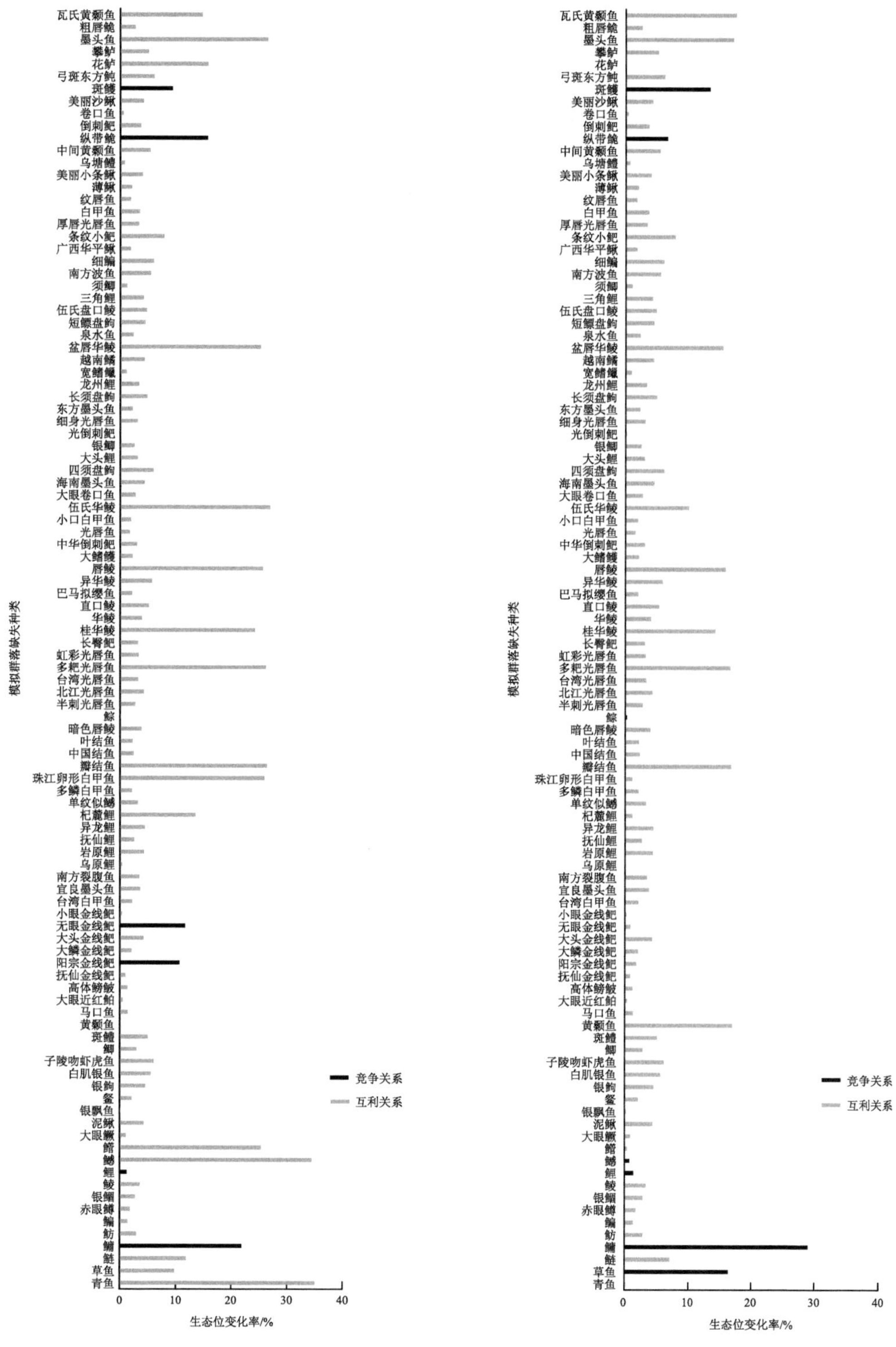

图 3-97 模拟群落黄颡鱼对不同鱼类缺失生态位的响应

图 3-98 模拟群落花鲈对不同鱼类缺失生态位的响应

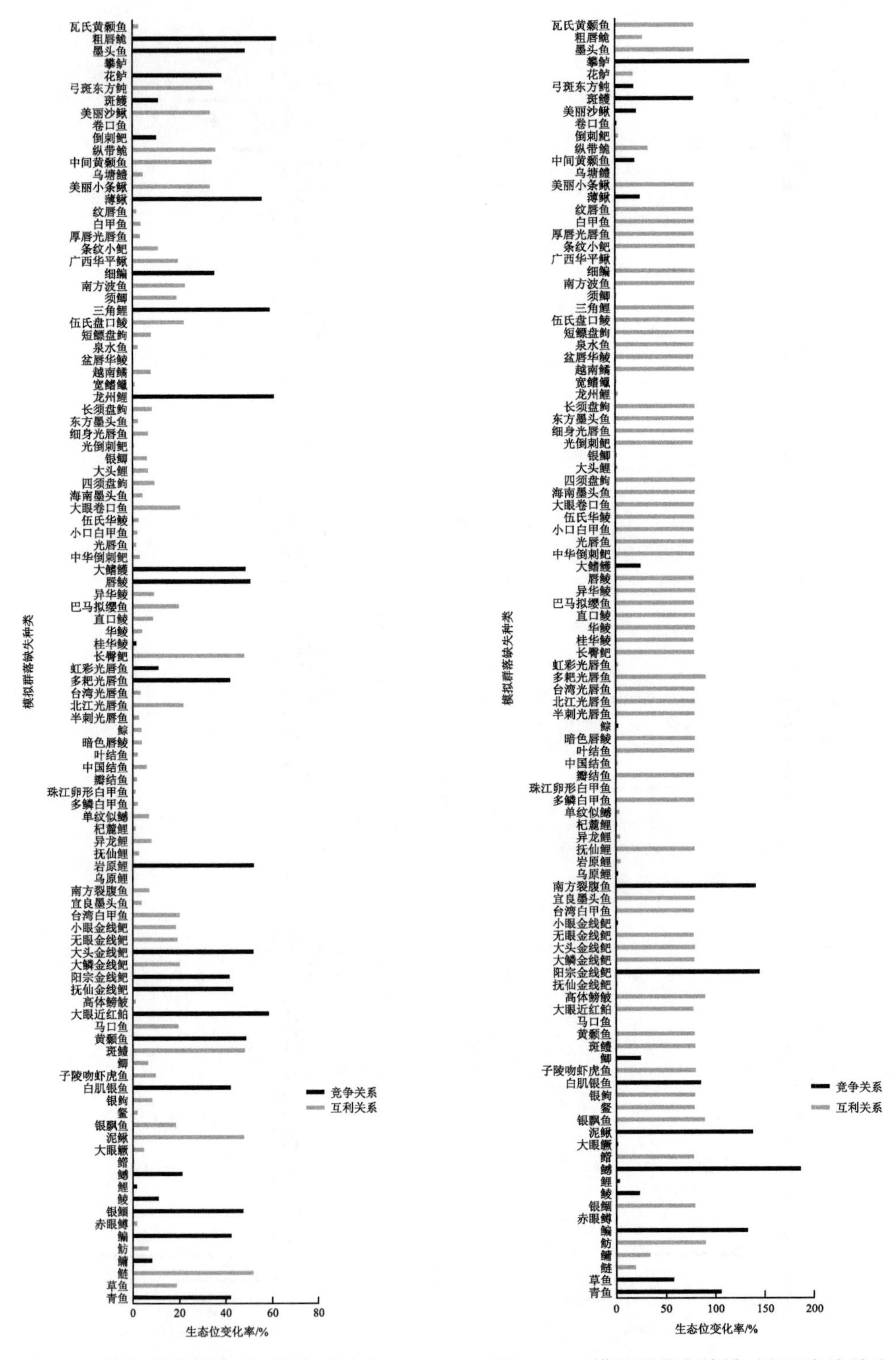

图 3-99　模拟群落攀鲈对不同鱼类缺失生态位的响应

图 3-100　模拟群落乌塘鳢对不同鱼类缺失生态位的响应

4）鮨科鳜属

在缺失不同种鱼类测试中，大眼鳜（*Siniperca kneri*）生态位变化率介于0～109%之间（图3-101）。103种鱼类中，生态位与大眼鳜形成互利关系的鱼类有65种，其中，对大眼鳜生态位影响大于10%的19种，影响最大的为鲢，有35%。生态位与大眼鳜形成竞争关系的鱼类有38种，其中，对大眼鳜生态位影响大于10%的有33种，大于100%的有1种，影响最大的为鳙，达到109%。对大眼鳜生态位影响小于10%的鱼类有51种。

5）鳢科鳢属

在缺失不同种鱼类测试中，斑鳢（*Channa maculata*）生态位变化率介于0～68%之间（图3-102）。103种鱼类中，生态位与斑鳢形成互利关系的鱼类有77种，其中，对斑鳢生态位影响大于10%的有17种，影响最大的为鲢，达到68%。生态位与斑鳢形成竞争关系的鱼类有26种，其中，对斑鳢生态位影响大于10%的有23种，影响最大的为抚仙金线鲃，达到68%。对斑鳢生态位影响小于10%的鱼类有63种。

6）虾虎科吻虾虎鱼属

在缺失不同种鱼类测试中，子陵吻虾虎鱼（*Rhinogobius giurinus*）生态位变化率介于0～178%之间（图3-103）。103种鱼类中，生态位与子陵吻虾虎鱼形成互利关系的鱼类有25种，其中，对子陵吻虾虎鱼生态位影响大于10%的3种，影响最大的为青鱼，有17%。生态位与子陵吻虾虎鱼形成竞争关系的鱼类有78种，其中，对子陵吻虾虎鱼生态位影响大于10%的有76种，大于100%的有28种，影响最大的为小眼金线鲃，达到178%。对子陵吻虾虎鱼生态位影响小于10%的鱼类有24种。

3.1.5 鲀形目鲀科东方鲀属

在缺失不同种鱼类测试中，弓斑东方鲀（*Takifugu ocellatus*）生态位变化率介于0～147%之间（图3-104）。103种鱼类中，生态位与弓斑东方鲀形成互利关系的鱼类有71种，其中，对弓斑东方鲀生态位影响大于10%的有43种，影响最大的为鲢，达到78%。生态位与弓斑东方鲀形成竞争关系的鱼类有32种，其中，对弓斑东方鲀生态位影响大于10%的有10种，大于100%的有2种，影响最大的为草鱼，达到147%。对弓斑东方鲀生态位影响小于10%的鱼类有50种。

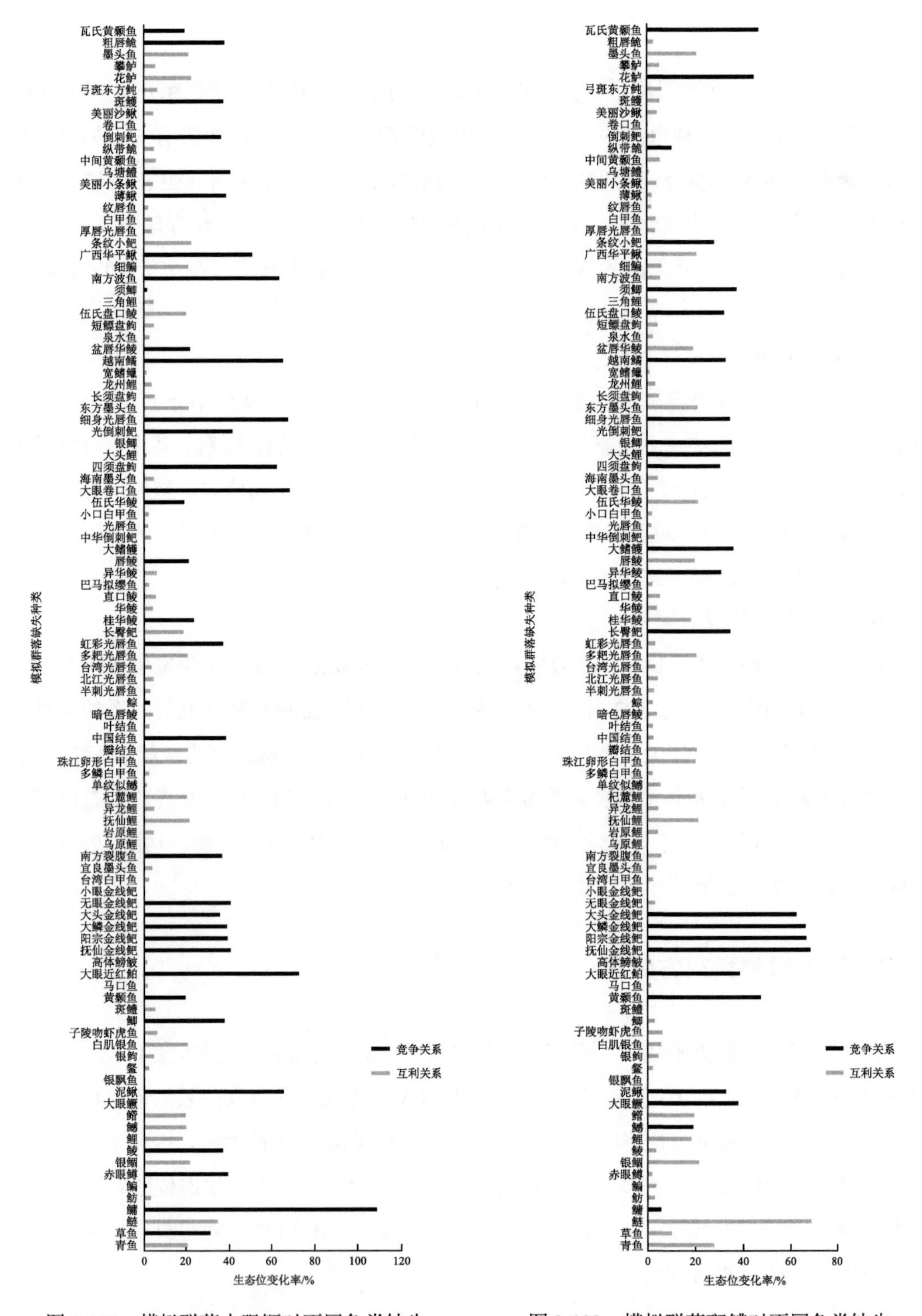

图 3-101　模拟群落大眼鳜对不同鱼类缺失生态位的响应

图 3-102　模拟群落斑鳢对不同鱼类缺失生态位的响应

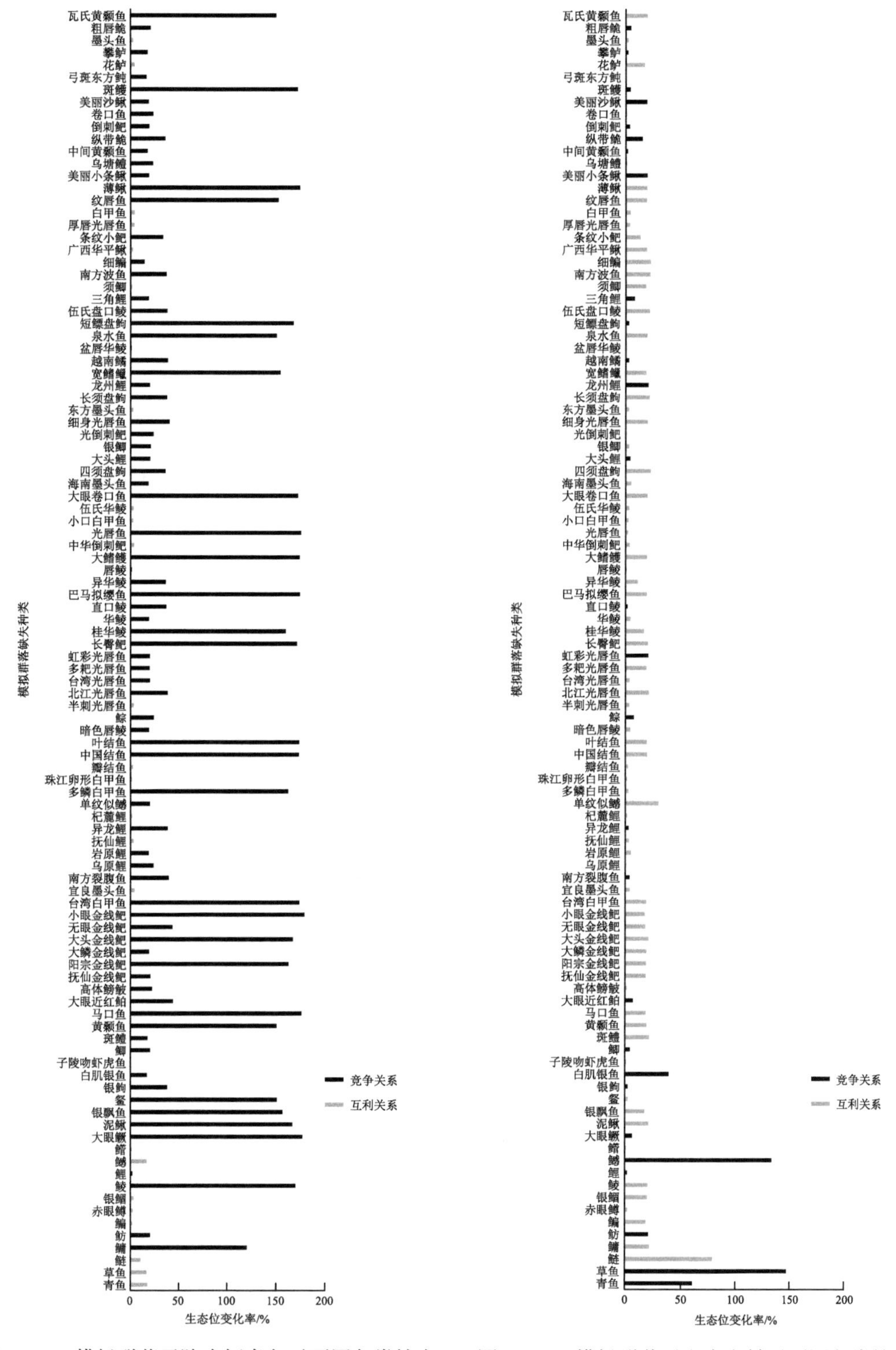

图 3-103 模拟群落子陵吻虾虎鱼对不同鱼类缺失生态位的响应

图 3-104 模拟群落弓斑东方鲀对不同鱼类缺失生态位的响应

3.2　群落模拟特征

3.2.1　生态位构成

模拟群落由 104 种鱼类组成，以生态位累加值为 100%进行分配。鱼类形态学模型推导的最大生态位值为 10.647%（鲢），最小为 0.007%（阳宗金线鲃），生态位的中位数为 0.9615%，大于中位数的鱼类有 41 种，合计占生态位的 73.807%。小于中位数 10%的鱼类有 22 种，占生态位的 1.103%（表 3-1）。

表 3-1　模拟推演群落 104 种鱼类生态位

生态位大于中位数		生态位小于中位数且大于 10%中位数		生态位小于 10%中位数	
鱼类	生态位/%	鱼类	生态位/%	鱼类	生态位/%
鲢	10.647	大眼鳜	0.954	南方裂腹鱼	0.093
鳙	3.552	卷口鱼	0.932	银鲴	0.083
马口鱼	2.664	大眼卷口鱼	0.912	墨头鱼	0.080
纵带鮠	2.530	高体鳑鲏	0.911	异华鲮	0.080
单纹似鳡	2.381	白甲鱼	0.877	北江光唇鱼	0.078
条纹小鲃	2.232	赤眼鳟	0.874	台湾白甲鱼	0.071
小眼金线鲃	2.178	岩原鲤	0.858	须鲫	0.068
广西华平鳅	2.077	纹唇鱼	0.841	无眼金线鲃	0.065
中国结鱼	2.061	瓦氏黄颡鱼	0.840	鲸	0.062
倒刺鲃	1.943	长臀鲃	0.821	泉水鱼	0.062
宜良墨头鱼	1.926	长须盘鮈	0.821	叶结鱼	0.053
白肌银鱼	1.844	美丽沙鳅	0.818	小口白甲鱼	0.045
青鱼	1.790	子陵吻虾虎鱼	0.809	华鲮	0.045
虹彩光唇鱼	1.773	大眼近红鲌	0.800	抚仙鲤	0.038
龙州鲤	1.726	弓斑东方鲀	0.789	大鳞金线鲃	0.037
抚仙金线鲃	1.662	鳘	0.786	东方墨头鱼	0.031
乌原鲤	1.656	黄颡鱼	0.746	盆唇华鲮	0.024
鳊	1.560	伍氏盘口鲮	0.741	多耙光唇鱼	0.022
鳡	1.513	细鳊	0.716	珠江卵形白甲鱼	0.021
台湾光唇鱼	1.500	海南墨头鱼	0.714	直口鲮	0.019
鲤	1.444	粗唇鮠	0.681	杞麓鲤	0.019
南方波鱼	1.439	中间黄颡鱼	0.655	阳宗金线鲃	0.007
斑鳠	1.430	三角鲤	0.619		
银鮈	1.406	鲫	0.594		

续表

生态位大于中位数		生态位小于中位数且大于10%中位数		生态位小于10%中位数	
鱼类	生态位/%	鱼类	生态位/%	鱼类	生态位/%
草鱼	1.346	大头金线鲃	0.589		
攀鲈	1.282	暗色唇鲮	0.545		
银鲫	1.245	桂华鲮	0.544		
美丽小条鳅	1.244	短鳔盘鮈	0.460		
花鲈	1.225	瓣结鱼	0.445		
宽鳍鱲	1.149	鳍	0.415		
光唇鱼	1.120	四须盘鮈	0.379		
中华倒刺鲃	1.098	厚唇光唇鱼	0.373		
大鳍鳠	1.075	乌塘鳢	0.354		
泥鳅	1.060	多鳞白甲鱼	0.338		
唇鲮	1.053	鲮	0.327		
鲂	1.045	巴马拟缨鱼	0.302		
银飘鱼	1.045	越南鱊	0.242		
半刺光唇鱼	0.977	大头鲤	0.209		
斑鳢	0.975	异龙鲤	0.197		
光倒刺鲃	0.969	细身光唇鱼	0.155		
薄鳅	0.965	伍氏华鲮	0.107		
生态位小计/%	73.807		25.090		1.103

在约占74%生态位的鱼类种类中，除单纹似鳡、小眼金线鲃、广西华平鳅、中国结鱼、宜良墨头鱼、龙州鲤、抚仙金线鲃、乌原鲤外，其余33种鱼类（约占生态位的58%）都是珠江主要干、支流的常见种。剩余的鱼类中，大眼鳜、卷口鱼、大眼卷口鱼、高体鳑鲏、白甲鱼、赤眼鳟、纹唇鱼、瓦氏黄颡鱼、美丽沙鳅、子陵吻虾虎鱼、大眼近红鲌、弓斑东方鲀、鳘、黄颡鱼、粗唇鮠、中间黄颡鱼、鲫、乌塘鳢、鲮、银鲴、墨头鱼、异华鲮、华鲮是常见种，约占生态位的14.8%。由于线性江河地理跨度大，环境差异大，找哪些鱼类种类作为群落研究模型的分析对象，研究的结果表征什么样的生态学问题，以及模型的“边界”问题都很困扰。

珠江记录主要捕捞对象（优势种）55种（珠江水系渔业资源调查编委会，1985），模型分析结果中这些鱼类的生态位总值约占72%，即占2/3以上的生态位，在一定程度上模型总体上反映了实际群落优势种和非优势种的生态位信息。在模拟群落104种鱼类中，以珠江主要鱼类为研究对象，获得的研究结果能与历史记录的极少量、片断的数据信息“相互印证”。

3.2.2　生态位变化

模拟群落 104 种物种进行单一种类循环缺失，特定种系列生态位平均变化率的中位值为 198%，大于中位值的种类占 17.3%，这些种类缺失造成群落结构发生较大的变化，在某种意义上模拟群落中这类鱼类生态位不可替代性强，即其他鱼类很难填补该特定种的生态位。小于中位值的种类占 83%。生态位的影响小于 50%的种类占群落总种类数的 61%（图 3-105）。另外，在同一次的模拟分析结果中，变化率相近的鱼类并不代表其对某一种鱼生态位的影响相似。

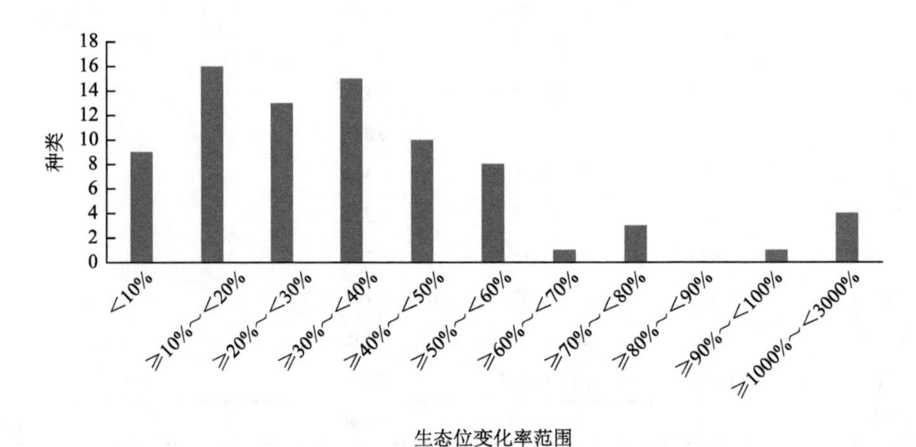

图 3-105　模拟群落影响生态位变化率的不同种类分布

1. 生态位增加

在模拟的 104 种鱼的“原始群落”中，以每去除一种鱼，其他鱼类的生态位增加达到 10%以上的种类为统计对象，共有 26 种鱼类（表 3-2）。其中，序号 1～9 种为主要在上游分布的种类，在模型分析中自然成为上游的“中心群落”，生态位增加敏感的种类（出现率大于 5%）为粗唇鮠和三角鲤；序号 10～26 为主要在中、下游分布的种类，在模型分析中自然成为中、下游的“中心群落”，生态位增加敏感的种类青鱼、草鱼、鳙、银鮈、鲢和子陵吻虾虎鱼（表 3-2）。最大增加为高体鳑鲏，大眼近红鲌的缺失，其生态位增加 51%；其次是银鲴缺失，青鱼生态位增加 43%。

表 3-2　生态位增加达到 10%以上的种类

序号	鱼类	出现频次/次	出现率/%
1	粗唇鮠	32	16.2
2	三角鲤	30	15.2

续表

序号	鱼类	出现频次/次	出现率/%
3	大鳞金线鲃	8	4.0
4	大头金线鲃	2	1.0
5	华鲮	2	1.0
6	须鲫	2	1.0
7	台湾白甲鱼	1	0.5
8	细鳊	1	0.5
9	宽鳍鱲	1	0.5
10	青鱼	24	12.1
11	草鱼	15	7.6
12	鳙	14	7.1
13	银鮈	12	6.1
14	鲢	10	5.1
15	子陵吻虾虎鱼	10	5.1
16	鳍	9	4.5
17	鲫	6	3.0
18	东方墨头鱼	5	2.5
19	赤眼鳟	4	2.0
20	银鲴	2	1.0
21	鳡	2	1.0
22	高体鳑鲏	2	1.0
23	卷口鱼	1	0.5
24	光倒刺鲃	1	0.5
25	大眼卷口鱼	1	0.5
26	鳘	1	0.5
合计		198	100.0

2. 生态位减少

在模拟的104种鱼类中，以每去除一种鱼，其他鱼类的生态位减少达到10%以上的种类为统计对象，共有24种鱼类。其中，序号1～6种为主要在上游分布的种类，在模型分析中自然成为上游的中心群落，生态位减少敏感的种类（出现率大于5%）为宜良墨头鱼、单纹似鳡和小眼金线鲃；序号7～24为主要在中、下游分布的种类，在模型分析中自然成为中、下游的中心群落，生态位减少敏感的种类为马口鱼、纵带鮠和鲫（表3-3）。减少最多的为大眼近红鲌，赤眼鳟的缺失，其生态位减少87%；其次是鲫，大眼鳜缺失，鲫生态位减少81%。

表 3-3　生态位减少达到 10%以上的种类

序号	鱼类	出现频次	出现率/%
1	宜良墨头鱼	23	13.0
2	单纹似鳡	14	7.9
3	小眼金线鲃	10	5.6
4	乌原鲤	6	3.4
5	龙州鲤	4	2.3
6	伍氏盘口鲮	1	0.6
7	马口鱼	42	23.7
8	纵带鮠	21	11.9
9	鲫	16	9.0
10	鳍	8	4.5
11	大眼近红鲌	7	4.0
12	鲢	4	2.3
13	纹唇鱼	3	1.7
14	鳙	3	1.7
15	飘鱼	3	1.7
16	大眼鳜	2	1.1
17	草鱼	2	1.1
18	鲤	2	1.1
19	子陵吻虾虎鱼	1	0.6
20	银鲴	1	0.6
21	斑鳢	1	0.6
22	黄颡鱼	1	0.6
23	泥鳅	1	0.6
24	鳘	1	0.6
合计		177	100.0

3. 生态位响应型

假设在 a，b，c，d，e 组成的群落中，如果 a 缺失导致 b 生态位增加，则定义 a，b 的关系为竞争关系。如果 a 缺失导致 c 生态位减少，则定义 a，c 的关系为互利关系。如果 a 缺失不导致 d 生态位变化，则定义 a，d 的关系为无竞争关系。模型以 104 种鱼为对象，逐一分析缺失一种鱼后，其余 103 种鱼的响应。缺失鱼与其余 103 种鱼的关系中，如果增加或减少幅度小于 10%的种类占多数，则所缺失的鱼对群落其他种的关系为无竞争关系。经 104 次缺失分析统计，104 种鱼类中竞争关系的有 26 种，互利关系的有 36 种，中间关系的有 42 种。有部分相同属鱼（如光唇鱼属和鲤属）分列在同一系列中，体现群落构成复杂关系。群落种间关系体现为竞争制约与互利相统一，互利关系的鱼类或许与其他鱼类能够更好地共存。

第 4 章　群落生态位关系

生物多样性与群落结构的稳定是环境与生物共同作用的结果，系统内生物与环境、生物与生物间都产生作用力，在大的时间尺度上实现平衡。因此，区域内环境改变必然导致群落与环境之间达成新的平衡，实现平衡需要的时间即是某些物种消亡或种群变化、新物种出现的群落重构过程需要的时间（Bertness et al.，1997）。河流生态系统呈带状，地域跨度大，垂直面上环境变化大；而断面观测涉及的范围小，观测数据难以表征河流的全部特征，给生物群落研究带来很多困难（Kareiva et al.，1995）。群落中生物多样性受空间尺度的影响，大空间尺度包含更多的环境异质性（Cavender-Bares et al.，2006），因此，生态位研究需要考虑生物群落的边界（Swenson et al.，2006），需要选择好研究范围，即研究的结果具有区域性适用特征。河流是跨区域的线性生态系统，研究者所选择的物种其实勾勒了群落物种界线，或是确定了物种分布的地理界线，比较不同地理和分类尺度的群落组成类型，可以揭示生境异质性中的物种与环境间的关系机制。Fausch 等（2002）提出了产卵场、育肥场的概念，但未能提出如何确定产卵场与育肥场作为研究单元的方法。本书作者认为通过漂流性早期资源从产卵场至育肥场的漂流范围作为空间边界是解决问题的一个方案。由于研究的目标不同，采集数据的对象也多种多样。本书总体仍然采用传统的地理名称法分割鱼类群落的地理分布范围（区别人工拦河水坝分割的区域），也结合产卵场与鱼类早期资源在河流漂流发育的距离范围为生态单元，同时也兼用带有某种意义上的“随机”选择物种确定研究“地理边界”的方式，开展不同层次的交叉分析，试图了解生态群落的分类和生态特征，研究物种共存和多样性的过程机制，确定维持物种组合多样性的共性特征与机制。

物种多样性和种的丰富度与生态位有关，其中包含群落中物种间的竞争和互利关系。生态位并非物种简单组成的生物结构，群落物种构成是物种与环境变化动态适应的过程产物（Itô et al.，1981）。生物群落是生态系统的重要主体，物种间及物种与环境间处在相对平衡的系统里，有其稳定特征，或受小的干扰系统能处于动态稳定（Yodzis，1980，1981）。生物群落具有抗干扰能力，也具有适应环境变化的演化能力。物种构成是生态系统稳定的基础，其中包含种与种之间的关系。

物种、生物性状都受环境的影响，生境和生态位分化共同塑造了群落物种共存模式

（Kraft et al.，2010）。物种分布有地理边界，物种的构成有区域分布特征，体现受环境边界因素的约束（Convertino，2011；Glor et al.，2011），环境和空间特性影响物种分布模式（Henriques-Silva，et al.，2013），说明物种的群落特征也能反映环境特征，如分布有腹部具有吸盘的鱼类，其所处的河流环境与高山峡谷必定有关。群落物种数量与地理范围大小有关，通常范围大小与丰度之间成正相关关系（Ovaskainen，et al.，2016）。生物群落与区域范围承载物种的关系中，一般情况下群落物种数量多、丰度高，适应空间范围大；群落物种少，丰度低，适应空间范围小。但对于孤岛屿生物群落也有例外，如在印度-太平洋岛屿上发现没有遵从物种的分布范围大小-丰度关系正相关的“规则”（Reeve et al.，2016）。群落物种的构建机制是生态学关注的重点，如何从分类特征中了解群落生态学特征，是掌握生态系统进化、群落物种构建的关键。形态学数据信息包含群落变化过程（Erös et al.，2012）。

本章从物种演替角度分析群落物种的变化关系，并通过模型分析种类缺失中的“亚单元群落”生态位，观测种间形态学因素对群落生态位的影响过程。需要说明的是，以珠江水系鱼类为背景的 104 种鱼类，虽然兼顾了我国的 62 个属的鱼类，但是由于历史资料缺乏，迄今无以群落为基础的各种鱼生态位占有率的具体数据。

亚单元群落主要选择珠江中下游的优势种类。由 104 种原始群落演替至 25 种鱼的亚单元群落中，“四大家鱼”的合计生态位达到 40%以上，片断化历史记录是珠江水系 20 世纪 80 年代“四大家鱼”渔获量约占 40%，或早期资源生产采样中，“四大家鱼”成色约占 50%～60%的记录（珠江水系渔业资源调查编委会，1985），这些数据无论在时空角度还是群落完整性角度上，都难于成为“标准”数据度量群落生态位变化。鱼类形态学模型可以将模拟的群落计算出各种类的空间生态位比例，数据似乎与某一历史时期（或特定时空范围）的数据吻合，如“四大家鱼”数据方面似乎与“四大家鱼”渔获量约占 40%，或早期资源生产采样中，“四大家鱼”成色约占 50%～60%的记录的历史数据接近。本书作者团队于 2016～2018 年测算的珠江“四大家鱼”捕捞量约 10%，模型结果作为标准度量出现实鱼类群落受到了较大干扰。模型结果或许反映了近几十年来珠江生态系统从 50%下降至 10%的群落组成变化（或生态系统功能变化），这是非常引人注目的结果，也是鱼类形态学模型构建希望实现的目标。

4.1　群落稳定特征

在群落中，物种共存包含均衡和稳定因素，其中稳定机制对于物种共存至关重要，包括资源分配、捕食与被捕食以及依赖于种群密度波动的空间和时间环境因素的机制。均衡机制减少了大的不平等适应度，有助于稳定共存，实现物种多样性（Chesson，2000）。如何量化物种间的生态位关系是群落生态学研究的关键问题之一。群落构建需要考虑系列局域性的群落中物种相互联结的方式，包含物种、群体效应、斑块等生态空间关系（Leibold et al.，2004）。通过形态学模型分析群落演替关系，或许可从特化的形态学信息中窥探物种相互联结关系。

以鱼类形态学模型为工具，对珠江水系 62 属 104 种鱼类组成的模拟原始群落进行鱼类生态位演化模型研究中，模型分析结果显示群落中每一种鱼的生态位丧失都会带来其他种类的生态位重排，重排过程不是简单的瓜分空缺的生态位。表现为一些鱼类的生态位增加，另一些鱼的生态位减少，也有一些鱼的生态位不变，模型分析总体将群落种间关系划分出竞争型和互利型两种主要类型。线性河流生态系统跨度大，上游、下游鱼类各自成为中心群落，即上游、下游各自形成关系密切的鱼类群。在生态位重排分析中发现一些地理隔离远的上游鱼类（或下游）缺失，对下游鱼类（或上游）的生态位几乎不影响。进一步将实验群落按珠江上游、中游、下游现状鱼类分布特点进行分类，将鱼类大群落分解为形态功能关系更为紧密的小群落，通过生态位变化率的分析，分析结果体现了一些与群落稳定性相关的结果。

在模拟群落中进行缺失鱼类分析，将缺失某种鱼后群落各种生态位的变化率加权平均各种的变化率，计算出群落各种的平均变化率，作为该群落各种的综合变化率，各种的综合变化率反映该种在群落稳定中的作用。在群落中，综合变化率小的种对群落的稳定性决定作用小，综合变化率大的种对群落的稳定性决定作用大，如表 4-1 中鲢、鳙、条纹小鲃、泥鳅、鲩是稳定模拟群落最重要的前 5 个种，而杞麓鲤、乌原鲤、鲻、鲤、珠江卵形白甲鱼是对该群落稳定性关系最小的 5 个种。分析结果提示，在群落构建中，可以通过模型对拟构建的群落种类进行稳定性排序列，预测群落构成的关键种及其作用。对群落各种稳定性作用的排序列，也可为优化群落种类组成提供方法和手段。

表 4-1　模拟群落各种对群落稳定性的作用

种类	群落种平均变化率绝对值/%
鲢	592.5
鳙	360.0
条纹小鲃	322.0
泥鳅	316.5
鲩	307.4
伍氏盘口鲮	307.2

续表

种类	群落种平均变化率绝对值/%
瓦氏黄颡鱼	291.8
南方波鱼	289.4
黄颡鱼	284.3
花鲈	280.1
细鳊	275.6
南方裂腹鱼	273.3
大头金线鲃	263.7
草鱼	255.3
阳宗金线鲃	255.2
鳡	253.1
四须盘鮈	244.8
斑鳢	242.1
多耙光唇鱼	241.0
越南鱊	240.7
青鱼	234.9
抚仙金线鲃	234.6
大眼鳜	234.5
银鲴	232.5
薄鳅	229.8
飘鱼	229.2
厚唇光唇鱼	228.3
大鳍鳠	228.2
中国结鱼	224.5
银鮈	224.0
墨头鱼	223.7
长须盘鮈	220.7
异华鲮	219.4
弓斑东方鲀	217.5
三角鲤	215.5
伍氏华鲮	214.6
子陵吻虾虎鱼	214.6
细身光唇鱼	209.2
倒刺鲃	208.5
白肌银鱼	207.5
岩原鲤	205.8
鲫	204.4

续表

种类	群落种平均变化率绝对值/%
北江光唇鱼	204.3
无眼金线鲃	203.8
异龙鲤	203.3
大鳞金线鲃	202.7
须鲫	202.6
海南墨头鱼	198.4
银鲫	196.7
泉水鱼	196.2
白甲鱼	195.5
宜良墨头鱼	193.7
小眼金线鲃	193.2
直口鲮	191.9
纵带鮠	191.2
中间黄颡鱼	190.0
叶结鱼	189.8
攀鲈	189.7
鳊	189.7
半刺光唇鱼	189.0
纹唇鱼	187.7
鳘	185.9
台湾白甲鱼	184.2
龙州鲤	184.2
宽鳍鱲	183.4
单纹似鳡	179.7
大头鲤	178.8
多鳞白甲鱼	178.1
美丽沙鳅	176.8
桂华鲮	176.0
粗唇鮠	175.9
巴马拟缨鱼	175.2
光唇鱼	173.8
台湾光唇鱼	173.3
短鳔盘鮈	173.3
鲮	173.1
光倒刺鲃	171.6
马口鱼	170.2

续表

种类	群落种平均变化率绝对值/%
暗色唇鲮	164.8
赤眼鳟	163.9
大眼近红鲌	160.0
长臀鮠	158.4
大眼卷口鱼	156.2
华鲮	154.0
斑鳠	153.9
抚仙鲤	151.3
瓣结鱼	151.3
盆唇华鲮	149.9
美丽小条鳅	148.9
中华倒刺鲃	148.4
唇鲮	146.9
广西华平鳅	141.3
高体鳑鲏	132.6
鲂	128.0
东方墨头鱼	114.5
小口白甲鱼	110.7
虹彩光唇鱼	109.3
卷口鱼	101.9
乌塘鳢	85.7
鲤	76.8
鳍	70.2
珠江卵形白甲鱼	54.6
乌原鲤	49.2
杞麓鲤	40.5

4.1.1　物种可替代性

针对 104 种鱼组成的模拟群落，缺失 X 种（某种类的代号）后，104–X 群落各种的生态位发生变化，用各种的生态位变化率平均值反映 X 种对群落的物种可替代性指标。缺失 X 种后，104–X 群落的平均生态位变化率大，群落中 X 物种体现不可替代性强；缺失 X 种后，104–X 群落的平均生态位变化率小，群落中 X 物种体现可替代性强。从模拟群落种类构成特征看，处于干流、中下游鱼类的物种可替代性指标值小，说明中下游河流生态系统中，X 鱼有替代性的其他鱼类互补，可填补 X 鱼缺失的生态位空缺。处于上游及支流的鱼类物种可替代性指标值大，说明上游及支流河流生态系统中，X 鱼不可替代性强，其缺失造成的生态位空缺其他鱼类无法填补。分析结果符合河流生物群落演化过程的一般性科学规律，即鱼类从海洋进入河流，首先在河口、下游建立适应性广的功能群落，随后向上游、支流扩张，演化为功能特化的群落。从群落功能系统角度分析，上游、支流的鱼类组成较中下游鱼类简单或不可替代性更强。

分析中，群落物种缺失体现在群落各种与特定种缺失生态位变化率的平均值在 3%～2894.3%，如表 4-2 所示通过公约数处理，群落各种（X 种）物种可替代性指标值范围在 1.0～964.8。指标值反映了种与群落中其他种的关系，物种可替代性指标值越小，某种意义上模拟群落中这类鱼类生态位可替代性强，即是有其他鱼类可填补该特定种的生态位。

表 4-2　模拟群落物种可替代性指标值

X 种	种可替代性指标值
鲢	1.0
鳙	1.3
草鱼	1.3
花鲈	1.5
斑鰶	1.6
鳡	1.9
黄颡鱼	2.2
瓦氏黄颡鱼	2.2
白甲鱼	2.5
泥鳅	3.3
抚仙金线鲃	3.5
青鱼	3.6
银鮈	4.1
唇鲮	4.3
条纹小鲃	4.6
弓斑东方鲀	4.8
斑鳠	4.9
白肌银鱼	5.4
台湾光唇鱼	5.6
南方波鱼	5.8
半刺光唇鱼	6.0
攀鲈	6.2
广西华平鳅	6.3

续表

X种	种可替代性指标值
大眼鳜	6.4
鲤	6.5
中国结鱼	7.0
赤眼鳟	7.3
鲂	7.5
卷口鱼	7.6
大鳍鳠	8.0
中华倒刺鲃	8.3
鳘	8.4
岩原鲤	8.6
大眼卷口鱼	8.9
美丽小条鳅	9.0
倒刺鲃	9.0
薄鳅	9.9
虹彩光唇鱼	9.9
飘鱼	11.1
美丽沙鳅	11.4
龙州鲤	11.7
长臀鲃	12.6
纹唇鱼	13.8
宽鳍鱲	14.0
小眼金线鲃	14.2
四须盘鮈	14.4
厚唇光唇鱼	14.4
长须盘鮈	14.4
中间黄颡鱼	14.9
单纹似鳡	14.9
大眼近红鲌	15.3
光倒刺鲃	15.6
光唇鱼	15.9
纵带鮠	17.3
细鳊	17.8
细身光唇鱼	18.9
子陵吻虾虎鱼	19.1
暗色唇鲮	19.1
银鲫	19.1

续表

X种	种可替代性指标值
伍氏盘口鲮	19.3
桂华鲮	19.5
乌塘鳢	19.8
短鳔盘鮈	19.8
乌原鲤	20.0
鲮	20.2
马口鱼	20.6
大头鲤	20.8
宜良墨头鱼	21.2
异华鲮	22.2
无眼金线鲃	22.5
瓣结鱼	23.1
高体鳑鲏	23.6
多鳞白甲鱼	26.7
海南墨头鱼	26.7
异龙鲤	27.3
鳊	30.7
北江光唇鱼	37.9
越南鱊	41.1
巴马拟缨鱼	41.1
鳍	41.7
大头金线鲃	42.1
鲫	42.5
叶结鱼	46.9
粗唇鮠	48.2
南方裂腹鱼	49.1
三角鲤	60.8
抚仙鲤	91.9
墨头鱼	111.6
小口白甲鱼	142.6
多耙光唇鱼	149.9
台湾白甲鱼	151.2
伍氏华鲮	171.5
泉水鱼	173.6
银鲴	180.7
盆唇华鲮	194.1

续表

X种	种可替代性指标值
直口鲮	199.7
鲸	204.8
须鲫	237.8
华鲮	266.7
珠江卵形白甲鱼	268.8
阳宗金线鲃	389.6
大鳞金线鲃	719.3
杞麓鲤	894.3
东方墨头鱼	964.8

4.1.2 群落物种联结力

针对104种鱼组成的模拟群落，缺失X（某种类的代号）后，104–X群落各种的生态位发生变化，观测特定种类在各群落（104–X群落）中的生态位变化率，用各群落特定种的生态位变化率平均值反映特定种对群落的稳定性作用。缺失X种后，用特定种在104–X的N个（103个）群落中的平均生态位变化率来反映该种对群落的联结力。群落联结力越大，表示特定种对群落构成作用越大，反之则小。

以表4-1杞麓鲤的群落种平均生态位变化率绝对值40.5%的数值为基数，通过公约数处理，表4-3示模拟群落物种联结力在1.0～14.8，物种联结力反映特定种对群落中各种的生态位稳定性构成的作用。物种联结力越大，其对群落结构稳定性作用越大；反之越小，对群落结构稳定贡献越小。

表4-3 模拟群落物种联结力

特定种	物种联结力
鲢	14.8
鳙	8.8
条纹小鲃	8.0
泥鳅	7.9
鲸	7.7
伍氏盘口鲮	7.6
瓦氏黄颡鱼	7.3
南方波鱼	7.2
黄颡鱼	7.1

续表

特定种	物种联结力
花鲈	6.9
南方裂腹鱼	6.8
细鳊	6.8
大头金线鲃	6.6
阳宗金线鲃	6.4
鳡	6.3
草鱼	6.3
四须盘鮈	6.1
斑鳠	6.0
越南鱊	6.0
多耙光唇鱼	6.0
大眼鳜	5.9
青鱼	5.9
抚仙金线鲃	5.9
薄鳅	5.8
飘鱼	5.7
大鳍鳠	5.7
银鲴	5.7
厚唇光唇鱼	5.7
中国结鱼	5.6
银鮈	5.6
长须盘鮈	5.5
墨头鱼	5.5
异华鲮	5.5
弓斑东方鲀	5.4
三角鲤	5.4
子陵吻虾虎鱼	5.4
伍氏华鲮	5.3
细身光唇鱼	5.2
倒刺鲃	5.2
白肌银鱼	5.2
岩原鲤	5.1
鲫	5.1
北江光唇鱼	5.1
异龙鲤	5.1
无眼金线鲃	5.1

续表

特定种	物种联结力
须鲫	5.1
大鳞金线鲃	5.1
海南墨头鱼	5.0
银鲫	4.9
泉水鱼	4.9
白甲鱼	4.9
小眼金线鲃	4.8
宜良墨头鱼	4.8
直口鲮	4.8
中间黄颡鱼	4.8
纵带鮠	4.8
鳊	4.7
攀鲈	4.7
叶结鱼	4.7
半刺光唇鱼	4.7
纹唇鱼	4.7
鳘	4.7
龙州鲤	4.6
台湾白甲鱼	4.6
宽鳍鱲	4.6
单纹似鳡	4.5
大头鲤	4.5
多鳞白甲鱼	4.4
桂华鲮	4.4
粗唇鮠	4.4
美丽沙鳅	4.4
巴马拟缨鱼	4.4
鲮	4.3
台湾光唇鱼	4.3
光唇鱼	4.3
短鳔盘鮈	4.3
光倒刺鲃	4.3
马口鱼	4.3
赤眼鳟	4.1
暗色唇鲮	4.1
大眼近红鲌	4.0

续表

特定种	物种联结力
长臀鲃	4.0
大眼卷口鱼	3.9
华鲮	3.9
斑鳠	3.8
瓣结鱼	3.8
盆唇华鲮	3.8
抚仙鲤	3.7
美丽小条鳅	3.7
唇鲮	3.7
广西华平鳅	3.5
高体鳑鲏	3.3
鲂	3.2
东方墨头鱼	2.9
小口白甲鱼	2.8
虹彩光唇鱼	2.8
卷口鱼	2.6
鲤	1.9
鳍	1.7
珠江卵形白甲鱼	1.4
乌原鲤	1.3
杞麓鲤	1.0

4.1.3　群落相融性

群落中物种相容性（或排斥性）决定群落结构的内在稳定性，通过本书作者建立的形态学模型，可以获得某种鱼类与其他鱼类的相容性的结果（表 4-4）。在模拟群落缺失单一种类的序列分析中，定性观测特定种类在群落变化中生态位增加与减少的响应。缺失某种鱼后，观测种类（*G*）生态位获得增加机会，则 *G* 与缺失对象属竞争关系，统计 103 个模拟试验中 *G* 对应的竞争种类占群落各类的比例，再依据最大公约数处理，得到 *G* 在模拟群落中的排斥指数。排斥指数越大的种类，与群落的内部生态位竞争越大，反之则越小。排斥指数一定程度上反映种在群落内的相互制约性。

在缺失某种鱼后，观测种类（*G*）生态位减少了，则 *G* 与缺失对象属互利关系，统计 103 个模拟试验中 *G* 对应的互利种类占群落各类的比例，再依据最大公约数处理，得

到 G 在模拟群落中的相容性指数。相容性指数越大的种类，与群落的内部生态位竞争越小，反之则越大。相容性指数可能反映种在群落内的融合度。

表 4-4　模拟群落物种排斥指数与相容性指数

观测种类	排斥指数	相容性指数
鲤	3.3	1.0
乌原鲤	3.0	1.3
光倒刺鲃	2.7	1.8
银飘鱼	2.6	1.9
盆唇华鲮	2.5	2.1
鲸	2.3	2.3
桂华鲮	2.3	2.4
纵带鮠	2.2	2.5
小眼金线鲃	2.1	2.6
青鱼	2.1	2.6
卷口鱼	2.1	2.6
大眼近红鲌	2.0	2.7
乌塘鳢	2.0	2.7
斑鳠	2.0	2.7
草鱼	2.0	2.7
鳍	2.0	2.7
越南鱊	2.0	2.8
鳙	1.9	2.8
鲂	1.9	2.8
鳡	1.9	2.8
大眼鳜	1.9	2.8
马口鱼	1.9	2.8
抚仙金线鲃	1.9	2.8
龙州鲤	1.9	2.8
条纹小鲃	1.9	2.8
鲢	1.9	2.9
大鳞金线鲃	1.9	2.9
台湾白甲鱼	1.9	2.9
多耙光唇鱼	1.9	2.9
巴马拟缨鱼	1.9	2.9
倒刺鲃	1.9	2.9
鲫	1.8	2.9
黄颡鱼	1.8	2.9

续表

观测种类	排斥指数	相容性指数
异华鲮	1.8	2.9
四须盘鮈	1.8	2.9
细身光唇鱼	1.8	2.9
长须盘鮈	1.8	2.9
伍氏盘口鲮	1.8	2.9
南方波鱼	1.8	2.9
粗唇鮠	1.8	2.9
瓦氏黄颡鱼	1.8	2.9
银鮈	1.8	3.0
南方裂腹鱼	1.8	3.0
虹彩光唇鱼	1.8	3.0
短鳔盘鮈	1.8	3.0
美丽小条鳅	1.8	3.0
美丽沙鳅	1.8	3.0
高体鳑鲏	1.8	3.1
大头金线鲃	1.8	3.1
无眼金线鲃	1.8	3.1
异龙鲤	1.8	3.1
直口鲮	1.8	3.1
宽鳍鱲	1.8	3.1
鳊	1.7	3.1
子陵吻虾虎鱼	1.7	3.1
阳宗金线鲃	1.7	3.1
光唇鱼	1.7	3.1
大头鲤	1.7	3.1
中间黄颡鱼	1.7	3.1
弓斑东方鲀	1.7	3.1
花鲈	1.7	3.1
白肌银鱼	1.7	3.2
北江光唇鱼	1.7	3.2
大眼卷口鱼	1.7	3.2
细鳊	1.7	3.2
广西华平鳅	1.7	3.2
攀鲈	1.7	3.2
斑鳢	1.7	3.2
中国结鱼	1.7	3.2

续表

观测种类	排斥指数	相容性指数
大鳍鳠	1.7	3.2
须鲫	1.7	3.2
薄鳅	1.7	3.2
鲮	1.6	3.3
叶结鱼	1.6	3.3
长臀鮠	1.6	3.3
唇鲮	1.6	3.3
银鲫	1.6	3.3
墨头鱼	1.6	3.3
银鮰	1.6	3.3
泥鳅	1.6	3.3
单纹似鳡	1.6	3.3
三角鲤	1.6	3.3
泉水鱼	1.5	3.4
纹唇鱼	1.5	3.4
鳘	1.5	3.4
伍氏华鲮	1.5	3.5
华鲮	1.4	3.5
海南墨头鱼	1.4	3.5
赤眼鳟	1.4	3.6
岩原鲤	1.4	3.6
台湾光唇鱼	1.4	3.6
多鳞白甲鱼	1.3	3.6
珠江卵形白甲鱼	1.3	3.6
厚唇光唇鱼	1.3	3.6
抚仙鲤	1.3	3.7
东方墨头鱼	1.3	3.7
宜良墨头鱼	1.2	3.8
杞麓鲤	1.2	3.8
瓣结鱼	1.2	3.8
半刺光唇鱼	1.2	3.8
小口白甲鱼	1.2	3.8
中华倒刺鲃	1.2	3.8
暗色唇鲮	1.1	4.0
白甲鱼	1.0	4.1

群落中物种相容性决定群落结构的稳定性，通过本书作者建立的形态学模型，可以获得某种鱼类与其他鱼类的相容性结果。以金线鲃类鱼为例，该类鱼亲缘关系近，但在各自适应石灰岩溶洞环境中形成高度分化、形态各异的鱼类物种。表 4-5 为针对 6 种金线鲃类鱼的模型分析结果，表中“*”代表模拟群落的互利关系，“■”代表竞争关系。以互利关系的种类占群落中的种类百分比作为相容性指标，可见小眼金线鲃与群落相容率最高，达到 86%，大鳞金线鲃最低，相容率仅 2%。金线鲃类属亲缘关系近的鱼类，从鱼类形态学模型获得的相容性分析结果中发现，它们各自与群落中的其他鱼类相容性差异较大，形态学参数表征的属性包含种与群落其他种相容性关系，同时亲缘关系近的鱼类对同一种鱼的缺失生态位变化的响应也不一样。

表 4-5　金线鲃类鱼在群落中的相容性差异

鱼类	抚仙金线鲃	小眼金线鲃	大鳞金线鲃	无眼金线鲃	大头金线鲃	阳宗金线鲃
阳宗金线鲃	*	*	■	■	■	—
大眼卷口鱼	■	*	■	*	■	*
鲮	■	*	■	*	■	*
鲫	■	*	■	*	■	*
大头鲤	■	■	■	*	■	*
虹彩光唇鱼	■	*	*	*	■	*
粗唇鮠	■	*	■	*	■	*
银鲫	■	■	■	*	■	*
大鳍鳠	■	*	■	*	■	*
鲂	■	*	■	*	■	*
中国结鱼	■	*	■	*	■	*
长臀鲃	■	*	■	*	*	*
台湾白甲鱼	■	*	■	*	■	■
巴马拟缨鱼	■	*	■	*	■	■
纹唇鱼	■	*	■	*	■	■
须鲫	■	*	■	*	■	■
光唇鱼	■	*	■	*	■	■
高体鳑鲏	■	*	■	*	■	■
马口鱼	■	*	■	*	■	■
乌塘鳢	■	■	■	*	■	■
宽鳍鱲	■	*	■	*	■	■
大眼鳜	*	*	■	*	*	■
卷口鱼	■	*	■	■	■	■
光倒刺鲃	■	*	■	■	■	■

续表

鱼类	抚仙金线鲃	小眼金线鲃	大鳞金线鲃	无眼金线鲃	大头金线鲃	阳宗金线鲃
小眼金线鲃	■	—	■	■	■	■
乌原鲤	■	*	■	■	■	■
大眼近红鲌	*	*	■	■	*	■
飘鱼	■	*	■	■	■	■
鯮	*	*	■	■	*	■
鲤	■	■	■	■	■	■
龙州鲤	■	■	■	*	■	■
叶结鱼	■	*	■	*	■	■
越南鱊	■	*	■	*	*	■
纵带鮠	■	*	■	*	■	■
异华鲮	■	*	■	*	■	■
子陵吻虾虎鱼	■	*	■	*	■	■
中间黄颡鱼	■	■	■	*	■	■
白肌银鱼	■	*	■	*	■	■
直口鲮	■	*	■	*	■	■
华鲮	■	■	■	*	■	■
海南墨头鱼	■	■	■	*	■	■
长须盘鮈	■	*	■	■	■	■
暗色唇鲮	■	*	■	*	■	■
美丽沙鳅	■	■	■	*	■	■
大头金线鲃	*	*	■	*	—	■
三角鲤	■	*	■	*	■	■
异龙鲤	*	*	■	■	■	■
单纹似鳡	■	■	■	*	■	■
美丽小条鳅	■	■	■	*	■	■
台湾光唇鱼	■	*	■	*	■	■
北江光唇鱼	■	*	■	*	■	■
银鮈	■	*	■	*	■	■
半刺光唇鱼	■	*	■	*	■	■
东方墨头鱼	■	*	■	*	■	■
南方裂腹鱼	*	*	■	*	■	■
倒刺鲃	■	*	■	*	■	■
小口白甲鱼	■	*	■	*	■	■
细身光唇鱼	■	*	■	*	■	■
多鳞白甲鱼	■	*	■	*	■	■
泉水鱼	■	*	■	*	■	■

续表

鱼类	抚仙金线鲃	小眼金线鲃	大鳞金线鲃	无眼金线鲃	大头金线鲃	阳宗金线鲃
大鳞金线鲃	*	*	—	■	■	■
鳘	■	*	■	*	■	■
广西华平鳅	*	*	■	*	■	■
赤眼鳟	■	*	■	*	■	■
杞麓鲤	*	*	■	*	■	■
鳊	■	*	■	*	■	■
珠江卵形白甲鱼	*	*	■	*	■	■
鳍	*	*	■	■	■	■
青鱼	*	*	■	*	*	■
鳡	*	*	■	*	*	■
桂华鲮	■	*	■	■	■	■
短鳔盘鮈	■	*	■	*	■	■
斑鳠	*	■	*	*	■	■
无眼金线鲃	*	*	■	—	■	■
薄鳅	■	*	■	*	■	■
抚仙金线鲃	—	*	■	*	■	■
四须盘鮈	■	*	■	*	■	■
攀鲈	■	*	■	*	■	■
斑鳢	■	*	■	*	■	■
岩原鲤	■	*	■	*	■	■
中华倒刺鲃	■	*	■	*	■	■
瓣结鱼	*	*	■	*	■	■
唇鲮	*	*	■	*	■	■
盆唇华鲮	*	■	■	*	■	■
草鱼	*	*	■	*	■	■
弓斑东方鲀	■	■	■	*	■	■
泥鳅	■	*	■	*	■	■
宜良墨头鱼	■	*	■	■	■	■
白甲鱼	■	*	■	*	■	■
抚仙鲤	■	*	■	*	■	■
多耙光唇鱼	*	*	■	*	■	■
南方波鱼	■	*	■	■	■	■
伍氏盘口鲮	*	*	■	*	■	■
厚唇光唇鱼	■	*	■	■	■	■
瓦氏黄颡鱼	*	*	■	■	■	■
伍氏华鲮	*	*	■	■	■	■

续表

鱼类	抚仙金线鲃	小眼金线鲃	大鳞金线鲃	无眼金线鲃	大头金线鲃	阳宗金线鲃
黄颡鱼	*	*	■	■	■	■
条纹小鲃	■	*	■	■	■	■
花鲈	*	*	■	■	*	■
墨头鱼	*	*	■	■	■	■
鲢	*	*	■	■	*	■
细鳊	■	*	■	■	■	■
银鲴	*	*	■	*	■	■
鳙	*	*	■	■	■	■
相容率/%	30	86	2	77	9	11

注：*表示互利关系，■表示竞争关系。

4.1.4　生态位地理分布特征

模拟群落的 104 种鱼类可大致分为干流畅水型与支流溪流型 2 组，在表 4-6 中，干流畅水型 47 种，支流溪流型 57 种。平均生态位变化率显示支流溪流型鱼类大于干流畅水型鱼类，似乎提示支流溪流型鱼类生态位变异性大，受干扰的反应度大，群落稳定性更低。某种程度反映出溪流型鱼类群落生态位的变异性较干流畅水型鱼类大，分析结果也符合支流鱼类变异性大、群落易受干扰的系统发育特征。

表 4-6　模拟群落各种鱼生态位变化率的平均值差异特征

干流畅水型鱼类		支流溪流型鱼类	
种类	平均生态位变化率/%	种类	平均生态位变化率/%
鲢	3.0	白甲鱼	7.4
鳙	3.8	抚仙金线鲃	10.5
草鱼	4.0	唇鲮	12.8
花鲈	4.5	台湾光唇鱼	16.7
斑鳠	4.7	南方波鱼	17.5
鳡	5.7	半刺光唇鱼	17.9
黄颡鱼	6.6	广西华平鳅	18.8
瓦氏黄颡鱼	6.6	中华倒刺鲃	24.8
泥鳅	10.0	岩原鲤	25.8
青鱼	10.8	虹彩光唇鱼	29.7
银鮈	12.3	龙州鲤	35.0
条纹小鲃	13.7	长臀鲃	37.8

续表

干流畅水型鱼类		支流溪流型鱼类	
种类	平均生态位变化率/%	种类	平均生态位变化率/%
弓斑东方鲀	14.4	纹唇鱼	41.4
斑鳢	14.6	四须盘鮈	43.1
白肌银鱼	16.2	厚唇光唇鱼	43.1
攀鲈	18.6	长须盘鮈	43.3
大眼鳜	19.3	单纹似鳡	44.8
鲤	19.6	小眼金线鲃	42.7
中国结鱼	21.0	光倒刺鲃	46.7
赤眼鳟	22.0	光唇鱼	47.7
鲂	22.4	细身光唇鱼	56.7
卷口鱼	22.8	暗色唇鲮	57.3
大鳍鳠	24.0	伍氏盘口鲮	57.8
鳘	25.3	桂华鲮	58.5
大眼卷口鱼	26.6	短鳔盘鮈	59.4
美丽小条鳅	27.0	乌原鲤	60.1
倒刺鲃	27.1	马口鱼	61.8
薄鳅	29.6	大头鲤	62.5
飘鱼	33.4	宜良墨头鱼	63.7
美丽沙鳅	34.3	异华鲮	66.6
宽鳍鱲	42.1	无眼金线鲃	67.4
中间黄颡鱼	44.6	瓣结鱼	69.4
大眼近红鲌	45.9	多鳞白甲鱼	80.0
纵带鮠	51.8	海南墨头鱼	80.2
细鳊	53.4	异龙鲤	81.9
子陵吻虾虎鱼	57.2	北江光唇鱼	113.6
银鲫	57.4	越南鱊	123.3
乌塘鳢	59.3	巴马拟缨鱼	123.4
鲮	60.7	大头金线鲃	126.2
高体鳑鲏	70.9	叶结鱼	140.6
鳊	92.0	粗唇鮠	144.7
鳍	125.2	南方裂腹鱼	147.2
鲫	127.4	三角鲤	182.5
墨头鱼	334.7	抚仙鲤	275.7
银鲴	542.2	小口白甲鱼	427.9
鯮	614.3	多耙光唇鱼	449.7
东方墨头鱼	2894.3	台湾白甲鱼	453.7

续表

干流畅水型鱼类		支流溪流型鱼类	
种类	平均生态位变化率/%	种类	平均生态位变化率/%
		伍氏华鲮	514.4
		泉水鱼	520.8
		盆唇华鲮	582.3
		直口鲮	599.0
		须鲫	713.4
		华鲮	800.1
		珠江卵形白甲鱼	806.5
		阳宗金线鲃	1168.7
		大鳞金线鲃	2157.8
		杞麓鲤	2682.9
平均值/%	122.9	平均值/%	260.4

在模拟群落缺失种类生态位变化的分析中，计算 104–X 群落中各种的生态位变化率，并对缺失 X 种后的各种生态位变化率加权平均，表述为综合生态位变化率。综合生态位变化率小的种类反映该种在群落中稳定性高，综合生态位变化率大的种类反映该种在群落中稳定性低。

模型构建的原始群落虽然带有随机选择种类的因素，但也是以珠江水系记录的基础鱼类种类为实际蓝本的。分析上、中、下游亚单元群落鱼类的综合生态位变化率的分布特征，可知亚单元群落鱼类平均生态位变化率有差异。分析中以平均生态位变化率小、群落稳定度大、变异性小，平均生态位变化率大、群落稳定度小、变异性大作为依据判断某一物种对群落构成的影响。

4.1.5 差异性

1. 物种大小

物种个体有大小之分。通常认为大个体物种占的生态位多，对群落影响大；小个体物种占生态位少，对群落影响小。将 104 种鱼类以其最大个体大小大致分为 4 个级别，统计结果表明群落生态位总体上表现为个体大的种类对群落生态位构成影响大，表 4-7 显示个体大的种类群落平均生态位变化率大，但也显示小个体的鱼类影响的平均生态位变化率比中型鱼类大，提示群落生态位的构成与功能构成有关联。小型鱼类对环境变化更为敏感，特别是处于发育变化的环境中，鱼类处于高度变异状态，物种生态位格局仍处于适应生态系统演变过程中，“糅合中”的种类在群落中的位置关系显得更为不可或缺，群落解构模型分析结果可在一定程度上解释这一原因。

表 4-7　缺失种类群落平均生态位变化率

质量≥10 kg 种类	变化率/%	10 kg＞质量≥1 kg 种类	变化率/%	1 kg＞质量≥100 g 种类	变化率/%	100 g＞质量≥1 g 种类	变化率/%
鲢	591	瓦氏黄颡鱼	291	黄颡鱼	284	条纹小鲃	320
鳙	353	斑鳢	241	多耙光唇鱼	238	泥鳅	316
鳡	251	花鲈	275	厚唇光唇鱼	227	伍氏盘口鲮	305
草鱼	250	大眼鳜	236	中国结鱼	225	南方波鱼	288
青鱼	235	大鳍鳠	228	弓斑东方鲀	216	南方裂腹鱼	273
鯮	307	银鲴	228	三角鲤	216	细鳊	271
		倒刺鲃	208	伍氏华鲮	212	大头金线鲃	264
		岩原鲤	205	细身光唇鱼	209	阳宗金线鲃	255
		异龙鲤	203	鲫	204	四须盘鮈	244
		中间黄颡鱼	190	北江光唇鱼	204	越南鱊	240
		叶结鱼	188	银鲫	197	抚仙金线鲃	234
		龙州鲤	184	白甲鱼	194	薄鳅	231
		单纹似鳡	180	鳊	189	飘鱼	229
		大头鲤	179	半刺光唇鱼	188	银鮈	223
		鲮	173	台湾白甲鱼	184	长须盘鮈	220
		光倒刺鲃	171	多鳞白甲鱼	177	墨头鱼	220
		赤眼鳟	164	桂华鲮	177	异华鲮	219
		暗色唇鲮	163	粗唇鮠	176	子陵吻虾虎鱼	216
		大眼近红鲌	160	台湾光唇鱼	173	白肌银鱼	206
		大眼卷口鱼	156	光唇鱼	173	无眼金线鲃	203
		斑鳠	153	唇鲮	147	须鲫	202
		瓣结鱼	150	小口白甲鱼	110	大鳞金线鲃	202
		盆唇华鲮	150	虹彩光唇鱼	110	海南墨头鱼	198
		抚仙鲤	149	卷口鱼	102	泉水鱼	196
		鲂	128	珠江卵形白甲鱼	54	小眼金线鲃	193
		乌原鲤	50			宜良墨头鱼	192
		杞麓鲤	40			直口鲮	192
		鲤	77			纵带鮠	190
		鳍	69			攀鲈	189
						纹唇鱼	187
						鳘	186
						宽鳍鱲	183

续表

质量≥10 kg 种类	变化率/%	10 kg>质量≥1 kg 种类	变化率/%	1 kg>质量≥100 g 种类	变化率/%	100 g>质量≥1 g 种类	变化率/%
						美丽沙鳅	176
						巴马拟缨鱼	175
						短鳔盘鮈	173
						马口鱼	170
						长臀鲃	158
						华鲮	154
						美丽小条鳅	148
						广西华平鳅	140
						高体鳑鲏	132
						东方墨头鱼	114
群落平均生态位变化率/%	331		172		183		210

因此，鱼类缺失对群落生态位变化并非完全由个体体形大小所决定。进一步分析显示某一物种的生态位缺失，在生态位重排过程中，并非依据群落物种的大小分配生态位，无论是在原始群落或是在 104–X 的缺失群落中，都出现同类大小的种生态位占有量不同的结果。青鱼、草鱼、鲢、鳙、鳡是同类型大小的鱼类，在模拟群落缺失中无论自身缺失或是鲂、鳊等其他鱼类缺失，5 种鱼的生态位显示随机性的差异（表 4-8），提示生态位不同的这种差异并非由种的大小决定，而是隐含群落功能分工的差异表现。这种现象无论在大型鱼类（图 4-1）、中型鱼类（图 4-2）还是小型鱼类（图 4-3）上都有体现。

表 4-8　群落生态位不以物种大小比例分配　（单位：%）

	未缺失状态的生态位	缺失某种鱼生态位的变化						
		青鱼	草鱼	鲢	鳙	鳡	鲂	鳊
青鱼	1.790		1.812	13.055	4.926	1.616	1.745	1.774
草鱼	1.346	1.508		1.538	1.885	1.174	1.311	1.335
鲢	10.647	10.711	10.708		10.209	10.783	10.377	10.526
鳙	3.551	3.737	3.594	0.070		3.742	3.468	3.515
鳡	1.513	1.133	1.324	4.737	1.547		1.474	1.502
鲂	1.045	0.641	0.834	0.605	1.394	0.685		1.034
鳊	1.560	0.954	0.911	0.331	1.537	0.684	1.979	

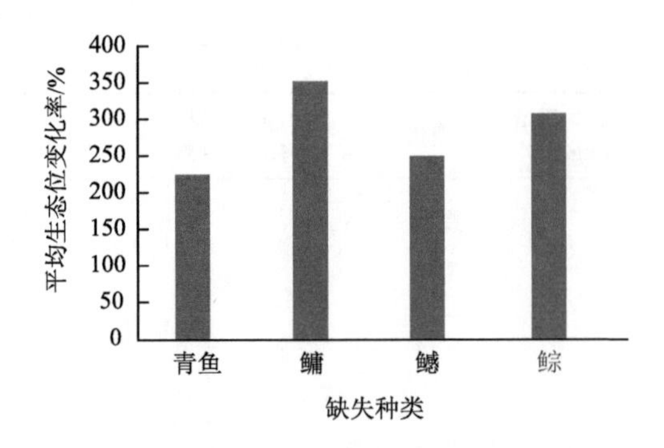

图 4-1　模拟群落同类大型鱼类平均生态位变化率

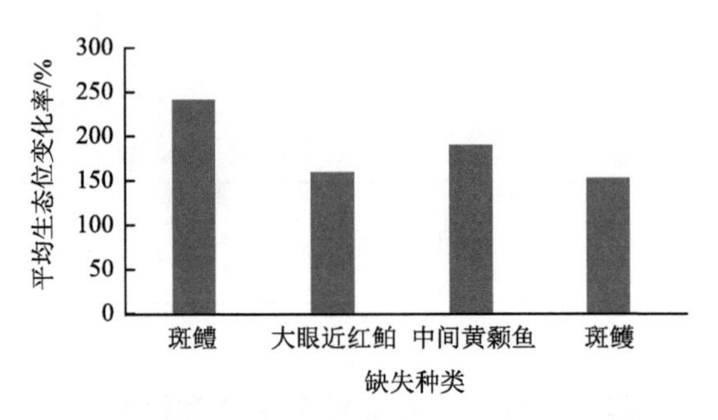

图 4-2　模拟群落同类中型鱼类平均生态位变化率

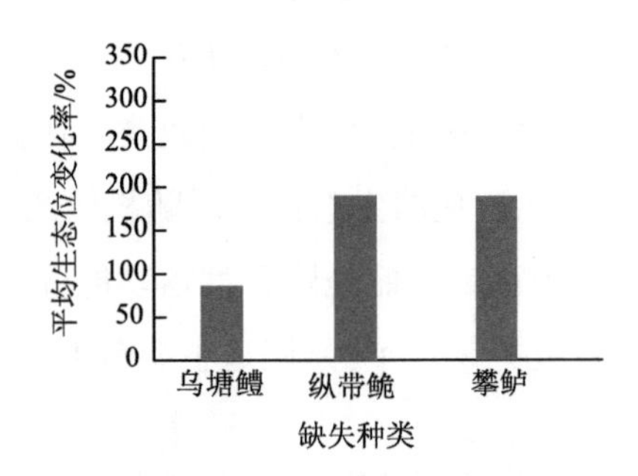

图 4-3　模拟群落同类小型鱼类平均生态位变化率

2. 亲缘关系

分类属性相同的鱼类，对群落生态位的影响有差异。选取两类亲缘关系较近的鱼类分析各种鱼缺失对群落其他鱼生态位变化的影响情况。无论是鲤鱼类（鲤属 7 种及原鲤属 2 种，图 4-4）或光唇鱼类（8 种，图 4-5），在本书作者建立的模型分析中并不表现出近似的生态位值影响功能，即分类属性近似的鱼在生态位变化率方面表现出差异。在多种类群落中生态位重叠，物种在食物链系统中的关系是网状连接关系，当亲缘关系近的同类物种或功能属性同类的物种在系统中同时存在时，生态位不同体现了其在群落中的功能不同。物种在不同群落中的功能分工不同体现对群落的影响不同。在现实中，在一个区域性的水域中，同源、同功的鱼类很少共同出现，模型分析结果所体现的差异也提示同源、同功的鱼类在各自的水域的群落中，承担不同的功能角色。

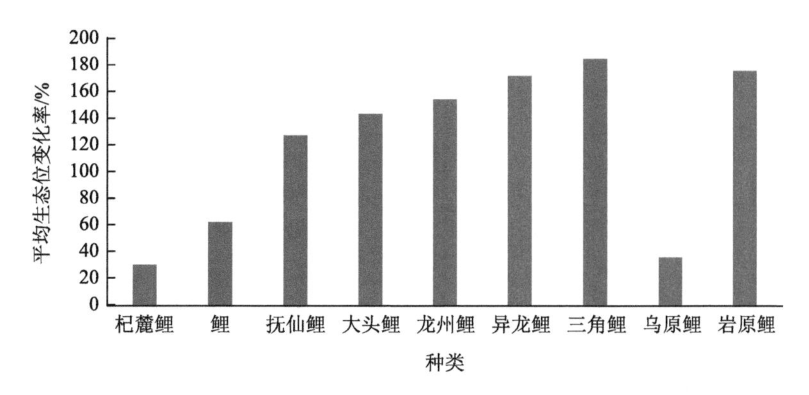

图4-4　模拟群落鲤鱼类平均生态位变化率差异

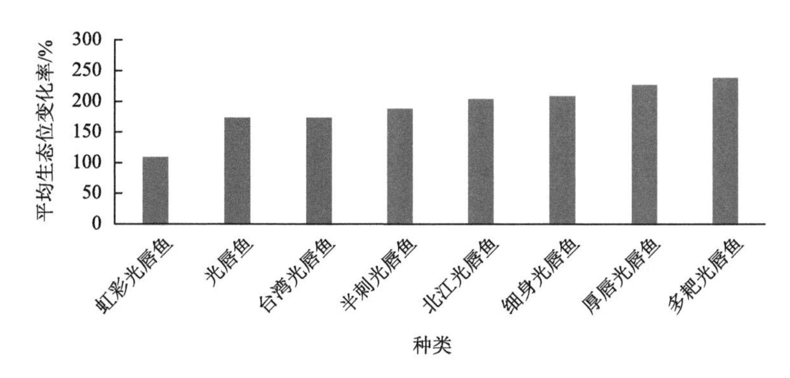

图4-5　模拟群落光唇鱼类平均生态位变化率差异

4.1.6　食性

1. 肉食性鱼类

群落的稳定性以各种形成最佳能量利用状态为基础。受其他鱼类竞争压力大的物种，自身的生态位不易保住。群落中竞争种类多，竞争压力大，以竞争种类占群落总种类的比例代表竞争压力。竞争压力可表征某一种在群落中的稳定性。在群落中，食性相同的鱼类相互竞争，因此种类之间的相容性是群落种类维持稳定生态位的关键要素。鳡、花鲈、青鱼、鳙、大眼近红鲌、大眼鳜和鯮都是肉食性鱼类，按照鱼类形态学模型的相容性分析结果，表4-9结果显示鯮受竞争压力达到83%，鳡只有8%的竞争压力。竞争压力大预示难于在群落中获得生态位，或生态位维持可能受群落演替影响较大。

表 4-9　几种肉食性鱼类对不同种类缺失的生态位变化

鱼类	几种肉食性鱼类生态位变化率/%						
	鯮	鳡	鳙	大眼近红鲌	花鲈	青鱼	大眼鳜
大眼鳜	39.2	−0.7	−0.2	−1.0	−0.8	−0.5	−100.0
鲢	1583.5	213.0	−98.0	−51.9	−7.0	629.3	−34.5
条纹小鲃	1327.9	−7.8	−7.7	185.8	−7.7	−7.7	−22.5
花鲈	1100.5	−3.0	−3.8	−26.1	−100.0	−3.1	−22.5
银鲴	1258.3	−3.1	−2.9	−25.4	−2.8	−3.0	−21.7
抚仙鲤	1408.3	−2.6	−2.6	−25.2	−2.5	−2.5	−21.5
东方墨头鱼	824.2	−2.3	−2.2	−25.0	−2.2	−2.3	−21.3
墨头鱼	1122.9	−14.3	3.2	−24.7	−16.8	−12.3	−21.0
细鳊	1356.2	−6.2	−3.1	59.0	−5.9	−6.0	−21.0
瓣结鱼	1125.1	−1.8	−1.6	−24.6	−16.6	−1.7	−20.9
白肌银鱼	793.1	−4.5	−5.6	72.8	−5.5	−5.2	−20.7
青鱼	572.3	−25.1	5.2	54.4	−0.1	−100.0	−20.7
多耙光唇鱼	979.9	−14.4	3.8	−24.4	−16.5	−12.1	−20.7
珠江卵形白甲鱼	539.0	−1.0	−0.8	−24.1	−1.0	−1.0	−20.3
杞麓鲤	538.5	−1.1	−0.9	−24.1	−1.0	−1.0	−20.3
鳡	−42.7	−100.0	5.4	−1.9	0.8	−9.7	−20.0
伍氏盘口鲮	1351.3	−5.0	−4.7	195.1	−4.7	−4.8	−20.0
鳍	842.9	−0.3	−0.1	−23.6	−0.3	−0.2	−19.8
长臀鲃	1254.3	−2.8	−2.6	100.3	−2.9	−2.8	−18.7
鲤	−52.6	1.5	1.8	−22.3	1.3	1.5	−18.5
子陵吻虾虎鱼	1071.3	−6.1	−6.0	−6.0	−6.0	−6.0	−6.0
弓斑东方鲀	929.7	−5.4	−6.1	93.8	−6.0	−5.8	−6.0
异华鲮	791.5	−5.9	−5.7	−5.6	−5.7	−5.8	−5.6
中间黄颡鱼	795.5	−4.6	−2.5	−5.2	−5.2	−5.0	−5.2
直口鲮	511.0	−5.4	−5.2	−5.1	−5.1	−5.3	−5.1
攀鲈	1369.9	−4.5	−5.2	−4.9	−5.0	−4.8	−4.9
斑鳢	1227.1	−5.0	−5.0	96.0	−5.0	−4.9	−4.9
长须盘鮈	370.8	−5.0	−4.7	−4.7	−4.7	−4.8	−4.7
银鮈	229.9	−4.5	−4.2	−4.5	−4.4	−4.4	−4.4
纵带鮠	1608.1	4.3	−12.5	31.8	6.6	2.2	−4.3
短鳔盘鮈	230.0	−4.6	−4.1	−4.3	−4.3	−4.4	−4.3
海南墨头鱼	948.2	−4.6	−4.4	−4.3	−4.3	−4.5	−4.3
岩原鲤	516.6	−4.0	−4.3	−4.2	−4.2	−4.1	−4.2
北江光唇鱼	230.5	−4.3	−4.0	−4.1	−4.1	−4.1	−4.1
美丽沙鳅	229.6	−3.6	−4.1	97.9	−4.1	−3.9	−4.0
三角鲤	373.9	−3.8	−4.1	−4.0	−4.1	−3.9	−4.0

续表

鱼类	几种肉食性鱼类生态位变化率/%						
	鲸	鳡	鳙	大眼近红鲌	花鲈	青鱼	大眼鳜
美丽小条鳅	520.0	–3.3	–3.8	98.3	–3.9	–3.7	–3.9
华鲮	663.2	–4.2	–4.0	98.2	–3.9	–4.1	–3.8
暗色唇鲮	1243.4	–3.9	–3.9	–3.7	–3.8	–3.9	–3.8
宜良墨头鱼	1391.1	–4.0	–3.8	–3.5	–3.6	–3.9	–3.6
白甲鱼	1248.1	–3.6	–3.5	–3.4	–3.5	–3.6	–3.4
龙州鲤	234.7	–2.9	–2.9	99.9	–3.1	–3.0	–3.2
厚唇光唇鱼	1251.5	–3.3	–3.2	–3.2	–3.2	–3.2	–3.2
台湾光唇鱼	524.0	–3.2	–3.2	–3.1	–3.1	–3.1	–3.1
中华倒刺鲃	1401.4	–2.9	–3.0	–2.9	–2.9	–2.9	–2.9
鲂	237.0	–2.6	–2.3	–2.8	–2.7	–2.5	–2.8
半刺光唇鱼	966.8	–2.7	–2.6	–2.6	–2.6	–2.6	–2.6
泉水鱼	677.8	–2.4	–2.0	–2.2	–2.2	–2.3	–2.2
叶结鱼	238.3	–2.3	–1.8	–2.1	–2.0	–2.1	–2.1
台湾白甲鱼	238.7	–2.4	–1.7	–2.1	–2.0	–2.2	–2.0
鳘	532.6	–2.0	–1.8	–2.0	–2.0	–1.9	–2.0
多鳞白甲鱼	237.5	–2.1	–1.9	–2.0	–2.0	–2.0	–2.0
巴马拟缨鱼	92.0	–2.2	1.2	–2.0	–1.9	–2.0	–1.9
小口白甲鱼	532.5	–1.9	–1.8	–13.3	–1.9	–1.9	–1.8
纹唇鱼	92.5	–2.1	–1.3	–13.2	–1.6	–1.8	–1.7
光唇鱼	–54.0	–1.5	–1.1	–1.6	–1.5	–1.4	–1.5
马口鱼	–53.9	–1.2	–0.8	–1.3	–1.2	–1.1	–1.3
高体鳑鲏	–53.6	–1.4	–0.6	–1.2	–1.1	–1.1	–1.1
单纹似鳡	232.4	–3.0	–3.2	–3.1	–3.2	–2.8	–0.9
宽鳍鱲	–53.7	–0.8	–0.5	–1.0	–0.8	–0.7	–0.9
大头鲤	–54.6	–3.3	–2.4	100.5	–2.9	–3.1	–0.7
卷口鱼	–52.5	–0.2	0.2	–0.5	–0.3	–0.1	–0.4
小眼金线鲃	–53.1	–0.2	3.1	–0.2	–0.1	–0.0	–0.2
银鲫	91.1	–2.7	–2.0	101.5	–2.4	–2.5	–0.1
乌原鲤	–51.4	0.1	0.6	–0.2	–0.0	0.2	–0.1
飘鱼	–52.0	0.2	0.7	95.2	0.2	0.3	0.1
大鳍鳠	238.6	–1.2	–1.8	–2.1	–2.0	–1.6	0.2
鳊	241.0	–0.8	–1.0	–24.3	–1.2	–0.9	1.0
须鲫	–53.7	–1.5	–0.4	104.5	–0.9	–1.2	1.3
鲸	–100.0	0.7	0.7	210.9	0.2	0.6	2.4
瓦氏黄颡鱼	1972.4	–7.3	–2.6	179.1	–17.3	–2.0	19.1
伍氏华鲮	822.0	–2.8	–2.5	78.4	–9.9	–2.7	19.1

续表

鱼类	几种肉食性鱼类生态位变化率/%						
	鯮	鳡	鳙	大眼近红鲌	花鲈	青鱼	大眼鳜
黄颡鱼	1836.0	–0.7	–2.0	180.7	–16.8	–1.4	19.8
唇鲮	541.0	–12.7	–0.5	–23.8	–15.7	–0.5	21.4
盆唇华鲮	544.4	–12.5	5.3	82.9	–15.3	–10.6	22.1
桂华鲮	554.6	–11.8	1.8	85.6	–14.1	0.9	23.8
草鱼	293.3	–12.5	1.2	18.7	16.3	1.2	31.3
大头金线鲃	1504.2	–4.2	–4.1	–4.1	–4.1	–4.1	35.8
倒刺鲃	232.8	–3.1	–3.3	–3.5	–3.5	–3.2	36.8
南方裂腹鱼	233.1	–3.4	–3.2	–3.4	–3.3	–3.3	37.0
鲮	–54.6	–3.3	–2.8	99.6	–3.3	–3.3	37.1
虹彩光唇鱼	–54.8	–2.9	–2.7	–3.2	–3.1	–2.9	37.4
斑鳠	657.6	–1.4	–7.4	190.2	13.3	8.0	37.8
鲫	237.7	–2.5	–2.2	100.8	–2.7	–2.6	37.9
粗唇鮠	238.2	–1.6	0.7	–2.6	–2.4	–2.1	38.3
中国结鱼	238.8	–1.7	–1.8	101.9	–2.2	–1.9	38.6
大鳞金线鲃	1101.0	–2.1	–1.8	192.4	–1.9	–1.9	39.0
薄鳅	238.8	–1.1	4.0	102.5	–1.9	–1.5	39.1
阳宗金线鲃	1102.9	–1.8	–1.6	–1.7	–1.7	–1.7	39.3
赤眼鳟	239.5	–1.4	–1.4	–13.1	–1.6	–1.4	39.4
抚仙金线鲃	94.9	–0.8	–0.4	207.6	–0.8	–0.6	40.6
无眼金线鲃	522.3	–0.9	–0.4	207.7	–0.7	–0.7	40.7
乌塘鳢	–53.4	–0.6	–0.1	–0.7	–0.6	–0.5	40.9
光倒刺鲃	–52.4	0.6	3.4	–0.1	0.1	0.4	41.9
广西华平鳅	976.9	–1.5	–1.5	–24.7	–1.7	–1.6	50.9
四须盘鮈	1214.0	–6.3	–6.0	–5.8	–5.9	–6.1	62.8
南方波鱼	1221.8	–5.3	–5.3	–5.3	–5.3	–5.3	63.8
泥鳅	804.7	–3.2	–4.4	–4.2	–4.2	–3.8	65.6
越南鱊	229.9	–4.5	–4.1	196.6	–4.2	–4.3	65.7
细身光唇鱼	234.9	–3.2	–2.7	200.7	–3.0	–3.0	68.0
大眼卷口鱼	382.7	–2.6	–2.3	–2.6	–2.6	–2.5	68.7
大眼近红鲌	–51.4	–0.5	0.4	–100.0	–0.2	–0.2	72.8
鳙	1257.6	2.2	–100.0	–26.2	29.0	175.2	108.8
异龙鲤	–12.4	–4.6	–4.4	20.6	247.8	1181.9	1911.6
竞争性种类/种	85	8	18	35	10	12	39
竞争压力/%	83	8	17	34	10	12	38

在模拟群落中，不同肉食性鱼类与其他鱼的互利关系不同，如与鳡表现为互利关系的鱼类种类有92%，花鲈有90%，青鱼有88%，鳙有83%，大眼近红鲌有66%，大眼鳜有62%，而鯮只有17%，可见鯮的生态位在模拟群落中稳定性差，提示鯮比其他6种鱼更易丢失生态位。图4-6示缺失不同的肉食性鱼类后，群落生态位变化率的响应值。群落物种组成、多样性变化是群落功能多样性形成的基础，是适应环境变化能力的综合体现。

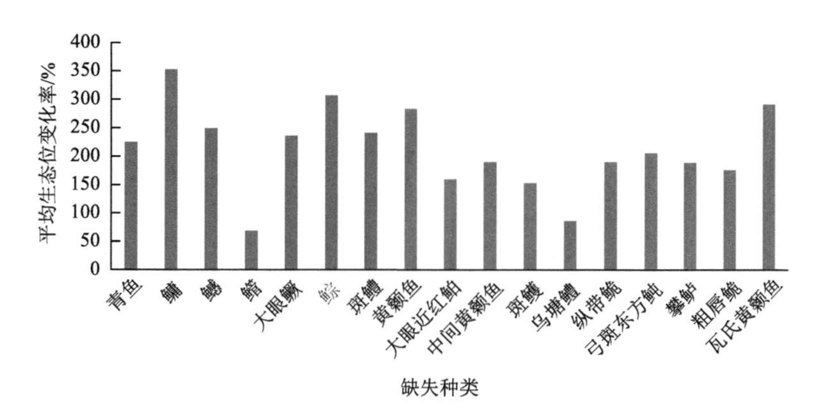

图4-6　模拟群落肉食性鱼类缺失平均生态位变化率差异

2. 植食性鱼类

在模拟群落中，不同植食性鱼类与其他鱼的互利关系不同，如与草鱼为互利关系的鱼类种类有91.3%、鲢有90.3%、鲂有90.3%、倒刺鲃有85.4%，而鳊仅有2.9%。图4-7显示的群落种间关系中，鳊与其他四种鱼完全不在一个维度，它的生态位表现明显受群落其他种类的制约，剔除其他种类，鳊的生态位都大幅度增加，从一个侧面反映鳊与其他鱼的相容性低（另外四种鱼与群落各种类表现出高的相容性）。植食性鱼类利用水体系统的初级生产力获得能量，在模拟群落中生态位变化率总体较肉食性鱼类低（图4-8），似乎提示这些鱼类的能量竞争压力较肉食性鱼类低，即食物来源较肉食性鱼类广。

3. 杂食性鱼类

江河中有许多杂食性鱼类，如模拟群落中的乌原鲤、龙州鲤、大头鲤、异龙鲤、鲤、岩原鲤、三角鲤、抚仙鲤、杞麓鲤等。群落相容性分析显示部分这些种类的生态位对群落变化的反应差异很大（图4-9）。其中生态位变化较为稳定的有异龙鲤、鲤、岩原鲤；不稳定的有乌原鲤、龙州鲤、大头鲤、三角鲤、抚仙鲤、杞麓鲤等。如表4-10显示鲤的生态位最稳定，杞麓鲤与其他种类完全不相容，而乌原鲤与群落其他种类达到100%相容。

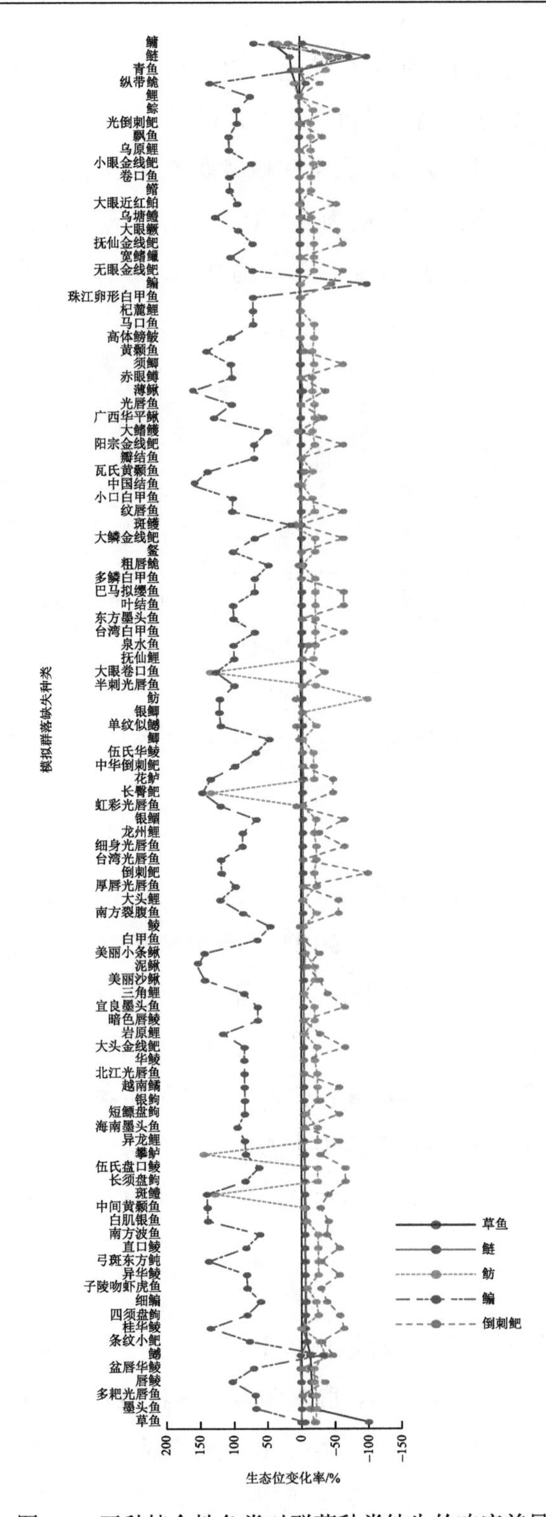

图 4-7　五种植食性鱼类对群落种类缺失的响应差异

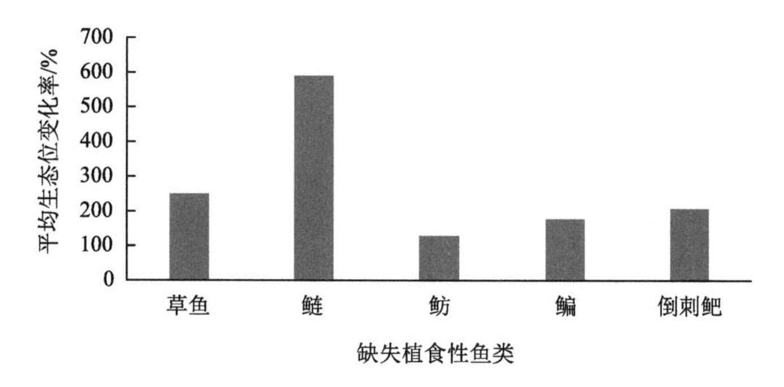

图 4-8　五种植食性鱼类对群落种类缺失平均生态位变化率

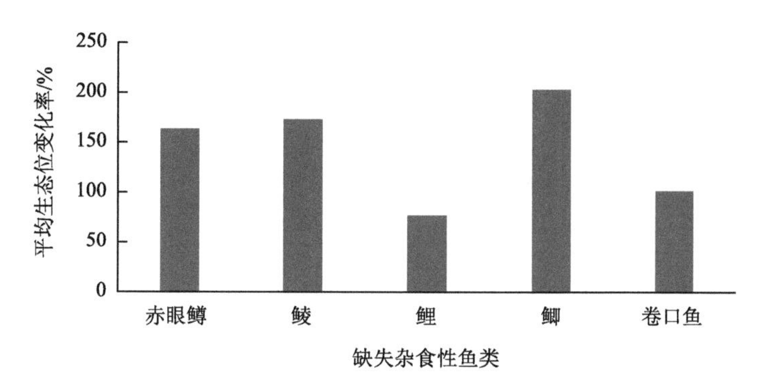

图 4-9　五种杂食性鱼类对群落种类缺失的响应差异

表 4-10　鲤类在群落中生态位差异

种类	乌原鲤	龙州鲤	大头鲤	异龙鲤	鲤	岩原鲤	三角鲤	抚仙鲤	杞麓鲤
相容性/%	100.0	97.1	83.5	67.0	31.1	29.1	21.4	1.0	0
平均生态位变化率/%	−60.5	−35.6	−34.9	14.7	2.0	21.0	178.8	272.1	2656.1

4.2　亚单元群落演替

两物种可以是互相竞争，也可是共生关系，视相互间利害关系而有寄生、偏利共生和互利之分。一个群落的进化时间越长、环境越有利且稳定，所含物种越多。如果两物种利用相同资源（生态位重叠），则必然竞争而导致一方被排除，但如一方改变资源需求（生态位分化），则可能共存。生物群落的发展趋势是生态位趋向分化和物种趋向增多。生物群落之间的关系研究需要超越特定分类群或分类群组合的边界（Bronstein，1994），形态学性状可以反映环境特征，也可了解生态系统的鱼类群落组成机制。通过群落种类的模型分析，可以了解相似种的类型，从而掌握同功能类型的物种多样性及由物种构成体系的功能缓冲能力。

模型构建的原始群落虽然带有某种“随机”选择种类的因素，但也是在实际珠江水系记录鱼类种类中所选择。由于水系复杂，生境多样，上、中、下游分布的鱼类仍然有明显的差异，因此依据生境差异可将原始群落划分为不同的亚单元群落，这样的小群落对应的区域范围小，体现的特征可能会更符合特定环境。本节在104种鱼类的模拟群落（原始群落）（表4-11所有鱼类）中，以珠江中下游现状25种优势种为亚单元群落，假定受环境变化的影响后，有79种鱼逐种消失，通过模型分析剩余物种的生态位的演化。表4-11为模拟群落与亚单元群落的物种列表（表中前25种鱼为假设的亚单元群落种类）。

表4-11　模拟群落分析的原始群落与亚单元群落

序号	鱼类	序号	鱼类
1	青鱼	28	东方墨头鱼
2	草鱼	29	墨头鱼
3	鲢	30	三角鲤
4	鳙	31	厚唇光唇鱼
5	鲂	32	半刺光唇鱼
6	鳊	33	北江光唇鱼
7	赤眼鳟	34	细身光唇鱼
8	银鲴	35	台湾光唇鱼
9	鲮	36	光唇鱼
10	鲤	37	多耙光唇鱼
11	鳡	38	虹彩光唇鱼
12	鳍	39	多鳞白甲鱼
13	大眼鳜	40	台湾白甲鱼
14	泥鳅	41	白甲鱼
15	飘鱼	42	小口白甲鱼
16	鲝	43	珠江卵形白甲鱼
17	银鮈	44	瓣结鱼
18	白肌银鱼	45	中国结鱼
19	子陵吻虾虎鱼	46	叶结鱼
20	鲫	47	长臀鲃
21	斑鳢	48	华鲮
22	黄颡鱼	49	桂华鲮
23	马口鱼	50	盆唇华鲮
24	大眼近红鲌	51	伍氏华鲮
25	高体鳑鲏	52	纹唇鱼
26	卷口鱼	53	直口鲮
27	大眼卷口鱼	54	巴马拟缨鱼

续表

序号	鱼类	序号	鱼类
55	异华鲮	80	大鳞金线鲃
56	唇鲮	81	大头金线鲃
57	暗色唇鲮	82	抚仙金线鲃
58	泉水鱼	83	阳宗金线鲃
59	宜良墨头鱼	84	无眼金线鲃
60	海南墨头鱼	85	小眼金线鲃
61	长须盘鮈	86	单纹似鳡
62	短鳔盘鮈	87	斑鳠
63	四须盘鮈	88	薄鳅
64	伍氏盘口鲮	89	粗唇鮠
65	南方裂腹鱼	90	大鳍鳠
66	乌原鲤	91	弓斑东方鲀
67	岩原鲤	92	花鲈
68	抚仙鲤	93	广西华平鳅
69	异龙鲤	94	美丽小条鳅
70	龙州鲤	95	攀鲈
71	杞麓鲤	96	瓦氏黄颡鱼
72	大头鲤	97	乌塘鳢
73	须鲫	98	中间黄颡鱼
74	银鲫	99	纵带鮠
75	美丽沙鳅	100	鯮
76	条纹小鲃	101	南方波鱼
77	光倒刺鲃	102	宽鳍鱲
78	中华倒刺鲃	103	细鳊
79	倒刺鲃	104	越南鱊

物种从模拟的原始群落移除的顺序为：大鳞金线鲃→大头金线鲃→抚仙金线鲃→阳宗金线鲃→无眼金线鲃→小眼金线鲃→台湾白甲鱼→宜良墨头鱼→南方裂腹鱼→乌原鲤→岩原鲤→抚仙鲤→异龙鲤→杞麓鲤→单纹似鳡→多鳞白甲鱼→珠江卵形白甲鱼→瓣结鱼→中国结鱼→叶结鱼→暗色唇鲮→鯮→半刺光唇鱼→北江光唇鱼→台湾光唇鱼→多耙光唇鱼→虹彩光唇鱼→长臀鲃→桂华鲮→华鲮→直口鲮→巴马拟缨鱼→异华鲮→唇鲮→大鳍鳠→中华倒刺鲃→光唇鱼→小口白甲鱼→伍氏华鲮→大眼卷口鱼→海南墨头鱼→四须盘鮈→大头鲤→银鲫→光倒刺鲃→细身光唇鱼→东方墨头鱼→长须盘鮈→龙州鲤→宽鳍鱲→越南鱊→盆唇华鲮→泉水鱼→短鳔盘鮈→伍氏盘口鲮→三角鲤→须鲫→南方波鱼→

细鳊→广西华平鳅→条纹小鲃→厚唇光唇鱼→白甲鱼→纹唇鱼→薄鳅→美丽小条鳅→乌塘鳢→中间黄颡鱼→纵带鮠→倒刺鲃→卷口鱼→美丽沙鳅→斑鳠→弓斑东方鲀→花鲈→攀鲈→墨头鱼→粗唇鮠→瓦氏黄颡鱼。

当逐种缺失鱼时，亚单元群落中的某种类生态位发生升降变化。如果亚单元群落中的种在每次缺失鱼模拟中，生态位值较该次缺失前的生态位值增加，则对应缺失的鱼是亚单元群落中观测种类的竞争对象，判定缺失鱼与亚单元群落中观测鱼关系为竞争关系；如果亚单元群落中的种在每次缺失鱼模拟中，生态位值较该次缺失前的生态位值减少，判定缺失鱼与亚单元群落中观测鱼关系为互利关系；如果亚单元群落中的种在每次缺失鱼模拟中，生态位值较该次缺失前的生态位值没有变化或变化极小，则判定缺失鱼与亚单元群落中观测鱼关系为无竞争关系。

4.2.1 亚单元群落生态位变化

1. 青鱼

原始群落中 79 种鱼逐一移除后，青鱼生态位在 1.6227%～12.8275%变化，每次缺失变化幅度不同，整个分析过程最大变化幅度为 11.2049 个百分点，最终生态位 12.5356%。图 4-10 中显示，与青鱼呈竞争关系的有 48 种、互利关系的有 30 种、无竞争关系的有 1 种。在移除弓斑东方鲀后，青鱼增加生态位最多；移除花鲈后，青鱼减少生态位最多。

2. 草鱼

草鱼生态位在 1.1720%～8.6426%变化，每次缺失变化幅度不同，整个分析过程生态位最大变化幅度为 7.4706 个百分点。图 4-11 显示，与青鱼呈互利关系的有 28 种，竞争关系的有 51 种。移除花鲈后，草鱼减少生态位最多；移除弓斑东方鲀后，草鱼增加生态位最多（图 4-11）。

3. 鲢

鲢生态位在 10.4459%～16.4285%变化，每次缺失变化幅度不同，整个分析过程最大变化幅度为 5.9826 个百分点。图 4-12 显示，与鲢呈互利关系的有 34 种，竞争关系的有 45 种。移除光唇鱼后，鲢减少生态位最多；移除中华倒刺鲃后，鲢增加生态位最多（图 4-12）。

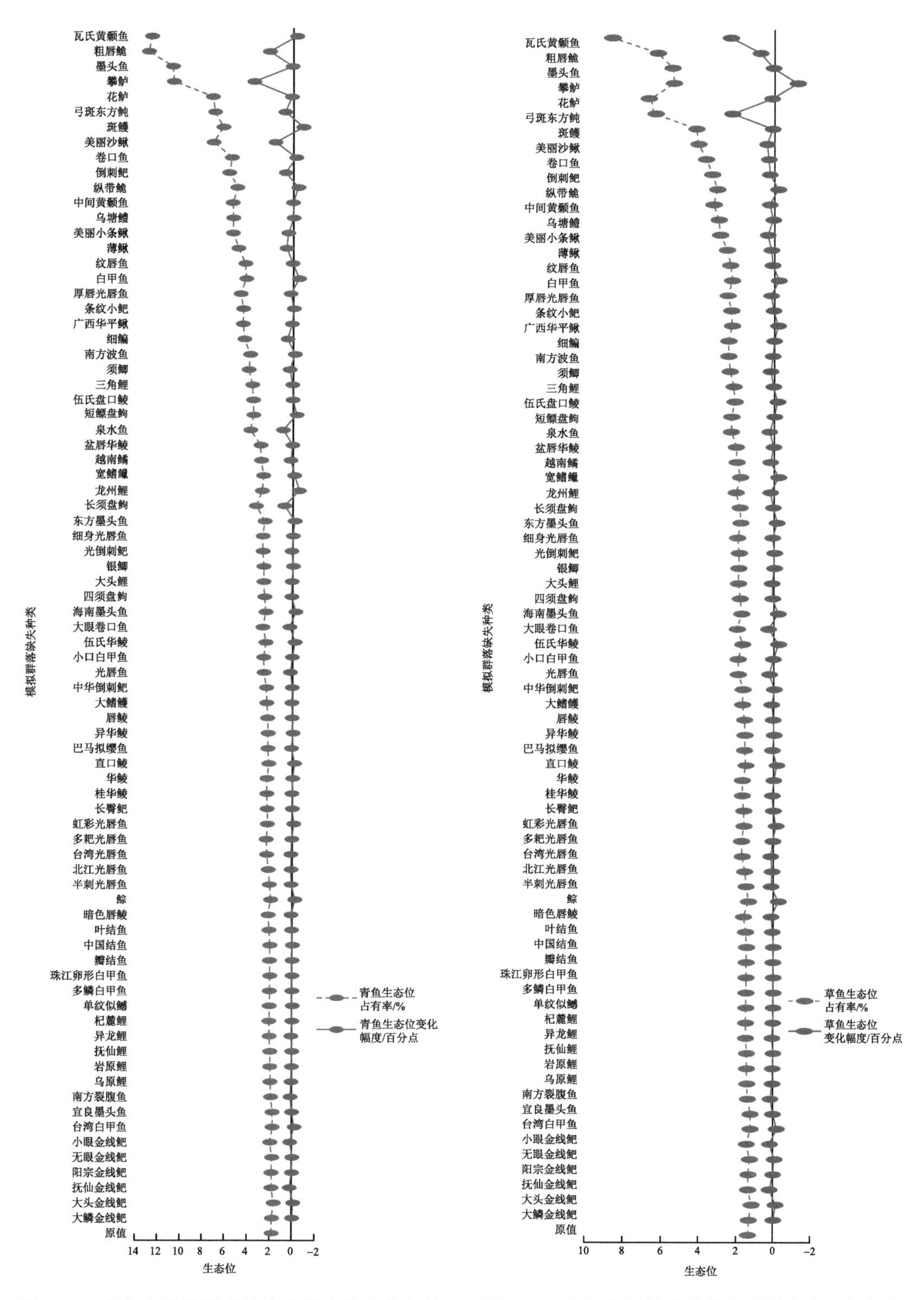

图 4-10　青鱼在原始群落缺失分析中生态位变化

图 4-11　草鱼在原始群落缺失分析中生态位变化

4. 鳙

鳙生态位在 3.4881%～10.9246%变化，每次缺失变化幅度不同，整个分析过程最大变化幅度为 7.4365 个百分点。图 4-13 显示，与鳙呈互利关系的有 29 种，竞争关系的有 50 种。在移除龙州鲤后，鳙减少生态位最多；移除宽鳍鱲后，鳙增加生态位最多（图 4-13）。

5. 鲂

鲂生态位在 1.0454%～3.9841%变化，最大变化幅度为 2.9387 个百分点。分析显示，与鲂呈互利关系的有 36 种，其余 43 种为竞争关系。在移除东方墨头鱼后，鲂减少生态位最多；移除细身光唇鱼后，鲂增加生态位最多（图 4-14）。

6. 鳊

鳊生态位在 0.7864%～3.9975%变化，最大变化幅度为 3.211 个百分点。分析显示，与鳊呈互利关系的有 35 种，其余 43 种为竞争关系。在移除短鳔盘鮈后，鳊减少生态位最多；移除盆唇华鲮后，鳊增加生态位最多（图 4-15）。

7. 赤眼鳟

赤眼鳟生态位在 0.5375%～3.991%变化，最大变化幅度为 3.4536 个百分点。分析显示，与赤眼鳟呈互利关系的有 36 种，其余 43 种为竞争关系。在移除鯮后，赤眼鳟减少生态位最多；移除半刺光唇鱼后，赤眼鳟增加生态位最多（图 4-16）。

8. 银鲴

银鲴生态位在 0.0029%～2.569%变化，最大变化幅度为 2.5661 个百分点。分析显示，与银鲴呈互利关系的有 34 种，其余 45 种为竞争关系。在移除伍氏盘口鲮后，银鲴减少生态位最多；移除短鳔盘鮈后，银鲴增加生态位最多（图 4-17）。

9. 鲮

鲮生态位在 0.0025%～2.67%变化，最大变化幅度为 2.6675 个百分点。分析显示，与鲮呈互利关系的有 41 种，其余 38 种为竞争关系。在移除北江光唇鱼后，鲮减少生态位最多；移除台湾光唇鱼后，鲮增加生态位最多（图 4-18）。

10. 鲤

鲤生态位变化在 0.1598%～3.9503%，最大变化幅度为 3.7905 个百分点。分析显示，

图 4-12　鲢在原始群落缺失分析中生态位变化

图 4-13　鳙在原始群落缺失分析中生态位变化

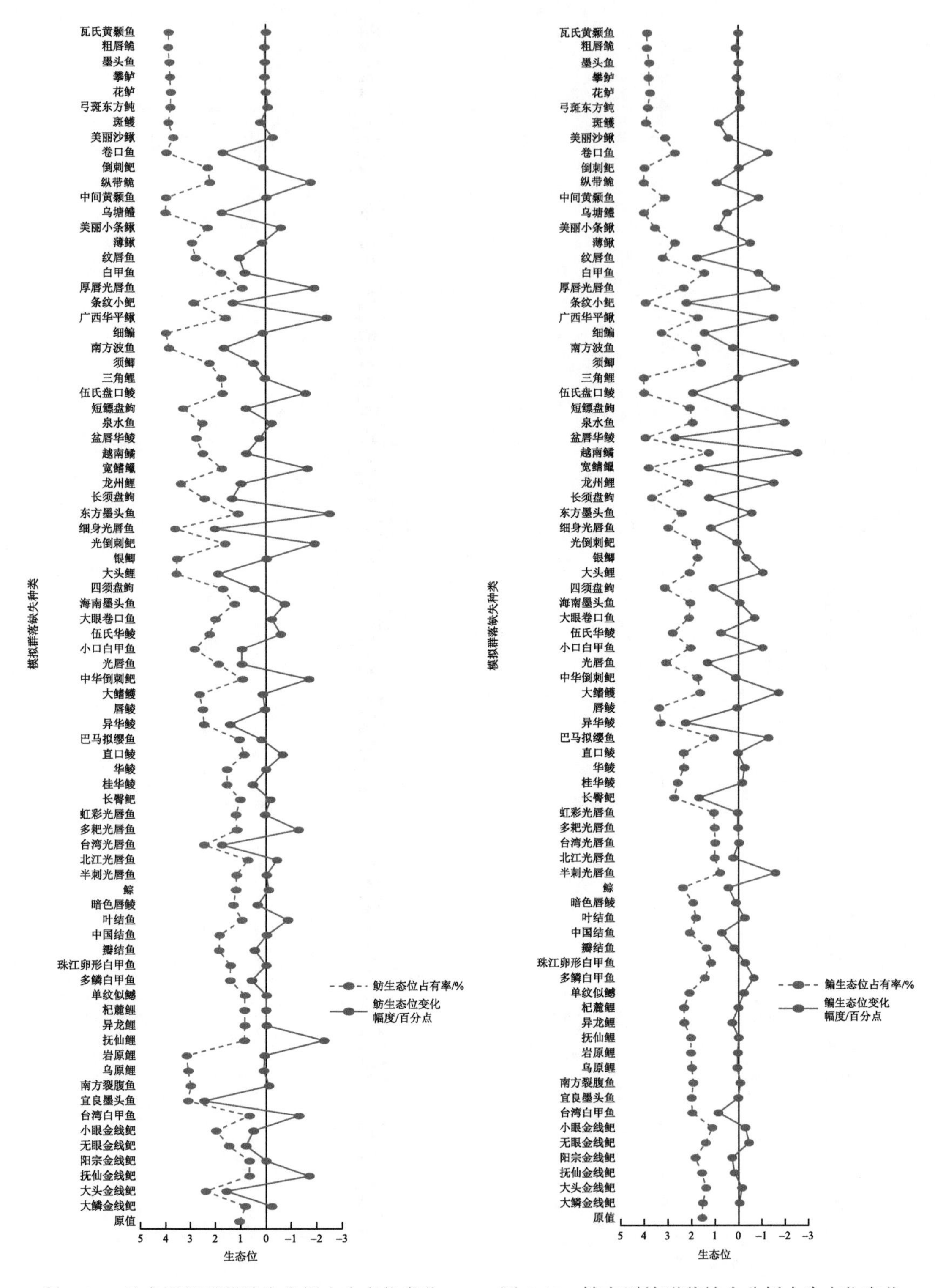

图 4-14　鲂在原始群落缺失分析中生态位变化

图 4-15　鳊在原始群落缺失分析中生态位变化

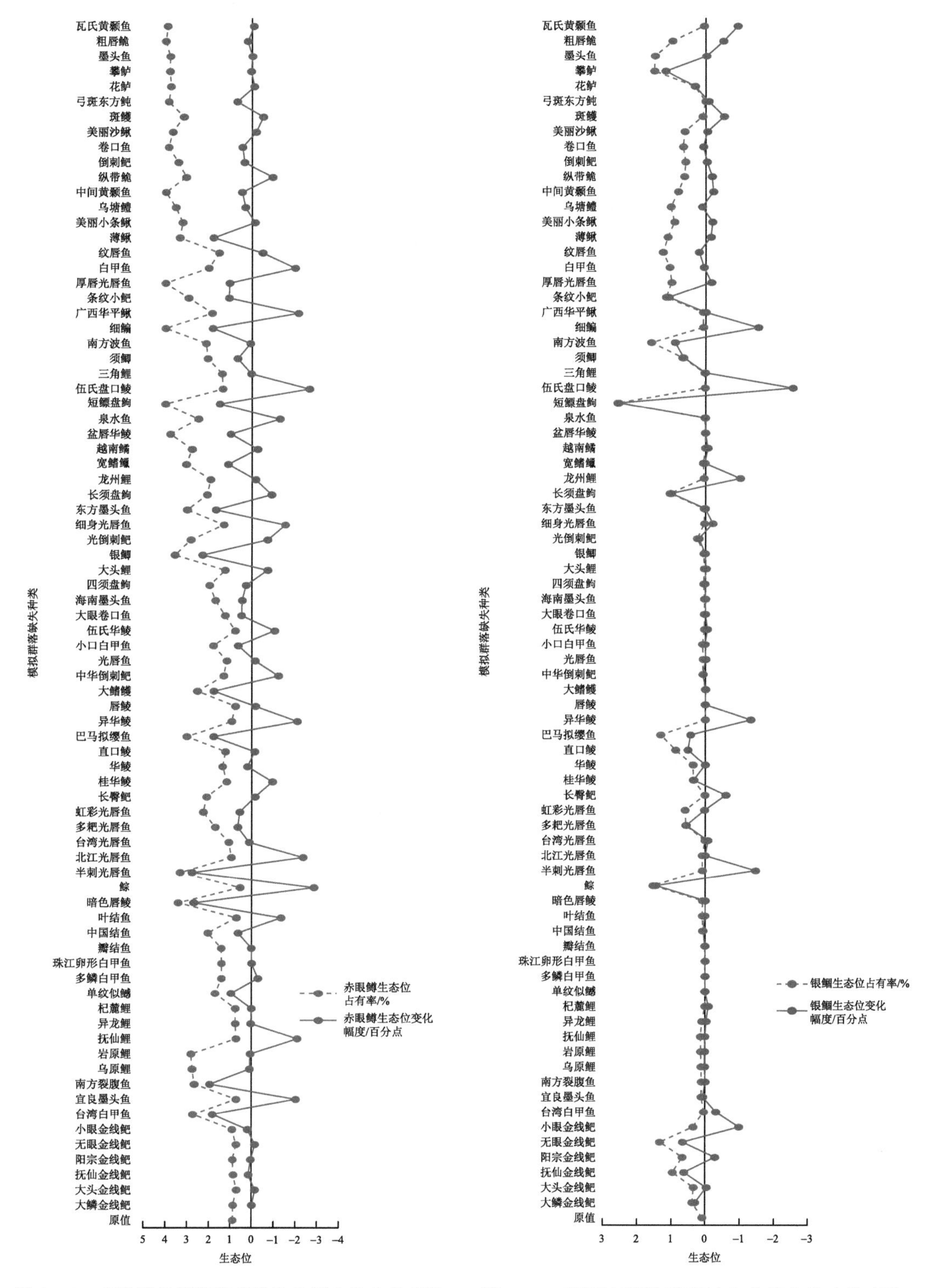

图 4-16　赤眼鳟在原始群落缺失分析中生态位变化　　图 4-17　银鲴在原始群落缺失分析中生态位变化

与鲤呈互利关系的有 38 种，其余 41 种为竞争关系。在移除长臀鮠后，鲤减少生态位最多；移除虹彩光唇鱼后，鲤增加生态位最多（图 4-19）。

11. 鳡

鳡生态位在 1.3382%～4.3429%变化，最大变化幅度为 3.0047 个百分点。分析显示，与鳡呈互利关系的有 33 种，其余 46 种为竞争关系。生态位最大变幅在移除白甲鱼后，鳡减少生态位最多；移除薄鳅后，鳡增加生态位最多（图 4-20）。

12. 鳍

鳍生态位在 0.0060%～2.8333%变化，最大变化幅度为 2.8273 个百分点。分析显示，与鳍量互利关系的有 33 种，其余 46 种为竞争关系。生态位最大变幅在移除白甲鱼后，鳍减少生态位最多；移除墨头鱼后，鳍增加生态位最多（图 4-21）。

13. 大眼鳜

大眼鳜生态位在 0.0199%～3.9541%变化，最大变化幅度为 3.9342 个百分点。分析显示，与大眼鳜呈互利关系的有 36 种，其余 43 种为竞争关系。生态位最大变幅在移除薄鳅后，大眼鳜减少生态位最多；移除粗唇鮠后，大眼鳜增加生态位最多（图 4-22）。

14. 泥鳅

泥鳅生态位在 0.8690%～3.9838%变化，最大变化幅度为 3.1148 个百分点。分析显示，生态位与泥鳅呈互利关系的有 38 种，其余 41 种为竞争关系。生态位最大变幅在移除条纹小鲃后，鲢减少生态位最多；移除乌塘鳢后，泥鳅增加生态位最多（图 4-23）。

15. 银飘鱼

银飘鱼生态位在 0.7101%～3.9933%变化，最大变化幅度为 3.2832 个百分点。分析显示，与银飘鱼呈互利关系的有 35 种，其余 44 种为竞争关系。生态位最大变幅在移除半刺光唇鱼后，银飘鱼减少生态位最多；移除鲸后，银飘鱼增加生态位最多（图 4-24）。

16. 鳌

鳌生态位在 0.0166%～3.8568%变化，最大变化幅度为 3.8402 个百分点。分析显示，与鳌呈互利关系的有 43 种，其余 36 种为竞争关系。生态位最大变幅在移除条纹小鲃后，鳌减少生态位最多；移除攀鲈后，鳌增加生态位最多（图 4-25）。

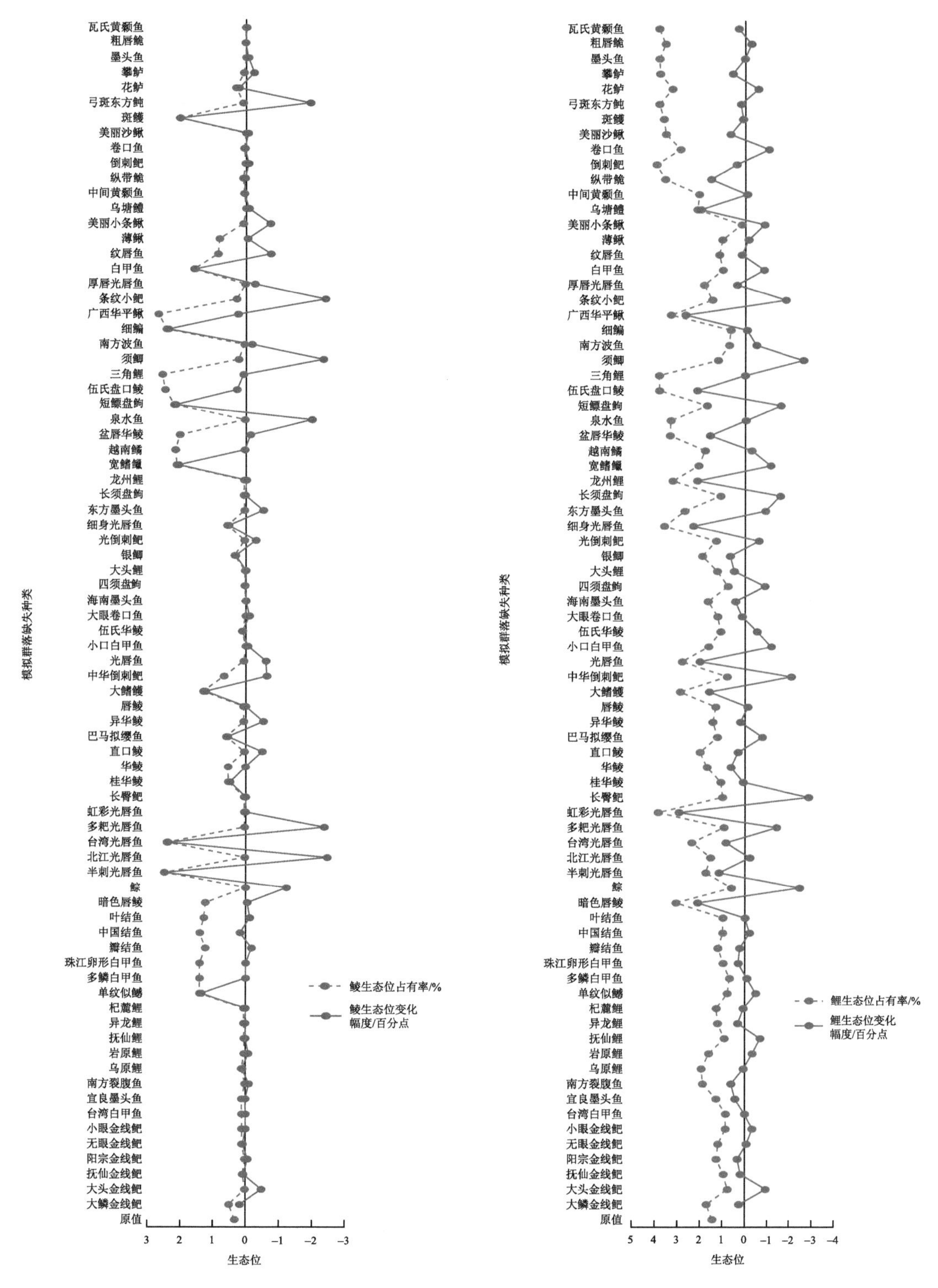

图 4-18 鲮在原始群落缺失分析中生态位变化

图 4-19 鲤在原始群落缺失分析中生态位变化

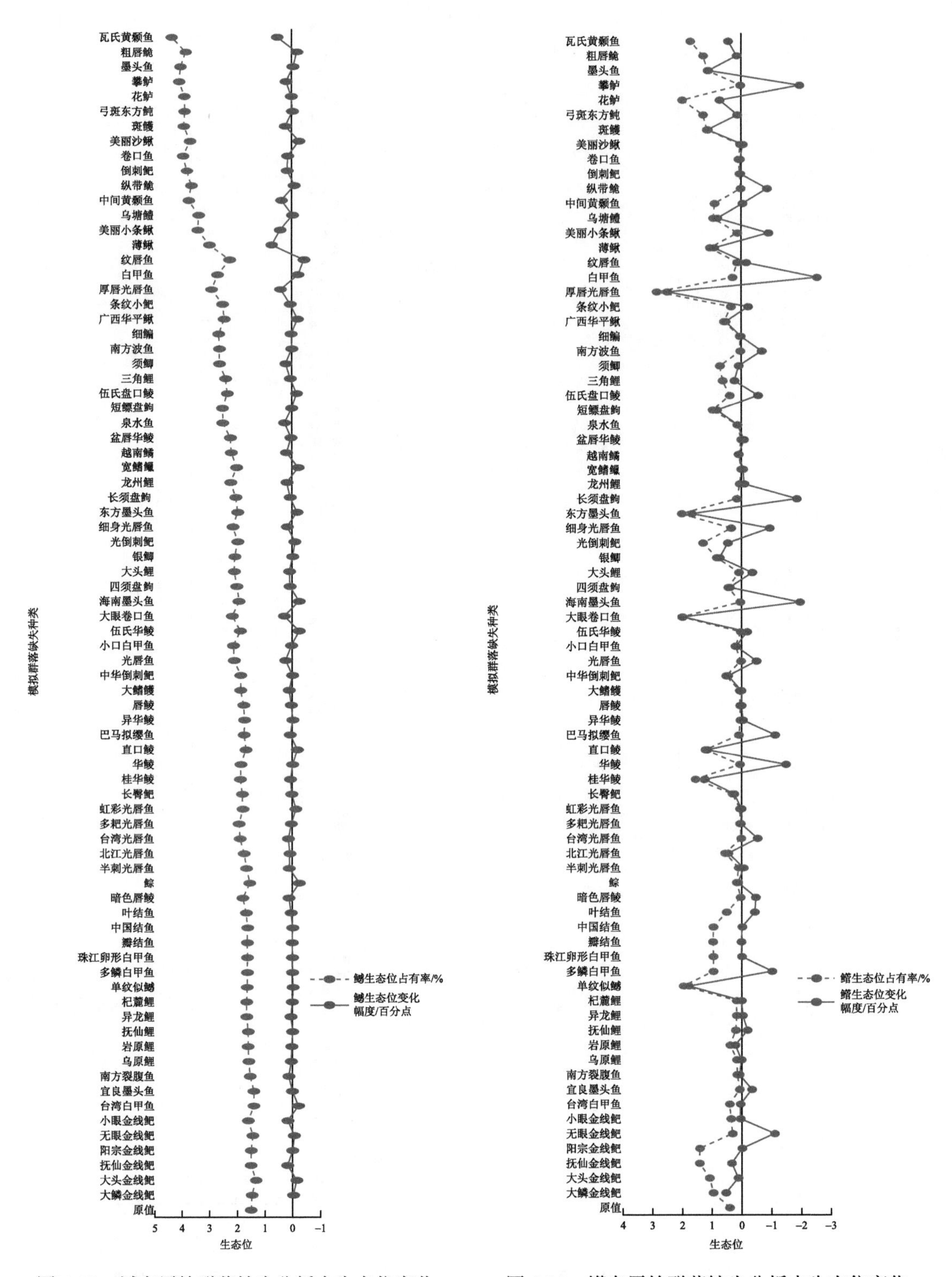

图 4-20 鳡在原始群落缺失分析中生态位变化

图 4-21 鳤在原始群落缺失分析中生态位变化

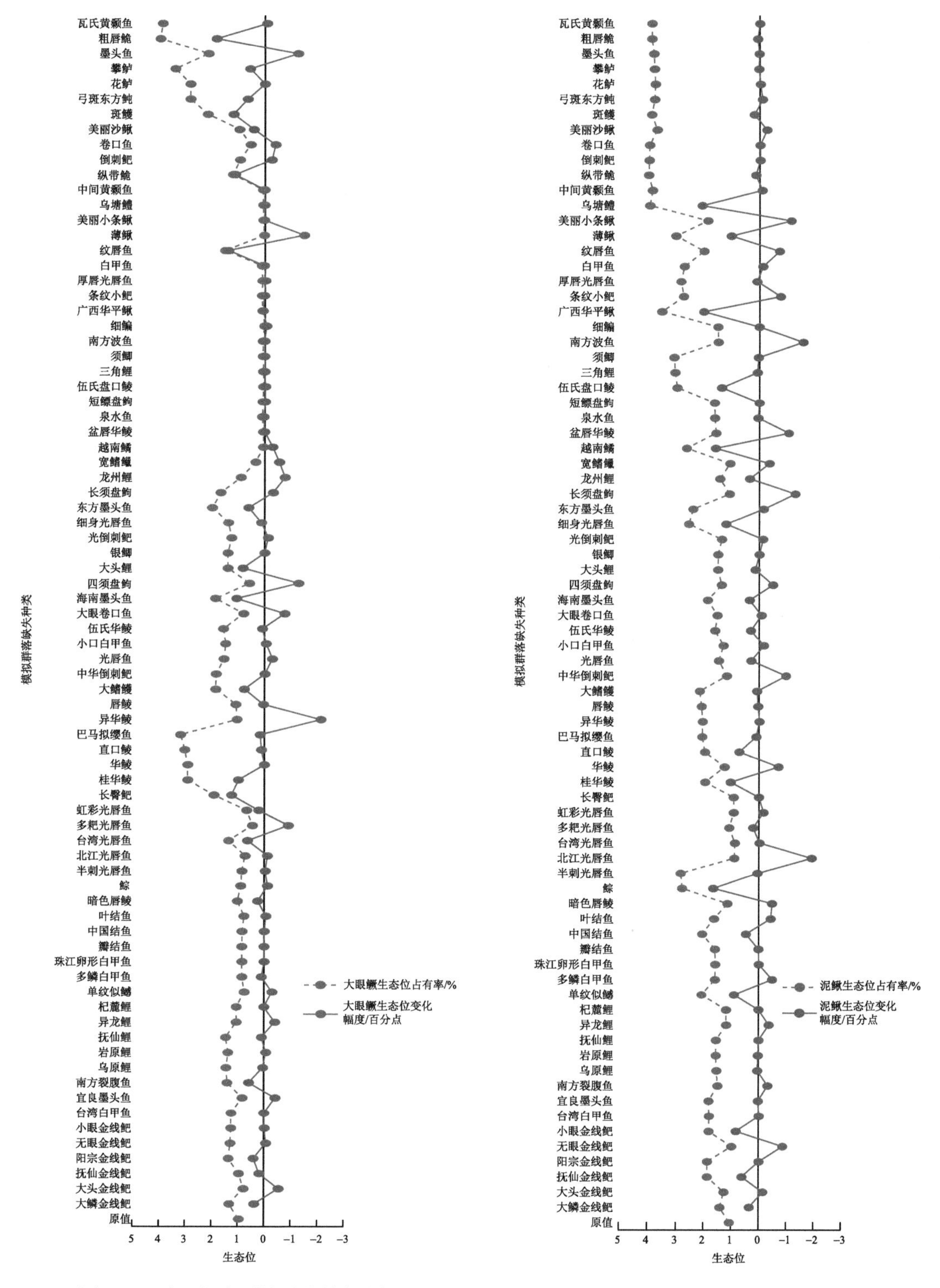

图 4-22　大眼鳜在原始群落缺失分析中生态位变化

图 4-23　泥鳅在原始群落缺失分析中生态位变化

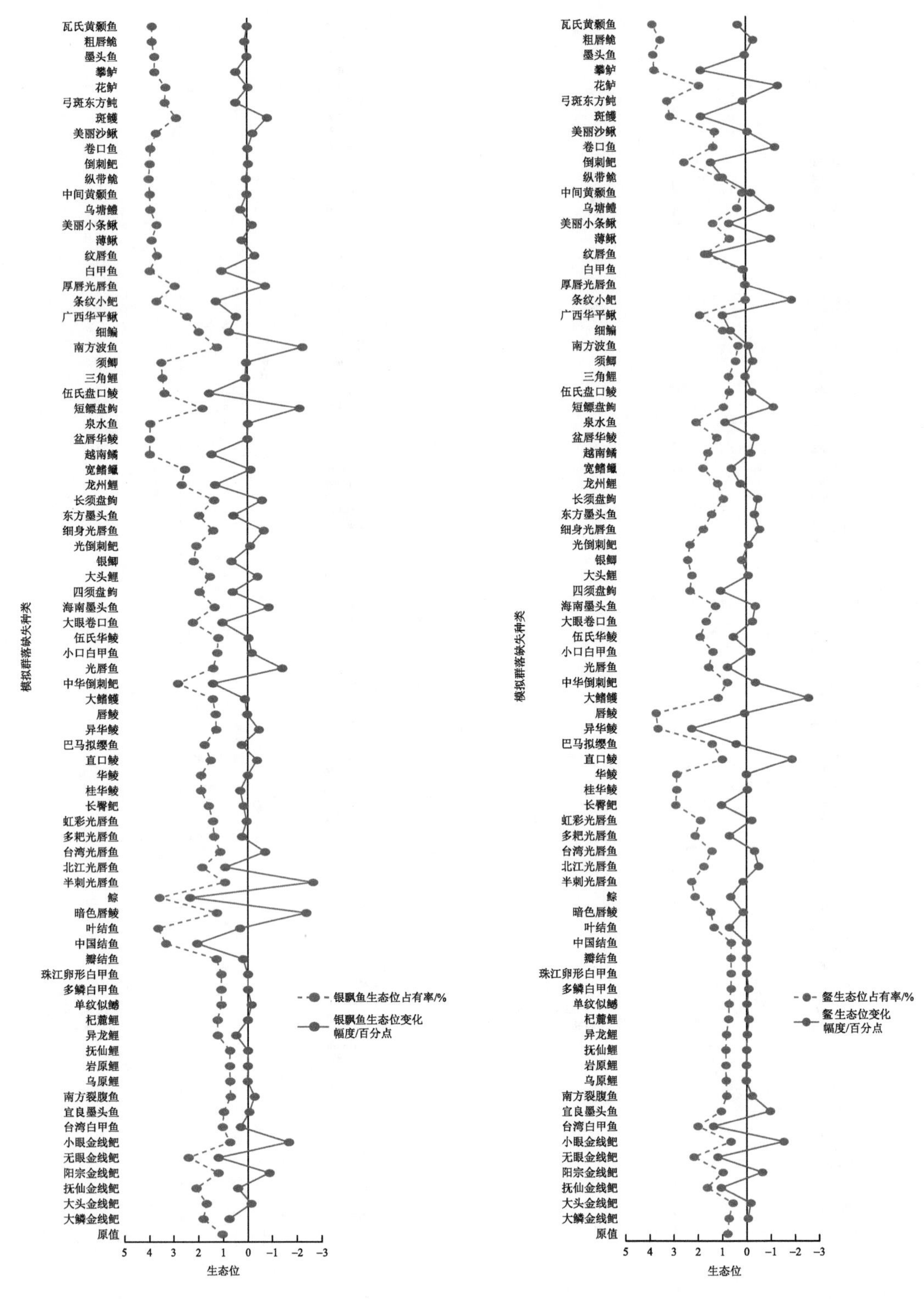

图 4-24 银飘鱼在原始群落缺失分析中生态位变化

图 4-25 鳘在原始群落缺失分析中生态位变化

17. 银鮈

银鮈生态位在0.0075%～2.1739%变化，最大变化幅度为2.1664个百分点。分析显示，与银鮈呈互利关系的有32种，其余47种为竞争关系。生态位最大变幅在移除南方波鱼后，银鮈减少生态位最多；移除异华鲮后，银鮈增加生态位最多（图4-26）。

18. 白肌银鱼

白肌银鱼生态位在0.6837%～3.9527%变化，最大变化幅度为3.269个百分点。分析显示，与白肌银鱼呈互利关系的有40种，其余39种为竞争型。生态位最大变幅在移除广西华平鳅后，白肌银鱼减少生态位最多；移除细鳊后，白肌银鱼增加生态位最多（图4-27）。

19. 子陵吻虾虎鱼

子陵吻虾虎鱼生态位在0.0351%～3.6267%变化，最大变化幅度为3.5916个百分点。分析显示，与子陵吻虾虎鱼互利关系的有31种，其余48种为竞争关系。生态位最大变幅在移除细鳊后，子陵吻虾虎鱼减少生态位最多；移除广西华平鳅后，子陵吻虾虎鱼增加生态位最多（图4-28）。

20. 鲫

鲫生态位在0.0068%～3.3347%变化，最大变化幅度为3.3279个百分点。分析显示，生态位与鲫呈互利关系的有38种，其余41种为竞争关系。生态位最大变幅在移除美丽小条鳅后，鲫减少生态位最多；移除薄鳅后，鲫增加生态位最多（图4-29）。

21. 斑鳢

斑鳢生态位在0.4258%～3.8833%变化，最大变化幅度为3.4575个百分点。分析显示，与斑鳢呈互利关系的有30种，其余49种为竞争关系。生态位最大变幅在移除直口鲮后，斑鳢减少生态位最多；移除白甲鱼后，斑鳢增加生态位最多（图4-30）。

22. 黄颡鱼

黄颡鱼生态位在0.565%～3.998%变化，最大变化幅度为3.433个百分点。分析显示，与黄颡鱼无竞争关系的有1种，呈互利关系的有35种，其余43种为竞争关系。生态位最大变幅在移除越南鱊后，黄颡鱼减少生态位最多；移除美丽沙鳅后，黄颡鱼增加生态位最多（图4-31）。

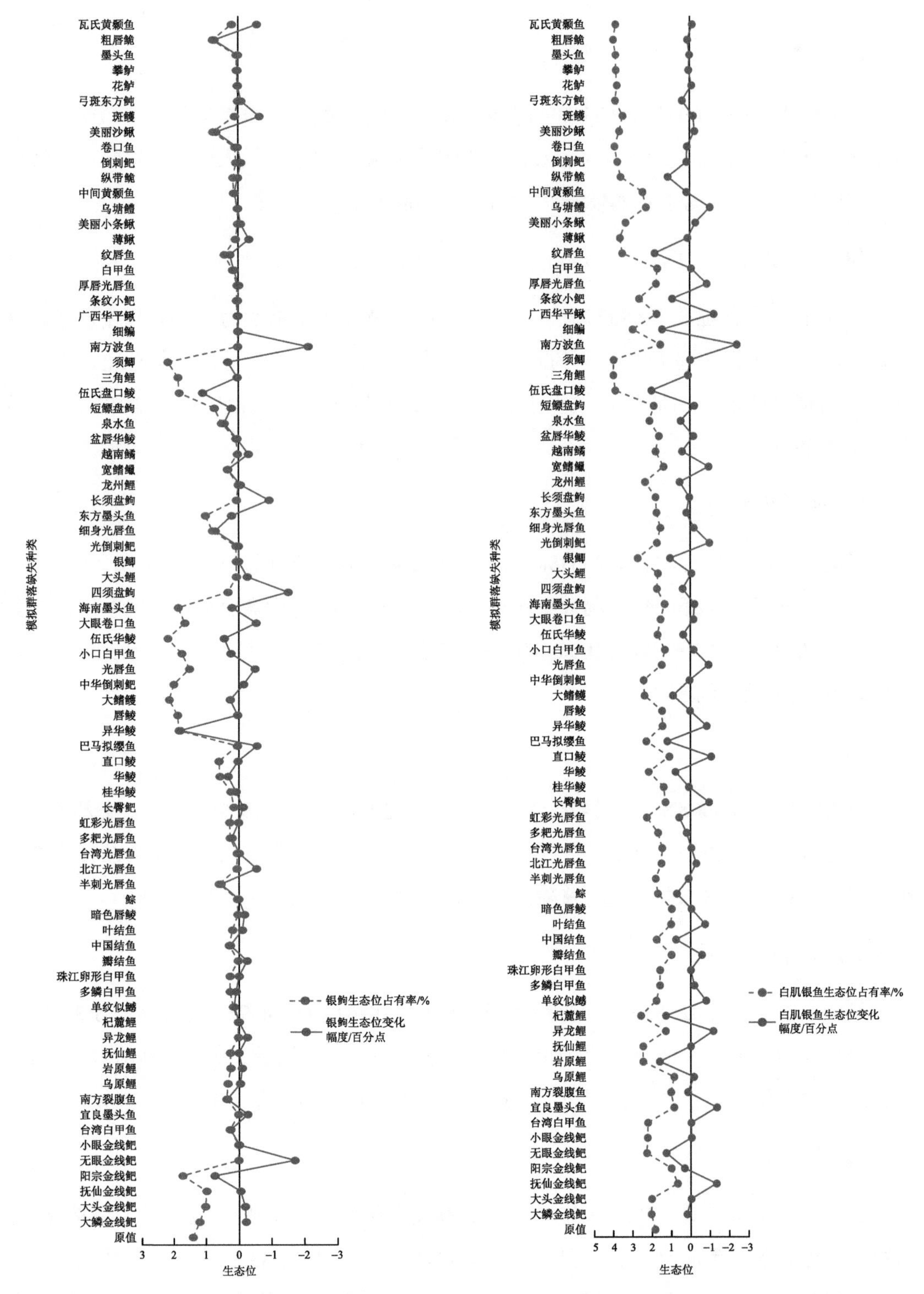

图 4-26　银鮈在原始群落缺失分析中生态位变化

图 4-27　白肌银鱼在原始群落缺失分析中生态位变化

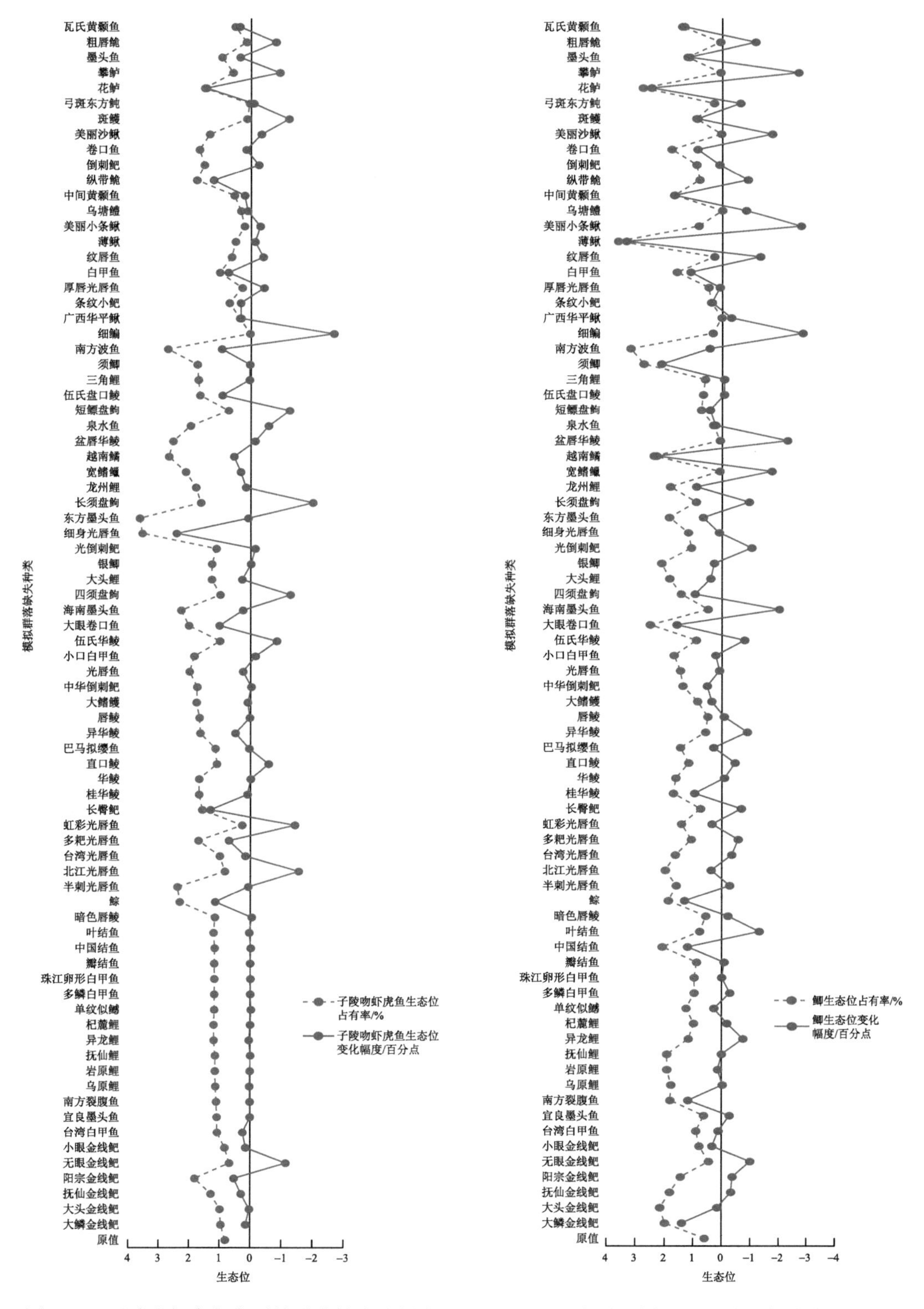

图 4-28　子陵吻虾虎鱼在原始群落缺失分析中生态位变化

图 4-29　鲫在原始群落缺失分析中生态位变化

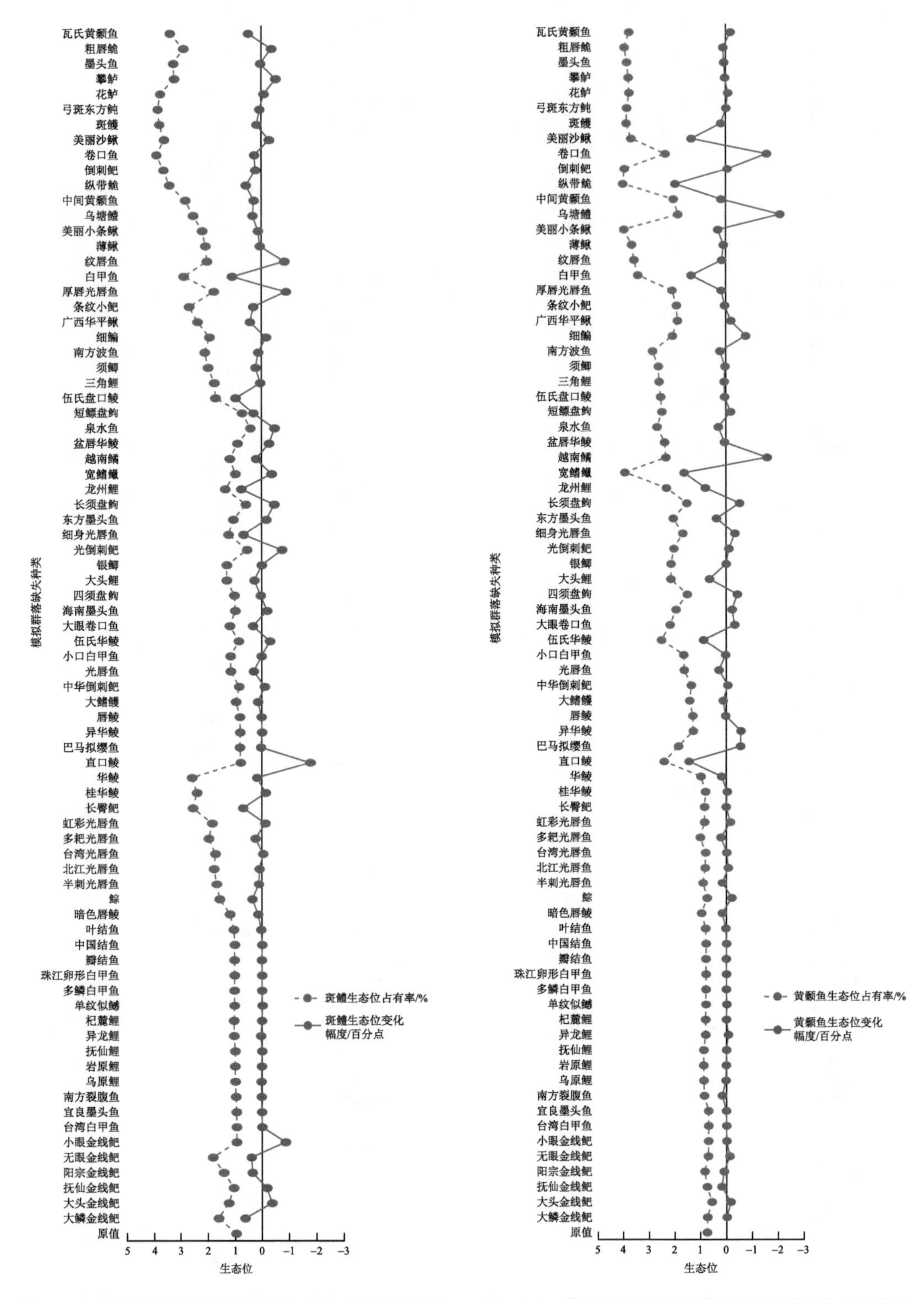

模拟群落缺失种类
瓦氏黄颡鱼
粗唇鮠
墨头鱼
攀鲈
花鲈
弓斑东方鲀
斑鳠
美丽沙鳅
卷口鱼
倒刺鲃
纵带鮠
中间黄颡鱼
乌塘鳢
美丽小条鳅
薄鳅
纹唇鱼
白甲鱼
厚唇光唇鱼
条纹小鲃
广西华平鳅
细鳊
南方波鱼
须鲫
三角鲤
伍氏盘口鲮
短鳔盘鮈
泉水鱼
盆唇华鲮
越南鱊
宽鳍鱲
龙州鲤
长须盘鮈
东方墨头鱼
细身光唇鱼
光倒刺鲃
银鲫
大头鲤
四须盘鮈
海南墨头鱼
大眼卷口鱼
伍氏华鲮
小口白甲鱼
光唇鱼
中华倒刺鲃
大鳍鳠
唇鲮
异华鲮
巴马拟缨鱼
直口鲮
华鲮
桂华鲮
长臀鲃
虹彩光唇鱼
多耙光唇鱼
台湾光唇鱼
北江光唇鱼
半刺光唇鱼
鯮
暗色唇鲮
叶结鱼
中国结鱼
瓣结鱼
珠江卵形白甲鱼
多鳞白甲鱼
单纹似鳡
杞麓鲤
异龙鲤
抚仙鲤
岩原鲤
乌原鲤
南方裂腹鱼
宜良墨头鱼
台湾白甲鱼
小眼金线鲃
无眼金线鲃
阳宗金线鲃
抚仙金线鲃
大头金线鲃
大鳞金线鲃
原值
5 4 3 2 1 0 −1 −2 −3
生态位

图 4-30　斑鳢在原始群落缺失分析中生态位变化

图 4-31　黄颡鱼在原始群落缺失分析中生态位变化

23. 马口鱼

马口鱼生态位在0.0052%～2.6641%变化，最大变化幅度为2.6589个百分点。分析显示，与马口鱼呈互利关系的有30种，其余49种为竞争关系。生态位最大变幅在移除龙州鲤后，马口鱼减少生态位最多；移除长须盘鮈后，马口鱼增加生态位最多（图4-32）。

24. 大眼近红鲌

大眼近红鲌生态位在0.007%～3.759%变化，最大变化幅度为3.752个百分点。分析显示，与大眼近红鲌呈互利关系的有30种，其余49种为竞争关系。生态位最大变幅在移除大头金线鲃后，大眼近红鲌减少生态位最多；移除抚仙金线鲃，大眼近红鲌增加生态位最多（图4-33）。

25. 高体鳑鲏

高体鳑鲏生态位在0.006%～3.7226%变化，最大变化幅度为3.7166个百分点。分析显示，与高体鳑鲏呈互利关系的有33种，其余46种为竞争关系。生态位最大变幅在移除龙州鲤后，高体鳑鲏减少生态位最多；移除宽鳍鱲后，高体鳑鲏增加生态位最多（图4-34）。

4.2.2 模拟群落对种移除的响应

以104种鱼为原始群落的鱼类生态位起始占有量值为参照标准，假设某些鱼类逐一消失，比较每次鱼类消失后各种鱼类生态位占有量值与参照值的增减，评定鱼之间的相互关系。如果生态位占有量值减少（增加）就判定为互利型（竞争型）；如果生态位占有量值不变或变化极小便判定为无竞争型。

将竞争型、互利型、无竞争型对应1、2、3进行分别赋值，将79种鱼与25种亚单元群落鱼的模型分析结果进行聚类，图4-35显示鱼类竞争型、互利型占大多数。

104种鱼大致分为四个类群。第一类群上游分布的鱼类占大多数；第二类群中游分布的鱼类占大多数；第三类群下游分布的鱼类占大多数；第四类群鱼类以独立成支为主，它们是高原鱼类或洞穴鱼类（表4-12）。

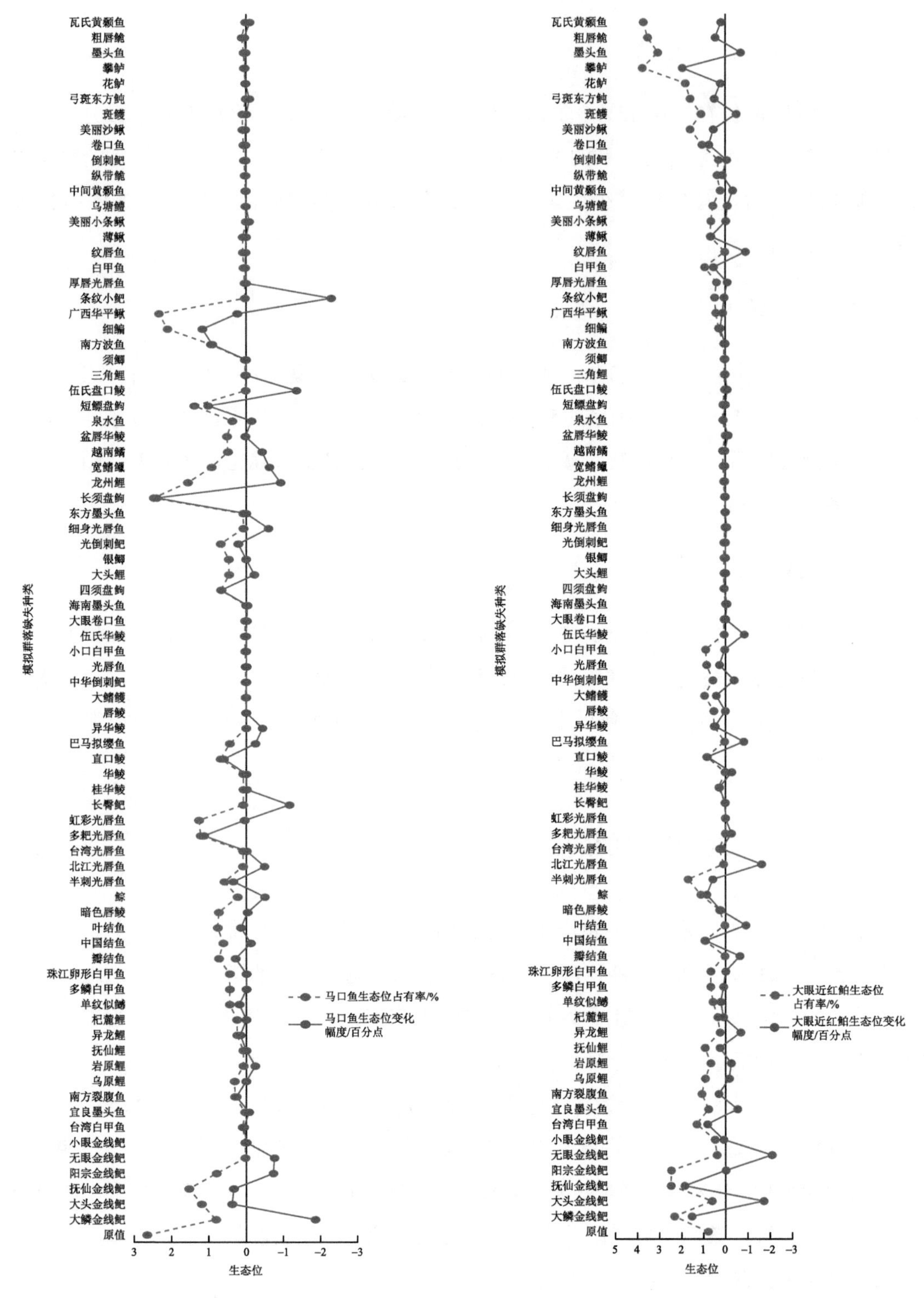

图 4-32　马口鱼在原始群落缺失分析中生态位变化

图 4-33　大眼近红鲌在原始群落缺失分析中生态位变化

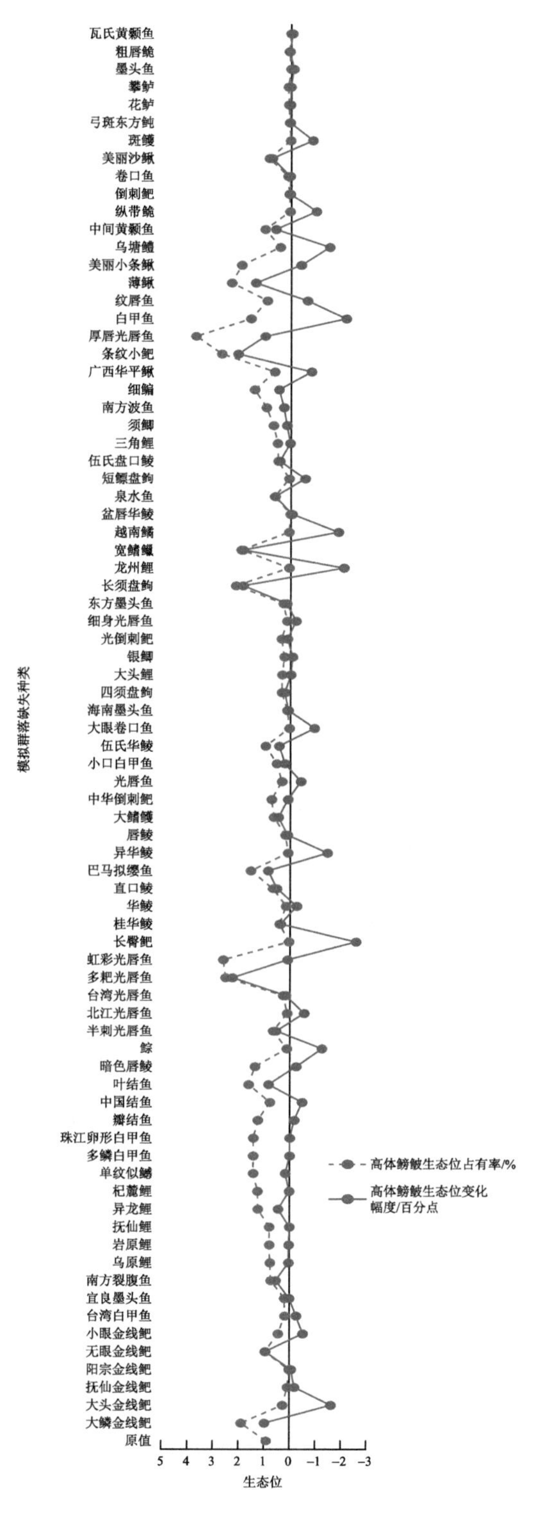

图 4-34　高体鳑鲏在原始群落缺失分析中生态位变化

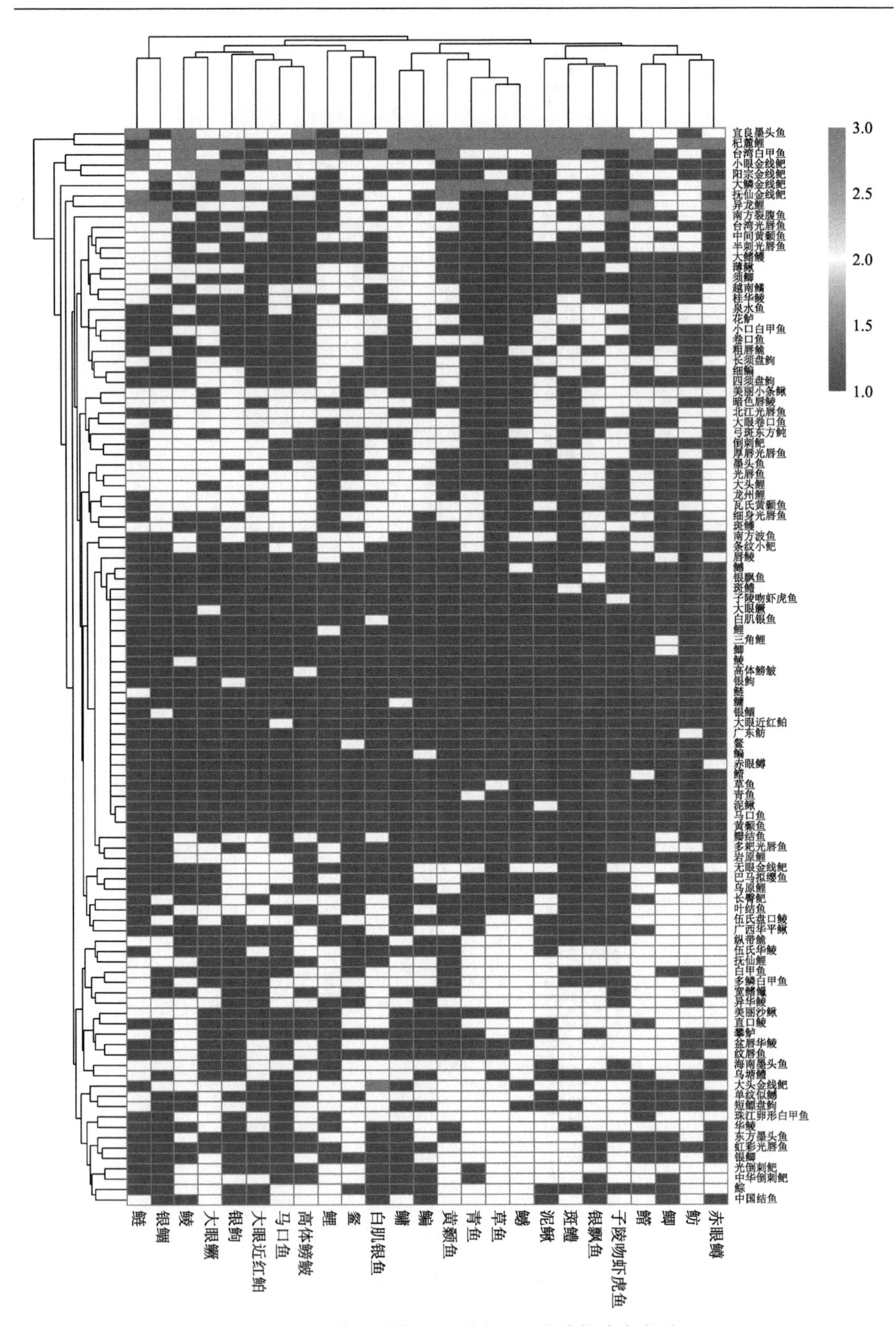

图 4-35　亚单元群落对 79 种鱼逐一移除的响应类型

表 4-12　104 种鱼聚类特征

聚类群	种类	主要地理分布特征
1	乌原鲤、岩原鲤、抚仙鲤、大头金线鲃、无眼金线鲃、单纹似鳡、中国结鱼、瓣结鱼、叶结鱼、白甲鱼、珠江卵形白甲鱼、多鳞白甲鱼、华鲮、异华鲮、盆唇华鲮、伍氏华鲮、伍氏盘口鲮、直口鲮、短鳔盘鮈、巴马拟缨鱼、宽鳍鱲、鯮、中华倒刺鲃、光倒刺鲃、长臀鲃、虹彩光唇鱼、台湾光唇鱼、多耙光唇鱼、纹唇鱼、海南墨头鱼、东方墨头鱼、广西华平鳅、美丽沙鳅、纵带鮠、银鲫、乌塘鳢、攀鲈	上游为主
2	大头鲤、龙州鲤、暗色唇鲮、桂华鲮、长须盘鮈、四须盘鮈、小口白甲鱼、台湾白甲鱼、北江光唇鱼、厚唇光唇鱼、光唇鱼、细身光唇鱼、半刺光唇鱼、须鲫、泉水鱼、倒刺鲃、大眼卷口鱼、卷口鱼、中间黄颡鱼、瓦氏黄颡鱼、大鳍鳠、斑鳠、细鳊、薄鳅、美丽小条鳅、粗唇鮠、墨头鱼、越南鳎、花鲈、弓斑东方鲀	中游为主
3	唇鲮、三角鲤、鳍、银飘鱼、银鮈、鳘、条纹小鲃、黄颡鱼、大眼鳜、银鲴、青鱼、草鱼、鲢、鳙、鳡、大眼近红鲌、鲂、鳊、赤眼鳟、泥鳅、鲮、南方波鱼、马口鱼、鲤、鲫、斑鳢、高体鳑鲏、白肌银鱼、子陵吻虾虎鱼	下游为主
4	宜良墨头鱼、杞麓鲤、阳宗金线鲃、小眼金线鲃、大鳞金线鲃、异龙鲤、抚仙金线鲃、南方裂腹鱼	特殊生境为主

亚单元群落各种类鱼有四种聚类关系，第一类有 2 种鱼；第二类有 9 种鱼类；第三类有 8 种鱼类，第四类有 6 种鱼类。25 种鱼类表现出不同类型的种间关系（表 4-13）。

表 4-13　亚单元群落 25 种鱼类的聚类特征

聚类群	种类
1	鲢、银鲴
2	白肌银鱼、鳘、鲤、高体鳑鲏、马口鱼、银鮈、大眼近红鲌、鲮、大眼鳜
3	赤眼鳟、鲂、鲫、鳍、子陵吻虾虎鱼、银飘鱼、斑鳢、泥鳅
4	鳡、青鱼、草鱼、鳙、黄颡鱼、鳊

104 种鱼的分类结果显示，模型总体上将鱼类的空间分布关系进行了分类，符合这类鱼现实空间分布格局。模型分析结果也体现了上、中、下游分布的鱼类都由不同食性的鱼类组成，描述的生态位关系符合食物链的基本规律。本节分述了不同类型鱼类的生态位竞争关系。

4.2.3　亚单元群落演替特征

1. *亚单元群落变化格局*

模拟群落经过 79 轮种类移除后，以每一轮移除后的生态位值 A_i'减去移除前生态位 A_i 差值的总和[$\sum(A_i'-A_i)$，$i = 1, 2, 3, \cdots, 79$]为亚单元群落中各种鱼生态位最后变化值，用来衡量亚单元群落在演替后最终生态位的状态。表 4-14 显示生态位绝对变化值≥10%的鱼类 1 种，占 4%；5%≤变化值<10%的 2 种，占 8%；≤0 变化值<5%的 16 种，占 64%；负值（失去生态位）的 6 种，占 24%。随着群落种类减少，亚单元群落中 80%的鱼类种类生态位得到不同程度的拓展，另外 20%的种类生态位压缩。演替中群落物种的生态位获得并不以物种体形大小而按比例分配。青鱼、草鱼、鲢、鳙和鳡均为大型鱼类，但在 104 种鱼组成的原始群落中，生态位占有率差异较大，其中鲢占的生态位大于 10%，其他 4 种鱼的生态位较为接近。随着原始群落演替为亚单元群落后，鳡生态位虽然增加较大，但明显不及青鱼、草鱼、鲢和鳙的增加幅度（珠江现有数据中，鳡的生态位也未有达到 5%以上的记录），结果显示表征鱼形态的参数所隐含的生态位信息与现实观测数据有一定的吻合度。亚单元群落逐渐演替为以青鱼、草鱼、鲢、鳙和鳡为优势种的群落，5 种鱼的生态位约为 50%，提示群落物种多样性下降，大型鱼组成的优势种在系统中的生态位凸显。

表 4-14　模拟群落演潜为亚单元群落后的生态位绝对变化值　（单位：%）

种类	$\Sigma(A_i'-A_i)$	亚单元群落生态位占有率
青鱼	10.745 4	12.535 6
草鱼	7.296 5	8.642 6
鳙	7.131 9	10.682 9
鲢	3.676 9	14.323 9
鳘	3.070 9	3.856 8
黄颡鱼	3.011 0	3.757 0
赤眼鳟	2.994 0	3.868 4
大眼近红鲌	2.923 0	3.723 0
大眼鳜	2.911 5	3.865 2
鳡	2.829 5	4.342 9
银飘鱼	2.817 5	3.862 2
鲂	2.811 25	3.856 7
泥鳅	2.807 4	3.866 9
斑鳢	2.395 5	3.370 9
鲤	2.383 4	3.827 6
鳊	2.299 1	3.859 3
白肌银鱼	1.983 0	3.827 4
鳍	1.290 8	1.705 6
鲫	0.828 3	1.422 1
银鲴	−0.031 0	0.052 0
子陵吻虾虎鱼	−0.292 5	0.516 6

续表

种类	$\Sigma(A_i'-A_i)$	亚单元群落生态位占有率
鲮	−0.317 5	0.009 6
高体鳑鲏	−0.904 7	0.006 0
银鮈	−1.211 6	0.194 9
马口鱼	−2.639 7	0.024 4

2. 演替趋势类型

25 种鱼（高体鳑鲏、银鮈、斑鳢、子陵吻虾虎鱼、鲤、白肌银鱼、鳊、银飘鱼、泥鳅、鲮、鳙、黄颡鱼、鲢、青鱼、鳡、草鱼、鲫、鳘、大眼鳜、鲂、鳍、赤眼鳟、大眼近红鲌、马口鱼、银鲴）对 79 种鱼缺失的反应中，总体上“四大家鱼”的变化较小，说明珠江“四大家鱼”在长期演化过程中，形成了占据较大生态位的格局，通常其他种类的变化很难影响这一格局。根据陆奎贤（1990）的资料，20 世纪 80 年代珠江中下游“四大家鱼”的捕捞产量达到 40%～50%，是优势种。近几十年来，人类活动极大地改变了河流生态系统，栖息地改变造成鱼类多样性及分布格局的改变，尤其导致许多鱼类从优势种变为稀有种、一些鱼类处于濒危状态，另一些鱼类已经灭绝或消失。研究鱼类分布格局的变化，了解每种鱼类对其他鱼类的影响，对认识物种的作用及维护生态系统物种群落的结构与功能，或恢复与构建群落具有意义。

1）负相关变化型

负相关变化型指亚单元群落 25 种鱼类中，群落物种生态位变化随原始群落物种减少而增加的类型。其中包括青鱼、草鱼、鲢、鳙和鳡 5 种。如图 4-36 所示青鱼初始生态位 1.79%，最大变化值为 12.83%，变化幅度为 11.04 个百分点，随着种类减少，青鱼的生态位相应增加，增加幅度较大，趋势变化虚线提示群落中青鱼的生态位与种类的多少呈负相关态势。

生态位演替分析提示，受干扰群落物种的生态位处于紊乱状态。原始群落物种丧失，亚单元群落中 80%的鱼类种类生态位变化基本上未突破 5 个百分点，而且各种鱼在群落种类变化中生态位变化处于交替补位状态，维持系统中优势种生态位扩充后的生态位平稳。

2）正相关变化型

正相关变化型指亚单元群落 25 种鱼类中，群落物种生态位变化随原始群落物种减少而减少的类型。图 4-37 中马口鱼生态位从 2.6641%下降为 0.0052%，总体上随着种类减少，马口鱼的生态位相应减少。这一类型包括高体鳑鲏、子陵吻虾虎鱼、马口鱼、银鮈和鲫。

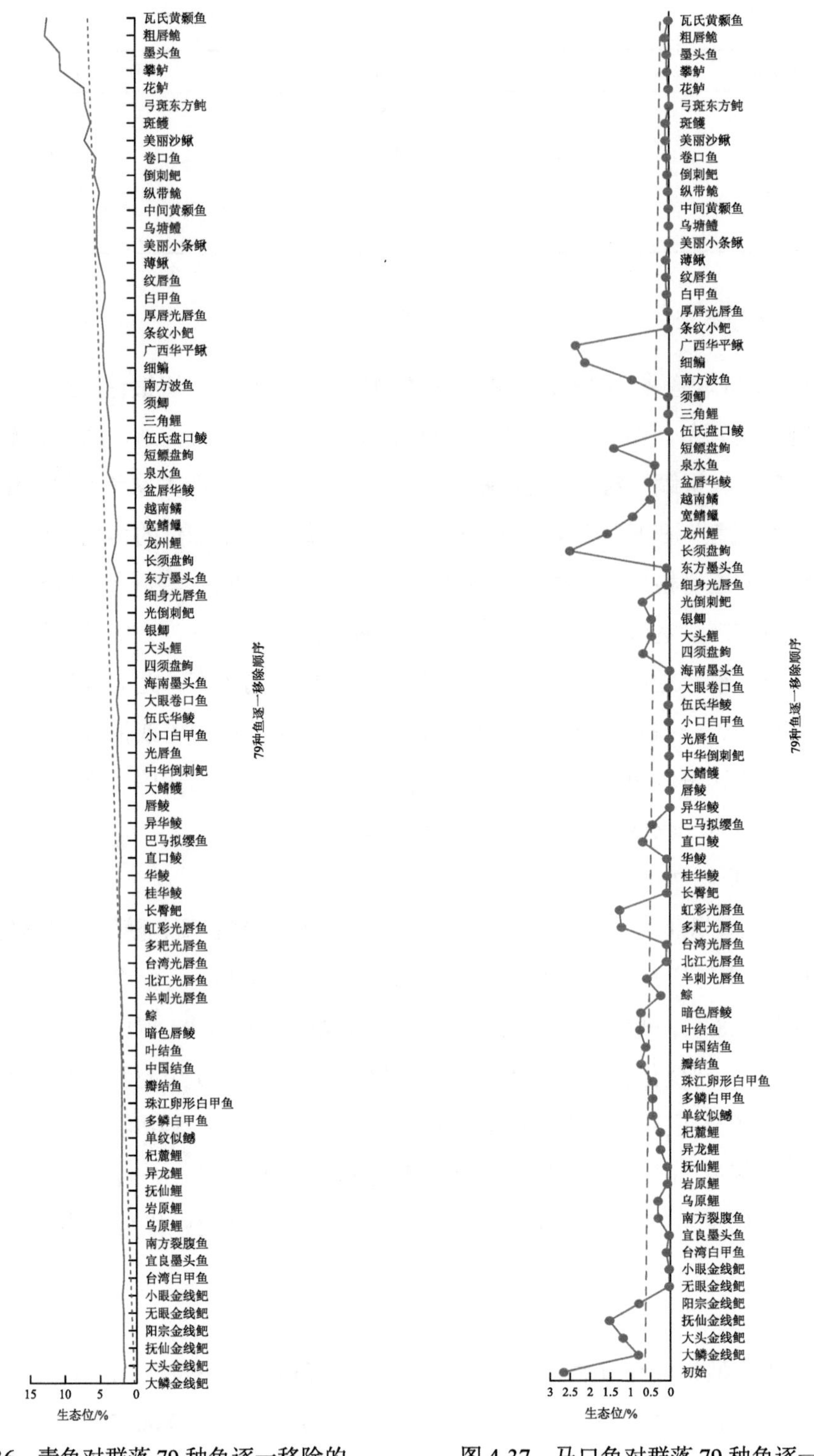

图 4-36　青鱼对群落 79 种鱼逐一移除的生态位变化

图 4-37　马口鱼对群落 79 种鱼逐一移除的生态位变化

高体鳑鲏初始生态位 0.91%，最大变化值为 3.72%，变化幅度为 2.81 个百分点（图 4-38）。高体鳑鲏为模拟群落中的小型鱼类，初始生态位小。随着群落种类减少，高体鳑鲏的生态位不断呈现高起伏变化，一些鱼类的移除，导致高体鳑鲏的生态位下降，也有一些鱼类的移除，反而导致高体鳑鲏的生态位上升（最大上升 4 个百分点）。竞争和互利关系交替出现，说明高体鳑鲏对环境变化极不适应，也表示有某种机制调整了群落生态位重排的平衡。

在模拟群落种间关系分析中，表现出随着一些鱼类的生态位丧失，某种鱼的生态位增加；也有一些鱼类表现出自身生态位减少。

3）锯齿状起伏变化型

锯齿状起伏变化型指在鱼类种类减少过程中，生态位起伏变化较大的类型。鲂初始生态位为 1.0454%，最大变化值为 3.9841%，变化幅度为 2.9387 个百分点（图 4-39）。鲂为模拟群落中的中型鱼类，在原始群落中的生态位较小，总体上随着种类减少，鲂的生态位相应增加，增加在 4 个百分点的范围内。一些鱼类的消失，反而导致鲂的生态位下降，提示这些鱼类与鲂存在互利关系，或某种机制调整了群落生态位重排的平衡。这一类型包括鳊、鲂、赤眼鳟、泥鳅、黄颡鱼、银飘鱼、白肌银鱼、鳍、大眼鳜、鲮、鳘、斑鳢、鲤、大眼近红鲌和银鲴。

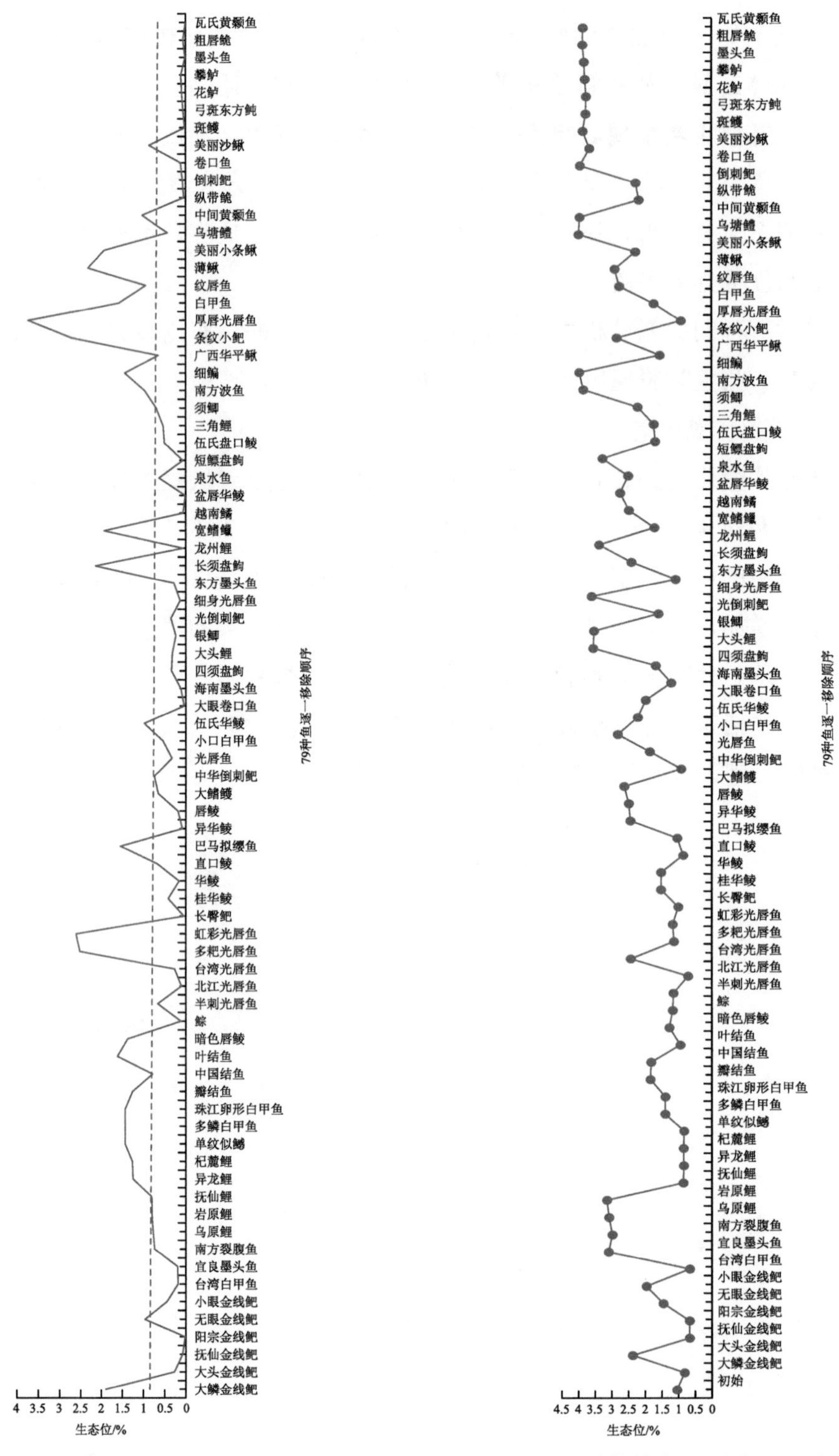

图 4-38　高体鳑鲏对群落 79 种鱼逐一移除的生态位变化

图 4-39　鲂对群落缺失 79 种鱼逐一移除的生态位变化

第5章　鱼类群落重建

生物群落的基本特征包括群落中物种的多样性、群落的生长形式和结构（空间结构、时间组配和种类结构）、优势种（群落中以其体大、数多或活动性强而对群落的特性起决定作用的物种）、相对丰度（群落中不同物种数量的相对比例）、营养结构等。生物群落小至微生物大至高等动植物，群落物种并不是许多各自独立的生物种类凑在一起，它是一个在资源竞争、营养共生、群体感应和基因水平转移等相互作用机制下形成的复杂生态系统（陈沫先等，2021；蔡燕飞等，2002；曹鹏等，2015）。群落处于不断变化的动态演替模式中，生态过程可从物种分布、丰度、空间模式的变化中了解（Tanner et al.，1994）。

在自然生态系统中，物种相互制约、相互依存，其中具有许多弱相互作用和少数强相互作用（一个物种被另一个物种消费的可能性）的特征，在食物网的体系中，群落物种不同强度的作用对于群落构成的持久性和稳定性很重要（McCann et al.，1998），相互作用是生态群落稳定的纽带（Stachowicz et al.，2001）。鱼类通过丰度、个体大小、性成熟年龄变化调节其在群落中的位置（Jennings et al.，1998），实现多物种共存。群落组成与分布是物种在长期进化过程中形成的一种适应性特征，反映物种对资源利用的状态（王忠锁等，2006）。由于人类活动导致生物多样性以前所未有的速度丧失，围绕物种在生态系统的食物链的功能作用与维持，群落研究聚焦于物种演替、优势种的变化，以此来揭示生态功能与群落生态位间的关系（de Mazancourt，2001）。

5.1　河流生态系统

水生生态系统可分为非生物环境和生物群落。非生物环境包括水体及其载体，以及阳光、大气、水、无机物和有机物（蛋白质、碳水化合物、脂类、腐殖质等），为生物提供能量、营养物质和生活空间。每个池塘、湖泊、水库、河流等都是一个水生生态系统。

生物群落依其生态功能分为生产者（浮游植物、水生高等植物）、消费者（浮游动物、底栖动物、鱼类）和分解者（细菌、真菌）。生产者利用非生物环境的能量、营养物质生存，消费者和分解者以食物链形式利用生产者生存（部分细菌也能直接利用非生物条件生存），各生物层级之间依据一定的能量输移规律实现生态位均衡。各种生物的分布格局是长期适应和自然选择的结果。

水资源量、陆源性营养要素决定河流的生产力状态，环境多样性影响基础生物的结构，食物链结构决定河流生态系统的功能，鱼类群落结构、物种多样性分布格局及群落构建机制包含区域性环境特征的生态系统诸多要素。从物种自身结构特征了解生物群落构建的机制，是群落生态学研究的新尝试，它将为理解生态系统功能、维持生物多样性、了解群落物种功能构成过程提供不同的研究视野。鱼类群落中的物种共存的多样性模式、生态位重叠的系统功能互补机制是发育成熟的群落标志，也是系统环境稳定的标志，其中物种属性和环境条件共同决定群落生态位分配（Mason et al.，2008）。在发展中的群落体系中，生物的扩散能力可能决定物种分布的空间范围（Heino et al.，2015），生态系统处于不稳定中，不断受到不同频率和强度的干扰。因此，自然群落通常处于动态平衡状态中。河流系统内群落结构由空间和时间过程的种类竞争与生态位分配所决定（Vanschoenwinkel et al.，2010）。了解种间生态位关系是应对人类急剧干扰生态环境下，探讨维持生态系统功能、服务于建立满足人类发展需要的生态系统功能的技术体系的需要。

除自然灾害外，引起河流生态系统剧变的因素包括河流连通性受阻、渠道平顺化、护岸硬化、河道空间挤占、减水、水文情势改变、水污染等。最可能受上述因素变化影响的是水生高等级生物类型，如繁殖需要产卵场的水生动物、需要根植的水生植物，其中，鱼类受到的影响尤为明显。从食性分析内容可见，鱼类可以利用初级的浮游动植物，也摄食高等级的植物、动物和腐殖质，几乎能利用水生生态系统中的所有有机物，是影响河流生态系统的主要生物类群。研究鱼类群落生态位形成的功能机制，对保障河流生态系统功能群构成，实现基于人类需求的河流生态系统功能保障目标的鱼类群落构建与维持具有重要意义。

5.1.1　河流结构

地球水圈全部水体的总储量为13.86亿km^3，主要存在于海洋、河流、湖泊、水库、沼泽及土壤中；部分水以固态形式存在于极地的广大冰原、冰川、积雪和冻土中；少部分水汽主要存在于大气中。其中，海洋水体为13.38亿km^3，占总储量的96.53%，淡水仅占 2.53%。分布在大陆上的水包括地表水和地下水，各占一半左右，地表水体由降雨和冰川、积雪融化而成。在地球演化过程中，水流依据地势从高向低处冲刷，在地表刻蚀出狭长凹地水道，汇合成连通网络结构，地势低处是河口，水流最终流入海洋的称作外流河，水流最终流入内陆湖泊或消失于荒漠之中的，称作内流河。

河流是一个完整的连续体，由上、中、下游和左、右岸构成一个完整的体系，河源多为泉水、溪涧、冰川、湖泊或沼泽等。上游多处于深山峡谷中，坡陡流急，河谷下切强烈，常有急滩或瀑布；中游河段坡度渐缓，河槽变宽，两岸常有滩地，冲淤变化不明显，河床较稳定；下游一般处于平原区，河槽宽阔，河床坡度和流速都较小，淤积明显，浅滩和河湾较多；河口流速骤减，泥沙大量淤积，往往形成三角洲。河流宽度指横跨河流及其临近的植被覆盖地带的横向距离。影响宽度的因素有边缘条件、群落构成、环境梯度以及能够影响临近生态系统的扰乱活动（包括人为活动）。连通性和宽度构成河流生态系统的重要结构特征。

河流的结构还包括生态系统，其一是形态结构，如其中的生物种类、种群数量、种群的空间格局、种群的时间变化以及群落的垂直和水平结构等。其二为营养结构，营养结构是以营养为纽带，把生物和非生物紧密结合起来的功能单位，构成以生产者、消费者和分解者为中心的三大功能类群，它们与环境之间发生密切的物质循环和能量流动。

5.1.2　河流生态功能

河流的纵向成带、水体载物、流动的特征决定其在生态系统中承载物质输送的功能，其中包括营养物质的输送和水的输送，是地球物质和能量循环的组成部分。

河流上、中、下游连续体和左、右岸宽度的完整空间体系，以及水流润泽的范围形成内部栖息地和边缘栖息地，决定了河流生态系统的栖息地功能。栖息地是植物和动物（包括人类）能够正常的生活、生长、觅食、繁殖以及进行生命循环周期的重要区域，其中内部栖息地是水生生物生存的直接环境。水体是生物必需元素，如碳（C）、氢（H）、氧（O）、氮（N）、磷（P）、硫（S）、钾（K）、镁（Mg）、钙（Ca）、硅（Si）、铁（Fe）、锰（Mn）、锌（Zn）、铜（Cu）、硼（B）、钼（Mo）、氯（Cl）、钠（Na）、镍（Ni）的载体。水生生物群落与水环境相互作用、相互制约，通过物质循环和能量流动，共同构成具有一定结构和功能的动态平衡系统。

水生生物主要由细菌、真菌、浮游植物、浮游动物、底栖生物、水生植物、鱼类等生物组成，其基本成分由碳、氢、氧、氮、磷、硫、铁、锌等元素构成。植物体内碳、氢、氧三种元素占植物干重的 90%以上，是植物有机体的主要组成，它们以各种碳水化合物，如纤维素、半纤维素和果胶等形式存在，是细胞壁的组成物质。植物通过生长过程利用光合作用将水体营养物质与太阳能合成糖类物质，并构成植物体内的活性物质，如某些纤维素和植物激素。它们也是糖、脂肪、酸类化合物的组成成分。植物体形成初级生产力进入食物链，为其他动物提供能量及生长元素，并参与生态系统的物质和能量循环。

生物以食物链构成系统结构，参与能量和物质循环，并维持水生生态系统的平衡。浮游植物作为生产者称为初级生产者，处于食物链的第一营养级；摄食浮游植物的浮游动物称为次级生产者，处于第二营养级；小型鱼虾类等水生动物摄食浮游动物处于第三营养级，大型鱼类摄食低一级的生物，处于高一级的营养级。人类利用鱼类作为食品，参与河流生态系统的物质和能量循环。渔获量的大小基本上取决于浮游生物产量。鱼类的生物量可控制水体生态系统的食物链体系，在能量体系下调节食物链的结构，实现生态系统平衡。

食物链和食物网是物种和物种之间的营养关系，这种关系错综复杂，一个营养级是指处于食物链某一环节上的所有生物种。例如，作为生产者的绿色植物和所有自养生物都位于食物链的起点，共同构成第一营养级。所有以生产者（主要是绿色植物）为食的动物都属于第二营养级，即食草动物营养级。第三营养级包括所有以食草动物为食的食肉动物。以此类推，还可以有第四营养级（即二级食肉动物营养级）和第五营养级。在生态系统中，每输入一个营养级的能量，大约只有10%能够流动到下一个营养级。

生物因食物关系而形成相互制约的形式，绿色植物通过光合作用产生的能量和营养物质沿着食物链转移，每一次只有大约10%的能量转移到下一营养级，其余约90%以热量形式耗散到环境中，这就是著名的林德曼“十分之一定律”。不同生物之间的能量转化率受环境条件的影响。

不同地区的不同水体生产力构成不同，饵料生物的转化也不同，表5-1列示了中国不同区域湖泊和水库不同饵料生物的 *P*/*B* 系数，说明环境对水体生产力的影响，也说明环境影响生物的利用（表5-2）。

表5-1　不同区域湖泊和水库不同饵料生物的 *P*/*B* 系数

区域	*P*/*B* 系数				
	浮游植物	浮游动物	底栖动物	着生生物	小型鱼类和虾类
中国北部地区	40～90	15～30	2～6	40～80	1.5～2.0
中国中部、东部地区	100～150	25～40	3～6	80～120	2.0～2.5
中国高原地区	40～120	20～35	2～5	40～100	1.5～2.5
中国南部地区	150～200	30～40	4～8	100～120	2.0～2.5

注：参考《大水面增养殖容量计算方法》（SC/T 1149—2020）。

表 5-2　不同营养生态类型鱼类对不同饵料生物的最大利用率和饵料系数

饵料类型	允许的最大利用率/%	饵料系数
碎屑	50	200
浮游植物	40	80
浮游动物	30	10
水生维管束植物	25	100
底栖动物	25	6
着生生物	20	100
小型饵料鱼类	20	4

注：参考《大水面增养殖容量计算方法》（SC/T 1149—2020）。

在群落或生态系统内其食物链的关系是复杂的，除生产者和限定食性的部分食草动物外，其他生物大多数或多或少地属于两个以上的营养级，同时它们的营养级也常随年龄和条件的变化而变化。

营养级反映群落中的种类组成、功能水平、物质和能量在生态系统中流动和传递的模式和环境状态。群落生态位与营养级密切相关，生物首先需要在遵循营养级联效应基础上确定生态位，才能形成功能群落。群落物种支撑生态系统的功能。在同一营养级内配置有许多种类，这对生态系统的功能群落构建具有重要的意义。

5.1.3　鱼类的食物构成

鱼类作为水生生态系统的消费者，分化出植食性、肉食性、杂食性，充分显示出其在生态位上的统治位置。鱼类群落构成与水生生态系统中的饵料生物密切相关，鱼类群落构建需要依据环境中食物链特征进行设计。江河中鱼类的饵料生物众多，但对从鱼类消化道中获取的饵料生物进行种类的形态识别极为不易，原因是饵料生物在鱼体内很快被消化，残留物很难被识别。图 5-1 显示了 20 世纪 80 年代珠江鲥、花鰶、七丝鲚、凤鲚、青鱼、草鱼、赤眼鳟、海南红鲌、广东鲂和鳊 10 种鱼的食性组成，包括了浮游植物、浮游动物、底栖动物、水生植物及鱼类的许多种类。

珠江下游及河网水域仅广东鲂一种鱼类的肠道食物组成中，尽管鉴定食物组成受消化残渣物种不完整、形态学模糊的影响，但在样本鱼中仍然能够检出硅藻门、绿藻门、蓝藻门、裸藻门、甲藻门、黄藻门、多毛类、寡毛类、原生动物、轮虫类、枝角类、桡足类、昆虫类、蛭类、水生植物及鱼类等种类（珠江水系渔业资源调查编委会，1985）。图 5-2 说明鱼类有广谱的食性，且对饵料有偏好性；同一种鱼在不同水域食物构成不同，鱼类依据环境饵料不同摄食不同对象。本书作者团队分析表明，广东鲂以有机碎屑（检出率约 60%～70%）、软体动物（检出率约 35%～70%）、水生植物（检出率约 14%～57%）为主要食物，浮游藻类方面以摄食绿藻门（检出率约 13%～55%）为主，说明广东鲂在该水域摄食的主要对象及能量输移的功能特征（Xia et al.，2017）。

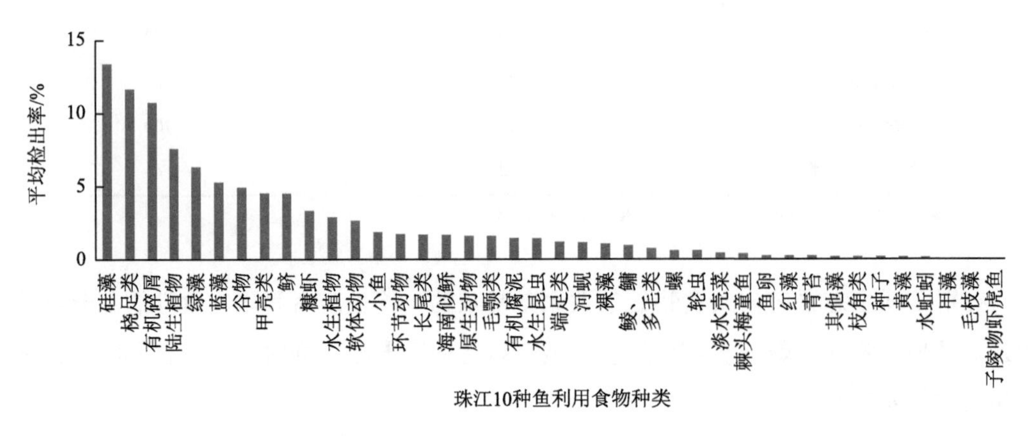

图 5-1　珠江 10 种鱼利用食物的平均情况

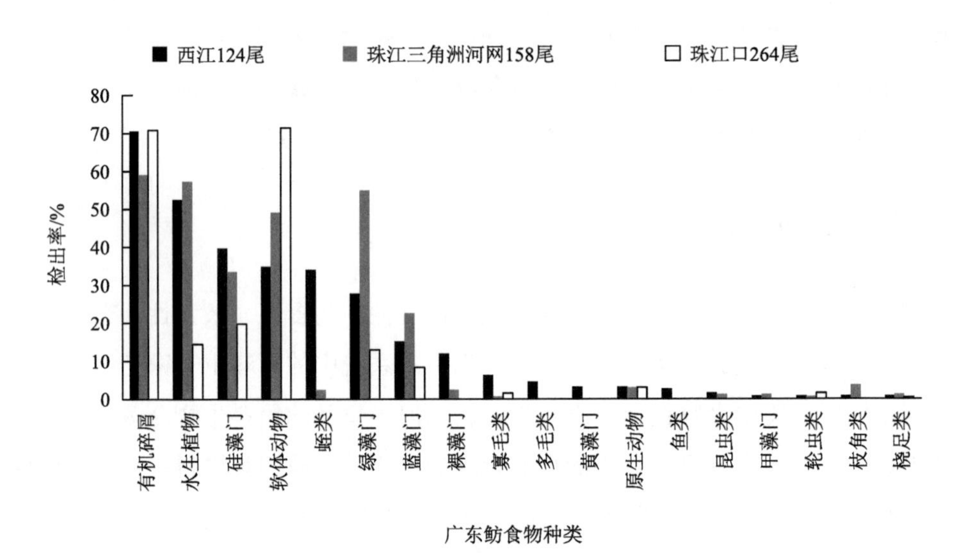

图 5-2　广东鲂肠道食物检出率

在珠江中下游采获广东鲂小型幼体、大型幼体、亚成体和成体进行肠道食物样品分析。残渣占肠内生物成分平均质量百分比大于 84%。小型幼体捕食的种类更多。除了残渣外，最常见的捕食种类有胶毛藻目（5.5%），其次是圆筛藻目（0.2%）和无壳缝目（0.2%）。表 5-3 显示不同大小组的肠道食物含量比例变化不大，残渣作为主要食物在不同组的质量百分比变化很小，然而捕食数量在不同组中的百分比差异很大（Xia et al.，2020）。

表 5-3　不同生长期广东鲂肠道可识别的食物构成

食物种类	小型幼体（$N=9$）	大型幼体（$N=6$）	亚成体（$N=15$）	成体（$N=7$）
质量百分比/%（平均值±SD）				
残渣	94.1±16.4	84.5±33.3	96.8±7.0	92.7±14.8
胶毛藻目	5.5±16.4	1.4±3.0	0	0
贻贝目	0	13.8±33.9	3.1±7.1	7.2±14.9
圆筛藻目	0.2±0.2	0.02±0.04	0.08±0.15	0.05±0.08
无壳缝目	0.2±0.5	0.05±0.12	0.04±0.08	0.01±0.01
石莼目	0	0.1±0.3	0	0
数量百分比/%（平均值±SD）				
圆筛藻目	53.6±39.3	9.4±22.6	45.0±32.6	50.2±36.7
胶毛藻目	12.5±35.3	43.4±49.1	0	0
绿球藻目	11.7±26.0	0.1±0.3	16.0±29.7	14.4±21.1
贻贝目	0	16.7±40.8	0.02±0.03	0.02±0.04
无壳缝目	5.9±12.6	2.4±5.8	11.7±11.2	6.7±7.9
色球藻目	0.1±0.3	0	0	26.2±38.7
颤藻目	1.0±2.9	0	9.9±17.5	0
石莼目	0	6.1±13.5	0	0
双壳缝目	4.4±6.5	21.8±36.0	15.5±30.3	1.1±1.7
管壳缝目	9.3±20.5	0	0.5±1.5	0.4±0.6

注：表中仅列出质量百分比超过 0.1%且数量百分比超过 1%的种类，后者数据不包括残渣部分。

小型幼体以圆筛藻目、胶毛藻目、绿球藻目和管壳缝目为主要食物，占总数量的 87.1%；大型幼体则以残渣、贻贝目、胶毛藻目和石莼目为主要食物，胶毛藻目占总数量的 43.4%；成体肠道内残渣和贻贝目分别占 92.7%和 7.2%。亚成体主要捕食圆筛藻目，占总数量 45.0%，此外，还有少量的窗纹藻科和贻贝目。在成体中，最主要的摄食对象为圆筛藻目（50.2%），还发现了少数的无壳缝目、双壳缝目、管壳缝目和贻贝目。

在水体中，鱼类的食物源结构多样，通过分析不同生长阶段的广东鲂食性，发现鱼类在不同生长阶段利用食物的种类不同。说明鱼类的营养级随发育的不同阶段有所变化，也随环境的生产力结构不同而不同。这种复杂性在生态系统修复构建鱼类体系时需要细致考虑。

鱼类对食物资源的利用有一定的范围，组建更多鱼类种类的群落可尽可能覆盖食物源。

潜在食物来源样品中的 $\delta^{13}C$ 和 $\delta^{15}N$ 分别在−31.00‰～−13.07‰，2.87‰～17.35‰，河岸 C_4 植物的 $\delta_{13}C$ 最高，而 $\delta^{15}N$ 最低，平均在（−13.29‰±0.21‰）～（4.06‰±1.44‰），

最低的 $\delta^{13}C$ 和最高的 $\delta^{15}N$ 分别分布在河蚬和日本沼虾中。其他潜在食物组中的 $\delta^{13}C$ 和 $\delta^{15}N$ 变化较大，但在一定程度下相互重叠。表 5-4 中显示了每组鱼群和潜在食物来源 $\delta^{13}C$ 和 $\delta^{15}N$ 的平均值和标准差。潜在食物来源中 C/N（质量百分比）在 3.17%～77.32%，其中日本沼虾的值最小，而河岸 C_4 植物的值最大，各种潜在的食物来源对广东鲂食物的贡献比例各有不同，观察范围在 0.02%～0.15%（表 5-5）。12 种潜在食物对小型幼体的贡献范围在 0.05%～0.10%，其中以河蚬最高，河岸 C_4 植物最低，其他的对小型幼体的贡献几乎相同。在所有组别中，河岸 C_4 植物的贡献比例始终比较低，浮游动物和日本沼虾以及河蚬贡献比例较高，这对广东鲂来说非常重要。日本沼虾和河蚬对于广东鲂从小型个体到成年个体的贡献比例也有所增加，这是鱼类生长过程饮食变化的表现。

表 5-4　不同大小的广东鲂鱼群和采样点中潜在的食物来源中 $\delta^{13}C$、$\delta^{15}N$ 和 C/N 的摘要统计量（平均值 ± SD）

分类	*N*/个	$\delta^{13}C$/‰	$\delta^{15}N$/‰	C/N
小型幼体	11	−24.67±1.75	11.60±2.75	—
大型幼体	12	−25.53±1.43	12.54±2.44	—
亚成体	15	−26.10±1.52	13.53±2.69	—
成体	8	−25.58±1.33	14.57±3.09	—
浮游动物	2	−30.25±1.07	9.95±2.08	6.11±0.66
浮游植物	2	−27.94±0.24	8.21±1.13	8.40±1.86
河岸 C_4 植物	4	−13.29±0.21	4.06±1.44	63.89±10.35
眼子菜	6	−25.29±3.26	7.45±2.43	10.46±1.26
日本沼虾	9	−26.97±0.66	15.95±1.32	3.30±0.07
无齿蚌	2	−24.72±0.65	6.46±0.04	3.84±0.06
沼蛤	1	−26.53	4.96	4.65
方格短沟蜷	1	−24.16	9.51	3.91
河蚬	4	−30.27±0.26	11.99±0.31	4.65±0.43
环棱螺	4	−22.28±0.34	4.42±1.02	4.14±0.27
底栖生物残渣	2	−26.11±1.20	7.08±1.50	12.57±4.50
沉淀物	3	−25.23±0.39	5.85±0.23	10.47±1.23

总营养生态位的宽度可分别通过总生态位宽度（TNW）和根据样本量进行了校正后的标准椭圆面积（SEA_c）确定肠内营养成分和稳定同位素进行评估。更高的值表示给定组中更大的生态位宽度。两种方法均显示出一样的结果，营养生态位宽度随体长增加而增加。TNW 和 SEA_c 的值在不同组的区别：成体＞亚成体＞大型幼体＞小型幼体（表 5-5）。

表 5-5 广东鲂营养生态位和个体特化的量化指标

指标	小型成体	大型成体	亚成体	成体
每个肠道的分类丰富度（均值±SD）	(5.5±3.0)[a]	(2.8±1.5)[a]	(4.8±2.2)[a]	(4.8±1.6)[a]
TNW	0.058	0.699	0.862	0.938
WIC/TNW	0.250	0.951	0.637	0.610
饮食相似性	0.339	0.185	0.375	0.386
NR/‰	9.49	7.77	10.07	9.56
CR/‰	5.54	4.80	6.13	3.48
CD/‰	2.61	2.40	2.47	2.55
(MNND±SD)/‰	1.04±1.07	1.37±0.62	1.15±1.10	1.69±2.05
TA	19.22	21.74	30.87	17.52
SEA/‰	9.446	10.041	11.240	12.957
SEA_c/‰	10.496	11.045	12.104	15.116

注：相同的上标字母表示没有显著差异（克鲁斯卡尔-沃利斯检验，$p>0.05$）。

WIC 表示个体内变异；NR 表示 ^{15}N 的变异范围；CR 表示 ^{13}C 的变异范围；CD 表示平均质心距离（测量每个样本到 $\delta^{13}C$ 和 $\delta^{15}N$ 平均值的欧氏距离）；MNND 表示平均最近邻距离；TA 表示凸面体的面积；SEA 表示标准椭圆面积；SEA_c 表示根据样本量进行了校正后的 SEA。

在鱼的生长过程中观察到幼鱼更喜欢浮游植物，而成年鱼则会捕食更多的动物猎物。之前在珠江三角洲的研究发现广东鲂以有机碎屑为主要食物成分（陆奎贤，1990）。Xia 等（2017）通过 18S rDNA 测序方法识别分析了广东鲂肠道的内含物，发现幼年广东鲂肠道中植物成分非常丰富，成年广东鲂则食用更多的底栖动物。

稳定同位素分析可以很好地确定碳源和营养位置（Carreon-Martinez et al.，2010），但是由于潜在饵料的同位素值经常重叠，因此对检测结果会有偏差（Hardy et al.，2010）。稳定同位素分析表明，广东鲂几乎能利用所有的食物类型（表 5-6），然而，四个生长阶段不同的群体对特定的饵料利用率有差异，其结果与肠道内含物分析结果一致。肠道内含物同位素分析识别的种类远远少于镜检和分子鉴定的种类（Xia et al.，2017）。稳定同位素方法可以支持跟踪三种食物在体内的流通（Peterson et al.，1986），但目前还无法进行超过三种食物的分析（Peterson et al.，1985，1987；Post，2002）。

表 5-6 稳定同位素方法揭示广东鲂对不同食物源的利用

食物种类	小型成体		大型成体		亚成体		成体	
	均值	CI95%	均值	CI95%	均值	CI95%	均值	CI95%
浮游动物	0.09	0～0.18	0.11	0～0.21	0.13	0～0.25	0.11	0～0.21
浮游植物	0.08	0～0.17	0.09	0～0.19	0.09	0～0.20	0.09	0～0.19
河岸 C_4 植物	0.05	0～0.11	0.03	0～0.07	0.02	0～0.06	0.03	0～0.08

续表

食物种类	小型成体		大型成体		亚成体		成体	
	均值	CI95%	均值	CI95%	均值	CI95%	均值	CI95%
眼子菜	0.09	0～0.17	0.08	0.01～0.18	0.07	0～0.18	0.08	0～0.19
日本沼虾	0.09	0～0.17	0.11	0～0.20	0.14	0.03～0.25	0.15	0.02～0.27
无齿蚌	0.08	0～0.17	0.07	0～0.17	0.05	0～0.14	0.06	0～0.15
沼蛤	0.09	0～0.17	0.08	0～0.17	0.06	0～0.15	0.06	0～0.16
方格短沟蜷	0.08	0～0.17	0.07	0～0.17	0.06	0～0.15	0.07	0～0.16
河蚬	0.10	0～0.18	0.13	0.01～0.23	0.15	0.01～0.29	0.12	0.01～0.23
环棱螺	0.08	0～0.16	0.06	0～0.14	0.04	0～0.10	0.05	0～0.13
底栖生物残渣	0.08	0～0.17	0.08	0～0.18	0.09	0～0.20	0.09	0～0.19
沉淀物	0.08	0～0.17	0.08	0～0.18	0.09	0～0.20	0.09	0～0.19

注：CI 表示置信区间。

针对肇庆江段鱼类食物种类组成分析显示，肇庆江段鲢主要摄食浮游植物，对颗粒直链藻、螺旋颗粒直链藻、变异直链藻、肘状针杆藻等 4 种藻类的摄食占比约 79%，有机碎屑不计算在内。肇庆江段广东鲂和鲮主要摄食硅藻类和底栖动物等，鳙主要以藻类和底栖动物为食。

生态系统中储存于有机物中的能量通过食物链层层传导。依据生物与生物之间的关系，可将食物链划分为捕食食物链、腐食食物链（碎食食物链）和寄生食物链。

5.1.4　鱼类营养级

地球生物圈是一个大的生态系统，区域内生物的种类、数量、生物量、生活史和空间分布必须遵循能量流动和物质循环规律，生物群落在生态系统中既在适应环境，也在改变着周边环境的面貌，各种生长要素物质将生物群落与无机环境紧密联系在一起。全球淡水鱼类约 15 000 种，是淡水生态系统的重要生物类群。河流生态系统中的鱼类群落构成差异很大，鱼类群落物种组成的营养级层次，反映河流生态系统的状态。从生态系统食物链体系角度分析，可将同一层级具有相同功能属性的鱼类归属为某一种生态位类型的鱼类，如掠食性、植食性、杂食性、滤食性生态位类型鱼类等，这样即可简化复杂的食物网种类关系，作为一种方式指导鱼类群落构建机制、水生生态系统鱼类群落重建的研究。当然，生境异质性和群落结构的调节、时间过程的群落结构和功能对环境的改变、生产力梯度和群落结构、捕食对群落结构的直接和间接级联效应、间接互惠、物种竞争、生态系统的稳定性和养分动态等都与食物网有关。对食物网分析不能简单简化为几个线性营养级，要考虑自然界营养级联和自上而下、自下而上的群落调节机制（Polis et al.，1996；Winemiller et al.，1996）。

各种类型的群落生物量和生物量累积比很不相同。群落中生物组成包括从植物、食草动物到食肉动物各营养级的食物链关系。由于能量的种种消耗，生产力逐级递减。初级生产力只占太阳能中的 0.1%～1%，而动物所代表的各次级生产力只占前一级生产力的 10%。

各种生物以其独特的方式获得生存、生长、繁殖所需的能量。生态系统中的生物体间具有复杂的食物链关系，根据食性类型鱼类可分为植食性、肉食性和杂食性等。营养级可在 2～5 级范围内划分。一个系统中，除高营养级（大于 4.5）鱼类在群落中的占有比例较小以外，其他种类的营养级组合并未表现出明显的规律，出现这种现象的原因一方面可能是鱼类的食性可变性，即鱼类依据环境情况通过自主改变食性获取能量；另一方面可能是鱼类本身具备获取不同食物源的能力，人为的营养级分类导致不能全面认识鱼类在生态系统中获取能量的途径。

两物种可以互相竞争，也可以共生，视相互间利害关系而有寄生、偏利共生和互利之分。例如，两物种若利用相同资源（生态位重叠），则必然竞争并导致一方被排除，但如果一方改变资源需求（生态位分化），则可能共存。一个群落的进化时间越长，环境越有利于各物种且稳定，则所含物种越多，生物群落的发展趋势是生态位趋向分化和物种趋向增多。群落的物种结构的多样性表征生态系统中资源的利用越充分，群落的结构越复杂，群落内部的生态位就越多，群落内部各种生物之间的竞争就相对变弱，群落的结构也就相对稳定。因此，群落中的物种结构反映生态系统的环境特征，群落中生物总处在不断的交互作用中。

当一个群落的总初级生产力大于群落总呼吸量，而净初级生产力大于动物摄食、微生物分解时，有机物质便要积累。于是，群落便要增长直到一个成熟阶段而积累停止、生产与呼吸消耗达到平衡，这整个过程称为演替，而其最后的成熟阶段称为顶极。顶极群落生产力并不是最大，但生物量达到极值而净生态系统生产量很低甚至达到零；物种多样性可能最后又降低，但群落结构最复杂且稳定性趋于最大。不同于个体发育，群落没有个体那样的基因调节和神经体液的整合作用，演替道路完全决定于物种间的交互作用以及物流、能流的平衡。因此，顶极群落的特征一方面取决于环境条件，另一方面依赖于所含物种。

营养级反映群落中的种类组成、功能水平、物质和能量在生态系统中流动和传递的模式和环境状态。群落生态位与营养级密切相关，生物首先需要在遵循营养级联效应基础上确定生态位，才能形成功能群落。淡水鱼类的营养级大致在 2～4.7，部分区域的数据统计可见表 5-7，不同区域的淡水生态系统中鱼类的平均营养级在 3.0374～3.7991，平均营养级可反映生态系统中的群落构成及其营养层次的变化趋势。

表 5-7　部分淡水鱼类平均营养级（Fishbase，2021 年数据）

地域	平均营养级
亚速尔群岛	3.7991
新西兰	3.2985
澳大利亚	3.2714
法国	3.2630
美国（北美）	3.1875
菲律宾	3.1838
南非	3.1827
柬埔寨	3.1669
津巴布韦	3.1633
泰国	3.1524
马来西亚	3.139
越南	3.1061
安哥拉	3.0611
夏威夷（美国）	3.0537
中国	3.0374

表 5-8（Fishbase，2021 年数据）中，将所包含的鱼类营养级以 0.5 为等级进行分类，分析不同地域淡水鱼类的营养级在群落中的占比发现，不同生态系统中不同营养级的物种组成不同，反映出不同区域的物种在生态位中的功能具有可塑性。通过营养级构成可了解系统内物种的多样性功能。

表 5-8　部分淡水鱼类营养级组成　　（单位：%）

地域	营养级					
	≥4.5	4.0～4.5	3.5～4.0	3.0～3.5	2.5～3.0	2.0～2.5
中国		2.3	7.0	49.9	27.6	13.3
澳大利亚		7.1	18.8	46.8	22.1	5.0
柬埔寨		4.7	25.2	37.3	17.3	15.6
法国		13.3	9.2	49.0	21.4	7.1
安哥拉		3.7	10.0	46.8	24.4	15.1

续表

地域	营养级					
	≥4.5	4.0～4.5	3.5～4.0	3.0～3.5	2.5～3.0	2.0～2.5
亚速尔群岛		57.1	14.3	28.6		
夏威夷（美国）	1.7	5.0	21.7	25.0	20.0	26.7
马来西亚		3.8	18.6	44.2	19.7	13.8
新西兰		12.9	9.7	64.5	6.5	6.5
菲律宾		6.0	22.2	39.5	19.8	12.6
南非	0.6	3.4	22.7	42.0	20.5	10.8
泰国		4.1	18.5	46.3	18.6	12.5
越南		2.6	17.1	43.9	22.0	14.3
津巴布韦		6.6	19.2	38.4	22.5	13.2
美国（北美）	0.1	5.2	8.5	56.6	24.8	4.8

注：统计上按“上限不在内”的原则进行处理。

我国纪录的 1581 种淡水鱼类中，约 1225 种鱼类（占鱼类总数的 77%）营养级范围在 2.5～3.5（表 5-9），以杂食性鱼类为主体。

表 5-9　中国主要鱼类营养级分布状况

营养级范围	种类/种	占比/%
4.0～4.5	36	2
3.5～4.0	110	7
3.0～3.5	789	50
2.5～3.0	436	28
2.0～2.5	210	13

注：统计上按“上限不在内”的原则进行处理。

熊鹰等（2015）分析长江中下游洪泛平原湖泊鱼类的营养级在 2.0～4.2 间变化，平均营养级为 3.0。长江中下游将近 40%的鱼类为杂食性鱼类，杂食在水生食物网中是一个普遍现象，尤其是在鱼类群落间更常见（Zhang et al.，2013；Diehl，1992；Drenner et al.，1996；Vanni et al.，2005）。GAM 模型结果显示只有处于高营养级和低营养级才有相对稳定的形态特征与之相对应，而处于中型营养级的鱼类无更多证据证明有特化的外部形态。巴家文等（2015）分析长江中游干流江段主要生物种类的营养级处于 2.42～4.88，集中在 2.83～3.61，鱼类平均营养级为 3.28，营养级大于 2.83 的生物种类数量占了总生物种数的 80.85%。说明在同一河流，不同环境鱼类的群落结构有差异。叶学瑶等（2021）分析阳澄湖鱼类群落营养结构，发现夏季营养级范围为 2.12～3.75，营养级最低的鱼类为细鳞，最高为须鳗虾虎鱼；秋季鱼类营养级范围为2.56～3.71，营养级最低和最高的鱼类分别为鳙和达氏鲌；春季鱼类营养级范围为2.03～3.98，营养级最低和最高的鱼类分别为草鱼和红鳍原鲌，说明营养级差异也出现在不同的水体中。徐超等（2019）分析长江口水生动物食物网营养级在2.0～4.0，发现12种优势鱼类营养级大小均小于20世纪 90年代的研究值，平均营养级从3.80下降到2.87，中国花鲈与前期研究值相差甚至达到1.28级；高营养级物种种类和数量减少，如高营养级肉食性鱼类所占比例由 20.0%下降到18.6%。说明同种鱼在环境变化背景下，营养级依据食物源发生变化。

珠江鱼类营养级归类范围在2.00～4.50，平均营养级3.40。其中，河口及洄游种类平均营养级3.54，外来种平均营养级2.94。从表5-10中可见河口及洄游鱼类营养级最高，淡水鱼本土种平均营养级居中，外来种营养级相对低。提示低营养级鱼类生态位或形成空缺，给外来物种填补空间的机会。

表5-10　珠江鱼类营养级分布

	营养级					平均营养级/种数
	2.00～2.50	2.50～3.00	3.00～3.50	3.50～4.00	4.00～4.50	
种类数	33	20	176	90	35	3.40/354
去除外来种	23	20	173	86	33	3.42/335
淡水鱼本土种	16	6	83	20	6	3.24/131
河口及洄游种类	7	14	90	66	27	3.54/204
外来种	10		3	4	2	2.94/19

注：统计上按“上限不在内”的原则进行处理。

珠江营养级在2.00～2.50的淡水鱼本土种16种，从水系群落种类组成角度分析，物种组成与历史记录基本没有变化，表5-10显示有数量达10种的同营养级外来物种侵入群落，本书作者推测造成这种状况的原因有两种：第一种可能是相同营养级的本土鱼类生物量不足，形成生态位空间缺损，给外来种有填补的机会，外来种与本土种在同一区域共存；第二种可能是线性河流局部区域相同生态位的鱼缺失，给外来物种填补生态位的机会。草鱼、鲢的营养级为 2.00，历史上在珠江中下游“四大家鱼”的捕捞输出量占渔获物的40%以上，近年“四大家鱼”的捕捞输出量小于10%。水生生态系统的生产力无法通过食物链输出营养物质，系统需要低营养级的鱼类。

有学者认为资源恢复可以在所有类型的多样性之间实现强有力的补充，使用系统的养护规划被认为是分配有限资源的重要手段（Strecker et al.，2011）。提示在生态系统物种体系修复或重建过程中，优化能量输出角度进行物种搭配是一条途径。

河流生态系统中物质和能量通过自养生物类群逐级传递至异养生物，最终到达鱼类，其中水循环带入的营养物质量决定系统的基础生物量。在长期进化过程中，生物与环境相适应形成固定的群落类型，在生态系统中体现为种类组成。珠江水系中广东水域平均日输出鱼 189.2 t，计 29 种（类）鱼，平均营养级约 3.1（表 5-11）。生物量≥1%种类有银飘鱼、鳘、广东鲂、罗非鱼、鲤、鲢、鲮、草鱼、鳙、赤眼鳟、黄颡鱼、翘嘴红鲌，它们的生物量介于 1.09%～20.93%之间，生物量占鱼类总量 66.3%，平均营养级为 2.73。从输出鱼产品的营养级分析，产出水产品的水域低营养级鱼类比例较小，推测水体初级生产力利用不足。珠江年径流量总量约 3300 亿 m^3，按可输出 0.5 g/m^3 水体（径流量）测算，每年可输出鱼产品约 16.5 万 t。2016～2018 年实际测算约 4 万～6 万 t，提示河流生态系统缺少鱼类，食物链体系需要围绕增殖低营养级鱼类来保障或修复生态系统功能。

表 5-11 2016～2018 年广东省江河样本船捕获品种

种类	营养级	三年总输出量/t	各种鱼的比例/%
鳜	4.5	400.9	0.19
鲇	4.4	754	0.36
革胡子鲇	4.4	1	0.00
斑点叉尾鮰	4.4	17	0.01
斑鳠	3.7	62.8	0.03
黄鳝	3.6	22	0.01
长臀鮠	3.5	154.6	0.07
黄颡鱼	3.5	2742.8	1.32
鳡	3.5	41.8	0.02
翘嘴红鲌	3.4	2259.4	1.09
海南红鲌	3.3	13.95	0.01
广东鲂	3.3	12618.5	6.09
银鱼	3.2	1439	0.69
银飘鱼	3.2	43361.5	20.93
青鱼	3.2	214.1	0.10
南方拟鳘	3.2	563.5	0.27
鲤	3.1	8776.2	4.24
斑鳢	3.0	85.5	0.04
鳙	2.8	5991.5	2.89
刺鳅	2.8	43.6	0.02
鳘	2.8	21767.0	10.51
赤眼鳟	2.7	3700.1	1.79
罗非鱼	2.0	11396.5	5.50
鲮	2.0	8385.5	4.05

续表

种类	营养级	三年总输出量/t	各种鱼的比例/%
鲢	2.0	8732.5	4.21
鲫	2.0	651.7	0.31
草鱼	2.0	7581.1	3.66
鳊	2.0	1226.0	0.59
杂鱼	3.1	64180.0	31.00
合计			100.00

广西水域平均日输出鱼（三年平均）222.0 t，计 29 种（类）鱼，平均营养级约 3.1。生物量占比≥1%的种类有罗非鱼、鲤、鳘、鳙、草鱼、鲢、赤眼鳟、黄颡鱼、银鱼、鲫、鲮，生物量占比介于 1.3%～21.7%之间，生物量占鱼类总量 79.2%，平均营养级 2.55（表 5-12）。

表 5-12　2016～2018 年广西江河样本船捕获品种

种类	营养级	各种类平均生物量占比/%
鳜	4.5	0.6
鲇	4.4	0.6
革胡子鲇	4.4	0
香鱼	4.2	0
大眼鳜	3.9	0.2
斑鳜	3.9	0.1
斑鳠	3.7	0.7
黄颡鱼	3.5	3.5
鳡	3.5	0
翘嘴红鲌	3.4	0.2
广东鲂	3.3	0.4
海南红鲌	3.3	0
银鱼	3.2	2.5
青鱼	3.2	0.9
鲤	3.1	13
杂鱼	3.057	15.2
鳘	2.8	10.2
鳙	2.8	7.3
刺鳅	2.8	0.6
赤眼鳟	2.7	5.2
银鲴	2.6	0
麦瑞加拉鲮	2.2	0.7

续表

种类	营养级	各种类平均生物量占比/%
露斯塔野鲮	2.2	0.3
罗非鱼	2	21.7
草鱼	2	7.0
鲢	2	6.1
鲫	2	1.4
鲮	2	1.3

5.2　能量利用的分子机制与生态位

生态位是群落种间关系的体现，在水生生态系统中，特定基础生物、鱼类和无脊椎动物等建立的食物链体系，也是生境特征的体现（Green，1971），生物与环境共同组成河流生态系统。淡水生态系统只占整个地球表面的1 %左右，但是淡水生态系统却向人类提供了极其丰富的生物多样性和无以替代的生态服务功能，如饮用水、水产品等。然而，由于人口的增长、社会经济的迅速发展和对生物资源不合理的开发利用，严重破坏了生态环境，全球生态系统功能退化表现为生物多样性变化、群落物种受损。水坝建设导致的鱼类通道受阻、水库形成造成鱼类产卵场功能消失、过度捕捞、水质恶化和富营养化加重、外来物种入侵等因素，是淡水生态系统功能急剧衰退的重要原因（帅方敏等，2017a）。

能量利用的分子机制指群落生态位分化过程中，物种以获得能量为目标进行发育、演化并构建群落功能体系。太阳辐射是地球表层的基本能源，是影响生态系统、生物群落变化的主要能量。生物利用自身的机能，把太阳能转换成生物能，这种生物能通过食物链转移到其他生物体内，促使万物生长。藻类、植物光合作用转化太阳能，细菌类转换化学能成为生物能，地球上生物每年固定碳约1.55×10^{11} t（周良骏，1986），计约4.5×10^{21} J。物种在进化中以获得能量为目标，从数十亿年前出现单细胞生物开始，物种间展开了能量角逐，如生物分化出乔木、灌木、草本植物，植物群落在立体层次上实现能量竞争分工利用。

动物生命活动的能量来自食物链，植物源性的能量是基础。动物分化成不同食性的种类，形成物种多样、食物链层次丰富、能量循环功能完善的生物群落，物种各自以最大限度获得能量为目标建立生态位，形成围绕能量轴建立群落关系的机制。群落物种有机结合利用能量，并通过食物链和食物网逐级传递，这是食性分化的基础。江河鱼类按食性可以分为肉食性、植食性、滤食性、杂食性，不同食性的鱼类是构成江河水体生态系统的重要成员。淀粉是食物链能量的基础，淀粉酶是参与淀粉和糖原水解的酶类。淀粉酶广泛存在动物、植物以及微生物中。在哺乳动物体内，主要存在唾液淀粉酶和胰淀粉酶（Takahiro et al.，1986）。胰淀粉酶作为重要的消化酶，对鱼类获得能量具有重要的作用。

5.2.1 鱼类淀粉酶

淀粉酶是作用于可溶性淀粉、直链淀粉、糖原等的 α-1, 4-葡聚糖，水解 α-1, 4-糖苷键的酶。根据酶水解产物异构类型的不同可分为 α-淀粉酶（EC3.2.1.1.）与 β-淀粉酶（EC3.2.1.2.）。

α-淀粉酶存在于动物（唾液、胰脏等）、植物（麦芽、山萮菜）及微生物中。它分解淀粉、糖原和相关寡糖内部的 α-1, 4-糖苷键（Darias et al.，2006），从古细菌到哺乳动物中都可见 α-淀粉酶在为生物体提供能量方面发挥作用（Pandey et al.，2000；Machius et al.，1995）。大部分生物能初始储存于碳水化合物中，其中包括淀粉和葡萄糖聚合物。人体超过 50%的能量来自分解碳水化合物，水解开始于口腔唾液淀粉酶，并通过胰淀粉酶进入小肠内部消化系统（Caspary，1992），淀粉酶具有不同的组织特异性构成、拷贝数量变化及特异性表达特征。唾液淀粉酶由 *AMY1* 基因编码，胰淀粉酶由 *AMY2A* 和 *AMY2B* 编码。唾液淀粉酶基因在不同物种甚至同一人群中拷贝数差异很大，分布范围比胰淀粉酶基因 *AMY2A* 和 *AMY2B* 更广。*AMY1* 拷贝数的变化与唾液和血清淀粉酶水平有很好的相关性，人类 *AMY1* 拷贝数变化与饮食中的淀粉含量有关。与唾液淀粉酶不同，胰淀粉酶主要来源于胰腺和腮腺。无脊椎动物中胰淀粉酶在转录水平上受胰腺腺泡 AR42J 细胞中的葡萄糖/糖类物质调控表达（Logsdon et al.，1987）。糖皮质激素可以与其启动子上的糖皮质激素受体结合位点结合，调节胰淀粉酶的表达（Slater et al.，1993）。鱼体中糖通过皮质醇（糖皮质激素）刺激应答元件调控淀粉酶基因表达（Ma et al.，2004a；2004b）。转录因子 NF-Y 在糖代谢过程中发挥着重要促进作用（Goel et al.，2003），并可以正向调控核心时钟元件 ARNTL/BMAL1 的转录（Kawata et al.，2003）。ARNTL/BMAL1 是转录激活因子，是形成昼夜节律基因表达的关键因子，通过影响新陈代谢和行为节律调节各种生理过程。

淀粉酶作为重要的消化酶，对鱼类获得能量有重要的影响。所有鱼类体内都有淀粉酶存在。不同鱼类淀粉酶的分泌器官存在差异，有的鱼类主要由胰脏分泌，有的鱼类由肠道分泌。鱼类淀粉酶与食性相关，植食性鱼类淀粉酶活性大于杂食性鱼类（Akira et al.，1987；Douglas et al.，2000）。Agrawal 等（1975）比较了肉食性、杂食性和植食性鱼类的淀粉酶活性，结果显示植食性鱼类具有较强的淀粉酶活性，肉食性鱼类的最弱。Hidalgo等（1999）研究发现鳗鲡的淀粉酶活性比虹鳟的高，植食性和杂食性鱼类的淀粉酶活性要高于肉食性鱼类。认识鱼类食性分化与能量途径机制关系，对了解河流生态系统鱼类群落构建机制非常必要。

鱼类胰α-淀粉酶基因与人类的*AMY2A*基因相似。许多鱼类的α-淀粉酶基因cDNA序列已经发表，如大眼鳜、尖吻鲈（*Lates calcarifer*）、斑马鱼（*Brachydanio rerio*）、大西洋鲑（*Salmo salar*）、青斑河豚（*Tetraodon nigroviridis*）、日本鳗鲡（*Anguilla japonica*）、胭脂鱼（*Myxocyprinus asiaticus*）、美洲鲽（*Pseudopleuronectes americanus*）和斜带石斑鱼（*Epinephelus coioides*）等，不同鱼类α-淀粉酶基因cDNA序列具有高度的相似性。斜带石斑鱼α-淀粉酶基因与上述鱼类的α-淀粉酶基因相似性高达91.8%。陈亮等（2009）分析鳜的α-淀粉酶基因编码区序列与斑马鱼的同源性为79.7%，α-淀粉酶基因编码区序列在不同鱼类中高度保守。陈春娜（2007）克隆了胭脂鱼α-淀粉酶的cDNA序列，并研究了α-淀粉酶在胭脂鱼体内不同组织中的表达情况。秦帮勇等（2013）对半滑舌鳎α-淀粉酶基因进行了克隆，并研究了饲料添加剂对α-淀粉酶基因表达量的影响。

5.2.2 基因序列与生态位

不同食性鱼类的α-淀粉酶基因5′端序列存在差异，结构基因5′端调控区序列包含有启动子和转录因子结合位点等重要调控元件，在基因表达调控过程中起着非常重要的作用。α-淀粉酶基因mRNA的表达水平与酶活性具有相关性，α-淀粉酶基因受转录调控（Moal et al.，2000）。鳜α-淀粉酶基因5′端调控区中也发现有多个对其表达具有调控作用的调控元件（陈亮等，2009）。Ma等（2004a，2004b）对尖吻鲈α-淀粉酶基因启动子研究发现转录因子GR对基因的表达具有调控作用。α-淀粉酶基因的组织特异性调控可能与胰腺存在的转录因子1（PTF1）有关（Weinrich et al.，1991）。在珍珠贝α-淀粉酶基因结构中发现与盐度和食物量有关的结合位点，这些位点包括GATA-1、AP-1和SP1（Huang et al.，2016），提示α-淀粉酶基因表达与食物源的密切关系。

5′端序列在核苷酸序列体现了分化上的差异，但在功能上调控序列的进化是比较保守的（Ludwig et al.，2000）。基因转录调控的进化是通过改变基因的表达方式，而不是改变基因编码的氨基酸序列推动生物的进化的（Shapiro et al.，2004）。German等（2016）在鱼类α-淀粉酶基因的研究中发现，堇菜色猿线鳚和岩剑带鳚α-淀粉酶基因在起始密码子至上游167 bp序列中相似度很高，在上游167 bp以后序列的相似性很低，而且出现很多片段缺失。

本书作者对隶属 12 目 19 科的 32 种鱼类 α-淀粉酶基因进行系统发育分析，结果显示鲈形目鱼类深裂眶锯雀鲷、堇菜色猿线鳚、攀鲈、眼斑双锯鱼、大弹涂鱼、尖吻鲈和大黄鱼聚为一类；鲤形目鱼类草鱼、鳍、青鱼、鲮、鳙、鲮和斑马鱼聚为一类。进化树分支中相同食性鱼类没有聚为一类，各分支中存在不同食性鱼类，提示鱼类 α-淀粉酶基因启动子序列在目水平显示保守性（朱书礼等，2020）。类似亲缘关系更密切的科、属鱼类没有表现成共聚系列，说明群落生态位分化过程中存在以能量轴为核心的生态位分化机制。动物体的能量轴功能体系包括分解碳水化合物相关的淀粉酶体系（植食性）、分解脂类的脂肪酶或分解蛋白质的蛋白酶体系（肉食性）、分解碳水化合物和脂蛋白类的混合酶体系（杂食性）的类型。虽然动物体中都存在上述三种类型的酶功能体系，但在群落生态位分化过程中，编码能量体系功能酶的基因的转录子调控区，依据群落功能分化发生了变化。

5.2.3 淀粉酶基因转录因子与动物食性

植物为竞争太阳能分化出高矮有序的群落物种。动物主要可分为食草动物、杂食动物和食肉动物三大类。动物为竞争能量分化出不同的食性，尽管三类动物群体都拥有胰淀粉酶基因，且胰淀粉酶编码基因具有高度同源的特性，但不同动物胰淀粉酶的表达水平不一样。摄食偏好可能影响淀粉酶基因的表达，淀粉酶基因调控序列转录因子（transcription factor，TF）的差异成为动物群落生态位分化的关联体。

胰淀粉酶基因的表达除了有单一的转录调节外，也存在多转录因子联合介导调节机制。胰淀粉酶基因高效表达与肝细胞核因子 3β 或 3γ 和 PTF1 在启动子上结合有关，这些细胞因子在胰淀粉酶基因高效表达调控中，具有协同效应功能（Cockell et al.，1995）。胰淀粉酶基因多转录因子联合调控机制，能够提高基因在控制发育、分化和生长方面的特异性和灵活性（Arnone et al.，1997；Odom et al.，2006；Tan et al.，2018；Wang et al.，2018；Radler et al.，2017）。通过转录因子功能识别方法（Hu et al.，2007，2010）对食草动物、杂食动物和食肉动物中可能参与调节胰淀粉酶基因的转录因子进行分析评估。在揭示控制 *AMY2A* 基因在每个动物群中的 TF 关系中，建立了 TF 调控网络，发现不同食性动物群之间有 GR、NFAT 和 PR 三个 TF 作为 TF-TF 相互作用网络的共同枢纽，并发现 GR 是食草动物、SPZ1 是食肉动物基因的唯一的 TF 调控网络。序列分析研究表明，动物群体中的 TF 相似性最大。

杂食性动物胰淀粉酶基因表达也受到多种转录因子的调控。本书作者对三个不同食性动物组调控胰淀粉酶基因的转录因子的相互作用关系进行了分析。选择的研究对象包括 77 种食草动物、25 种杂食动物和 118 种食肉动物的转录因子。TF 调控网络的计算机模拟表明，已知的胰腺特异性TF（如GR、NFAT和PR）可能在TF-TF相互作用网络中有非胰腺特异性TF作用机制，为控制不同食性动物组的胰淀粉酶基因表达提供了灵活性。这项研究的结果表明，组合转录调控可能是控制胰淀粉酶基因表达的关键成分。研究结果提示，机体内包括α-淀粉酶等产生能量的相关基因表达差异性分化，可以是动物群落中形成食草、杂食和食肉动物的关键。虽然淀粉酶基因存在于所有动物群落中，但在每个动物群落中的表达受不同机制的控制，TF调控很可能与食性分化有关（Li et al.，2020）。

Wang等（2015）在草鱼的基因组研究中，发现植鱼在植食性转化过程中，肠道中昼夜节律相关基因的表达模式发生了重设，草鱼可能通过持续高强度的食物摄入，获取足够多的可利用营养以维持其快速生长。转录因子Pax-2在胰高血糖素基因表达中具有转录激活作用（Hoffmeister et al.，2002）。糖皮质激素主要作用于碳水化合物和蛋白质的代谢。糖皮质激素刺激可以引起细胞状态或活动变化的任何过程（在运动、分泌、酶的产生、基因表达等方面）。转录因子MyoD参与细胞对糖皮质激素刺激的反应，调节细胞的代谢过程。

对32种鱼类胰α-淀粉酶基因包括启动子上游的序列进行分析，在筛选影响鱼类食性差异的主要转录因子中，以差异性贡献率大于3.5%的转录因子作为决定鱼类食性差异的潜在转录因子。发现植食性-肉食性鱼类的转录因子差异主要体现在E47、C/EBPalpha、NF-Y和Pax-2；植食性-杂食性鱼类的转录因子差异主要体现在deltaEF1、MyoD、NF-Y、AREB6和Pax-2；杂食性-肉食性鱼类的转录因子差异主要体现在GATA-1、SRY、MyoD、HFH-8、AREB6、Pax-2、STAT5A和AP-1（Li et al.，2020）。

提示鱼胰α-淀粉酶基因5′端序列的转录因子差异与鱼类食性分化具有关系，5′端调控区系统发育结果同样显示相同食性的鱼类并没有聚为一类。转录因子E47、C/EBPalpha在植食性鱼类和肉食性鱼类中的差异贡献率都为3.57%，是区分植食性鱼类和肉食性鱼类的潜在因子，E47在植食性鱼类胰α-淀粉酶基因的表达中发挥更强促进作用。另外，Pax-2在植食性-杂食性鱼类和植食性-肉食性鱼类中均存在较大差异，差异贡献率分别为3.77%和4.67%。MyoD在杂食性-植食性鱼类和杂食性-肉食性鱼类胰α-淀粉酶基因中都有较大的差异，并且在肉食性鱼类中出现的概率较低（朱书礼等，2020）。在食物资源约束下，转录因子的分化确立了群落物种的生态位分化。以能量为核心的群落构建机制，对生态系统群落物种管理、保护、修复与养护具有理论意义。

5.3 群落构建物种选择

河流水生生态系统面临全球气候变化、经济发展造成的环境变化、水资源过度开发的压力，影响流域社会经济的可持续发展。鱼类生物量是水生生态系统稳定、水质安全保障的重要因素。由于人为活动和自然变化，江河生态发生了巨大的变化，表现为食物链体系不足以输出水体营养物质，水质恶化不能被人所利用，制约社会可持续发展。在环境污染压力不断增大的背景下，人类需求的河流生态系统功能保障成为社会关注的目标。鱼类在河流生态系统水质功能保障上充当“清道夫”的角色，其生长过程不断输移水体的物质，并净化水质。河流生态管理向水质保障目标发展，江河鱼类生物重建以满足河流生态系统的能量循环需要发展，按江河水质保障需要操控鱼类群落及生物量的方式是未来江河生态管理的重要途径（李新辉等，2021a）。河流中的营养元素通过自养型生物吸收生长而进入食物链循环，营养物以初级生产力—次级生产力—鱼类输出的方式传递。如果缺少鱼类生物，输送链受阻，富余生物体在腐败中重回水体，生态系统质量朝变坏的状态发展及至恶性循环。

流域的环境特征在自然演化过程中形成，系统的生物量与水体矿物质营养量相关联，河流生态系统的生物体容量受制于进入系统中的营养物的数量。目前鱼类的生存环境受到多方面的胁迫，尤其反映在生物量不足方面，食物链承担水生生态系统物质传输功能，除需要群落种类外也需要生物量才能满足生态系统的需要。通过观测江河水体营养物—水生生态系统的生产力—鱼类食性与生产力利用度，可评价河流生态系统的功能质量，确定管理目标，建立以鱼类生物量为目标的江河生态系统管理方案。水体空间增加鱼类资源，可大大加强水生生态系统的营养物质输出，减轻河流生态系统中氮等富余营养元素对水质的压力（李新辉等，2021b）。Wang 等（2020）认为物种间互惠关系对捕食者和消费者有着显著的自上而下的影响，互惠关系对捕食者的影响大于消费者；低营养级生物通过生物量对消费者和捕食者有显著的自下而上的影响，随着营养级的增加，这种影响显著降低；高营养级生物受低营养级生物多样性的影响呈自下而上的影响，食肉动物主要受互利性生物自上而下的影响。具有互惠关系的食物网结构更为复杂，营养级之间的相互作用更为显著。食物网的功能评估可以通过衡量“总投入-产出-相互作用强度”实现（Xu et al.，2020）。

生物群落对生态系统功能过程的影响一直受科学家的重视，但目前普遍用生物多样性等同于物种多样性（Díaz et al.，2001），忽视了物种间的关系对生态系统所起的作用。生态系统功能不仅依赖于物种的数目，而且依赖于物种所具有的功能性状（Lepš et al.，2001）。两个具有相同物种数的群落，由于物种拥有不同的性状和特征，很可能在功能多样性方面表现出较大差异（Lepš et al.，2006）。因此，越来越多的学者提出用功能性状的多样性代替物种多样性对群落进行研究（江小雷等，2010；张金屯等，2011），由性状所表征的功能多样性是与生态系统功能密切相关的物种功能特征，更加明确地反映群落中物种间作用关系（Díaz et al.，2001；Hooper et al.，2002）。换言之，功能多样性是指群落内物种间功能特征的总体差别或多样性（Petchey et al.，2006）。功能多样性高的生态系统，其生态位更趋分化，资源能够得到最大利用，生态系统更稳定，具有较高的生产力（Tilman et al.，1997）、较强的恢复力（Nyström et al.，2001）和较强的入侵抵抗力（Prieur-Richard et al.，2000；Dukes，2001）。目前，群落功能生态学已经成为解决生态问题的一种重要途径（Loreau et al.，2001；Cameron，2002）。

鱼类群落的空间差异与环境间的关系密切（帅方敏等，2017b，2020；张迎秋等，2020），在特定的环境塑造下，鱼类群落各种类显示出共性的功能特征，如适应急流的鱼类体形窄长，有利于快速泳动，形成特殊的功能构造适应生态位（Shuai et al.，2018b，2017b，2016）。关于鱼类在生态系统的生态位与功能研究，Mason 等（2008）提出三个独立的功能多样性指数，即功能体积指数（functional richness，FRic）、功能均匀度指数（functional evenness，FEve）和功能差异指数（functional divergence，FDiv），分别表征物种占据生态位空间量、物种性状在所占据性状空间的分布规律以及群落内物种间的生态位互补程度。Villéger 等（2008）从物种功能空间的分布和多度角度对功能离散指数进行了分析。Mouillot 等（2013）提出描述鱼类群落生态过程需要从功能专一化指数（functional specialization，FSpe）、功能占有指数（functional originality，FOri）、功能离散指数（functional dispersion，FDis）和功能熵指数（functional entropy，FEnt）考虑，这些是鱼类群落构建中需要考虑的因素。Hoeinghaus 等（2007）对美国得克萨斯州 157 条溪流的鱼群进行物种丰度数据的整理，将鱼类按营养级和生活史特征功能团进行分类分析，结果表明，鱼类群落由河流的尺度大小和生物地理学模式差异所决定；功能群分析表明，鱼类群落特征与河流的尺度、地理区域无关，而与栖息地的类型有关。认为局部河流鱼类群落的结构最终由代表多个尺度的因素决定，每个尺度的相对重要性取决于所使用的生物单元（物种或官能团）（Hoeinghaus et al.，2007）。江河生态系统具有线性特征，环境跨度大、异质性高，鱼类群落差异大，在外力影响下鱼类群落构建需要考虑区域本土种优先的方案；以群落生态位理论指导鱼类群落构建。同种鱼类在不同的群落中，生态位不同，需要考虑鱼类群落的栖息地适宜因素。

自然界中某些物种比其他物种具有更广泛的地理范围，这样的物种环境适应能力强，不受范围大小所左右（Lester et al.，2007），是多样性组建群落可关注的种类。

生物相互作用在局部空间范围内塑造物种的空间分布，但超出了局部范围（大于 10 km）的作用通常被认为是不重要的。事实上，生物相互作用能超越局部范围塑造物种分布，从古生态分析了解单个物种分布范围、官能团和物种丰富度模式的结果，表明生物相互作用显然在物种分布上留下了印记，群落组成受所有空间范围的影响（Wisz et al.，2013）。群落生态学的一个长期概念认为，密切相关的物种比远亲竞争更激烈，生态学家援引限制相似性假说解释生物群落结构和功能的模式，并为保护、恢复和入侵物种管理提供信息。物种间的相互作用与系统发育距离是否有关，可能与物种间发生相互作用的随机性（外来种的引入）及物种具有可自由组合的潜质有关，这似乎可在前面讨论的食性分化中得到支撑依据。

河流鱼类群落结构具有自身规律并遵循非随机过程（Jackson et al.，2001；Ostrand et al.，2002），环境因子包括水流速度、溶氧浓度、水温以及水体有机物质等（Grenouillet et al.，2004），影响鱼类组成与分布（Mason et al.，2007；Mouillot et al.，2007；Sharma et al.，2011），并影响鱼类对资源利用的策略（Poff et al.，1995）。人类主导环境后，生态系统发生了巨大变化，迫切需要保护行动（Banse，2007）。在生态保护的过程中，生物群落的重构需要有不断发展的理论指导。其中，掌握生物与栖息地之间的关系、物种之间的相互作用关系是群落重构稳定性的关键。生态系统物种重建，需要考虑生态系统进化与群落演替过程，其中原始群落对生态系统的能量输出的机制与物种从低营养级进化至高营养级的过程或许可提供参照，即重构过程中首先靠能量输出效率，构建群落宜优先考虑低营养级生物。

对鱼类群落的密集开发往往导致目标物种的丰度大幅减小，对整个生态系统的结构和稳定性产生影响，这也反映在鱼类群落平均营养级的变化。平均营养级下降的原因是大型肉食性鱼类的数量减少，较小的中上层物种在较低营养级上觅食的数量增加，这与密集捕捞有关的传统目标物种产卵群生物量的减少，以及长期的气候变异性有关。通常，整个鱼类群落平均营养级的降低可能使该系统能够维持较高的渔业产量（Pinnegar et al.，2002），同时也是增加生态系统的能量输出的一种方式。

生物群落重建应围绕生态系统功能目标实现，河流生态系统生物群落重建，依据系统功能的需要分为两个方面。一方面为生物多样性需要，这涉及目标物种如何与群落重建地（水域）物种建立和谐关系，需要通过生物群落重建解决区域生物多样性崩溃问题。另一方面是服务于人类特殊功能需要的生态系统重建。例如，河流生态系统受人类活动干扰后，物种缺失或生物量不足导致能量输送系统功能缺损，系统生物群落需要重建，通常见于富营养化水体与高初级生产力的水体，需要有可利用初级生产力的鱼类群落及其各物种匹配的生物量，搭建功能性生物群落。

群落中生态位的纽带是食物链，通常某一物种的生态位受自上而下的上级捕食者的操控（Grange et al.，2006）。Urban（2004）在研究人工淡水湖的群落特征中认为，群落物种多样性、丰度和营养结构是由生态系统形成的时间及局部环境变化过程所决定的。异质性扰动决定了群落结构特性，阻隔会将许多分类群限制在局域，物种无法适应干扰，无法建立正常的相互作用关系（物种分类模型），阻隔也可能通过质量效应影响局部动力学。河流受梯级水坝的影响，水系形成众多类似人工淡水湖群，河流生态系统的改变，许多物种也放弃了对坝干扰的适应，放弃对生物相互作用的适应，鱼类群落的改变导致食物链系统缺损，体现在鱼类营养级组成的变化。系统发育距离与生态相似性之间的关系是理解群落构建机制的关键。利用系统发育信息推断群落构建机制，生态位保守性（生境过滤）和物种相互作用（竞争或互利）影响群落构成，系统发育关系影响物种相互作用的强度（Burns et al.，2011）。外来种会改变系统水平的资源有效性、营养级结构，从而改变生态系统的功能甚至生态系统的稳定性（Britton et al.，2010；Cucherousset et al.，2012）。

空间、时间和营养生态位是物种生态位构建中典型的三个维度，可独立地描述动物的生态位置和资源使用情况。当多个物种共存于同一个群落时，它们在生态位的各个维度上就不可避免地发生相互作用（Sæbø，2016）。空间、时间和营养生态位为食肉动物提供了三个可变的坐标维度，动物可以在种间竞争中通过适应或行为改变来调整其在各个维度上的生态位宽度，获取最大化收益（Schoener，1974；Bruno et al.，2003），并降低物种之间的竞争作用强度，包括干涉型竞争（interference competition，直接相遇与杀戮）和资源利用型竞争（exploitation competition，对共同的猎物资源的利用）（Kronfeld-Schor et al.，2003）。食肉动物在空间、时间以及营养生态位上的可塑性和适应性是一种减缓竞争的演化结果，可以促进不同物种的共存（Sæbø，2016）。空间生态位是理解食肉动物区域共存和相互作用的基础。物种只有在一定空间范围内共存，才可能在时间和营养生态位维度上潜在地发生相互作用（Farris et al.，2020）。空间使用差异能有效促进物种共存，但在全球尺度上，具有相似生态特征的物种并不会产生完全的空间竞争性排除，反而会选择资源相似的空间来促进共存（Davis et al.，2018）。

营养生态位是野生动物生态位的一个重要属性，能够影响动物在生态系统及食物网中的功能。比较同域分布物种的食性可以揭示不同物种之间营养生态位的重叠程度，并以此作为物种间潜在竞争强度的量度之一（de Satgé et al.，2017）。食肉动物物种之间的营养生态位重叠度随着种间体重差异的增大而呈现非线性减少趋势。体重差异很小（约为 0.01 kg）时，预测营养生态位重叠度为 62%；体重差异很大（160 kg）时，预测的营养生态位重叠度为 12%（Lanszki et al.，2019）。同域分布的大型与小型食肉动物之间一般不存在高度的食性重叠（Gómez-Ortiz et al.，2015），而体形相似的食肉动物之间因为捕食相似的猎物而更可能发生激烈的种间竞争甚至出现杀戮行为（Donadio et al.，2006）。空间、时间和营养生态位在促进物种区域共存进程中相互协调，互为补充，需要关注种间的共同生境偏好性因素。

李新辉等（2021b）建立了江河鱼类早期资源量评价河流生态系统功能状态的指标体系，为江河鱼类群落搭建提供了生物量需求的参照系。河流生态系统富营养化需要通过阻断营养物质的输入、搭建生物输出系统来解决，减少点、面源营养物质进入水体，已经成为社会的共识，但搭建生物群落体系，加强输出水体物质的方法体系仍然需要加强研究。在确定鱼类生物量需求基础上，鱼类形态学模型是一种分析群落鱼类关系的方法，或许可为群落物种生态位构建提供分析手段。

5.3.1 多物种模式

很难度量生物多样性对生态系统功能的影响，因为自然界中很难设计分析某物种的缺损对生态系统的影响，而且人类等大型脊椎动物消费变化对生态系统的干扰很大，生物多样性变化对生态系统功能的主要影响似乎表现在营养介导过程（Duffy，2003），其中能量过程是关键。在受人类干扰的生态系统中，生物群落重构需要考虑人类这一特殊的生态功能能力，人类对生态系统的能量传输功能的影响大于高营养级食肉动物。通常系统中能量输出（移除）依赖高营养级的食肉动物来实现，食肉动物的衰退将影响系统的物质传递功能。由于人类在生物群落中更超能的表现（广谱食性与摄食能力、创造力），替代原有系统中的食肉动物，而承担了不同性质生态系统终端能量输出角色，改变了生态系统的结构与功能。因此，在人类的努力下，生态系统能量输出终归可找到平衡的方法。

生物在环境适应过程中形成大小物种共存的格局，所在群落中物种生态位的关系并非排他性机制，其中应该与生态系统中能量最大利用度有关。在 Aarssen 等（2006）的研究中，高大乔木生态位占有优势，乔木之间还存在能量未被利用的空隙，为小物种生存提供了空间条件，大、小物种出现共存状况。在动物体系中，系统中能量循环需要食物链体系中构成捕食与被捕食关系，如果掠食性生物在生态位中有排他行为，自身则没有存在的基础。因此，生态位的纽带是系统中能量的合理分配，这样就为大、小物种共存提供了基础条件。物种集群性生活具有优势，如合作防御捕食或增强觅食成功率，并非只有在竞争薄弱的情况下才会发生积极的种内相互作用。因此，只有当利益超过成本时，互动才能是积极的，但竞争不一定很弱。强大的利益，如提高生存率，可以超越负面竞争效应的增长，净正互动的共存成本很高。生物群也可能比孤立个体更能承受生理压力。

在压力大的环境中，生物集群可缓冲环境中的压力。在动植物密度较高的海岸上，同种的遮阴使温度变得不那么极端和多变，蒸发减少。

共存物种之间的进化关系及系统发育过程可用于群落生态学研究。在一个平衡的体系中，生物产生的异质性（如外来物种）会导致系统失平衡。由于资源分布具有空间差异，物种共存需要在不同环境下实现区域平衡。环境异质性可能导致一个物种在某些范围内的优势竞争对手被排除（Shurin et al.，2004）。植物物种共存研究方面还没有一种能够单独解释发现的物种丰富度的模式。对物种共存的更一般的解释利用了一个理想化的概念，即空群落，定义为稳定的带状植被中的一个未受干扰的群落，物种的数量将主要取决于进化因素（物种形成、物种特征）。其中，种间竞争是减少物种丰富度的主要因素，竞争受个体进化决定的特征的支配。生态因素通过改变个体的性状改变竞争的结果（Zobel，1992）。系统物种构建、重建、群落生态位模型和系统发育的研究方法需要不断发展（Webb et al.，2002）。

食物网的结构受关键物种丧失和灭绝的影响（Dunne et al.，2002）。种间、属间相互作用对生态系统的结构和功能产生重大影响。避免坚持栖息地改变效应可能有益于其他物种的观点，物理压力会破坏生态系统的结构和功能。生物群落是如何聚集在一起的，一直是生态学研究的核心问题。存有不同的解释，但其中都包含非生物环境因素和生物相互作用不是相互排斥的过程（Götzenberger et al.，2012）。

在一个互利共存的系统中，如何揭示接受者和合作参与者之间建立避免竞争（冲突）的机制是进化生物学的最大问题之一（Wang et al.，2008）。自我约束、分散或空间约束可以防止对当地资源或任何其他共同资源的直接竞争，从而保持稳定的合作互动，但实际上不能充分阻止共生体利用更多的本地资源而牺牲接受者。其中的冲突可能会破坏合作互动，它是在当地资源被共生体饱和后存在的。抑制共生体的增加，从而抑制冲突期间当地资源的利用，对于维持和发展合作至关重要。

捕食者-猎物之间的相互作用存在显著的差异，表现为稳定、相互竞争、不断波动变化。若食物网结构存在大量的弱相互作用，捕食者-猎物网络的稳定性概率就会降低。只要捕食者-猎物之间是紧密耦合的，稳定的捕食者-猎物网络可以是任意大和复杂的（Allesina et al.，2012）。

食物链体系与物种共存度有关，增加生态系统大小也能促进共存，通过改变捕食者或增加猎物数量可增加食物链长度（Takimoto et al.，2012）。

考虑某一环境中的生物群落重建，有许多替代方案，但如何维持多物种和多营养水平状态则具有挑战性，度量多物种共存的稳定性中，物种的平均适应度差异和可稳定性是关键（Chesson，2018）。群落研究需要关注互利与共同进化，量化群落中物种丰富度对了解互利（协同进化）有益，如识别协同进化单位、揭示共同进化的相互作用等（Hall et al.，2020）。

5.3.2　食物链功能完整

水生生态系统生物群落受大环境因素的影响，如全球气候变暖，热带生物群落必然朝亚热带、温带扩张；如全球罗非鱼的扩张，当然人为引种加速了罗非鱼的扩张速度；人为梯级开发，加速了土著低营养级鱼失去栖息地，让罗非鱼有扩张占领生态位的机会。在未来河流生态系统仍然有在现状环境下进一步加大开发力度的可能，水生生态系统的鱼类群落主体必然是以低营养级或杂食性鱼类为主体，这为类似罗非鱼的低营养级鱼类进入我国河流生态系统的食物链体系提供了环境条件。外来物种的入侵，必然给土著群落结构及生态系统功能带来影响（谭细畅等，2012；Shuai et al.，2018a，2019；Xia et al.，2019），以罗非鱼为代表的生物入侵种备受国际关注，其中，物种群落生态位研究也非常活跃，如通过生态位保守性（表现出停滞和通过时间维持其生态位参数）或生态位进化（通过适应改变其生态位的生态参数）来应对入侵压力（Dudei et al.，2010）。外来种使得全球淡水鱼类的体形发生不同程度的改变（Blanchet et al.，2010），进而影响淡水鱼类的功能多样性（Matsuzaki et al.，2013），生物修饰环境可以在模型分析中表示为附加变量（Linder et al.，2012）。外来种的影响可以通过种群扩张数据建立模型进行分析、预测（Shuai et al.，2015），如果受数据限制，用物种分布模型分析预测入侵物种的分布趋势就很困难。目前，可利用多元相似性的数据和年最低、最高气温的气候预测因子，量化研究对象在局部和大范围之间的生态位位置、大小和结构的差异，通过转移生态位研究至模拟物种的方式实现目标物种的生态位变化研究（Larson et al.，2012）。生态位模型研究可以用于研究群落中某一物种的入侵与生态位扩张机制（Ebeling et al.，2008），使用化石数据分析，可揭示生态位变化过程和变化形式（Malizia et al.，2011）。通常外来水生生物在资源需求上的功能差异对水生生态系统过程产生巨大影响（Zhao et al.，2014；Azzurro et al.，2014）。

本书作者以土著鱼为对象，分析了群落结构。基于现状资源补充数据及文献数据综合分析发现，我国江河水体生态系统整体功能性缺鱼，其中类似草鱼、鲢等低营养级鱼类更加缺乏。提示罗非鱼在我国河流有其进入食物链体系的环境，目前罗非鱼也在作为低营养级鱼类填补相应的土著鱼生态位空缺，因此，需要加强防范外来种对我国河流生态系统功能影响的研究。

5.3.3　物种相容性

群落构建需要解决物种共存和物种多样性的维持问题。Maron 等（2004）认为陌生环境外来植物表型可塑性是适应环境、迅速进化的主要机制。表型变化过程可反映该物种的生态位变化过程。不同性状的物种（特别是那些决定物种对环境影响的物种）共存对资源、捕食与被捕食竞争进化含义或相互作用机制是不同的。在接近平衡的局部群落中，物种共存不是随机的，是兼容的，其中有强烈相互作用机制（Leibold，1998）。柴永福等（2016）认为生态学的理论进步使得用功能性状和群落谱系结构研究群落构建机制成为可能，功能性状和谱系结构除了考虑空间尺度、环境因子、植被类型外，还应该关注时间尺度，选择反映种类和数量的性状、反映种内变异的性状，以及考虑人为干扰等因素对群落构建的影响。孟凡凡等（2020）在研究微生物群落中，认为微生物存活、生长和繁殖性状能够反映微生物对环境变化的响应，进而影响微生物的物种分布格局、群落构建机制以及相应的生态系统功能。性状与物种分布格局关系、性状如何反映生物多样性和生态系统功能及对环境变化的响应是群落构建机制的研究范畴。植物群落恢复重建过程中，小尺度且周边具有大范围自然群植被状况下，物种多样性、功能多样性及系统发育多样性都具有较快的恢复能力（孙德鑫等，2018），这种边缘效应取决于系统物理环境没有割裂。

人们在改造自然的过程中须注意到物质代谢的规律。在生产中只能因势利导，合理开发生物资源，而不可只顾一时，竭泽而渔。生物进化就是生物与环境交互作用的产物。生物在生活过程中不断地由环境输入并向其输出物质，而被生物改变的物质环境反过来又影响或选择生物，二者总是朝着相互适应的协同方向发展，即通常所说的自然演替。

在研究群落物种关系中，物种关系模型可作为生态动力学模型研究群落物种间的共存与竞争关系。群落构建主要由确定性过程和随机过程驱动，其中一个关键问题是量化确定性过程和随机过程对生物群落构建的相对贡献（罗正明等，2021）。确定性过程由群落中物种的固有属性决定，随机过程由环境作用后产生的结果所显示。许驭丹等（2019）认为应注重环境影响各要素分解和量化，关注时空动态变化对群落构建的影响，认识不同群落构建机制的共性和个性特征，强调与其他生态过程、群落构建机制的整合。陆生动物区域共存是经过长期演化形成的相对稳定状态，动物通过生态位分离达到共存，共同适应在动物区域共存中具有重要作用（李治霖等，2021）。在群落构建中，物种的贡献度通常由其生态位关系或由种群数量所决定。杨婷越等（2020）分析了长江中游不同空间尺度鱼类群落的构建机制，发现竞争作用和环境过滤作用两种主导群落构建机制并存，并出现小尺度环境过滤竞争作用转为大尺度竞争作用的情况。娄晋铭等（2020）采用系统发育群落结构分析的方法探讨受环境过滤的河流鱼类群落特征，发现鱼类群落系统发育结构发散，物种间竞争作用主导群落构建。因此在群落重构过程中，应当充分考虑种间竞争与共存关系对维持鱼类群落稳定性的重要作用。周卫国等（2021）采用物种的摄食习性和营养级分析方法，从珠江口万山海域资源优势度、生物量、渔获率排序中处于前 30 位的共有鱼类物种中，以食物链营养级为基础构建海洋牧场渔业资源关键功能群，包括银鲳功能群、云纹石斑鱼功能群、鲈功能群、黄姑鱼功能群、鲻功能群、斑节对虾功能群和锯缘青蟹功能群 7 个功能群。水生生态系统中，微生物、植物将化学能转化为生物能进入食物链。鱼类作为水生生态系统食物链体系中能量输出的末端类群，物种多样性丰富，且食性不同，如有杂食性、腐食性及肉食性类群，在系统内化学循环和能量循环中扮演不同角色。林坤等（2020）认为珠江口鱼类群落中，种间作用以捕食关系最为重要，因为捕食关系是整个群落、生态系统实现能量流动、表达生态功能的最直接方式。这也是鱼类群落构建需要考虑的直接因素。鱼类是河流生态系统中物质循环、能量流动的最重要载体，鱼类群落结构及其稳健性决定河流生态系统的功能属性。种间关系在鱼类群落重构考虑中尤其重要。

河流生态系统中，鱼类对环境有不同的繁殖要求，群落构建需要考虑是否有适合鱼类繁殖的条件，依据繁殖条件搭建鱼类群落（李新辉等，2021a）。鱼类群落受南北温度等气候环境差异的影响，不同地域物种的分布格局不同。不同鱼类的繁殖期对水温有不同的要求（李新辉等，2021b），黑龙江江鳕繁殖要求水温在 0℃左右，鲤、鲫繁殖水温在 15 ℃左右，草鱼、鲢、鳙繁殖水温在 18℃以上，罗非鱼繁殖的最适宜水温在 25～28℃。亲鱼产卵行为主要由水温决定，没有达到合适的水温鱼类不产卵，而水温过高或过低，产卵行为也会受到抑制（余志堂等，1985；木云雷等，1999；王锐等，2010）。鱼类群落特征受温度制约，鱼类群落构建需要考虑物种对温度环境的适宜性。有些鱼类需要漂流性卵发育条件，这类卵产出后吸水膨胀，出现较大的卵周隙，比重稍大于水，受精卵在流水中悬浮于水层中，静水中则下沉至底部，如草鱼、青鱼、鲢、鳙、赤眼鳟、壮体沙鳅、鯮、鳤、鳡等产漂流性卵鱼类。有些鱼类鱼卵产出后沉在水底或黏附于卵石、砾石或礁石上发育。产黏沉性卵鱼类，有中华鲟、广东鲂、宽鳍鱲、叉尾平鳅、倒刺鲃、南方白甲鱼、四须盘鮈、福建纹胸鮡、鲀类等。有些鱼卵比水轻，产出后漂浮于水层中。江河鱼类中产浮性卵的种类较少，产浮性卵鱼类有七丝鲚、黄鳝、乌鳢、鳜、大眼鳜、叉尾斗鱼、圆尾斗鱼、鲥、短颌鲚等。卵粒一般较小，内含油球，一般无色透明，自由漂浮在水体上层。油球的有无、色泽、数量、大小和分布，是鱼卵的重要分类特征。有些鱼类只有一个油球，如斑鰶等，为单油球卵；有些鱼类如鲥，含有数个大小不等的油球，属多油球卵。胚胎发育时，单油球卵的油球位于卵子的植物极，而多油球卵的油球则散布在卵黄之间。孵化前后便集中起来变成油块，位于卵黄囊的一端，直至被吸收消失。有些鱼类鱼卵产出后黏附在水生植物的茎、叶上（如鲤、鲫等）。有些鱼类产卵产在蚌内，如大鳍鱊、短须鱊、越南鱊、高体鳑鲏等。在构建鱼类群落时，应该考虑鱼类的繁殖习性，保障各种类在系统环境中能够繁衍。

根据鱼类群落生态位，考虑栖息地的修复，尤其是考虑产卵场栖息地需要的测算。李新辉等（2021a）建立了产卵场功能理论体系，涉及功能单体、功能水动力、功能流量等概念，为产卵场栖息地保障测算面积提供了理论依据。

5.4　模型应用示例

河流环境在非自然因素影响下发生剧变，使得生态系统中生活史过程依赖栖息地环境的物种无法适应环境的变化而灭绝；存活的物种固于系统演化形成的群落关系，短时期内无法适应物种缺失造成了生态位空缺。食物链体系残缺，能量循环体系受损，生态系统处于紊乱状态，河流生态系统的功能偏离了人类的需求。因此，河流生态系统需要重建，在重建过程中，物种相容性，包括群落内部种与种之间的相容性、种与环境因子间的相容性很重要。通过对物种的生物学习性的了解，结合模型预测拟构建的群落结构分析，可以对群落功能获得更多的认识。

5.4.1　模型“位”与群落丰度关系

观测野外数据受到许多因素的影响和制约，特别因研究对象数据的突变性和不连续性，不太容易取得令人满意的量化结果。在观测珠江鱼类早期资源构成的群落物种丰富度分析中，发现 19 种鱼存在产卵的季节性差异、产率时段不尽相同、产率频度大小不一的现象；而对某一鱼种又碰到不同时间稚鱼量跳跃性变化大、数据间断性强（有些鱼一年中或许只有一二十天能捕获稚鱼）的困难，导致仅使用鱼类生物量的传统研究方法，无法获得有效的量化模型。本书作者在建立形态学模型中，以物种形态学参数为框架，确定群落物种的空间位置关系，再以实测的各种生物量指标（早期资源丰度）建立位点-丰度的生态位关系。在物种的形态学参数矩阵中，加入各物种的数量丰度数列，在模型中进入对应分析，获得群落关系二维图及所有鱼在该图上生态位的两个主轴（X、Y）坐标值。

由于物种的丰度值与该种在群落中的形态学参数定位的生态位之间并非简单的线性关系，通过筛选比较，建立了一、二次幂或一、二、三次幂回归函数模型，分别将各种鱼的丰度建立函数关系：

$$C_{\mathrm{A}i}=f\left(X_{\mathrm{A}1},\cdots X_{\mathrm{A}19},Y_{\mathrm{A}1},\cdots Y_{\mathrm{A}19}\right);$$

式中，$C_{\mathrm{A}i}$表示第 i 种鱼在群落中的丰度（%）；$X_{\mathrm{A}1}$表示第 1 种鱼的 X 坐标，以此类推，$X_{\mathrm{A}19}$表示第 19 种鱼的 X 坐标；$Y_{\mathrm{A}1}$表示第 1 种鱼的 Y 坐标，以此类推，$Y_{\mathrm{A}19}$表示第 19 种鱼的 Y 坐标。以青鱼在群落中的丰度值（$C_{\mathrm{A}1}$）为例，函数可表示为

$$\begin{aligned}C_{\mathrm{A}1}&=12.74+247.15\times X_{\mathrm{A}1}-2150.9\times X_{\mathrm{A}1}^{2}-27023.41\times X_{\mathrm{A}1}^{3}+401.68\times X_{\mathrm{A}2}+740.17\times X_{\mathrm{A}2}^{2}-21797.43\times X_{\mathrm{A}2}^{3}\\&-41.25\times X_{\mathrm{A}3}-6629.48\times X_{\mathrm{A}3}^{2}-42345.35\times X_{\mathrm{A}3}^{3}+740.52\times X_{\mathrm{A}4}+2389.03\times X_{\mathrm{A}4}^{2}-7406.19\times X_{\mathrm{A}4}^{3}\\&+245.65\times X_{\mathrm{A}5}+96.31\times X_{\mathrm{A}5}^{2}+45.63\times X_{\mathrm{A}5}^{3}+197.55\times X_{\mathrm{A}6}-3905.47\times X_{\mathrm{A}6}^{2}-69146.59\times X_{\mathrm{A}6}^{3}\\&+247.17\times X_{\mathrm{A}7}+44.18\times X_{\mathrm{A}7}^{2}+228.1\times X_{\mathrm{A}7}^{3}+249.05\times X_{\mathrm{A}8}-10.79\times X_{\mathrm{A}8}^{2}+92.41\times X_{\mathrm{A}8}^{3}\\&+202.98\times X_{\mathrm{A}9}+389.08\times X_{\mathrm{A}9}^{2}-2285.08\times X_{\mathrm{A}9}^{3}+226.82\times X_{\mathrm{A}10}-2615.18\times X_{\mathrm{A}10}^{2}+76161.11\times X_{\mathrm{A}10}^{3}\\&+4342.93\times X_{\mathrm{A}11}+97153.81\times X_{\mathrm{A}11}^{2}+751580.81\times X_{\mathrm{A}11}^{3}-1302.99\times X_{\mathrm{A}12}-56317.97\times X_{\mathrm{A}12}^{2}-769106.03\times X_{\mathrm{A}12}^{3}\\&-3810.92\times X_{\mathrm{A}13}-89458.46\times X_{\mathrm{A}13}^{2}-640143.54\times X_{\mathrm{A}13}^{3}+313.24\times X_{\mathrm{A}14}-290.36\times X_{\mathrm{A}14}^{2}-5112.97\times X_{\mathrm{A}14}^{3}\\&+245.59\times X_{\mathrm{A}15}+218.4\times X_{\mathrm{A}15}^{2}-375.99\times X_{\mathrm{A}15}^{3}+216.01\times X_{\mathrm{A}16}-578.24\times X_{\mathrm{A}16}^{2}+3150.88\times X_{\mathrm{A}16}^{3}\\&+257.13\times X_{\mathrm{A}17}+350.13\times X_{\mathrm{A}17}^{2}-2579.95\times X_{\mathrm{A}17}^{3}+130.23\times X_{\mathrm{A}18}-460.38\times X_{\mathrm{A}18}^{2}+928.24\times X_{\mathrm{A}18}^{3}\\&+184.09\times X_{\mathrm{A}19}+71.55\times X_{\mathrm{A}19}^{2}+50.98\times X_{\mathrm{A}19}^{3}-65.08\times Y_{\mathrm{A}1}-7691.46\times Y_{\mathrm{A}1}^{2}+46708.18\times Y_{\mathrm{A}1}^{3}\\&+180.01\times Y_{\mathrm{A}2}+5441.13\times Y_{\mathrm{A}2}^{2}+103436.12\times Y_{\mathrm{A}2}^{3}+514.6\times Y_{\mathrm{A}3}+2628.08\times Y_{\mathrm{A}3}^{2}-3297.11\times Y_{\mathrm{A}3}^{3}\\&+214.22\times Y_{\mathrm{A}4}-1990.7\times Y_{\mathrm{A}4}^{2}+37700.16\times Y_{\mathrm{A}4}^{3}+346.43\times Y_{\mathrm{A}5}-172.25\times Y_{\mathrm{A}5}^{2}+485.56\times Y_{\mathrm{A}6}\\&-284.79\times Y_{\mathrm{A}6}^{2}-32269.7\times Y_{\mathrm{A}6}^{3}+350.65\times Y_{\mathrm{A}7}-121.46\times Y_{\mathrm{A}7}^{2}+200.29\times Y_{\mathrm{A}7}^{3}+312.95\times Y_{\mathrm{A}8}\\&-122.38\times Y_{\mathrm{A}8}^{2}+282.14\times Y_{\mathrm{A}9}+124.56\times Y_{\mathrm{A}9}^{2}+213.07\times Y_{\mathrm{A}10}+2051.29\times Y_{\mathrm{A}10}^{2}+478.6\times Y_{\mathrm{A}11}\\&+994.49\times Y_{\mathrm{A}11}^{2}+302.75\times Y_{\mathrm{A}12}-1675.17\times Y_{\mathrm{A}12}^{2}+524.59\times Y_{\mathrm{A}13}+3987.59\times Y_{\mathrm{A}13}^{2}+493.71\times Y_{\mathrm{A}14}\\&+127.88\times Y_{\mathrm{A}14}^{2}+327.07\times Y_{\mathrm{A}15}-335.11\times Y_{\mathrm{A}15}^{2}+250.3\times Y_{\mathrm{A}16}+98.87\times Y_{\mathrm{A}16}^{2}+250.95\times Y_{\mathrm{A}17}\\&+2653.54\times Y_{\mathrm{A}17}^{2}+255.89\times Y_{\mathrm{A}18}-517.99\times Y_{\mathrm{A}18}^{2}+254.84\times Y_{\mathrm{A}19}-216.44\times Y_{\mathrm{A}19}^{2}\end{aligned}$$

青鱼丰度构成生态位的回归方程在 103 个样本回判的平均相对误差为 0.50%；9 个考核样本平均相对误差为 2.91%（表 5-13）。

表 5-13 基于群落物种模型二维坐标关系的各物种丰度方程特征及统计误差分析

鱼类	拟合函数中 X、Y 坐标（自变量）幂次的形式	拟合样本回判平均相对误差/%	考核样本平均相对误差/%
青鱼	A1、A2、A3、A4、A7、A6 等 6 种鱼 X、Y 均含有一、二、三次幂；A5、A8、A9、A10、A11、A12、A13、A14、A16、A17、A15、A18、A19 等 13 种鱼 X 含有一、二、三次幂，Y 含有一、二次幂	0.50	2.91
草鱼	同青鱼	1.06	2.21
鲢	同青鱼	0.18	6.03
鳙	同青鱼	0.25	2.12
广东鲂	同青鱼	0.06	5.04
鳊	同鲮	0.48	9.64
银鲴	同青鱼	2.30	7.63
赤眼鳟	A8、A16、A19 鱼的 X、Y 均含有一、二、三次幂；A1、A2、A3、A4、A5、A6、A7、A9、A10、A11、A12、A13、A14、A15 等鱼的 X 含有一、二次幂，Y 含有一、二、三次幂；A17、A18 鱼的 X、Y 均含有一、二、三次幂	8.40	5.49
鲮	A5、A7、A8、A9、A18、A19 鱼的 X、Y 均含有一、二、三次幂；其余 A1、A2、A3、A4、A6、A10、A11、A12、A13、A14、A16、A17、A15 等 13 种鱼 X 含有一、二、三次幂，Y 含有一、二次幂	0.27	9.21
鲤	同鲮	0.25	4.20
鳡	同青鱼	1.18	5.54
鳍	同青鱼	0.52	4.44
鳜	同鲮	0.14	7.89
美丽沙鳅	同青鱼	0.43	2.33
鳘	同鲮	0.52	7.66
银鮈	同赤眼鳟	4.41	9.21
银飘鱼	同青鱼	0.22	8.91
白肌银鱼	同鲮	1.08	10.90
子陵吻虾虎鱼	同鲮	1.13	10.30
平均相对误差		1.23	6.40

从表 5-13 中可见，19 种鱼模型的样本回判平均相对误差为 1.23%（即准确率达到 98.77%），除赤眼鳟、银鮈误差大于 4.00%，银鲴误差大于 2.00%以外，其他 17 种鱼回归模型的回判相对误差≤2.30%。用 9 个不同年的实时样本进行考核，19 种鱼的平均相对误差为 6.40%，更能说明模型的有效性。分析表明可以用生态位表征鱼类丰度关系。当然，鳊、鲮、银鮈、银飘鱼、白肌银鱼和子陵吻虾虎鱼预测样本的误差偏大些，在 8.91%～10.90%。这主要是因为这些鱼种的考核样本中，要么是量低，容易增加相对误差，要么是出现离群数据导致相对误差增大。但对生态学的研究来说，其误差已在可接受的范围内。

本节利用多元统计对应分析技术，通过丰度与模型空间关系位点的转换，建立了通过丰度确定生态位的方法，从而可以推求群落物种任一空间位点的丰度关系，开展模型的生态位赋值评价工作。

5.4.2 环境影响分析参照系

根据珠江肇庆段漂流性早期资源数据可知，由于环境变化，各种类漂流性早期资源的补充量不断变化。根据监测分析资料，珠江肇庆段形成漂流性早期资源的种类主要为19种，这些种类占研究水域捕捞资源约70%的生物量（李新辉等，2020b，2020c，2020d，2020e，2020f），以这些种类研究区域生态单元的鱼类群落生态位关系具有代表意义。以补充量作为生物的丰度或生态位占有量，可知年度间环境变化对鱼类生态位的影响，监测结果如表5-14所示。模型值可为年度环境变化的影响提供共性的参照系。

表5-14　珠江肇庆段漂流性早期资源主要种资源丰度　　（单位：%）

鱼类	模型值	2006年	2007年	2008年	2009年	2010年	2011年	2012年	2013年
青鱼	8.070	0.072	0.591	0.205	0.540	0.419	0.071	0.100	0.220
草鱼	9.100	2.148	0.290	1.138	1.275	1.194	1.020	1.100	1.300
鲢	12.310	2.860	1.078	4.512	2.971	2.205	1.755	2.700	2.900
鳙	11.390	1.136	0.124	0.513	0.778	0.572	0.296	1.120	0.990
广东鲂	5.715	29.592	29.951	12.132	15.104	11.914	20.337	21.800	4.100
鳊	4.040	1.208	1.389	1.569	0.573	0.735	0.673	0.550	0.430
银鲴	7.019	22.024	19.318	10.440	8.913	26.534	5.878	9.110	5.900
赤眼鳟	7.666	26.113	24.842	45.226	46.208	32.506	43.969	49.350	54.000
鲮	7.159	4.584	14.064	8.789	11.549	10.434	10.704	4.490	7.800
鲤	1.312	0.145	0.021	0.103	0.022	0.010	0.010	0.002	0.008
鳡	4.750	0.320	0.249	0.615	0.400	0.419	0.847	0.66	0.320
鳤	2.07	0.052	0.052	0.072	0.324	0.316	0.306	0.300	0.123
鳜	3.782	0.341	0.093	0.369	0.227	0.204	0.092	0.150	0.150
美丽沙鳅	2.79	0.227	0.404	4.451	3.771	2.246	1.184	1.360	2.100
鳘	1.834	4.605	5.161	4.000	2.895	4.033	8.041	3.360	1.100
银鮈	6.792	1.105	0.363	2.718	2.409	5.431	3.245	0.900	18.000
银飘鱼	1.904	1.642	1.005	1.979	0.951	0.470	0.571	0.390	0.350
白肌银鱼	0.940	1.198	0.591	0.656	0.140	0.092	0.378	0.130	0.077
子陵吻虾虎鱼	1.350	0.630	0.415	0.513	0.951	0.265	0.622	0.190	0.134

注：资源丰度为年总量的占比。

由于江河生态环境的急剧变化，极大地改变鱼类的生存条件，鱼之间生存竞争条件此消彼长，优弱态势产生了变化，必然反映在以资源丰度为表征的生态位改变上。通过群落综合影响因子（反映各种丰度值变化的综合因子）的坐标值（表 5-15），可以了解群落变化的总体轨迹（偏离坐标中心的状态，图 5-3）。实际分析数据中赤眼鳟丰度变化不断扩大，与综合影响因子远离坐标原点的趋势一致，这或许反映群落优势种生态位扩增的趋势。反之也提示类似青鱼、草鱼、鲢、鳙等鱼类的生态位在减少，总之群落生态位处于较为不均衡状态。

表 5-15　2006～2013 年珠江肇庆段 19 种鱼丰度因子 *X*、*Y* 坐标变化

年份	2006 年	2007 年	2008 年	2009 年	2010 年	2011 年	2012 年	2013 年
X 坐标	0.0931	0.1037	0.1205	0.1751	0.0535	0.0951	0.2457	0.2691
Y 坐标	0.2252	0.2244	0.2268	0.251	0.2439	0.2399	−0.164	−0.1

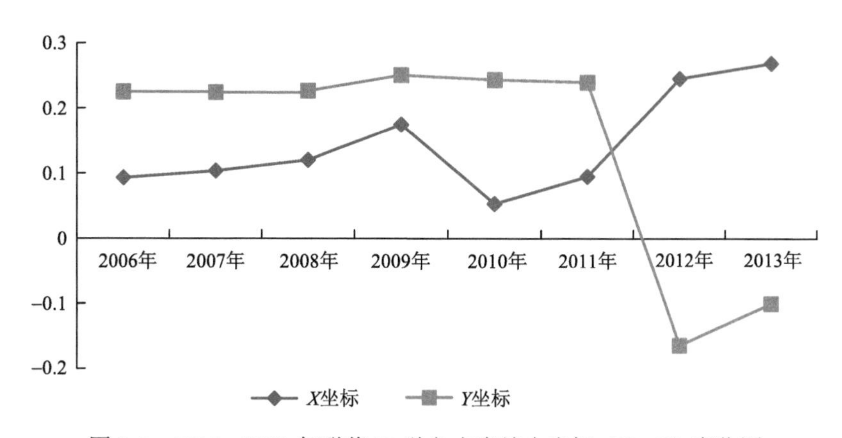

图 5-3　2006～2013 年群落 19 种鱼丰度综合坐标（*X*，*Y*）变化图

5.4.3　人工群落生态位分析

特定种类的生态位变化会导致群落各物种的生态位变化。在现实中，江河生物多样性保护、资源恢复通常以特定种类为目标进行，如在初级生产力高的湖泊水体投放鲢、鳙进行生态调控，在江河渔业资源严重衰退的背景下投放青鱼、草鱼、鲢、鳙为主要目标的资源增殖，这需要评估特定种类在群落中的生态位结构与环境容量的匹配度。当然，也有不定种类的随意放生等，这也需要进行系统评估。在系统中，一个物种生物量的增加会影响群落中的其他物种的生态位，如果这种增加与食物链体系不匹配，有可能造成生态系统新的不平衡。

物种的群落生态位结构与物种的环境容量概念不同。物种的群落生态位结构指依据食物链体系的构成，各物种的生态位值，强调物种的生态位与能量循环间的生物匹配。物种的环境容量指在生态系统中，依据能量的总量需要，测算各物种的需要量，强调物种的生态位与能量循环间的环境匹配。

通过模型可以将预设的某种（或几个物种）多样性保护、资源恢复目标量进行分析测算，观测其他种类的生态位变化（生物物种匹配、生物量匹配），为群落管理提供分析手段。表 5-16 模拟构建了几组青鱼、草鱼、鲢、鳙合计目标生态位后，测算了群落其他鱼类可匹配的生态位构成，体现模型的功能。

表 5-16　不同鱼为目标的模拟群落生态位　（单位：%）

鱼类/样本名	模 1	模 2	模 3	模 4	模 5	模 6	模 7	模 8	模 9
青鱼	1.19	7.03	8.80	14.60	8.89	15.15	13.00	13.50	13.90
草鱼	1.40	10.03	12.00	11.00	12.50	17.90	16.00	16.50	15.28
鲢	12.95	9.18	8.50	10.30	16.00	11.5	10.00	11.50	16.76
鳙	11.87	10.88	9.30	11.30	12.00	9.20	15.00	15.50	16.66
青鱼、草鱼、鲢、鳙合计	27.41	37.12	38.60	47.20	49.39	53.75	54.00	57.00	62.60
广东鲂（或鲂类）	6.47	5.14	5.14	3.60	4.27	3.90	4.99	3.99	3.39
鳊	4.64	1.03	2.03	1.40	3.00	3.20	1.02	1.02	1.70
银鲴（或鲴类）	9.94	8.45	7.00	7.60	5.50	3.70	5.50	4.50	2.14
赤眼鳟	9.93	9.25	8.00	4.20	4.00	2.80	5.99	4.99	3.71
鲮	9.60	2.85	3.63	3.1	4.72	2.75	4.70	3.70	5.52
鲤	1.62	0.71	1.50	0.58	0.28	0.28	1.10	1.10	1.38
鳡	4.02	4.44	3.80	4.91	1.50	6.40	2.60	2.60	1.08
鲳	0.54	4.57	3.70	2.60	3.00	4.30	1.18	1.68	2.65
大眼鳜（或鳜类）	5.69	4.57	5.00	4.40	2.00	5.50	2.04	2.04	2.42
美丽沙鳅（或鳅类）	4.62	2.40	3.20	3.60	1.900	4.30	1.39	1.89	1.36
鳘（或鳘类）	2.16	2.68	1.6	3.7	5.20	2.20	4.64	4.14	1.91
银鮈（或鮈类）	8.30	7.65	6.20	4.60	5.20	3.05	4.63	4.13	6.32
银飘鱼（或飘鱼类）	2.16	3.85	4.10	5.40	4.00	1.85	3.53	3.53	1.70
白肌银鱼（或银鱼类）	1.65	3.63	4.00	0.77	3.04	1.45	1.63	2.13	1.59
子陵吻虾虎鱼（或虾虎类）	1.29	1.66	2.50	2.34	3.00	0.21	1.06	1.56	0.53

参 考 文 献

巴家文，邓华堂，段辛斌，等，2015. 应用稳定性同位素（$\delta^{13}C$、$\delta^{15}N$）技术研究长江中游干流主要鱼类的营养级[J]. 动物学杂志，（4）：537-546.

蔡林钢，牛建功，刘春池，等，2017. 新疆伊犁河不同河段鱼类的物种多样性和优势种[J]. 水生生物学报，41（4）：819-826.

蔡文仙，2013. 黄河流域鱼类图志[M]. 杨凌：西北农林科技大学出版社.

蔡燕飞，廖宗文，2002. 土壤微生物生态学研究方法进展[J]. 生态环境学报，11（2）：167-171.

曹鹏，贺纪正，2015. 微生物生态学理论框架[J]. 生态学报，35（22）：6-16.

柴永福，岳明，2016. 植物群落构建机制研究进展[J]. 生态学报，15：4557-4572.

陈春娜，2007. 胭脂鱼 α-淀粉酶的 cDNA 克隆与组织表达研究[D]. 重庆：西南大学.

陈亮，梁旭方，王琳，等，2009. 鳜鱼胰蛋白酶和淀粉酶与胃蛋白酶原基因的克隆与序列分析[J]. 中国生物化学与分子生物学报，25（12）：1115-1123.

陈沫先，韦中，田亮，等，2021. 合成微生物群落的构建与应用[J]. 科学通报，66（3）：273-283.

褚新洛，陈银瑞，等，1989. 云南鱼类志：上[M]. 北京：科学出版社.

褚新洛，陈银瑞，等，1990. 云南鱼类志：下[M]. 北京：科学出版社.

董崇智，夏重志，姜作发，等，1996a. 黑龙江上游漠河江段的鱼类组成特征[J]. 黑龙江水产，4：19-22.

董崇智，赵春刚，金贞礼，等，1996b. 绥芬河鱼类区系初步研究[J]. 中国水产科学，4：125-130.

广西壮族自治区水产研究所，1984. 广西壮族自治区内陆水域渔业自然资源调查研究报告[Z].

广西壮族自治区水产研究所，中国科学院动物研究所，2006. 广西淡水鱼类志[M]. 2 版. 南宁：广西人民出版社.

湖南省水产科学研究所，1977. 湖南鱼类志[M]. 长沙：湖南人民出版社.

江小雷，张卫国，2010. 功能多样性及其研究方法[J]. 生态学报，30（10）：2766-2773.

李国刚，冯晨光，汤永涛，等，2017. 新疆内陆河土著鱼类资源调查[J]. 甘肃农业大学学报，52（3）：22-27.

李捷，李新辉，贾晓平，等，2010. 西江鱼类群落其多样性及演变[J]. 中国水产科学，17（1）：298-311.

李树国，金天明，石玉华，2000. 内蒙古鱼类资源调查[J]. 哲里木畜牧学院学报，（3）：24-28.

李思忠，2015. 黄河鱼类志：黄河鱼类专著及鱼类学文选[M]. 基隆：水产出版社.

李新辉，赖子尼，李跃飞，等，2021a. 江河鱼类产卵场功能研究[M]. 北京：科学出版社.

李新辉，李捷，李跃飞，2020a. 海南岛淡水及河口鱼类原色图鉴[M]. 北京：科学出版社.

李新辉，李跃飞，谭细畅，2021b. 江河鱼类早期资源研究[M]. 北京：科学出版社.

李新辉，李跃飞，武智，2020b. 珠江肇庆段漂流性鱼卵、仔鱼监测日志（2009）[M]. 北京：科学出版社.

李新辉，李跃飞，杨计平，2020c. 珠江肇庆段漂流性鱼卵、仔鱼监测日志（2007）[M]. 北京：科学出版社.

李新辉，李跃飞，张迎秋，2020d. 珠江肇庆段漂流性鱼卵、仔鱼监测日志（2006）[M]. 北京：科学出版社.

李新辉，李跃飞，张迎秋，2020e. 珠江肇庆段漂流性鱼卵、仔鱼监测日志（2010）[M]. 北京：科学出版社.

李新辉，李跃飞，朱书礼，2020f. 珠江肇庆段漂流性鱼卵、仔鱼监测日志（2008）[M]. 北京：科学出版社.
李跃飞，李新辉，谭细畅，等，2008. 西江肇庆江段渔业资源现状及其变化[J]. 水利渔业，28（2）：80-83.
李治霖，多立安，李晟，等，2021. 陆生食肉动物竞争与共存研究概述[J]. 生物多样性，29（1）：81-97.
林坤，麦广铭，王力飞，等，2020. 2015—2018 年珠江口近岸海域鱼类群落结构及其稳定性[J]. 水产学报，44（11）：1841-1850.
娄晋铭，杨婷越，王太，等，2020. 甘肃省三条内流河水系鱼类系统发育群落结构及其构建机制研究[J]. 湖北大学学报（自然科学版），42（1）：42-48.
陆奎贤，1990. 珠江水系渔业资源[M]. 广州：广东科技出版社.
罗积玉，邢瑛，苏显康，等，1986. 微机用多元统计分析软件[M]. 成都：四川科学技术出版社.
罗正明，刘晋仙，周妍英，等，2021. 亚高山草地土壤原生生物群落结构和多样性海拔分布格局[J]. 生态学报，41（7）：2783-2793.
孟凡凡，胡盎，王建军，2020. 微生物性状揭示物种分布格局、群落构建机制和生态系统功能[J]. 微生物学报，9：1784-1800.
木云雷，刘悦，王鉴，等，1999. 水温和光照对牙鲆亲鱼性腺成熟和产卵的影响[J]. 大连海洋大学学报，14（2）：62-65.
秦帮勇，常青，于朝磊，等，2013. 半滑舌鳎（*Cynoglossus semilaevis* Günther）α-淀粉酶基因的克隆及牛磺酸对其表达的影响[J]. 海洋与湖沼，44（4）：8.
任慕莲，1998. 伊犁河鱼类[J]. 水产学杂志，（1）：7-17.
任慕莲，郭焱，张人铭，等，2002. 我国额尔齐斯河的鱼类及鱼类区系组成[J]. 干旱区研究，19（2）：62-66.
帅方敏，李新辉，陈方灿，等，2017a. 淡水鱼类功能多样性及其研究方法[J]. 生态学报，37（15）：1-10.
帅方敏，李新辉，何安尤，等，2020. 珠江水系广西江段鱼类多样性空间分布特征[J]. 水生生物学报，（4）：819-828.
帅方敏，李新辉，刘乾甫，等，2017b. 珠江水系鱼类群落多样性空间分布格局研究[J]. 生态学报，37（19）：3182-3192.
孙德鑫，刘向，周淑荣，2018. 停止人为去除植物功能群后的高寒草甸多样性恢复过程与群落构建[J]. 生物多样性，26（7）：655-666.
谭细畅，李新辉，李跃飞，等，2012. 尼罗罗非鱼早期发育形态及其在珠江水系的空间分布[J]. 生物安全学报，21（4）：295-299.
谭细畅，李跃飞，赖子尼，等，2010. 西江肇庆段鱼苗群落结构组成及其周年变化研究[J]. 水生态学杂志，3（5）：27-31.
王锐，李嘉，2010. 引水式水电站减水河段的水温、流速及水深变化对鱼类产卵的影响分析[J]. 四川水力发电，9（2）：76-79.
王忠锁，陈明华，吕偲，等，2006. 鄱阳湖银鱼多样性及其时空格局[J]. 生态学报，5：1337-1344.
伍律，等，1989. 贵州鱼类志[M]. 贵阳：贵州人民出版社.
伍献文，等，1964. 中国鲤科鱼类志：上卷[M]. 上海：上海科学技术出版社.
伍献文，等，1977. 中国鲤科鱼类志：下卷[M]. 上海：上海科学技术出版社.
伍献文，杨干荣，乐佩琦，等，1963. 中国经济动物志 淡水鱼类[M]. 北京：科学出版社.
徐超，王思凯，赵峰，等，2019. 长江口水生动物食物网营养结构及其变化[J]. 水生生物学报，43（1）：155-164.
徐田振，李新辉，李跃飞，等，2018. 郁江中游金陵江段鱼类早期资源现状[J]. 南方水产科学，14（2）：19-25.
许驭丹，董世魁，李帅，等，2019. 植物群落构建的生态过滤机制研究进展[J]. 生态学报，39(7)：2267-2281.

熊鹰，张敏，张欢，等，2015. 鱼类形态特征与营养级位置之间关系初探[J].湖泊科学，27（3）：466-474.

杨婷越，俞丹，高欣，等，2020. 长江中游干流鱼类群落构建机制分析[J]. 水生生物学报，44(5)：1045-1054.

叶学瑶，任泷，匡箴，等，2021. 基于稳定同位素技术的阳澄湖鱼类群落营养结构研究[J]. 中国水产科学，28（6）：703-714.

于秀林，任雪松，1999. 多元统计分析[M]. 北京：中国统计出版社出版.

余志堂，周春生，邓中粦，等，1985. 葛洲坝水利枢纽工程截流后的长江四大家鱼产卵场[A]. 中国鱼类学会，鱼类学论文集（第四辑）. 北京：科学出版社：2-5.

张春光，赵亚辉，等，2016. 中国内陆鱼类物种与分布[M]. 北京：科学出版社.

张春霖，1960. 中国鱼类志[M]. 北京：人民教育出版社.

张金屯，范丽宏，2011. 物种功能多样性及其研究方法[J]. 山地学报，29（5）：513-519.

张堂林，2005. 扁担塘鱼类生活史策略，营养特征及群落结构研究[D]. 武汉：中国科学院水生生物研究所.

张堂林，李钟杰，曹文宣，2008. 鱼类生态形态学研究进展[J]. 水产学报，32（1）：152-160.

张迎秋，黄稻田，李新辉，等，2020. 西江鱼类群落结构和环境影响分析[J]. 南方水产科学. 16(1)：42-520.

郑慈英，1989. 珠江鱼类志[M]. 北京：科学出版社.

中国科学院动物研究所，中国科学院新疆生物沙漠研究所，新疆维吾尔自治区水产局，1979. 新疆鱼类志[M]. 乌鲁木齐：新疆人民出版社.

中国水产科学研究院珠江水产研究所，上海水产大学，等，1986. 海南岛淡水及河口鱼类志[M]. 广州：广东科技出版社.

中国水产科学研究院珠江水产研究所，华南师范大学，暨南大学，等，1991. 广东淡水鱼类志[M]. 广州：广东科技出版社.

周良骏，1986. 地球上陆生和水体植物光合作用各能固定多少碳？[J]. 生物学教学，(2)：47.

周卫国，丁德文，索安宁，等，2021，珠江口海洋牧场渔业资源关键功能群的遴选方法[J]. 水产学报，45（3）：433-443.

朱书礼，张迎秋，陈蔚涛，等，2020. 胰 α-淀粉酶基因 5'端调控序列与鱼类食性的关系[J]. 中国水产科学，27（3）：277-285.

珠江水系渔业资源调查编委会，1985. 珠江水系渔业资源调查研究报告：第三分册[Z].

Aarssen L W，Schamp B S，Pither J，2006. Why are there so many small plants？Implications for species coexistence[J]. Journal of Ecology，94（3）：569-580.

Abellán P，Bilton D，Millán A，et al.，2006. Can taxonomic distinctness assess anthropogenic impacts in inland waters？A case study from a Mediterranean river basin[J]. Freshwater Biology，51：1744-1756.

Acevedo P，Jiménez-Valverde A，Lobo J M，et al.，2012. Delimiting the geographical background in species distribution modelling[J]. Journal of Biogeography，39（8）：1383-1390.

Agrawal V P，Sastry K V，Kaushab S K，1975. Digestive enzymes of three teleost fishes[J]. Acta Physiologica Academiae Scientiarum Hungaricae，46（2）：93-101.

Akira H，Mitsuru E，Naohiro T，et al.，1987. Primary structure of human pancreatic α-amylase gene：Its comparison with human salivary α-amylase gene[J]. Gene，60（1）：57-64.

Allesina S，Tang S，2012. Stability criteria for complex ecosystems[J]. Nature，483（7388）：205-208.

Anderson R P，Raza A，2010. The effect of the extent of the study region on GIS models of species geographic distributions and estimates of niche evolution：Preliminary tests with montane rodents（genus *Nephelomys*）in Venezuela[J]. Journal of Biogeography，37（7）：1378-1393.

Arnone M I，Davidson E H，1997. The hardwiring of development：Organization and function of genomic regulatory systems[J]. Development，124（10）：1851-1864.

Austin M P，2002. Spatial prediction of species distribution：An interface between ecological theory and statistical modeling[J]. Ecological Modelling，157（2/3）：101-118.

Austin M，2007. Species distribution models and ecological theory：A critical assessment and some possible new approaches[J]. Ecological Modelling，200（1-2）：1-19.

Azzurro E，Tuset V M，Lombarte A，et al.，2014. External morphology explains the success of biological invasions[J]. Ecology Letters，17（11）：1455-1463.

Banse K，2007. Do we live in a largely top-down regulated world?［J]. Journal of Biosciences，32（4）：791-796.

Barbet-Massin M，Jiguet F，Albert C H，et al.，2012. Selecting pseudo-absences for species distribution models：How，where and how many?［J]. Methods in Ecology and Evolution，3（2）：327-338.

Batchelder H P，Edwards C A，Powell T M，et al.，2002. Individual-based models of copepod populations in coastal upwelling region：Implications of physiologically and environmentally influenced diel vertical migration on demographic success and nearshore retention[J]. Progress in Oceanography，53：307-333.

Bellwood D R，Wainwright P C，Fulton C J，et al.，2002. Assembly rules and functional groups at global biogeographical scales[J]. Functional Ecology，16（15）：557-562.

Bertness M D，Leonard G H，1997. The role of positive interactions in communities：Lessons from intertidal habitats[J]. Ecology，78（7）：1976-1989.

Blackburn T M，Gaston K J，Quinn R M，et al.，1997. Of mice and wrens：The relation between abundance and geographic range size in British mammals and birds[J]. Philosophical Transactions of the Royal Society B：Biological Sciences，352：419-427.

Blanchet S，Grenouillet G，Beauchard O，et al.，2010. Non-native species disrupt the world wide patters of freshwater fish body size：Implications for Bergmann's rule[J]. Ecology Letters，13（4）：421-431.

Bowman R E，1986. Effect of regurgitation on stomach content data of marine fisheries[J]. Environmental Biology of Fishes，16（1-3）：171-181.

Britton J R，Davies G D，Harrod C，2010. Trophic interactions and consequent impacts of the invasive fish Pseudorasbora parva in an ativeaquatc food web：A field investigation in the UK[J]. Biological Invasions，12（6）：1533-1542.

Bronstein J L，1994. Our current understanding of mutualism[J]. The Quarterly Review of Biology，69（1）：31-51.

Brown J H，Maurer B A，1986. Body size，ecological dominance and Cope's rule[J]. Nature，324：248-250.

Bruno J F，Stachowicz J J，Bertness M D，2003. Inclusion of facilitation into ecological theory[J]. Trends in Ecology & Evolution，18（3）：119-125.

Burns J H，Strauss S Y，2011. More closely related species are more ecologically similar in an experimental test[J]. Proceedings of the National Academy of Sciences of the United States of America，108（13）：5302-5307.

Cameron T，2002. 2002：The year of the ‘diversity-ecosystem function’ debate[J]. Trends in Ecolory & Evolution，17（11）：495-496.

Campbell O W，David D A，Mark A. M，et al.，2002. Phylogenies and community ecology[J]. Annual Review of Ecology and Systematics，33：475-505.

Carreon-Martinez L B，Heath D D，2010. Revolution in food web analysis and trophic ecology：Diet analysis by DNA and stable isotope analysis[J]. Molecular Ecology，19：25-27.

Caspary W F，1992. Physiology and pathophysiology of intestinal absorption[J]. American Journal of Clinical Nutrition，55（1 Suppl）：299S-308S.

Cavender-Bares J，Keen A，Miles B，2006. Phylogenetic structure of Floridian plant communities depends on taxonomic and spatial scale[J]. Ecology, 87 (7): 109-122.

Chave J, 2004. Neutral theory and community ecology[J]. Ecology Letters, 7: 241-253.

Chesson P, 2018. Updates on mechanisms of maintenance of species diversity[J]. Journal of Ecology, 106(5): 1773-1794.

Chesson P, 2000. Mechanisms of maintenance of species diversity[J]. Annual Review of Ecology and Systematics, 31: 343-366.

Choudoir M J, Barberán A, Menninger H L, et al., 2018. Variation in range size and dispersal capabilities of microbial taxa[J]. Ecology, 99 (2): 322-334.

Clarke K R, Warwick R M, 1999. The taxonomic distinctness measure of biodiversity: Weighting of step lengths between hierarchical levels[J]. Marine Ecology Progress Series, 184: 21-29.

Cockell M, Stevenson B J, Strubin M, et al., 1989. Identififcation of a cell-specififc DNA-binding activity that interacts with a transcriptional activator of genes expressed in the acinar pancreas[J]. Molecular and Cellular Biology, 9 (6): 2464-2476.

Cockell M, Stolarczyk D, Frutiger S, et al., 1995. Binding sites for hepatocyte nuclear factor 3 beta or 3 gamma and pancreas transcription factor 1 are required for efficient expression of the gene encoding pancreatic alpha-amylase[J]. Molecular and Cellular Biology, 15 (4): 1933-1941.

Connell J H, 1978. Diversity in tropical rain forests and coral reefs: High diversity of trees and corals is maintained only in a nonequilibrium state[J]. Science, 199: 1302-1310.

Convertino M, 2011. Neutral metacommunity clustering and SAR: River basin vs. 2-D landscape biodiversity patterns[J]. Ecological Modelling, 222 (11): 1863-1879.

Cucherousset J, Blanchet S, Olden J D, 2012. Non-nativespecies promote triphic dispersion of food webs[J]. Frontiers in Ecology and the Environment, 10 (8): 406-408.

Darias M J, Murray H M, Gallant J W, et al., 2006. Characterization of a partial alpha-amylase clone from red porgy (*Pagrus pagrus*): Expression during larval development, Compar[J]. Comparative Biochemistry and Physiology Part B: Biochemistry and Molecular Biology, 143 (2): 209-218.

Davis C L, Rich L N, Farris Z J, et al., 2018. Ecological correlates of the spatial co-occurrence of sympatric mammalian carnivores worldwide[J]. Ecology Letters, 21: 1401-1412.

de Mazancourt C, 2001. The unified neutral theory of biodiversity and biogeography[J]. Science, 293 (5536): 1772-1772.

de Satgé J, Teichman K, Cristescu B, 2017. Competition and coexistence in a small carnivore guild[J]. Oecologia, 184: 873-884.

Devictor V, Mouillot D, Meynard C, et al., 2010. Spatial mismatch and congruence between taxonomic, phylogenetic and functional diversity: The need for integrative conservation strategies in a changing world[J]. Ecology Letters, 213 (8): 1030-1040.

Díaz S, Cabido M, 2011. Vivela différence: Plant functional diversity matters to ecosystem processes[J]. Trends in Ecolory & Evolution, 16 (11): 646-655.

Diehl S, 1992. Fish predation and benthic community structure: The role of omnivory and habitat complexity[J]. Ecology, 73 (5): 1646-1661.

Dombroskie S L, Aarssen L W, 2010. Within-genus size distributions in angiosperms: Small is better[J]. Perspectives in Plant Ecology Evolution & Systematics, 12: 283-293.

Donadio E, Buskirk S W, 2006. Diet, morphology, and interspecific killing in Carnivora[J]. The American Naturalist, 167: 524-536.

Douglas S E, Mandla S, Gallant J W, 2000. Molecular analysis of the amylase gene and its expression during development in the winter flounder，*Pleuronectes americanus*[J]. Aquaculture，190（3-4）：247-260.

Drake J M，Randin C，Guisan A，2006. Modelling ecological niches with support vector machines[J]. Journal of Applied Ecology，43（3）：424-432.

Drenner R W，Smith J D，Threlkeld S T，1996. Lake trophic state and the limnological effects of omnivorous fish[J]. Hydrobiologia，319（3）：213-223.

Dudei N L，Stigall A L，2010. Using ecological niche modeling to assess biogeographic and niche response of brachiopod species to the Richmondian Invasion（Late Ordovician）in the Cincinnati Arch[J]. Palaeogeography，Palaeoclimatology，Palaeoecology，296（1-2）：28-43.

Duffy J E，2003. Biodiversity loss，trophic skew and ecosystem functioning[J]. Ecology Letters，6（8）：680-687.

Dukes J S，2001. Biodiversity and invasibility in grassland microcosm[J]. Oecologia，126（4）：563-568.

Dunne J A，Williams R J，Martinez N D，2002. Network structure and biodiversity loss in food webs：Robustness increases with connectance[J]. Ecology Letters，5（4）：558-567

Ebeling S K，Welk E，Auge H，et al.，2008. Predicting the spread of an invasive plant：Combining experiments and ecological niche model[J]. Ecography，31：709-719.

Elith J，Graham C H，Anderson R P，et al.，2006. Novel methods improve prediction of species' distributions from occurrence data[J]. Ecography，29（2）：129-151.

Elith J，Leathwick J R，2009. Species distribution models：Ecological explanation and prediction across space and time[J]. Annual Review of Ecology，Evolution & Systematics，40：677-697.

Enquist B J，Haskell J P，Tiffney B H，2002. General patterns of taxonomic and biomass partitioning in extant and fossil plant communities[J]. Nature，419：610-613.

Erös T，Sály P，Takács P，et al.，2012. Temporal variability in the spatial and environmental determinants of functional metacommunity organization：Stream fish in a human-modified landscape[J]. Freshwater Biology，57（9）：1914-1928.

Farris Z J，Gerber B D，Karpanty S，et al.，2020. Exploring and interpreting spatiotemporal interactions between native and invasive carnivores across a gradient of rainforest degradation[J]. Biological Invasions，22（3）：2033-2047.

Fausch K D，Torgersen C E，Baxter C V，et al.，2002. Landscapes to riverscapes：Bridging the gap between research and conservation of stream fishes a continuous view of the river is needed to understand how processes interacting among scales set the context for stream fishes and their habitat[J]. BioScience，52（6）：483-498.

Fritschie K J，Cardinale B J，Alexandrou M A，et al.，2014. Evolutionary history and the strength of species interactions：Testing the phylogenetic limiting similarity hypothesis[J]. Ecology，95（5）：1407-1417.

Gaston K J，1996. Species-range-size distributions：Patterns，mechanisms and implications[J]. Trends in Ecology & Evolution，11（5）：197-201.

Gaston K J，2009. Geographic range limits of species[J]. Proceedings of the Royal Society B，276：1391-1393.

Gaston K J，Fuller R A，2009. The sizes of species' geographic ranges[J]. Journal of Applied Ecology，46（1）：1-9.

German D P，Foti D M，Heras J，et al.，2016. Elevated gene copy number does not always explain elevated amylase activities in fishes[J]. Physiological and Biochemical Zoology，89（4）：277-293.

Glor R E，Warren D，2011. Testing ecological explanations for biogeographic boundaries[J]. Evolution，65：673-683.

Goel A，Mathupala S P，Pedersen P L，2003. Glucose metabolism in cancer[J]. Journal of Biological Chemistry，278（17）：15333-15340.

Gómez-Ortiz Y，Monroy-Vilchis O，Mendoza-Martínez G D，2015. Feeding interactions in an assemblage of terrestrial carnivores in central Mexico[J]. Zoological Studies，54：16.

Gotelli N J，Engstrom R T，2003. Predicting Species Occurrences：Issues of Accuracy and Scale[J]. The Auk，120（4）：1199-1200.

Götzenberger L，Bello F，Brathen K A，et al.，2012. Ecological assembly rules in plant communities：Approaches，patterns and prospects[J]. Biological Reviews，87（1）：111-127.

Grange S，Duncan P，2006. Bottom-up and top-down processes in African ungulate communities：Resources and predation acting on the relative abundance of zebra and grazing bovids[J]. Ecography，29（6）：899-907.

Gravel D，Canham D C，Beaudet M，et al.，2006. Reconciling niche and neutrality：The continuum hypothesis[J]. Ecology Letters，9：399-409.

Green R H，1971. A multivariate statistical approach to the Hutchinsonian niche：Bivalve Molluscs of Central Canada[J]. Ecology，52：544-556.

Grenouillet G，Pont D，Hérissé C，2004. Within-basin fish assemblage structure：There relative influence of habitat versus stream spatial position on local species richness[J]. Canadian Journal of Fisheries and Aquatic Sciences，61（1）：93-102.

Guisan A，Thuiller W，2005. Predicting species distribution：Offering more than simple habitat models[J]. Ecology Letters，8（9）：993-1009.

Guisan A，Zimmermann N E，2000. Predictive habitat distribution models in ecology[J]. Ecological Modelling，135（2-3）：147-186.

Hall A R，Ashby B，Bascompte J，et al.，2020. Measuring coevolutionary dynamics in species-rich communities[J]. Trends in Ecology & Evolution，35（6）：539-550.

Hardy C M，Krull E S，Hartley D M，et al.，2010. Carbon source accounting for fish using combined DNA and stable isotope analyses in a regulated lowland river weir pool[J]. Molecular Ecology，19（19）：197-212.

Heikkinen R K，Marmion M，Luoto M，2012. Does the interpolation accuracy of species distribution models come at the expense of transferability？[J]. Ecography，35：276-288.

Heino J，Adriano S，Siqueira M T，et al.，2015. Metacommunity organisation，spatial extent and dispersal in aquatic systems：Patterns，processes and prospects[J]. Freshwater Biology，60（5）：845-969.

Heino J，Soininen J，Lappalainen J，et al.，2005. The relationship between species richness and taxonomic distinctness in freshwater organisms[J]. Limnology and Oceanography，50：978-986.

Henriques-Silva R，Lindo Z，Peres-Neto P R，2013. A community of metacommunities：Exploring patterns in species distributions across large geographical areas[J]. Ecology，94（3）：627-639.

Hidalgo M C，Urea E，Sanz A，1999. Comparative study of diges tive enzymes in fish with different nutritional habits. Proteolytic and amylase activities[J]. Aquaculture，170（3-4）：267-283.

Hirzel A H，Hausser J，Chessel D，et al.，2002. Ecological niche factor analysis：How to compute habitat-suitability maps without absence data[J]. Ecology，83：2027-2036.

Hoeinghaus D J，Winemiller K O，Birnbaum J S，2007. Local and regional determinants of stream fish assemblages structure：Inferences based on taxonomic vs. functional groups[J]. Journal of Biogeography，34（2）：324-338.

Hoffmeister A，Ropolo A，Vasseur S，et al.，2002. The HMG-I/Y-related protein p8 binds to p300 and Pax2 trans-activation domain-interacting protein to regulate the trans-activation activity of the Pax2A and Pax2B transcription factors on the glucagon gene promoter[J]. Journal of Biological Chemistry，277（25）：22314-22319.

Hooper D U, Solan M, Symstad A, et al., 2002. Species diversity, functional diversity, and ecosystem functioning[M]//Loreau M, Naeem S, Inchausti P. Biodiversity and Ecosystem Functioning: Synthesis and Persectives. Oxford: Oxford University Press: 195-208.

Hu Z H, Gallo S M, 2010. Identifification of interacting transcription factors regulating tissue gene expression in human[J]. BMC Genomics, 11: 49.

Hu Z H, Hu B Y, Collins J F, 2007. Prediction of synergistic transcription factors by function conservation[J]. Genome Biology, 8 (12): R257.

Huang G J, Guo Y H, Li L, et al., 2016. Genomic structure of the alpha amylase gene in the pearl oyster *Pinctada fucata* and its expression in response to salinity and food concentration[J]. Gene, 587 (1): 98-105.

Hubbell S P, 2001. The Unified Neutral Theory of Biodiversity and Biogeography[M]. Princeton: Princeton University Press: 1-151.

Ings T C, Montoya J M, Bascompte J, et al., 2009. Ecological networks—beyond food webs[J]. Journal of Animal Ecology, 78 (1): 253-269.

Inostroza-Michael O, Hernάndez C E, Rodríguez-Serrano E, et al., 2018. Interspecific geographic range size-body size relationship and the diversification dynamics of Neotropical Furnariid birds[J]. Evolution, 72: 1124-1133.

Itô Y, Iwasa Y, 1981. Evolution of litter size[J]. Researcheson Population Ecology, 23 (2) 344-359.

Jackson D A, Peres-Neto P R, Olden J D, 2001. What controls who is where in freshwater fish communities-theroles of biotic, abiotic, and spatial factors[J]. Canadian Journal of Fisheries and Aquatic Sciences, 58 (1): 157-170.

Jackson S T, Overpeck J T, 2000. Responses of plant populations and communities to environmental changes of the late Quaternary[J]. Paleobiology, 26: 194-220.

Jacobson B, Peres-Neto P R, 2010. Quantifying and disentangling dispersal in metacommunities: how close have we come? How far is there to go? [J]. Landscape Ecology, 25 (4): 495-507.

Jennings S, Reynolds J D, Mills S C, 1998. Life history correlates of responses to fisheries exploitation[J]. Proceedings of the Royal Society B: Biological sciences, 265 (1393): 333-339.

Kareiva P, Washington U, 1995. Connecting landscape patterns to ecosystem and population processes[J], Nature, 373 (6512): 299-302.

Kawata H, Yamada K, Shou Z F, et al., 2003. Zinc-fingers and homeoboxes (ZHX) 2, a novel member of the ZHX family, functions as a transcriptional repressor[J]. The Biochemical Journal, 373 (3): 747-757.

Kéry M, Gardner B, Monnerat C, 2010. Predicting species distributions from checklist data using site-occupancy models[J]. Journal of Biogeography, 37 (10): 1851-1862.

Kraft J H, Stevens G C, Kaufman D M, 1996. The geographic range: Size, shape, boundaries, and internal structure[J]. Annual Review of Ecology and Systematics, 27 (1): 597-623.

Kraft M J B, Ackerly D D, 2010. Functional trait and phylogenetic tests of community assembly across spatial scales in an Amazonian forest [J]. Ecological Monographs, 80 (3): 401-422.

Kronfeld-Schor N, Dayan T, 2003. Partitioning of time as an ecological resource[J]. Annual Review of Ecology, Evolution, and Systematics, 34: 153-181.

Lanszki J, Heltai M, Kövér G, Zalewski A, 2019. Non-linear relationship between body size of terrestrial carnivores and their trophic niche breadth and overlap[J]. Basic and Applied Ecology, 38: 36-46.

Larson E R, Olden J D, 2012. Using avatar species to model the potential distribution of emerging invaders[J]. Global Ecology and Biogeography, 21 (11): 1114-1125.

Leibold M A，1998. Similarity and local coexistence of species in regional biotas [J]. Evolutionary Ecology，12（1）：95-110.

Leibold M A，Holyoak M，Mouquet N，et al.，2004. The metacommunity concept：A framework for multi-scale community ecology[J]. Ecology Letters，7（7）：601-613.

Leonard D，Clarke K，Somerfield P，et al.，2006. The application of an indicator based on taxonomic distinctness for UK marine biodiversity assessment[J]. Journal of Environmental Management，78：52-62.

Lepš J，Brown V K，Diaz Len T A，et al.，2001. Separating the chance effect from other diversity effects in the functioning of plant communities[J]. Oikos，92（1）：123-134.

Lepš J，Bello F，Lavorl S，et al.，2006. Quantifying and interpreting functional diversity of natural communities：Practical considerations matter[J]. Preslia，78（4）：481-501.

Lester S E，Ruttenberg B I，Gaines S D，et al.，2007. The relationship between dispersal ability and geographic range size[J]. Ecology Letters，10：745-758.

Li X H，Yang J P，Zhu S L，et al.，2020. Insight into the combinatorial transcriptional regulation on α-amylase gene in animal groups with diffferent dietary nutrient content[J]. Genomics，112（1）：520-527.

Linder P，Bykova O，Dyke J，et al.，2012. Biotic modifiers，environmental modulation and species distribution models[J]. Journal of Biogeography，39（12）：2179-2190.

Logsdon C D，Perot K J，McDonald A R，1987. Mechanism of glucocorticoid-induced increase in pancreatic amylase gene transcription[J]. Journal of Biological Chemistry，262（32）：15765-15769.

Loreau M，Naeem S，Inchausti P，et al.，2001. Biodiversity and ecosystem functioning：Current knowlege and future challenges[J]. Science，294（5543）：804-808.

Ludwig M Z，Bergman C，Patel N H，et al.，2000. Evidence for stabilizing selection in a eukaryotic enhancer element[J]. Nature，403（6769）：564-567.

Lughadha E N，Walker B E，Canteiro C，et al.，2018. The use and misuse of herbarium specimens in evaluating plant extinction risks[J]. Philosophical Transactions of the Royal Society B，374：20170402.

Ma P，Liu Y，Reddy K P，et al.，2004a. Characterization of the seabass pancreatic alpha-amylase gene and promoter[J]. General & Comparative Endocrinology，137（1）：78-88.

Ma P，Sivaloganathan B，Reddy K P，et al.，2004b. Hormonal inflfluence on amylase gene expression during Seabass（*Lates calcarifer*）larval development[J]. General & Comparative Endocrinology，138（1）：14-19.

Machius M，Wiegand G，Huber R，1995. Crystal structure of calcium-depleted Bacillus licheniformis alpha-amylase at 2. 2 A resolution[J]. Journal of Molecular Biology，246（4）：545-559.

Malizia R W，Stigall A L，2011. Niche stability in Late Ordovician articulated brachiopod species before，during，and after the Richmondian Invasion[J]. Palaeogeography，Palaeoclimatology，Palaeoecology，3011（3-4）：154-170.

Maron J L，Vilà M，Bommarco R，et al.，2004. Rapid evolution of an invasive plant[J]. Ecological Monographs，74（2）：261-280.

Mason N W H，LanoiseléeC，Mouillot D，et al.，2007. Functional characters combined with null models reveal in consistency in mechanisms of species turnover in lacustrine fish communities[J]. Oecologia，153（2）：441-452.

Mason N W H，Lanoiselée C，Mouillot D，et al.，2008. Does niche overlap control relative abundance in French lacustrine fish communities？A new method incorporating functional traits[J]. Journal of Animal Ecology，77：661-669.

Matsuzaki S S，SasaKi T，Akasaka M，2013. Consequences of the introduction of exotic and translocated species and future extirpations on the functional diversity of fresh water fish as semblages[J]. Global

Ecology and Biogeography，22（9）：1071-1082.

McCann K，Hastings A，Huxel G R，1998. Weak trophic interactions and the balance of nature[J]. Nature，395：794-798.

McNaughton S J，1978. Stability and diversity of ecological communities[J]. Nature，274：251-253.

Miller J A，2013. Species distribution models：Spatial autocorrelation and non-stationarity[J]. Progress in Physical Geography，36（5）：681-692.

Miller J，2010. Species distribution modeling[J]. Geography Compass，4：490-509.

Miller T J，2007. Contribution of individual-based coupled physical-biological models to understanding recruitment in marine fish populations[J]. Marine Ecology Progress Series，347：127-138.

Moal J，Daniel J Y，Sellos D，et al.，2000. Amylase mRNA expres sion in Crassostrea gigas during feeding cycles[J]. Journal of Comparative Physiology B：Biochemical，Systemic，and Environmental Physiology，170（1）：21-26.

Moore J C，Hunt H W，1998. Resource compartmentation and the stability of real ecosystems[J]. Nature，333：261-263.

Mouillot D，Dumay O，Tomasini J A，2007. Limiting similarity，niche filtering and functional diversity in coastal lagoon fish communities[J]. Estuarine，Coastal and Shef Science，71（3-4）：443-456.

Mouillot D，Graham N，Villéger S，et al.，2013. A functional approach reveals community responses to disturbances[J]. Trends in Ecology & Evolution，28：167-177.

Naeem S，Wright J P，et al.，2003. Disentangling biodiversity effects on ecosystem functioning：Deriving solutions to a seemingly insurmountable problem[J]. Ecology Letters，6：567-579.

Nelson J S，Grande T C，Wilson M V H，2016. Fishes of the World[M]. Hoboken：John Wiley & Sons.

Nyström M，Folke C，2001. Spatialresilience of coral reefs[J]. Ecosystems，4（5）：406-417.

Odom D T，Dowell R D，Jacobsen E S，et al.，2006. Core transcriptional regulatory circuitry in human hepatocytes[J]. Molecular Systems Biology，2（1）：2006. 0017.

Ostrand K G，Wilde G R，2002. Seasonal and spatialvariation in aprairie stream-fish assemblage[J]. Ecology of Fresh water Fish，11（3）：137-149.

Ovaskainen O，Roy D B，Fox R，et al.，2016. Anderson. Uncovering hidden spatial structure in species communities with spatially explicit joint species distribution models[J]. Methods in Ecology and Evolution，7（4）：428-436.

Pandey A，Nigam P，Soccol C R，et al.，2000. Advances in microbial amylases[J]. Biotechnology and Applied Biochemistry，31：132-152.

Peres-Neto P R，Legendre P，Dray S，et al.，2006. Variation partitioning of species data matrices：estimation and comparison of fractions[J]. Ecology，87（10）：2614-2625.

Petchey O L，Gaston K J，2006. Functional diversity：Back to basics and looking forward[J]. Ecology Letters，9（6）：741-758.

Peterson A T，Papes M，Eaton M，2007. Transferability and model evaluation in ecological niche modeling：A comparison of GARP and Maxent[J]. Ecography，30：550-560.

Peterson A T，Soberon J，Sanchez-Cordero V，1999. Conservatism of ecological niches in evolutionary time[J]. Science，285（5431）：1265-1267.

Peterson B J，Fry B，1987. Stable isotope in ecosystem studies[J]. Annual Review of Ecology and Systematics，18：293-320.

Peterson B J，Howarth R W，Garritt R H，1985. Multiple stable isotopes used to trace the flow of organic matter in estuarine food webs[J]. Science，227：1361-1363.

Peterson B J，Howarth R W，Garritt R H，1986. Sulfur and carbon isotopes as tracers of salt-marsh organic matter flow[J]. Ecology，67：865-874.

Phillips S J，Anderson R P，Schapire R E，2006. Maximum entropy modeling of species geographic distributions[J]. Ecological Modelling，190：231-259.

Pimm S L，1984. The complexity and stability of ecosystems[J]. Nature，307：321-326.

Pinnegar J K，Jennings S，O'Brien C M，et al.，2002. Long-term changes in the trophic level of the Celtic Sea fish community and fish market price distribution[J]. Journal of Applied Ecology，39：377-390.

Poff N L，Allan J D，1995. Functional organization of stream fish assemblages in relation to hydrological variability[J]. Ecology，76（2）：606-627.

Polis G A，Strong D R，1996. Food web complexity and community dynamics[J]. The American Naturalist，147（5）：813-846.

Post D M，2002. Using stable isotopes to estimate trophic position：Models，methods，and assumptions（Article），Ecology，83（3）：703-718.

Prieur-Richard A H，Lavorel S，2000. Invasions：The perspective of diverse plant communities[J]. Austral Ecology，25（1）：1-7.

Pulliam H R，2000. On the relationship between niche and distribution[J]. Ecology Letters，3：349-361.

Radler P D，Wehde B L，Wagner K U，2017. Crosstalk between STAT5 activation and PI3K/AKT functions in normal and transformed mammary epithelial cells[J]. Molecular and Cellular Endocrinology，451：31-39.

Randin C F，Dirnböck T，Dullinger S，et al.，2006. Are niche-based species distribution models transferable in space？[J]. Journal of Biogeography，33（10）：1689-1703.

Rangel T F，Loyola R D，2012. Labeling ecological niche models[J]. Natureza & Conservacao，10（2）：119-126.

Reeve A H，Borregaard M K，Fjeldså J，2016. Negative range size-abundance relationships in Indo-Pacific bird communities[J]. Ecography，39：990-997.

Rejmanek M，Stary P，1979. Connectance in real biotic communities and critical values for stability of model ecosystems[J]. Nature，280：311-313.

Rochet M J，Trenkel V M，2003. Which community indicators can measure the impact of fishing？A review and proposals[J]. Canadian Journal of Fisheries and Aquatic Sciences，60：86-99.

Sæbø J S，2016. Spatial and temporal distributions and interactions in a neotropical ground-dwelling animal community[D]. Aas：Norwegian University of Life Sciences.

Schoener T W，1974. Resource partitioning in ecological communities[J]. Science，185（4145）：27-39.

Sexton J P，McIntyre P J，Angert A L，et al.，2009. Evolution and Ecology of Species Range Limits[J]. Annual Review of Ecology，Evolution & Systematics，40（1）：415-436.

Shapiro M D，Marks M E，Peichel C L，et al.，2004. Genetic and developmental basis of evolutionary pelvic reduction in thre espine sticklebacks[J]. Nature，428（6984）：717-723.

Sharma S，Legendre P，de Cáceres M，et al.，2011. The role of environmental and spatial processes in structuring native and non-native fish communities across thousands of lakes[J]. Ecography，34（5）：762-771.

Shen G，Yu M，Hu X，et al.，2009. Species-area relationships explained by the joint effects of dispersal limitation and habitat heterogeneity[J]. Ecology，90：3033-3041.

Shen Z H，Fang J Y，Chiu C A，et al.，2015. The geographical distribution and differentiation of Chinese beech forests and the association with Quercus[J]. Applied Vegetation Science，18：23-33.

Shuai F M，Lek S，Li X H，2018a. Biological invasions undermine the functional diversity of fish communities in a large subtropical river[J]. Biological Invasions，4：1-16.

Shuai F M，Li X H，Chen F C，et al.，2017. Spatial patterns of fish assemblages in the Pearl River，China：Environmental correlates[J]. Fundamental and Applied Limnology，189（4）：329-340.

Shuai F M，Li X H，Li Y F，et al.，2015. Forecasting the invasive potential of Nile tilapia（*Oreochromis niloticus*）in a large subtropical river using a univariate approach[J]. Fundamental and applied limnology，187：165-176.

Shuai F M，Li X H，Li Y F，et al.，2016. Temporal patterns of larval fish occurrence in a large subtropical river[J]. PLoS ONE，11（5）：1-2.

Shuai F M，Li X H，Liu Q F，et al.，2019. Nile tilapia（*Oreochromis niloticus*）invasions disrupt the functional patterns of fish community in a large subtropical river in China[J]. Fisheries Management and Ecology，26（6）：578-589.

Shuai F M，Yu S X，Lek S，et al.，2018b. Habitat effects on intra-species variation in functional morphology：Evidence from freshwater fish[J]. Ecology and Evolution，8（22）：10902-10913.

Shurin J B，Amarasekare P，Chase J M，et al.，2004. Alternative stable states and regional community structure[J]. Journal of Theoretical Biology，227（3）：359-368.

Silvia C，Alessandro M，Marina M，et al.，2017. Diversification rates and the evolution of species range size frequency distribution[J]. Frontiers in Ecology and Evolution，5：1-10.

Slater E P，Hesse H，Muller J M，et al.，1993. Glucocorticoid receptor binding site in the mouse alpha-amylase 2 gene mediates response to the hormone[J]. Molecular Endocrinology，7（7）：907-914.

Soberón J，Peterson A T，2005. Interpretation of models of fundamental ecological niches and species's distribtional areas[J]. Biodiversity Informatics，2：1-10.

Stachowicz J J，2001. Mutualism，facilitation，and the structure of ecological communities：Positive interactions play a critical，but underappreciated，role in ecological communities by reducing physical or biotic stresses in existing habitats and by creating new habitats on which many species depend[J]. BioScience，51（3）：235-246.

Stanley T R，Royle J A，2005. Estimating site occupancy and abundance using indirect detection indices［J］. The Journal of Wildlife Management，69（3）：874-883.

Stigall A L，2012. Using ecological niche modelling to evaluate niche stability in deep time[J]. Journal of Biogeography，39（4）：772-781.

Stockwell D R B，Peterson A T，2002. Effects of sample size on accuracy of species distribution models[J]. Ecological Modelling，148（1）：1-13.

Stockwell D R B，Peters D，1998. The GARP modelling system：Problems and solutions to automated spatial prediction[J]. International Journal of Geographical Information Science，13：143-158.

Strecker A，Olden J，Whittier J，et al.，2011. Defining conservation priorities for freshwater fishes according to taxonomic，functional，and phylogenetic diversity[J]. Ecological Application，21：3002-3013.

Svenning J C，Fløjgaard C，Marske K A，et al.，2011. Applications of species distribution modeling to paleobiology[J]. Quaternary Science Reviews，30（21-22）：2930-2947.

Swenson N G，Enquist B J，Pither J，et al.，2006. The problem and promise of scale dependency in community phylogenetics[J]. Ecology，87（10）：2418-2424.

Takahiro N，Yusuke N，Mitsuru E，et al.，1986. Primary structure of human salivary alpha-amylase gene[J]. Gene，41（2-3）：299-304.

Takimoto G，Post D M，Spiller D A，et al.，2012. Effects of productivity，disturbance，and ecosystem size on food-chain length：insights from a metacommunity model of intraguild predation[J]. Ecological

Research，27（3）：481-493.

Tan Z J，Niu B，Tsang K Y，et al.，2018. Synergistic co-regulation and competition by a SOX9-GLI-FOXA phasic transcriptional network coordinate chondrocyte diffffer entiation transitions[J]. PLoS Genetics，14（4）：e1007346 .

Tanner J E，Hughes T P，Connell J H，1994. Species coexistence，keystone species，and succession：A sensitivity analysis[J]. Ecology，75（8）：2204-2219.

Tedesco P A，Beauchard O，Bigorne R，et al.，2017. A global database on freshwater fish species occurrence in drainage basins[J]. Scientific Data，4：170141.

Tilman D，Knops J，Wedin D，et al.，1997. The influence of functional diversity and composition on ecosystem processes[J]. Science，277（5330）：1300-1332.

Townsend P A，2001. Predicting species'geographic distributions based on ecological niche modeling[J] . Condor，103（3）：599-599.

Ulrich W，Hajdamowicz I，Zalewski M，et al.，2010. Species assortment or habitat filtering：A case study of spider communities on lake islands[J]. Ecological Research，25：375-381.

Urban M C，2004. Disturbance heterogeneity determines freshwater metacommunity structure[J]. Ecology，85（11）：2971-2978.

Václavík T，Meentemeyer R K，2009. Invasive species distribution modeling（iSDM）：Are absence data and dispersal constraints needed to predict actual distributions? [J]. Ecological Modelling，220：3248-3258.

Vamosi S M，Heard S B，Vamosi J C，et al.，2009. Emerging patterns in the comparative analysis of phylogenetic community structure[J]. Molecular Ecology，18（4）：572-592.

van der Laan R，2017. Freshwater Fish List[M]. 20th ed. Almere：[s. n.].

Vandermeer J H，1972. Niche Theory[J]. Annual Review of Ecology and Systematics，3（1）：107-132.

Vanni M J，Arend K K，Bremigan M T，et al.，2005. Linking landscapes and food webs：Effects of omnivorous fish and watersheds on reservoir ecosystems[J]. BioScience，55（2）：155-167.

Vanschoenwinkel B，Waterkeyn A，Jocque'M，et al.，2010. Species sorting in space and time：The impact of disturbance regime on community assembly in a temporary pool metacommunity[J]. Journal of the North American Benthological Society，29（4）：1267-1278.

Vellend M，2010. Conceptual synthesis in community ecology[J]. Quarterly Review of Biology，85（2）：183-206.

Villéger S，Mouillot D，2008. Additive partitioning of diversity including species differences：A comment on Hardy & Senterre（2007）[J]. Journal of Ecology，96（5）：845-848.

Vilmi A，Karjalainen S M，Hellsten S，et al.，2016. Bioassessment in a metacommunity context：Are diatom communities structured solely by species sorting? [J]. Ecological Indicator，62：86-94.

Walker P A，Cocks K D，1991. Habitat：A procedure for modelling a disjoint environmental envelope for a plant or animal species[J]. Global Ecology and Biogeography Letters，1（4）：108-118.

Walls B J，Stigall A L，2011. Analyzing niche stability and biogeography of Late Ordovician brachiopod species using ecological niche modeling[J]. Palaeogeography，Palaeoclimatology，Palaeoecology，299（1-2）：15-29.

Wang Q，Lu Z X，Zhao J W，et al.，2020. The impact path and intensity of mutualism and plant diversity on different trophic levels of arthropod community[J]. Acta EcologicaSinica，40（1）：51-59.

Wang R W，Shi L，Ai S M，et al.，2008. Trade-off between reciprocal mutualists：Local resource availability-oriented interaction in fig/fig wasp mutualism[J]. Journal of Animal Ecology，77（3）：616-623.

Wang Y P，Lu Y，Zhang Y，et al.，2015. The draft genome of the grass carp（*Ctenopharyngodon idellus*）provides insights into its evolution and vegetarian adaptation[J]. Nature Genetics，47（6）：625-631.

Wang Z M，Mehra V，Simpson M T，et al.，2018. KLF6 and STAT3 co-occupy regulatory DNA and functionally synergize to promote axon growth in CNS neurons[J]. Scientific Reports，8（1）：12565 .

Warwick R，Clarke K，1998. Taxonomic distinctness and environmental assessment[J]. Journal of Applied Ecology，35：532-543.

Webb C O，Ackerly D D，Kembel S W，2008. Phylocom：Software for the analysis of phylogenetic community structure and trait evolution[J]. Bioinformatics，24：2098-2100.

Webb C O，Ackerly D D，Mcpeek M A，et al.，2002. Phylogenies and community ecology[J]. Annual Review of Ecology and Systematics，8（33）：475-505.

Weinrich S L，Meister A，Rutter W J，1991. Exocrine pancreas transcription factor 1 binds to a bipartite enhancer element and activates transcription of acinar genes[J]. Molecular and Cellular Biology，11（10）：4985-4997.

Wiens J A，1989. Spatial scaling in ecology[J]. Functional Ecology，3：385-397.

Winemiller K O，Polis G A，1996. Food webs：What can they tell us about the world？[J]. Food Webs：1-22.

Wisz M S，Pottier J，Kissling W D，et al.，2013. The role of biotic interactions in shaping distributions and realised assemblages of species：Implications for species distribution modelling[J]. Biological Reviews，88（1）：15-30.

Wright J W，Davies K F，Lau J A，et al.，2006. Experimental verification of ecological niche modeling in a heterogeneous environment[J]. Ecology，87（10）：2433-2439.

Xia Y G，Li J，Li Y F，et al.，2017. Small-subunit ribosomal DNA sequencing analysis of dietary shifts during gonad maturation in wild black Amur bream（*Megalobrama terminalis*）in the lower reaches of the Pearl River[J]. Fisheries Science，83（6）：955-965.

Xia Y G，Li Y F，Zhu S L，et al.，2020. Individual dietary specialization reduces intraspecific competition，rather than feeding activity，in black amur bream（*Megalobrama terminalis*）[J]. Scientific Reports，10（1）：17961.

Xia Y G，Zhao W W，Xie Y L，et al.，2019. Ecological and economic impacts of exotic fish species on fisheries in the Pearl River basin[J]. Management of Biological Invasions，10（1）：127-138.

Xing Y，Zhang C，Fan E，et al.，2016. Freshwater fishes of China：Species richness，endemism，threatened species and conservation[J]. Diversity and Distributions，22（3）：358-374.

Xu Y，Peng J F，Qu J H，et al.，2020. Assessing food web health with network topology and stability analysis in aquatic ecosystem[J]. Ecological Indicators，109：105820.

Yodzis P，1980. The connectance of real ecosystems[J]. Nature，284：544-545.

Yodzis P，1981. The stability of real ecosystems[J]. Nature，289：674-676.

Zhang H，Wu G G，Zhang P Y，et al.，2013. Trophic fingerprint of fish communities in subtropical floodplain lakes[J]. Ecology of Freshwater Fish，22（2）：1-11.

Zhao T，Villéger S，Lek S，et al.，2014. High intraspecific variability in the functional niche of a predator is associated with onto geneticshift and individual specialization[J]. Ecology and Evolution，4（24）：4649-4657.

Zintzen V，Anderson M，Roberts C，et al.，2011. Increasing variation in taxonomic distinctness reveals clusters of specialists in the deep sea[J]. Ecography，34：306-317.

Zobel M，1992. Plant species coexistence：The role of historical，evolutionary and ecological factors[J]. Oikos，65（2）：314-320.